人工智能与智能制造：
概念与方法

Artificial Intelligence in Manufacturing：Concepts and Methods

[美] 马苏德·索鲁什（Masoud Soroush） 编著
理查德·D. 布拉茨（Richard D.Braatz）

吴 通 程 胜 王德营 译

机械工业出版社

本书系统介绍和诠释了将人工智能技术应用于工程问题的最新成功方法。人工智能正越来越多地应用于制造业，并以新的方式创造产品，这为我们理解世界的方式提供了更多见解。本书通过借鉴领先研究人员成功开发的方法，阐释了人工智能技术应用在制造业中的优势。

本书讨论了在制造业中广泛实施人工智能技术所面临的挑战，并提供了详细技术指南。为了应对跨学科挑战，本书借鉴了计算机科学、物理学和一系列工程学科的研究成果，为制造业的升级引入了新的思维方式。

撰 稿 人

Michael Baldea
美国，得克萨斯州，奥斯汀，得克萨斯大学奥斯汀分校，McKetta 化学工程系

美国，得克萨斯州，奥斯汀，得克萨斯大学奥斯汀分校，奥登计算工程与科学研究院

Burcu Beykal
美国，康涅狄格州，斯托斯市，康涅狄格大学斯托斯校区，化学与生物分子工程系

美国，康涅狄格州，斯托斯市，康涅狄格大学斯托斯校区，清洁能源工程中心

Richard D. Braatz
美国，马萨诸塞州，剑桥市，麻省理工学院，化学工程系

Berk Baris Celik
土耳其，安卡拉，托布经济技术大学，机械工程系

Ashwin Dani
美国，康涅狄格州，斯托斯市，康涅狄格大学斯托斯校区，电气与计算机工程学院

Rolf Findeisen
德国，达姆施塔特，达姆施塔特工业大学，控制与网络物理系统

Michael Grady
美国，宾夕法尼亚州，费城，艾仕得涂料系统创新中心

Andreas Himmel
德国，达姆施塔特，达姆施塔特工业大学，控制与网络物理系统

Shengli Jiang
美国，威斯康星州，麦迪逊，威斯康星大学麦迪逊分校，化学与生物工程系

Rudolph Kok（Louis）
德国，马格德堡，奥托·冯·格里克马格德堡大学，系统理论与自动控制

Antonios Kontsos
美国，宾夕法尼亚州，费城，德雷塞尔大学，机械工程与力学系理论与应用力学组

Jaewook Lee
韩国，大田，韩国科学技术院

Jay H. Lee
韩国，大田，韩国科学技术院

Fernando Lejarza
美国，得克萨斯州，奥斯汀，得克萨斯大学奥斯汀分校，McKetta 化学工程系

Sarah Malik
美国，宾夕法尼亚州，费城，德雷塞尔大学，机械工程与力学系理论与应用力学组

撰稿人

Janine Matschek
德国，达姆施塔特，达姆施塔特工业大学，控制与网络物理系统

Bruno Morabito
德国，马格德堡，奥托·冯·格里克马格德堡大学，系统理论与自动控制

Hoang Hai Nguyen
德国，达姆施塔特，达姆施塔特工业大学，控制与网络物理系统

Ahmet Murat Özbayoglu
土耳其，安卡拉，托布经济技术大学，人工智能工程系

Efstratios N. Pistikopoulos
美国，得克萨斯州，大学城，得克萨斯农工大学，能源研究院
美国，得克萨斯州，大学城，得克萨斯农工大学，Artie McFerrin 化学工程系

Joshua L. Pulsipher
加拿大，安大略省，滑铁卢，滑铁卢大学，化学工程系

Shiyi Qin
美国，威斯康星州，麦迪逊，威斯康星大学麦迪逊分校，化学与生物工程系

Iman Salehi
美国，康涅狄格州，斯托斯市，康涅狄格大学斯托斯校区，电气与计算机工程学院

Daniel Schwartz
美国，宾夕法尼亚州，费城，德雷塞尔大学，计算机与信息学院

Ali Shokoufandeh

美国，宾夕法尼亚州，费城，德雷塞尔大学，计算机与信息学院

Masoud Soroush

美国，宾夕法尼亚州，费城，德雷塞尔大学，化学与生物工程系

Weike Sun

美国，马萨诸塞州，剑桥市，麻省理工学院，化学工程系

Cem Söyleyici

土耳其，安卡拉，托布经济技术大学，机械工程系

Hakki Özgür Ünver

土耳其，安卡拉，托布经济技术大学，机械工程系

Victor M. Zavala

美国，威斯康星州，麦迪逊，威斯康星大学麦迪逊分校，化学与生物工程系

序 一

近三十年来中国核电从传统的模拟控制系统升级到数字化仪控系统，正在运用互联网及大数据构建全范围的核电设备及系统的"诊断和健康管理系统"，以进一步提高核电设备和系统的运行可靠性，确保核电的安全性。近些年来，数字化和智能化技术快速发展，核电的不同领域也正在进行广泛而深入的研究应用，特别是人工智能（AI）技术。《人工智能与智能制造：概念与方法》为我们提供了一个全面了解这一领域的窗口，它不仅汇集了当前最前沿的研究成果，还展示了 AI 技术如何深刻地影响制造业的各个方面。

首先，从核工业的角度看，AI 技术对于提高核设施的安全性和效率至关重要。例如，在核反应堆的运行过程中，大量的传感器不断地收集数据，传统的数据分析方法往往难以实时处理这些海量数据，而 AI 技术则可以迅速识别出潜在的问题，提前预警，从而避免事故的发生。此外，AI 还能通过对历史数据的学习，优化运行参数，提升核设施的整体性能。

该书第 1 章"机器学习方法"为我们提供了机器学习的基础知识，这对于理解后续章节中提到的各种高级应用至关重要。机器学习作为 AI 的一个核心分支，已经在核工业的多个环节发挥了重要作用。从核燃料的制造到乏燃料的处理，再到退役过程中的环境监测，机器学习都展现出强大的潜力。

第 3 章"卷积神经网络：基本概念及其在制造业中的应用"详细阐述了数据对象与数字表征，以及卷积神经网络的架构。卷积神经网络在图像识别方面有着卓越的表现，这对于核工业来说意义重大。无论是对核设施内部结构的无损检测，还是对外部环境的监控，卷积神经网络都能帮助我们快速准确地分析图像，及时发现异常情况。

第 5 章"数据驱动的优化算法"强调了如何通过 AI 技术来优化核工业中的各种流程。比如，在铀浓缩、乏燃料后处理过程中，如何通过优化控制参数来提高铀同位素分离以及铀钚萃取过程中的效率，减少能耗、试剂和成本。这类优化不仅可以提高经济效益，还能减少对环境的影响，对于实现可持续发展目标具有重要意义。

第 7 章"从数据中学习第一性原理系统知识：稳定性与安全性及其在示范学习中的应用"，介绍的思路和方法可用于在核电厂运行的大量数据中探索分析可能影响核电运行稳定性和安全性的因素。

第 8 章"人工智能在材料损伤诊断和预测中的应用"，可供借鉴用来预测核设备材料探伤的预期发展、应对措施及剩余寿命评估，对核电厂的延寿分析有参考意义。

该书还涉及"机械加工过程监控中的人工智能"等内容，虽然这部分内容看似与核工业关联不大，但实际上在核设备制造或核燃料制造过程中可参考。AI 技术可以帮助我们监控加工过程中的每一个细节，确保设备的质量符合高标准要求，这对于保证核设施的安全运行至关重要。

总之，该书不仅是一本关于 AI 在制造业中应用的专业书籍，还是核工业及其他高技术产业不可或缺的参考书。它为我们揭示了 AI 技术如何改变传统制造业的面貌，同时也为我们展示了这一技术在解决核工业面临的挑战时所展现出的巨大潜力。我相信，无论是对于正在从事核工业工作的专业人士，还是对于对未来科技发展充满兴趣的读者，这本书都是一份宝贵的财富。

随着技术的不断进步，我相信 AI 将在核工业中扮演更加重要的角色，助力我们更好地应对未来的挑战。让我们共同期待这一激动人心的时代的到来！

中国工程院院士

中国秦山核电二期工程总设计师

叶奇蓁

序 二

在当今信息技术迅速发展的时代，人工智能以其独特的魅力和巨大潜力，正在深刻改变社会发展的方方面面。我国高度重视人工智能的发展，将其视为推动产业升级和经济增长的战略性技术。国家层面的《新一代人工智能发展规划》明确提出，要加快人工智能与实体经济的深度融合，推动制造业智能化升级。党的二十大报告提出构建新一代信息技术、人工智能、高端装备等一批新的增长引擎。作为我国先进制造业的典型代表，中国航天积极响应党和国家号召，致力于航天强国建设，大力推进"数字航天"战略，利用人工智能技术提升航天装备设计、制造、测试和运营等各个环节的智能化水平。

《人工智能与智能制造：概念与方法》一书，涵盖了从概念、基础理论到应用方法的各个方面，以深刻的洞见和丰富的实践为我们提供了一个全面视角来理解人工智能在制造业中的重要作用，可为我国航天制造探索和应用先进人工智能技术提供有益借鉴。

该书的译者们是核工业和航天行业智能化领域的专家，感谢他们第一时间将这本优秀著作翻译成中文，使更多国内读者能够接触这一领域的前沿知识。我希望这本书能够激发更多人对人工智能及智能制造的兴趣，推动人工智能在我国智能制造领域的研究和应用。让我们携手并进，共同迎接中国智能制造的美好未来。

中国科学院院士
中国探月工程（四期）总设计师
于登云

前言

近年来的研究与开发积极推动了人工智能（AI）在制造业应用方面的显著进步。本书阐述了这些技术进步，并展示了制造业如何从中获益。书中汇总了该领域内领先学术机构和工业集团的研究成果，并系统地介绍了 AI 工具和方法。本书全面涵盖了 AI 的基本概念和方法论，并由姊妹篇《人工智能与智能制造：应用与案例》作为补充，该书专注于 AI 概念和方法在制造业中的最前沿应用。

第 1 章 "机器学习方法"，介绍了机器学习（machine learning，ML）的基本方法。本章从不同角度审视现有的机器学习方法，对其进行了梳理，并探讨了每种方法的优缺点及其未来发展趋势。

第 2 章 "从数据中学习第一性原理知识"，详细描述了如何从过程数据中提取第一性原理知识的方法。本章从机器学习的视角出发，介绍了理解这些学习方法所需的线性与非线性回归的概念和技术。此外，还对学习第一性原理知识的方法进行了阐述，同时将其与文献中常见的不尝试学习第一性原理的替代方法进行了比较分析。章节最后讨论了学习第一性原理知识的方法与自动化机器学习方法之间的联系。

第 3 章 "卷积神经网络：基本概念及其在制造业中的应用"，深入讨论了卷积神经网络（CNN）的基本理念，并概述了其在制造业中的应用场景。本章详细说明了如何利用张量和图灵活表示制造业中常遇到的各类数据对象。本章还探讨了卷积神经网络如何通过卷积运算提取信息特征（如几何图案与纹理），用来预测新出现的属性和现象，或者用于识别异常情况。这些理念通过案例研究加以阐释。

第 4 章 "稀疏数学规划及其在控制方程基础学习中的应用"，探讨了物理化学控制方程，这些方程是描述动态系统行为的根本数学表达式。本章介绍了机器学习在探索控制方程方面的最新进展，并与成熟的代理模型建立、系统识别和参数估计问题进行了对比分析。本章还讨论了该研究领域内当前及未来重要的研究方向。

第 5 章 "数据驱动的优化算法"，强调并阐释开发快速且高效的数据驱动算法对数学优化的重要性。本章从早期的直接搜索算法讲起，逐步过渡到基于模型的方法，以及最新算法的发展，旨在处理包括混合整数非线性优化在内的多类问题。这些技术的使用在文中得到了广泛演示。

第 6 章 "机器学习在（生物）化学制造系统控制中的应用"，探讨了将机器学习与控制技术相结合，以确保化学及生物化学过程操作的安全性及改进的方法。本章详细概述了用于控制的学习模型以及学习控制组件的方法。本章提供了一个系统性的、概括性的视角，以及在控制结构中应用机器学习技术的指导方针。

第 7 章 "从数据中学习第一性原理系统知识：稳定性与安全性及其在示范学习中的应用"，介绍了两种从数据中对动态系统模型进行约束学习的方法，并探讨了这些方法在制造业机器人模仿学习背景下的应用。本章详细描述了模仿学习领域，并讨论了该领域面临的重要问题。同时，本章深入剖析了该领域的最新进展，并探讨了未来充满希望的研究方向。

第 8 章 "人工智能在材料损伤诊断和预测中的应用"，综述了在探究材料损伤方面所采用的人工智能方法。本章提供了一个视角，展示了制造业如何在从材料认证各阶段应用人工智能的进步中受益，涉及的应用包括预处理、制造过程、成品状态及后处理阶段，旨在确保生产出具有预期或至少是合格的最终性能、属性和行为的制造部件。

第 9 章 "人工智能在机械加工过程监控中的应用"，介绍了机械加工过程监控智能化的最新进展。本章探讨了如何利用人工智能模型和机械加工技术在生产力、质量、成本及机床车间与更广泛制造业的可持续性措施之间实现平衡。本章详细描述了在加工过程监控中使用的各种人工智能模型和技术，以及它们的算法原理和近期案例研究。

本书对从事制造业的工程师、管理人员和咨询师，以及在高等教育机构和国家实验室从事制造领域研究的博士后、博士研究生和其他研究人员皆具有参考价值。本书是寻找制造领域中人工智能概念和方法进展的重要参考资料。

目 录

撰稿人

序一

序二

前言

第 1 章 机器学习方法 ··· 1
    1.1 引言 ·· 1
    1.2 学习模型的全局视角 ·· 2
    1.3 学习技术的分类 ·· 8
    1.4 机器学习方法 ··· 14
    1.5 结论 ·· 23
    致谢 ·· 24
    参考文献 ·· 24

第 2 章 从数据中学习第一性原理知识 ··· 29
    2.1 引言 ·· 29
    2.2 分析制造业数据的方法 ·· 30
    2.3 模型选择与超参数搜索的自动化 ·· 41
    2.4 结论 ·· 44
    参考文献 ·· 45

第 3 章 卷积神经网络：基本概念及其在制造业中的应用 ······················· 48
    3.1 引言 ·· 48

XIII

3.2　数据对象与数学表征 50
　　3.3　卷积神经网络架构 54
　　3.4　案例研究 59
　　3.5　结论 74
　致谢 75
　参考文献 75

第 4 章　稀疏数学规划及其在控制方程基础学习中的应用 81
　　4.1　引言 81
　　4.2　问题定义 82
　　4.3　物理信息化机器学习 85
　　4.4　基于回归的方法 88
　　4.5　基于数学规划的技术 92
　　4.6　滚动时域在间歇化学过程的应用实例 97
　　4.7　结论 102
　参考文献 102

第 5 章　数据驱动的优化算法 105
　　5.1　引言 105
　　5.2　数据驱动的优化算法途径 106
　　5.3　应用于大规模制造系统的数据驱动的优化算法 116
　　5.4　针对其他问题类别的扩展 117
　　5.5　备注 126
　　5.6　结论 127
　参考文献 127

第 6 章　机器学习在（生物）化学制造系统控制中的应用 144
　　6.1　引言 144
　　6.2　（生物）化学过程 146
　　6.3　ML-Oracle 与机器学习方法概述 153
　　6.4　机器学习支持的建模在监督和控制中的应用 164
　　6.5　通过机器学习实现控制 172
　　6.6　结论 178
　参考文献 180

目录

第 7 章　从数据中学习第一性原理系统知识：稳定性与安全性及其在示范学习中的应用 ⋯⋯ 192
　　7.1　引言 ⋯⋯ 192
　　7.2　使用动态系统原语学习机器人运动 ⋯⋯ 197
　　7.3　结论 ⋯⋯ 206
　　致谢 ⋯⋯ 208
　　参考文献 ⋯⋯ 208

第 8 章　人工智能在材料损伤诊断和预测中的应用 ⋯⋯ 212
　　8.1　引言 ⋯⋯ 212
　　8.2　人工智能方法在材料损伤诊断和预测中的应用 ⋯⋯ 215
　　8.3　人工智能方法在损伤诊断和预测领域的挑战与机遇 ⋯⋯ 235
　　8.4　结论 ⋯⋯ 236
　　参考文献 ⋯⋯ 237

第 9 章　人工智能在机械加工过程监控中的应用 ⋯⋯ 245
　　9.1　引言 ⋯⋯ 245
　　9.2　数据采集系统 ⋯⋯ 248
　　9.3　特征工程与机器学习 ⋯⋯ 251
　　9.4　信号分解方法 ⋯⋯ 264
　　9.5　深度学习 ⋯⋯ 266
　　9.6　迁移学习 ⋯⋯ 270
　　9.7　结论 ⋯⋯ 273
　　致谢 ⋯⋯ 273
　　参考文献 ⋯⋯ 274

第 1 章

机器学习方法

作者:Daniel Schwartz[一]、Ali Shokoufandeh[一]、Michael Grady[二] 和 Masoud Soroush[三]

1.1 引言

机器学习(machine learning,ML)工具在捕捉和表达复杂关系方面的能力日益增强,在越来越多的领域内能够达到甚至超越人类的准确度。例如,它们能够在包含大量噪声的庞大数据中集中准确地识别出图案。

机器学习是一个用于数据驱动的系统数学建模/表征的广泛框架。随着获取更多的数据/经验,这种数学模型预测的质量会得到改善[1]。一般而言,数学模型通常会将一组反应(输出因变量)与一组原因(输入自变量)相关联。这样的模型包含结构和参数值:[四]

$$Y=f(X;P) \tag{1-1}$$

其中,Y 是输出变量的向量,X 是输入变量的向量,P 是模型参数的向量,$f(.;.)$ 是描述模型结构的向量函数。在物理化学(现象学)建模中,模型的结构基于化学与物理原理,参数值也来自这些原理,或者通过现有的输入/输出数据来估计。相对地,在完全数据驱动的机器学习中,模型的结构和参数值均来自现有的历史数据。用数学方式表达,在完全数据驱动的机器学习中,模型结构和参数值通过解决如下优化问题来获取:

$$\min_{f\in F, P\in \Omega} \sum_{i=1}^{N} \| Z_i - f(W_i;P) \| \tag{1-2}$$

其中,Z_1,…,Z_N 是输出变量的测量值向量,W_1,…,W_N 是输入变量的测量值向量,$\|.\|$ 是向量范数,F 是 $f(.;.)$ 所属的函数集,Ω 是参数 P 可取的值的集合。在机器学习过程中,所谓的学习即是找到最优的函数 f 以及参数 P 的最优值,它们共同构成方程(1-2)

[一] 美国,德雷塞尔大学,计算机与信息学院。
[二] 美国,艾仕得涂料系统创新中心。
[三] 美国,德雷塞尔大学,化学与生物工程系。
[四] 变量符号(包括黑明体、正斜体等)均遵照原书。

所描述的优化问题的解。

方程（1-2）所述的优化问题也可以构建为多目标函数的形式。可以通过对各个目标函数进行加权，将多目标函数转化为单一目标函数，以实现多目标优化。例如，目标函数可能是平方残差和向量 P 的零范数（即向量 P 中非零元素的个数）的加权和。将零范数纳入目标函数有助于寻找参数更少的模型，以此避免"过拟合"现象。

一旦找到最优函数 $f(.;.)$ 和向量 P（即模型已经用历史数据训练完成），则可以将该模型应用于前向和后向推理。对于前向推理，目标是预测系统对已知输入变量 X 的反应，其输入变量的值是已知的，需要计算出相应的输出变量的值。而对于后向推理，目标是确定为获得期望的输出反应，系统应承受哪些输入（原因），其输出变量 Y 的值是已知的，需要计算出相应的输入变量的值。

1.2 学习模型的全局视角

在机器学习的研究中，存在着各式各样的学习模型。若从一个宏观的角度来审视，这些模型一般可以被分类为监督学习、无监督学习、混合学习及强化学习四大类别。在下面四个小节中，我们将对每个类别进行简要的概述。

1.2.1 监督学习

监督学习是机器学习模型中最常见的类别。这类模型通过学习含有输入示例及其对应输出（或目标标签）的数据集来进行训练。在形式上，对于每一个样本 $i \in \{1, \cdots, N\}$，都有输入示例 W_i 和目标标签 Z_i。目标标签为算法提供反馈，指导算法过程中的"监督"，确保算法能够准确地把握输入与输出之间的关系。主流的监督学习模型包括分类、回归分析以及对抗学习。监督学习的完整流程如图 1-1 所示。

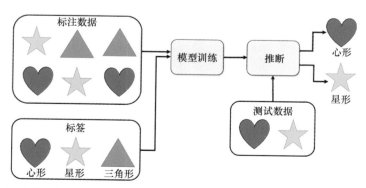

图 1-1　一个通过标签对形状进行分类的监督学习模型示例。

1.2.1.1 分类

分类算法旨在找到映射函数 f，该函数的输入变量是连续的，而输出变量是离散的。在此情境中，由于输出变量为离散值，它们通常被称作标签或类别。映射函数 f 用于预测给定观测数据 X 的标签或类别。一些常用于分类的算法包括线性分类器[2]、支持向量机[3]、决策树[4] 以及随机森林[5]。虽然输出变量为离散值，但许多分类算法会计算一个实数值，表示给定输入变量属于各个类别的概率。在这些算法中，预测概率最高的类别将被选作预测类别。分类算法的常用评估指标（准确率）是模型正确预测输出标签的输入样本所占的百分比。简单来说，分类算法的目标是寻找一个最优的函数 f，它能够适当地划分数据界限。

1.2.1.2 回归分析

在回归分析中，输入变量与输出变量均为连续变量。回归算法学习映射函数 f，用以确定这些变量之间的关系。常见的回归算法包括线性回归[6]、逻辑回归[7] 和多项式回归[8]。回归算法旨在学习输入变量（自变量）与输出变量（因变量）之间的关系，以描述输入数据对输出响应的影响规律。与分类算法不同，在分类算法中输出标签是离散的，模型可以通过准确率指标轻松评估，而回归算法预测的是一个误差值，模型评估的准确度由预测误差反映。在回归算法中最广泛使用的误差度量是均方根误差（RMSE）[9]。分类算法将数据分成不同类别，而回归分析则寻求最佳拟合模型与数据。不同类别回归分析的示例如图 1-2 所示。

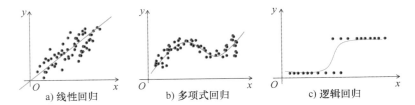

图 1-2　回归可视化。

1.2.1.3 对抗学习

在宏观层面上，监督学习模型充当了对不同类别高维数据进行成员身份核验的角色。由于分类边界并非尽善尽美，理论上有可能通过微调数据点，使其跨越边界，从而从一个类别转变到另一个类别。这种操作可以通过朝着另一个类别的方向扰动数据来执行。神经网络采用某种梯度下降算法来解决形如方程（1-2）所示的优化问题，以此来训练模型。这也意味着，对梯度过程的轻微修改可能会影响最初分类器结构的输出结果。例如，快速梯度符号方法[10] 在优化的每一步骤中对输入数据添加微小的噪声，使得预测结果偏离真实值。这种噪声既可以使输入数据被预测为特定的类别（有目标攻击），也可以仅仅使其被错误分类（无目标攻击）。虽然这些对抗性攻击很容易迷惑人类的视觉，但神经网络可以通过实行正则化和稀疏性措施[11]来提高其鲁棒性。一个对抗性网络的例子是生成对抗网络（GAN），如图1-3所示，它展现了两个相互竞争的神经网络，这两个网络争取在它们的预测中达到更高的准确性[12]。该网络由两部分组成，一是生成器，它将潜在空间映射到所关注的数据分布；二是鉴别器，它对生成器生成的候选数据进行评估，区分出真实数据和生成数据。

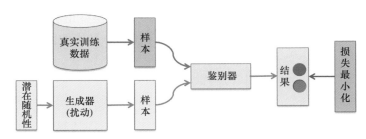

图1-3 生成对抗网络（GAN）的架构概览。

1.2.2 无监督学习

无监督学习与监督学习相似，区别在于它只提供输入样例，而不给出任何输出变量的测量值。因此，在不使用目标标签（输出变量的测量）的情况下，这些算法都遵循相同的直觉，以学习数据的内在结构。无监督学习通常是处理机器学习问题的初始步骤，能够为解释性分析提供更深刻的见解，帮助我们更好地理解数据及其潜在结构中可能存在的模式。这些算法的目标是在无须人工干预的情况下发现输入数据中的隐藏模式，因此被称为"无监督"，如图1-4所示。这种学习技术还用于降维，以及确定哪些特征（或维度）不太重要，从而可以在其他学习任务中舍弃。无监督学习方法通常分为三类：聚类、异常检测和编码器。

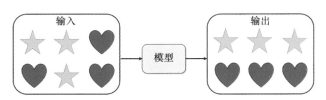

图1-4 无监督学习模型将具有相似模式的对象分成不同组别。

1.2.2.1 聚类

与无监督学习相比，聚类利用已有数据和输入特征，在输入数据中生成或识别出聚集的相干组。因此，聚类通过相似性和差异性将这些未标记的数据进行分组。K-均值聚类算法[13]正是执行这一操作，它将相似的数据点聚集在一起，其中超参数 k 决定了分组的数目和颗粒度。图 1-5 展示了聚类数据集的示例。

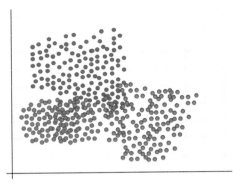

图 1-5　可以通过聚类方法建模的示例数据集。

1.2.2.2　异常检测

聚类的使用有助于侦测输入数据中的离群值。这些"异常"数据点通常是基于那些罕见事件或观察得到的，它们在统计上与其他观察结果有显著差异。时间序列异常检测是统计推断领域的一个分支，它在现代机器学习中颇受欢迎。这个领域的问题涉及与时间步相关的数据，并试图预测序列数据中的异常情况。由于时间序列数据常常包含周期性增长、周期性波动和潜在衰退等模式，因此它在预测不规则变化方面非常有用。一个典型的问题是预测股价异常，比如某公司股价出人意料地下跌，给股东造成巨大损失。进行异常检测的一些常用方法包括聚类、小波变换、自回归模型以及其他数字信号处理技术。这些无监督学习技术试图根据数据点与之前观察到的数据的相似度来预测其是否异常。无监督异常检测有两个基本假设：异常数据只占数据的一小部分，并且异常在统计上与其他样本有显著差异。基于这两个假设的一个简单方法是，对数据进行聚类，然后利用相似性度量来确定哪些数据点与聚类结果不同。

1.2.2.3　编码器

编码器的功能是将高维输入映射为一个潜在的低维编码。自编码器是一类人工神经网络（ANN），通过无监督学习的方式，学习如何将高维空间中的输入数据编码到低维潜在空间中。此过程的第一部分是利用编码器将原始输入数据从高维压缩到低维的潜在空间，直接生成一个潜在编码。架构的第二部分是解码器，它执行与编码器相反的操作，即从潜在编码中重构数据，恢复到原始输入空间。在解码器的输出端，将重构结果与原始输入进行对比，通过损失函数来评估匹配程度。这一架构形如沙漏，其中首尾两层对应原始的高维空间，而中间的"瓶颈"部分则小得多，代表着编码空间。自编码器能够用于过滤掉受噪声污染的输入数据中的噪声成分。自编码器的目的是学习无噪声的原始输入[14]。低通滤波器（去噪器）的性能指标是其重构出无噪声原始输入的能力。图 1-6 展示了一个学习手写数字压缩表征的自编码器示例[15]。

变分自编码器（VAE）是自编码器的一种扩展版本，它额外提供了描述每个潜在属性的概率分布的能力，而不是单一的数值。VAE 与贝叶斯模型类似，它将输入映射到分布上[16]。然而，自编码器无法生成新内容，而 VAE 在训练时会受到约束，以避免过拟合，并学习一个能够支持生成过程的潜在表示空间。因此，它不是将输入编码到潜在空间的单一点上，而是编码成为该空间上的分布。过拟合是指模型对训练数据拟合得过于精确，以至于牺牲了过多的模型复杂性和大小。模型过分关注训练样本的特定属性可能会导致过拟合的发生，这会对模型处理训练分布之外的数据的性能产生负面影响。这意味着模型可能会将训练数据中的噪声或随机波动误认为是概念并进行学习。因此，模型可能会对训练样本的不规则性了解过多，导致无法泛化。正规化的效果通过 Kullback-Leibler 散度[17]来衡量和量化，以确保生成的分布与标准高斯分布相匹配。这样做是为了确保分布的完整性，使从潜在空间采样的任何点一经解码便具有意义。VAE 可应用于各种统计方法，如变分推断和生成逼真人脸[18]。

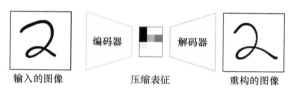

图 1-6　自编码器用于学习压缩表征。

1.2.3　混合学习

如前所述，学习方法主要分为两种：一是监督学习，需要目标标签；二是无监督学习，不需要目标标签。生成目标标签可能是一件费时费力且成本高昂的工作，这通常需要领域内的专家亲自对数据进行标注。然而，未标注数据（只包括输入变量的测量数据）的获取相对容易，成本也大为降低。鉴于此，研究者们一直在探究如何利用未标注数据，在极少量的标注数据支持下，也能在监督学习任务中达到令人满意的性能。

1.2.3.1　半监督学习

由于监督学习成本高，只对探索性分析有帮助，对分类没有帮助，所以引入了半监督学习。尤其是数据有少量标注实例和许多未标注数据实例时，半监督学习非常有用。由于大量数据是未标注的，因此会执行标准的无监督学习技术，如聚类技术，然后将学习到的聚类与标注的数据进行匹配，以执行分类。这是一个非常有用的过程，因为标注数据的成本很高，而获取未标注数据的成本相对小。简而言之，将无监督数据添加到监督学习问题中可以提高泛化能力和模型性能，同时减少开发数据集的成本和时间[19]。将无监督学习的聚类技术和监督学习的分类技术相结合用于水文评估的示例架构[20]如图1-7所示。

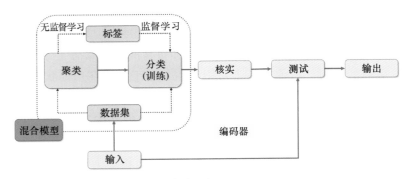

图1-7　结合了聚类和分类技术的混合学习体系结构示例。

1.2.3.2　自监督学习

自监督学习与半监督学习有相似之处，因为它主要使用未标注数据和少量标注数据，但其过程却有较大差异。这一过程首先从利用一组未标注数据学习有用的表征开始，即所谓的"自监督"，随后使用标注数据对这些表征进行微调。这种技术在自然语言处理（NLP）领域的变换（Transformer）模型中得到了广泛应用，如BERT[21]和T5[22]模型。这些模型先开始是通过大量未标注数据进行训练，再针对特定的下游任务使用一些标注数据进行精调。

1.2.3.3　多实例学习

多实例学习是对监督学习的一种抽象表述，其特点是对样本组进行标注，而不是对单个样本进行标注。这被看作一个"弱监督学习"问题，因为这里被标注的是样本组（或"包"），而不是单个样本[23]。不过，由于所需的标签数量大大减少，这种任务的成本相对较低。这种技术常见于医学影像领域，例如，需要对患者的细胞图像进行分类，判断是否为癌变。与其对每个细小的细胞进行癌变标注，不如直接对整幅图像进行标注，从而判断患者是否有恶性细胞。这种方法因为减小了数据规模，在医学影像中非常有效，属于"有之则有，无之则无"的任务，即如果图像中任何细胞发生癌变，那么患者即被诊断为患有癌症[24]。这一过程避免了专家进行成本高昂的局部标注，能以较低的成本进行准确诊断。

1.2.4　强化学习

强化学习遵循直觉这一来自心理学的概念[25]，代理（智能体）通过自身的行为与经验反馈，采用试错的方式进行学习。监督学习的输出是完成任务的正确动作集，而强化学习不同于监督学习那样的输入输出映射，其输出利用奖励与惩罚作为正反行为的信号。强化学习旨在使给定智能体的总累积奖励最大化，并且遵循图 1-8 所示的通用行为—奖励反馈循环。强化学习问题的关键要素包括：①环境（过程／系统），即智能体所在的物理世界；②状态（输入变量的测量值），即智能体所处的当前情境；③奖励（输出变量的测量值），即智能体从环境中得到的反馈；④策略（数学模型），即将智能体的状态（持久记忆）与所需动作（输入变量）关联的映射。价值是一个常用术语，用于定义在当前状态下，一个动作可能为智能体带来的潜在奖励。强化学习策略中的终极思考集中在探索与利用的取舍上，即要在探索所有可能动作的同时，也要利用当前状态下最佳的动作。

马尔可夫决策过程是一种将强化学习环境表述为数学框架的方法，在该框架中，状态和动作被组织成集合，奖励的价值则通过一个以后继状态为输入的函数，以及一个转移模型表示，该模型以先前状态为输入，并在给定一个动作之后确定下一个状态。Q 学习算法[26]是一种常见的模拟强化学习问题的技巧，它维护一个表格，记录每个特定状态和可能动作的所有学习到的价值。这个算法旨在学习最佳的 Q 值——即给定动作获得某种奖励的"质量"，其目标是为给定状态下的动作估算出最高的 Q 值。然而，Q 学习过于简单，并且不能泛化以估算未见过的状态的价值。深度 Q 网络（DQN）[27]利用神经网络来估计 Q 值，例如深度确定性策略梯度[28]。强化学习的常见应用领域包括游戏玩法（如围棋游戏的 AI[29]）和机器人技术（如自主机器人[30]）。

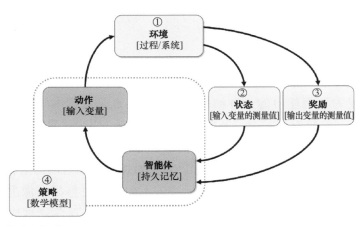

图 1-8　通用行为—奖励反馈循环。

1.3　学习技术的分类

1.3.1　数据视角

统计推断和机器学习通常可以互换使用。然而，二者之间实际上存在着微妙的差异。

统计推断是指通过数据分析来推导出一个潜在概率分布特性的过程[31]。在机器学习领域，"推断"一词被较为宽泛地使用，它是指学习或训练一个模型，随后基于已训练模型进行预测。简言之，在推断的语境中，目的是得出结果或决策，而达到该结果的过程则是通过建立模型并从模型中进行预测实现的。在推断的概念基础上，学习有多种不同的方法，包括归纳学习、演绎推理和转导学习。

1.3.1.1 归纳学习

归纳学习基于从历史数据中得出关于未来决策的泛化结论的理念。归纳学习的核心思想是，通过学习概念，形成处理新观测数据的泛化规则，而这一过程的关键特征是依赖过往数据作为证据。

归纳学习的目标是从具体的输入与输出中推导出一个泛化的函数模型，从而能够对样本进行泛化处理。估计一个映射函数通常颇具挑战性，其结果往往是对该函数的一个较好的近似。当目标函数不是静态的，并能够根据新的观测数据发生变化时，归纳学习尤为重要，如在预测股票市场时。在任务没有形式化解决方案，或者即使人类能够执行此任务但却无法明确描述其直接执行方式时[32]，这种学习技术也是极有价值的。例如，学习驾驶汽车或骑自行车就是此类情况的例子。

1.3.1.2 演绎推理

演绎推理与归纳学习相反，归纳学习从具体情况过渡到一般结果，而演绎推理则使用一般规则来确定具体结果。此外，这种类型的推理是自上而下的，并遵循将事实从一般理论推导出具体的结论的过程。第一步是收集许多语句、前提，并将这些语句简化为一个逻辑结论。虽然归纳和演绎在定义上是相反的，但它们与使用机器学习从观察中学习并做出预测密切相关。归纳学习用于在数据集上训练模型，并对模型进行拟合，然后进行预测。从训练好的模型中进行预测是演绎推理的过程，它使用在训练过程中学习到的一般概念来确定具体的结果。简而言之，演绎推理仅根据给定特定值推导出函数的值。不同学习类型的对比如图 1-9 所示。

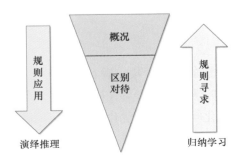

图 1-9　描述学习差异的信息图。

1.3.1.3 转导学习

转导学习的目标是在给定某一领域的实例情况下，预测特定的样本，但不进行概括化处理。由于这种学习方式不涉及概括化，它不需要一个输出函数，而是直接对数据进行分类建模。然而，在这个过程中，如果数据集中加入了新的数据点，可能需要重新训练整个模型，因为之前并没有进行足够的概括化以定义一个输出函数。因此，转导学习同时观察训练集和测试集，并尝试从观察到的训练数据及其标签中学习模式，进而预测测试数据的标签。转导学习在机器学习领域的应用实例包括自然语言处理任务，如将一种字符串转换为另一种字符串。具体例子有拼写纠正，从错误拼写的单词生成正确拼写，以及机器翻译，从源语言的例句生成目标语言的词序列。转导学习可能因为不构建预测模型而导致计算成本较高，它仅能对已观察到的数据点进行预测。不同学习类型的对比见图 1-10。

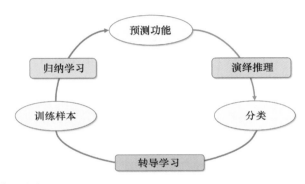

图 1-10　描述不同类型学习的流程图。

1.3.2　算法视角

监督学习和无监督学习之间的界限往往不是一成不变的，存在许多混合方法。

此外，训练机器学习模型的过程以及训练模型的推理过程可能会有很大差异。在接下来的章节中，将定义和探讨建模和训练模型的不同方法。

1.3.2.1　多任务学习

多任务学习是机器学习算法的一个子集，旨在通过考虑一组特定的函数 f 来解决多个问题的优化。顾名思义，多任务学习是一种旨在同时解决多个任务的机器学习算法；因此，它解决的是一个多目标函数优化问题（同时优化多个目标函数）。这比单独训练多个模型更有效，因为从所有数据中学习的模式将能够定义可以应用于多个上下文的抽象的通用表示。然而，多任务学习只有在要学习的任务彼此之间有一定程度的相关性时才有益，如果它们不相关，则可能导致更差的表现。多任务学习中的一种常用技术是强制参数共享，以便所有任务共享正在学习的数据的相同学习表示。由于目标是一次解决多个任务，因此模型必须在相同的输入数据下优化多个目标，从而提高模型的泛化能力。同时实现多个学习任务很容易，因为每个任务的目标函数可以合并为一个，允许优化一个目标函数，该目标函数是多个原始目标函数的加权和。多任务学习体系架构的可视化如图 1-11 所示。

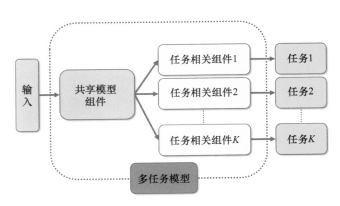

图 1-11　多任务学习的架构概述。

1.3.2.2　主动学习

如前所述，数据标注是一项既耗时又成本高昂的工作。主动学习的目标是通过提升数据标注的效率和数据集的表达力来加快数据标注的进程[33]。其核心目的在于优先选择那些最具表现力的未标注数据进行标注。这种技术通过使模型仅选择数据的一个子集进行训练，而非选择整个数据集，从而提高了效率，缩短了标注全部数据所需的时间。同时，因为只有最有表现力的数据会被标注，这也增强了数据集的表现力。表现力的衡量可以采取多种方法。例如，不确定性抽样会选取模型在预测时最不确定的数据点进行标注。不确定性可以通过最低概率值预测来确定，或者通过熵（信息的平均水平）来衡量。如果预测的熵值很高，表明模型对该数据点感到迷惑，无法准确分类，因此这种数据点非常适合作为标注的对象。而基于委员会的查询（Query-By-Committee，QBC）则提供了另一种选择不确定性样本进行标注的方法，该过程采用多个模型，选取那些在所有模型中表现不一致的样本[34]。总体来说，主动学习只要求标注那些最关键且表现力最强的样本，以建立最具代表性和高效的模型。主动学习的架构如图 1-12 所示。

1.3.2.3　在线学习

鉴于机器学习常常应用于庞大的数据集，很有可能无法将全部数据一次性装入计算机内存中进行训练。在这种情况下，学习需要通过逐步处理观察结果来进行。传统的机器学习方法是离线的，这意味着所有数据必须始终存在且可用。然而，与之相对的在线学习则是在数据以数据流的形式提供时即时进行估计，而不是等到所有数据皆可获得之后再处理。在线学习的目标不是最小化误差，而是最小化遗憾（regret）；换句话说，其目标是衡量模型的实际表现与如果获得所有可用数据时所能达到的最佳表现之间的差距[35]。在线学习面临一个复杂的问题，因为模型会随时间变化，且数据具有时序性。因此，它需要强大的计算能力不断吸收数据并细化模型。在线学习常用于金融和经济领域，因为这些领域中新的数据模式不断涌现[36]。

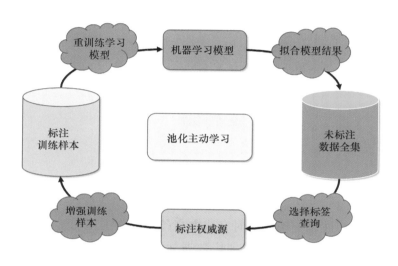

图 1-12　主动学习架构概述。

1.3.2.4　迁移学习

在某些场合，一个任务可能与众多类似任务相关联。在这些情况下，可以针对某一任务训练出一个模型，并将该模型作为解决额外任务的初始点。简言之，迁移学习是这样一种学习技巧，它先为一个通用的第一个初始任务开发模型，然后将其应用于第二个相关任务，目的是提升处理第二个任务的性能并减少其训练时间。在计算机视觉领域，迁移学习是一种常见技术，特别适用于深度神经网络（DNN），如牛津大学视觉几何组（VGG）模型[37]或微软的 ResNet 模型[38]，这些模型都是在 ImageNet 数据集[39]上进行训练的。ImageNet 数据库包含超过 1 400 万幅图像，覆盖了 1 000 个不同的类别，因此非常适合作为一个通用数据集，将其学习经验迁移到更小、更专门的计算机视觉分类问题上。此外，一个在 ImageNet 上训练过的深度神经网络已经学会了如何从图像中提取特征，并能够对大量图像库中的多种类别进行分类，它应当能够从以前未曾见过的照片中准确提取特征。迁移学习过程的一个示例见图 1-13。该模型的第二层是为了学习特定车辆的分类而设计的。不过,可以替换并修改这一层,以便将特征学习迁移到另一个下一层的任务中。

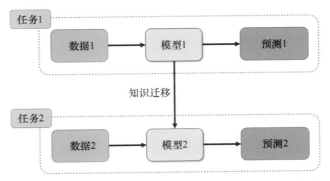

图 1-13 迁移学习的应用示例,将从先前任务/领域中获得的知识运用到新的任务/领域。

在深度神经网络实施迁移学习时,一个值得注意的点是模型较前面的层所学到的特征相对更通用,因为它们主要捕捉的是基础和泛化的信息,而靠近模型末端的层则学习了与特定数据集紧密相关的属性。类似地,在语言处理领域,进行自然语言处理(NLP)的迁移学习也是一种常见做法。使用词嵌入技术,即将具有相似含义的词表示为相似的向量形式[40],是一种流行的迁移学习技术。此外,这些词嵌入的学习过程本身就作为源模型,它掌握了词语的上下文含义,随后可以被迁移到其他下一层任务,比如文本分类[41]、命名实体识别[42]和事件提取[43]等任务中。

1.3.2.5 集成学习

在机器学习模型的开发过程中,我们通常需要解决形如方程(1-2)所展示的优化问题。但是,单个模型并不总是最优解。集成学习是这样一种学习技术,它通过同时训练多个模型来处理同一数据集,并综合这些模型的预测结果。例如,决策树在解决定量问题方面颇具效用,但其性能会受到选定特征集和确定划分特征阈值的准确性的影响,而不仅仅依赖于创建出的决策树是否为最佳模型。我们可以应用集成学习,生成多棵决策树,并基于这些决策树生成的聚合结果来做出最终预测(这通常被称为随机森林)。随机森林是一种基于自助法(Bootstrapping)和聚合(Aggregation)的例子,它为特定样本生成多个自助模型,并对这些模型的预测进行聚合。另一种集成学习的方法是堆叠学习,多个模型并行学习,随后将它们的输出作为输入传递给一个更高层次的模型,这个模型作为主要的预测器以期获得更精准的预测结果,如图 1-14 所示。最后,提升法(boosting)是一种集成学习方法,它通过学习先前的模型来改善未来的预测。在 xgboost[44] 和 adaboost[45] 等提升算法中,模型通过序列方式进行相互学习,每个模型都能从上一个模型学习,并纠正先前的错误。

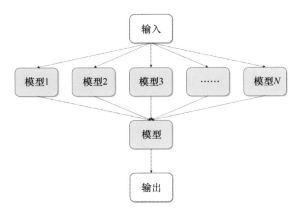

图1-14 集成学习及其堆叠集成学习方法。

1.4 机器学习方法

1.4.1 降维

机器学习直接依赖数据来运算，尤其是要处理众多的数据样本，其中数据的大小由样本数量和每个样本的特征数量决定。样本的特征数量或输入变量的数量常常被称作样本的维度。在许多任务中，特征繁多，而通常只有少数特征是关键的，其他特征可能是多余的或重复的。虽然更多的数据通常被认为是有益的，但所谓的"维度诅咒"是指更多的输入特征会使机器学习的任务变得更加复杂。因此，降维技术试图减少数据集中的特征数目。降维可以通过缩小输入特征集带来一些好处，包括：①减少冗余特征和噪声；②节省存储空间；③降低过拟合风险；④有利于数据可视化；⑤减少计算量；⑥加快训练速度[46]。Fodor在其研究报告[46]中详细展示了降维技术处理聚类数据的有效性，特别是在原始空间中处理这些数据变得较为困难时。

在众多现有的降维技术中，线性降维方法较为常见，其中包括主成分分析（PCA）和线性判别分析（LDA）。主成分分析[47]是一种矩阵分解手段，它可以将数据集矩阵简化为若干部分。这些部分可以按照重要性进行排序，从而选出代表最关键特征的一个子集。主成分相当于数据集协方差矩阵的特征向量，可以通过协方差矩阵的特征值分解或者原始数据集矩阵的奇异值分解[48]来轻松求得。

另一种降维手段是特征选择，这是一个通过统计方法来识别并选择应保留或移除哪些特征的过程。随机森林便是实现特征选择的有效方式之一。随机森林通过构建数百棵决策树来实现，每棵树都基于数据集中一系列随机选取的观测值。在树的每个节点上，特征会沿着两个可能的方向分支减少——如果特征成立，则分支为"是"，如果特征不成立，则分支为"否"。因此，在构建决策树的过程中，可以计算每个特征的不纯度，并以此衡量特征的重要性；特征减少的不纯度越多，说明该特征越重要。鉴于随机森林包含多棵决策树，可以通过对所有树进行特征重要性的均值计算，从而评估各个特征变量的重要性。

1.4.2 神经网络与深度学习

1.4.2.1 多层感知器

人工神经网络（ANN）是受生物神经网络启发而来的，生物神经网络是由生物神经元构成的。一个生物神经元主要由以下几部分组成：①树突，负责接收传入的信号；②细胞体，处理输入信号并传递信息；③轴突，传递信号；④突触，位于轴突末端，用以与其他神经元连接。ANN将这些结构进行了抽象，在层级结构中实现感知功能。感知器接受输入信号，对其进行加权，并加入偏置，然后应用一个激活函数处理输入信号，进而向前传播输出。上述过程称为正向传播。然而，在这整个过程中，最关键的步骤之一是反向传播（backpropagation），它通过将预期输出沿网络反向传播，优化参数，以便找到最佳拟合模型。感知器可以堆叠成多层感知器（MLP），以学习复杂的函数关系，如图1-15所示。通常情况下，MLP中的第一层"神经元"称为输入层，最后一层称为输出层，而中间的层则称为隐藏层，因为它们不直接面对输入。由于反向传播过程负责学习最佳权重，将输入映射到输出，因此需要一种优化方法，通常采用的是梯度下降法，它试图最小化预测输出与期望输出之间的差异。在MLP中，上一层的每个神经元都与下一层的每个神经元相连，形成一个全连接神经网络（FCN）。与传统感知器相比，MLP的一个关键进步在于，传统感知器不能区分非线性可分的数据，而MLP可以。MLP可以包含多个层次，变得很深，从而形成深度神经网络，能够逼近极其复杂的函数。

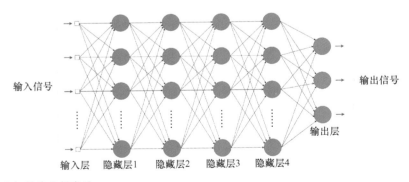

图1-15　多层感知器的示例表示。

1.4.2.2 循环神经网络

多层感知器无法有效处理序列数据，而循环神经网络（RNN）是一种能够存储时间序列信息并体现动态时序行为的神经网络种类。根据具体应用场景，实现 RNN 的方法有多种，包括长短期记忆网络（LSTM）、双向循环神经网络以及分层循环神经网络。RNN 将其输出在下一时间点反馈至网络自身，形成一个循环，以便根据需要传递信息。Dong 等人的研究表明[49]，简单的 RNN 可以展开，形成类似序列的链状结构，如图 1-16 中所示。在每个时间步，当前时间步的输入会结合上一时间步编码后的输入一同处理[50]。然而，RNN 确实存在一些问题，尤其是梯度消失问题。当 RNN 因激活函数将大范围输入压缩至 0 到 1 之间的较小空间，导致梯度非常小时，就会发生这种情况。输入对于 S 型函数的大幅变化将只会引起输出的微小变化，由于节点的循环结构不断自我馈送，导数变小，梯度趋近于 0。在某些情况下，这可能会完全阻止网络学习，因为微小的梯度不足以更新权重。

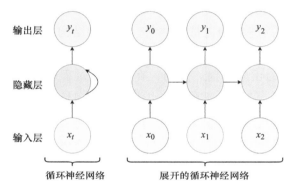

图 1-16　展开成链状结构的循环神经网络。

1.4.2.3　卷积神经网络

在深度学习领域，卷积神经网络（CNN）在计算机视觉任务上已被证实是最有效的架构之一[51]。CNN 通过对图像进行滤波器卷积操作来提取抽象特征。然后，这些滤波器通过池化层进行下采样，通常使用最大池化技术，该技术将图像分割成不同区域并返回每个区域内的最大值。最终，CNN 的末端组件是全连接层，其中每个神经元都与前一层和后一层的所有神经元直接相连，以传递前一层的处理结果。CNN 的一项重大成就体现在 AlexNet 架构上[52]，该架构在图形处理器（GPU）上实现了更快速的卷积运算，推出时即达到了行业领先水平。CNN 解决的最初任务之一是利用 MNIST 数据集进行手写数字分类[53]。Yann LeCun 被认为是 CNN 的奠基人，他最初设计的 LeNet 架构[54]仅包括两组卷积层和池化层，以及两个全连接层，如图 1-17 所示。

自 LeCun 提出卷积神经网络以及改进后的国家标准与技术研究院数据库（MNIST）问世以来，ImageNet[55]已经成为用于评估新计算机视觉架构的最流行数据集之一。这个数据集是基于 WordNet[56]构建的，WordNet 是一个按层级结构组织的、包含英语词汇的词典数据库，它将语义相似的单词进行关联。ImageNet 数据库包含了按照 WordNet 层级结构组织的数百万张图像，覆盖了 1 000 多个不同的类别。由于 ImageNet 的类别数比

MNIST 多出 100 倍以上，因此用于对 ImageNet 图像进行分类的架构采用了更深层次的网络结构。在探索利用非常深的卷积网络对众多类别的图像进行分类的过程中，VGG[57] 诞生了——这是一个包含 16 个以上卷积层和 3 个全连接层的深度神经网络。

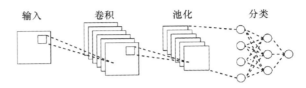

图 1-17　卷积神经网络架构示例流程图。

增加额外卷积层和池化层的初衷是，这些层能够逐步学习到更加复杂的特征。例如，最初几层可能学习到图像的边缘信息，接下来的几层可能学习到形状信息，再往后的层可能学习到嘴巴特征，最后几层则可能用于识别面部。然而，He 等人[38] 的研究表明，增加更多网络层虽然可以构建更复杂的函数，但同时也更容易发生过拟合现象。一些研究指出，运用正则化和稀疏性技术能够有效预防过拟合问题[11, 58]。

1.4.2.4　残差网络

He 等人[38] 提出的残差块（residual block），对于极深神经网络中的退化问题表现出显著的改善，使其准确度超越了浅层、规模较小的网络。残差块的核心创新在于引入了一种"跳跃连接"的恒等映射（见图 1-18），它没有参数，只是将前一层的输出直接传递到下一层。这种结构有助于保持在深层网络中可能丢失的前期信息，因为极深的网络往往无法有效地将前面层的信息传递到后续层，从而导致出现性能退化的问题。而且，随着网络深度的增加，深度网络开始趋于收敛，准确率会达到一个饱和点后迅速下降。这些"跳跃连接"使得前面层可以轻松地、不经修改地将信息传递给后续层，仅通过恒等映射传递。中间层仅须学习与原始输入相比的残差块或变化值。相较于从零开始学习恒等映射，学习残差块显然更为容易。因此，残差网络能够通过将浅层直接与深层相连，有效缓解在极深神经网络中出现的性能退化问题。

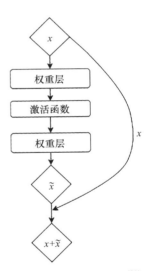

图 1-18　引入的残差块[38]。

1.4.2.5　图神经网络

随着深度学习的广泛应用，特征与目标结果的关联以及特征间相互关系的区分日渐明显。在计算机科学领域，图结构及其内部对象与连接的组合表达形式显得尤为重要。图是表示实体及其连接关系的一种有效结构。新近的研究提升了图的处理能力和表现力。通常情况下，人们将图与社交网络、导航系统或化学结构等联系起来，然而，图的表达能力远不止于此。例如，图像可以被构建成图，其中每个像素点作为一个节点，并通过边与邻近的像素点相连。甚至文本也可以用一个简单的有向图来表示，每个字符都是一个节点，并通过有向边与接下来的字符（节点）相连。

图神经网络（GNN）可以简化为对图的每个组成部分应用多层感知器（MLP），对于图中的每个节点向量，执行 MLP，得到一个学习到的节点嵌入向量。对于每条边同样进行处理，得到边嵌入，最终得到一个表示整个图全局上下文的嵌入向量。对于图的不同组成部分的每个嵌入，将这些嵌入向量连接成一个单一矩阵并通过求和操作进行聚合。由于数据本质上是图结构，我们可以从中学习多种任务。图级任务的目标是学习整个图的某个属性，例如在图像图中，预测图中的物体[59]。GNN 还常用于节点级任务，比如预测给定图中某个节点的标签。一个经典例子是 Zachary[60] 讨论的空手道俱乐部会员社交关系问题。GNN 也可以应用于不完整的数据，如 Kipf 和 Welling[61] 所讨论的，使用高效的卷积神经网络变种来编码局部结构和特征。这些网络甚至可以应用于表示三维几何对象的更高级图结构，如网格。HyNet[62] 是一种新型的 GNN，能够对三维物体的非结构化网格中的不同组件进行高分辨率的分割。

1.4.3 自然语言处理

自然语言处理（NLP）是机器学习领域的一个重要分支，其核心功能是使机器具备理解和学习文本及语言的能力。简而言之，NLP 研究者的目标是教会机器理解口头和书写的内容，从而理解人类语言。一些常见的 NLP 任务包括问答系统、语音识别、预测性打字、文档摘要、机器翻译、情感分析等。NLP 可以进一步细分为自然语言理解（NLU）和自然语言生成（NLG）。NLU 任务专注于解释自然语言的含义，而 NLG 的任务恰好相反，学习的目标是将数据映射成书面叙述。解决 NLP 问题是一项艰巨的任务，因为完全理解并表达一种语言的含义是一个非常难达到的目标。此外，机器学习模型通常是从结构化数据中学习，而 NLP 应用中的一个重大挑战在于人类的语言往往是非结构化且含糊不清的。因此，对于计算机来说，在翻译和理解文本时，想要完全理解文字背后的意图和情感，乃至感知语气，其难度可想而知。

当前自然语言处理技术的最先进水平是通过语义和句法分析技术来执行 NLP 任务。语义分析关注句子中词语背后的含义，而句法分析则通常是指文本的语法结构。语义分析技术旨在通过分析含义或逻辑来理解和解释句子中的词汇、符号、语气和结构。命名实体识别（NER）是一个涉及语义分析的问题，其任务目标是确定文本中可以归类为人名、地点等类别的术语。另外，句法分析专注于对文本进行形式语法分析，例如句子成分的划分。句法分析还包括其他任务，如词性标注或词干提取，即将单词切分至词根形式。

由于输入文本的非结构化特性，NLP 任务需要进行大量预处理。文本通常会被转换为小写，且移除标点符号，因为这些附加信息可能会造成噪声，并因数据量增加而提高计算复杂度。其他如数字和被认为是"停用词"的非关键词也会被移除，例如"in""what""the""and"等。最终，文本会被分词（tokenize），拆解为最小的有意义单元，接着进行词干提取和词形还原。词干提取是指去除词汇的所有词缀，得到词根；而词形还原则是通过词典查找，提取单词的基本形式的过程。

1.4.3.1 词嵌入技术

自然语言处理旨在理解并学习文本内容。然而，神经网络无法直接从文本字符串中学习，它们需要通过数值数据来进行学习。词嵌入是一种模型，它的学习目标是将词汇表中的单词映射为数值向量。词嵌入技术建立在迁移学习的基础之上，目的是提高网络处理文本数据的学习能力。通常情况下，词嵌入会将文本数据表示为低维度向量，以此来提升计算效率。传统方法中，单词通常被映射为独热编码（one-hot encoding），即长度与词汇量相同的二进制向量，其中只有一个位是1，用以表示在该词汇表中的特定单词。这种独热编码方法极其低效，因为向量中的大多数值都是0，而且当其用于神经网络时，输出向量中的大部分值也将是0。此外，根据余弦相似度的逻辑，这种表示方法意味着所有单词都是相互正交的，无法用于比较单词在上下文中的相似性。

因此，人们转为使用低维度的词嵌入，并通过网络的一个全连接层来计算这些嵌入。这一层常被称为嵌入层，其权重被称为嵌入权重。由于采用了独热编码，独热向量与嵌入权重矩阵的乘积实质上返回了一个稠密的向量，代表了该词的嵌入，并可以被视为查找表。因此，这个过程被称为"嵌入查找"，而这一隐藏层的维度称为"嵌入维度"。Word2Vec是当前应用最广泛的词嵌入模型之一。它由谷歌开发，基于谷歌新闻数据集进行训练[40]。该模型在超过300万词汇的基础上进行了训练，其嵌入维度为300（见图1-19）。全局向量（GloVe）是由斯坦福大学开发的词嵌入方法，其维度从25、50、100、200到300不等，基于26亿、42亿到8 400亿个令牌进行了实现[63]。GloVe通过单词的共现频率来实施，即如果两个单词在文本中多次相邻出现，则它们在语义上具有相似性。最后，fastText由脸书（Facebook）开发，提供了三种不同的模型，每种模型的维度均为300，不仅在单词级别，还在字符级别进行了词表示的学习[64]。

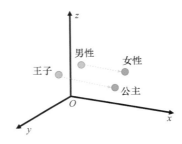

图1-19　基于词嵌入算法（如Word2Vec）的潜在空间的视觉化表达。

1.4.3.2 门控循环单元

门控循环单元（GRU），由 Cho 等人在文献 [65] 中提出，主要目的是解决梯度消失问题。该模块利用更新门与重置门来控制输出应携带的信息量。GRU 经过训练，能够在长时间内保持信息，避免随着时间的推移而遗忘或舍弃信息。更新门的构成包括输入与其权重矩阵的乘积，以及上一个时间步的输出与其权重矩阵的乘积的总和，这一总和通过 Sigmoid 激活函数进行处理，以将结果限制在 0 到 1 之间。该门的直觉能力在于判断应当将多少过去的信息传递到未来。这是 GRU 中最关键的部分，因为它能够学会保留所有过去的信息，从而降低梯度消失发生的风险。而重置门则用于决定应当忘记多少过去的信息。另外，GRU 相比于其对应的长短期记忆网络（LSTM）[66]，减少了张量运算次数，并且取消了单元状态的使用，这些优化提升了处理速度。

1.4.3.3 序列到序列

序列到序列（Seq2seq）模型被用于将一种序列转换成另一种序列。例如，英文句子翻译成德文句子的过程是一个序列到序列的任务。正如上文在编码/嵌入部分所详述的，这类翻译任务通常采用的设置包括一个编码器（encoder）。——它以源序列为输入并输出一个编码，以及一个解码器（decoder）。——它以该编码为输入并生成目标语言的序列。编码器和解码器通常具有相似的架构，并且一般是基于循环神经网络（RNN）或长短期记忆网络（LSTM）构建的。

1.4.3.4 注意力机制

注意力机制最初是为了解决神经机器翻译（NMT）问题而在序列到序列（Seq2seq）模型中引入的[67]。传统的 Seq2seq 模型采用编码器—解码器架构，编码器将输入序列映射为一个固定长度的上下文向量，解码器根据该向量生成转换后的输出。但由于上下文向量长度固定，该模型难以处理较长序列，尤其是在处理完整个序列后，序列初始部分常常会被遗忘。Seq2seq 模型只保留编码器的最终状态来初始化解码器，忽略了所有中间状态。这种做法虽然对短序列有效，但序列一旦过长，这个压缩的向量就会成为瓶颈，难以将长序列的全部信息编码到向量中。为了解决这一问题，引入了注意力机制，它利用编码器的所有状态来构建上下文向量，并保留这些中间状态。Xie 等人[68] 强调了注意力模块在建模长距离依赖关系方面的作用，如图 1-20 所示。

注意力机制通过一个子网络来确定应该"关注"编码器中的哪些隐藏状态以及关注的程度。这个子网络由一个全连接密集层组成，后接一个 softmax 函数，softmax 函数输出的概率即为注意力权重。这些权重帮助解码器决定对输入序列中特定标记集合应该关注多少。有了注意力机制，我们可以清晰地看到输出序列中的哪些标记是由输入序列中的特定标记决定的，并且这通常可以通过热图来表示，这种热图被称为注意力图。

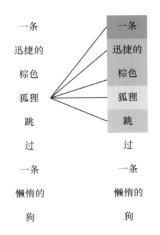

图 1-20　注意力机制示例

注：这个注意力机制示例应用的可视化演示了输入单词与句子其余部分之间的关系，注意力架构为捕获复杂系统的上下文和内部依存关系提供了一种模型。

1.4.4　机器学习作为插值函数

在较高层面上，机器学习利用算法逐步调整权重，以便最佳拟合特定数据集。提升机器学习模型性能的方法众多，但多数方法仅提供经验上的保障，并不能给出正式理论上的收敛性保证。因此，下面探讨将机器学习视作插值函数的概念，并审视相关属性。我们阐述了机器学习问题的困难性，并试图通过凸化处理及概率近似正确学习（Probably Approximately Correct Learning，PAC 学习）来解决这一问题。

1.4.4.1　问题的难度

在机器学习模型训练中应用数学优化方法，通过最小化误差将实例映射到其正确的标签，如方程（1-2）所示，这被 Hazan[69] 定义为 NP 难问题（非确定性多项式—难问题）。虽然从计算复杂性的角度来看，NP 难问题被认为是一类极其困难的问题，但关键点在于，机器学习中的数学优化本身就是一项艰巨的任务[70-72]。这种优化之所以难以解决，是因为我们无法仅通过局部观察到的解来确认全局最优解。机器学习中的优化算法是迭代式的，通过不断的局部改进步骤进行迭代，并在无法继续做局部改进时终止，换言之，它们寻求局部最优解。因此，这些优化方法得出的局部最优解（局部解）可能与全局最优解差异很大。在机器学习中进行数学优化时，凸优化的概念大有裨益，因为在凸问题中，可以通过局部条件来验证全局最优性。

1.4.4.2　凸化

如前所述，机器学习算法普遍采用了某种形式的优化。大部分学习算法都旨在最小化损失或误差,或是最大化某种评分函数。梯度下降算法通常被认为是寻找最优解的默认优化算法。在很多情况下,被优化的函数是非凸的,呈现波动状,这意味着某些局部最小值可能不如全局最小值那样深。简言之,凸优化意味着目标函数的局部最小值与全局最小值相同。但许多针对非凸问题的优化算法可能会陷入局部最小值,判断何时发生这种情况以及是否会收敛可能颇具挑战。近年来,全球优化方法取得了一些进展。然而,凸优化方法更为快速、简便,且计算强度较低。因此,如果学习算法是在一个凸优化友好的环境中形成的,或者说是"凸化"的,那么它们就能展现出所有这些特点。记住,如果函数 $g(x):\mathbb{R}\to\mathbb{R}$ 满足特定条件,则可以称之为凸函数:

$$g(tq_1+(1-t)q_2)\leqslant tg(q_1)+(1-t)g(q_2)$$
$$\forall q_1,q_2\in Q,\forall t\in[0,1]$$

(1-3)

总体而言,机器学习被应用于那些无法保证找到最优解的问题,我们能做到的最好结果就是找到一个良好的近似解。相反,如果是一个凸优化问题,由于该问题只需找到一个最小值,它可以在有限的资源和明确的界限下实现,并且能为"凸化"近似提供稳定且精确的输出。结果产生的凸优化问题是一种低成本的可训练模型,并且相较于现有机器学习通常需要昂贵的 GPU 和数小时甚至数天的训练时间的问题,它具有优势。凸化神经网络提供了一种学习神经网络近似的替代途径,但凸化学习算法的性质仍然处于初期阶段,需要进一步探索。下面,我们来看一个案例研究,它将传统的深度神经网络进行凸化处理,并分析这种处理对模型性能的影响。

1.4.4.3 凸化深度神经网络

前文提到,卷积神经网络(CNN)利用滤波器卷积操作来提取局部特征,相较于全连接神经网络(FCN),它能够实现更好的泛化效果。然而,这一过程依赖非凸优化,并且不能保证求解到全局最优解。众多的研究论文已经尝试提升 CNN 的性能[73-76],但是没有一种方法能确保其表现优于传统的 CNN。

Zhang 等人[77]提出了一种新型架构——凸化卷积神经网络(CCNN),它在性能上不仅可以与传统的 CNN 相媲美,甚至有可能超越 CNN、支持向量机(SVM)以及堆叠去噪自编码器等其他算法。CNN 具有非线性卷积滤波器的稀疏性优势,这些滤波器仅对输入的局部区域进行作用,并且实现了参数共享——即同一个滤波器被应用于所有局部区域。尽管如此,训练 CNN 的标准方法仍然是依靠解决一个 NP 难非凸优化问题。此外,由于问题的非凸性质,反向传播算法中计算梯度的收敛速度缓慢,其相关的统计学性质也难以捉摸。

凸化卷积神经网络提供了一种求解凸优化问题的机制,可通过投影梯度算法高效地求解。CCNN 的统计特征可以进行精确和严格的分析,其通过再生核希尔伯特空间(RKHS)取代了 CNN 中的非线性激活函数。尽管两层的 CCNN 能够保证较强的优化性能，在更深层次的 CCNN 中，优化主要是通过凸化来实现性能提升的。显然，非凸优化是一个困难的任务，但如 CCNN 所示，为了近似于 CNN，非凸优化并非必要。CCNN 通过采用 RKHS 滤波器替代传统 CNN 滤波器，并将参数共享的概念放宽到核范数约束，解决了传统 CNN 中的非凸性问题。因此，这引出了一个值得深入探讨的问题："在机器学习领域中，是否存在更优的抽象方法？"

1.4.4.4 通过"概率近似正确学习"衡量误差

机器学习的根本目标是找到一个与生成数据的真实过程非常接近的近似表示，这也是我们努力学习的内容。概率近似正确（Probably Approximate Correct，PAC）学习提供了一种衡量工具，用来衡量近似概念与真实概念之间的距离。一种朴素的方法是将数据分成训练集和测试集，模型仅在训练集上进行训练，并在测试集上进行评估，以此比较近似概念与真实概念的学习效果。然而，分隔出的测试数据不太可能完全复制真实概念的全部情况；而 PAC 学习则以高概率保证，正确的概念可以从训练数据中得出。PAC 学习的观点是，当模型在未知数据上的准确度表现不佳时，与其说是模型问题，更可能是模型在训练数据上过拟合了，导致训练数据没有准确地代表真实概念。

1.5 结论

在过去几十年里，机器学习方法已经取得了长足进步。现在，机器学习模型被广泛应用于多种场合，因为它们愈发能够捕捉和表征复杂的关系，并且变得更加强大且通用。尽管如此，机器学习方法还有很大的发展空间。随着机器学习的进步，我们将见证它在更多的领域，特别是在流程工业中的应用。一个有很大发展潜力的领域是结合数据驱动与现象学模型的混合建模。这类模型将具备现象学模型的稳定性和外推能力与机器学习模型的灵活性和计算效率。

当前的机器学习方法能够捕捉数据的表面特征，但它们未能抓住能够将这些特征与外部知识领域相连接，并对观察结果进行合理推理的更高阶的抽象概念。混合模型的进步可能会弥补这一缺陷。

机器学习模型的训练复杂性直接影响其性能。训练数据的规模和在维度表征上的准确度直接关系到模型的构建。因此，许多最新的机器学习技术采用了非常深层的神经网络，这些网络在时间和资源上的训练成本都更高。随着这些深层神经网络内部参数的数量开始超过数据点的数量，模型开始出现过拟合现象，并且失去了对未知数据进行泛化的能力。过拟合是大多数机器学习模型面临的一个重要问题。

如果学习是可实现的，并且学习函数所属的函数族是有限的，那么我们可以界定一个小的经验误差所需的训练样本数。然而，这些条件要求极高，因为在现实世界中，大多数问题都难以满足这些条件。另外，如果样本分布没有良好的代表性，就会导致过拟合。为了避免过拟合，大多数模型需要样本空间分布中所有类别的样本均匀分布。但在实际操作中，所提供的数据集往往是未知分布，如果不采用稀疏性和正则化等技术，就无法解决过拟合问题。

随着深度神经网络（DNN）在研究领域广受欢迎，并推动构建更深层、更复杂的网络架构，部分研究开始探索在深度学习中引入稀疏性以改善效率与准确性之间的平衡。深度扩张网络（DEN）[78]利用稀疏性概念来增强DNN各层之间的连接及信息流，同时以更高效的方式维持顶尖性能。另一个在深度学习中提高网络稀疏性的方法是使用随机失活（dropout）技术[58]，该技术在训练期间随机地忽略掉一些层的输出，也就是"随机失活"这些输出。这一技术模拟给定层的稀疏激活，使得学习到的表示更为稀疏，从而构建出更加健壮的网络。其他促进稀疏性和类似随机失活的正则化方案也被应用于神经网络中，使得网络更加稀疏并因此提升了性能[79]。

除了分类任务之外，机器学习模型还能充当许多优化问题的代理模型。这对于很多工程应用日益重要，因为创建精确的插值函数变得不切实际。机器学习模型可以处理结构化数据，如图结构，因为图结构在各个领域内变得极为流行，它已经是计算机视觉、模式识别等领域的常见输入，并且很快也将被其他计算领域所采用。然而，这是一个需要大量研究以学习结构化输入内部关联性的领域，如当输入的结构是具有节点和邻接结构的图时。使用这类结构化数据作为输入的机器学习模型，可能也需要充当生成模型。具体来说，这样的网络需要能够预测出满足某些特定属性或要求的图结构输出。这类生成模型对于工程应用和结构模式识别显得越来越重要[80, 81]。

致　　谢

Daniel Schwartz、Ali Shokoufandeh 和 Masoud Soroush 感谢美国国家科学基金会（National Science Foundation，NSF）提供的财务支持；本材料部分基于美国国家科学基金会资助的编号为 CBET-1953176 的项目。本材料中表达的任何观点、发现、结论或推荐均为作者所持，并不一定反映美国国家科学基金会的观点。

参考文献

[1] T. Mitchell, Machine Learning, McGraw Hill, Burr Ridge, 1997.
[2] R.O. Duda, P.E. Hart, et al., Pattern Classification and Scene Analysis, 3, Wiley, New York, 1973.
[3] B.E. Boser, I.M. Guyon, V.N. Vapnik, A training algorithm for optimal margin classifiers, in: Proceedings of the Fifth Annual Workshop on Computational Learning Theory, 1992, pp. 144–152.
[4] J. Ross Quinlan, Induction of decision trees, Mach. Learn. 1 (1) (1986) 81–106.

[5] L. Breiman, Random forests, Mach. Learn. 45 (1) (2001) 5–32.
[6] J.F. Kenney, E.S. Keeping, Linear regression and correlation, Mathematics of Statistics 1 (1962) 252–285.
[7] C.R. Boyd, M.A. Tolson, W.S. Copes, Evaluating trauma care: the TRISS method. Trauma score and the injury severity score, J. Trauma 27 (4) (1987) 370–378.
[8] J.D. Gergonne, The application of the method of least squares to the interpolation of sequences, Historia Mathematica 1 (4) (1974) 439–447.
[9] J. Scott Armstrong, F. Collopy, Error measures for generalizing about forecasting methods: empirical comparisons, Int. J. Forecast 8 (1) (1992) 69–80.
[10] I.J. Goodfellow, J. Shlens, C. Szegedy, Explaining and harnessing adversarial examples, arXiv preprint arXiv:1412.6572 (2014).
[11] D. Schwartz, Y. Alparslan, E. Kim, Regularization and sparsity for adversarial robustness and stable attribution, in: International Symposium on Visual Computing, Springer, 2020, pp. 3–14.
[12] I. Goodfellow et al., Generative adversarial nets, Advances in Neural Information Processing Systems 27 (2014).
[13] J. MacQueen, et al., Some methods for classification and analysis of multivariate observations, in: Proceedings of the Fifth Berkeley Symposium on Mathematical Statistics and Probability, 1, Oakland, CA, 1967, pp. 281–297.
[14] P. Vincent, et al., Extracting and composing robust features with denoising autoencoders, Proceedings of the 25th International Conference on Machine Learning, 2008, pp. 1096–1103.
[15] D. Bank, N. Koenigstein, R. Giryes, Autoencoders, arXiv preprint arXiv:2003.05991, 2020.
[16] D.P. Kingma and M. Welling. Auto-encoding variational Bayes. In: arXiv preprint arXiv:1312.6114 (2013).
[17] S. Kullback, R.A. Leibler, On information and sufficiency, Ann. Math. Stat. 22 (1) (1951) 79–86.
[18] A. Vahdat and J. Kautz. Nvae: A deep hierarchical variational autoencoder. In: arXiv preprint arXiv:2007.03898 (2020).
[19] X.J. Zhu, Semi-supervised learning literature survey, *University of Wisconsin-Madison Department of Computer Sciences*, 2005.
[20] J. Kim, et al., Hybrid machine learning framework for hydrological assessment, J. Hydrol. 577 (2019) 123913.
[21] J. Devlin et al. Bert: Pre-training of deep bidirectional transformers for language understanding. In: arXiv preprint arXiv:1810.04805 (2018).
[22] C. Raffel et al. Exploring the limits of transfer learning with a unified text-to-text transformer. In: arXiv preprint arXiv:1910.10683 (2019).
[23] M. Ilse, J. Tomczak, M. Welling, Attentionbased deep multiple instance learning, in: International Conference on Machine Learning, PMLR, 2018, pp. 2127–2136.
[24] G. Campanella, et al., Clinical-grade computational pathology using weakly supervised deep learning on whole slide images, Nat. Med. 25 (8) (2019) 1301–1309.
[25] B.F. Skinner, Contingencies of Reinforcement: A Theoretical Analysis, 3, BF Skinner Foundation, 2014.
[26] Christopher John Cornish Hellaby WatkinsLearning from Delayed Rewards PhD thesis, King's College, Cambridge, May 1989.

[27] V. Mnih et al. Playing atari with deep reinforcement learning. In: arXiv preprint arXiv:1312.5602 (2013).

[28] T.P. Lillicrap et al. Continuous control with deep reinforcement learning. In: arXiv preprint arXiv:1509.02971 (2015).

[29] D. Silver, et al., Mastering the game of go without human knowledge, Nature 550 (7676) (2017) 354–359.

[30] S. Gu, et al., Deep reinforcement learning for robotic manipulation with asynchronous off-policy updates, in: 2017 IEEE International Conference on Robotics and Automation (ICRA), IEEE, 2017, pp. 3389–3396.

[31] G. Upton, I. Cook, A Dictionary of Statistics 3E, Oxford University Press, 2014.

[32] Why machine learning needs semantics not just statistics, Forbes (2019). https://www.forbes.com/sites/kalevleetaru/2019/01/15/why-machine-learning-needs-semantics-not-just-statistics/?sh=28d4f51277b5.

[33] D.A. Cohn, Z. Ghahramani, M.I. Jordan, Active learning with statistical models, J. Artif. Intell. Res. 4 (1996) 129–145.

[34] P. Melville, R.J. Mooney, Diverse ensembles for active learning, in: Proceedings of the Twenty-First International Conference on Machine Learning, Association for Computing Machinery, 2004, p. 74.

[35] S.C.H. Hoi et al. Online learning: a comprehensive survey. In: arXiv preprint arXiv:1802.02871 (2018).

[36] C.W.J. Granger, P. Newbold, Forecasting Economic Time Series, Academic Press, 2014.

[37] K. Simonyan and A. Zisserman. Very deep convolutional networks for large-scale image recognition. In: arXiv preprint arXiv:1409.1556 (2014).

[38] K. He, et al., Identity mappings in deep residual networks, in: European Conference on Computer Vision, Springer, 2016, pp. 630–645.

[39] A. Krizhevsky, I. Sutskever, G.E. Hinton, ImageNet classification with deep convolutional neural networks, Adv. Neural. Inf. Process Syst. 25 (2012) 1097–1105.

[40] T. Mikolov et al. Efficient estimation of word representations in vector space. In: arXiv preprint arXiv:1301.3781 (2013).

[41] J. Lilleberg, Y. Zhu, Y. Zhang, Support vector machines and word2vec for text classification with semantic features, in: 2015 IEEE 14th International Conference on Cognitive Informatics & Cognitive Computing (ICCI* CC), IEEE, 2015, pp. 136–140.

[42] S.K. Sienčnik, Adapting word2vec to named entity recognition, in: Proceedings of the 20th Nordic Conference of Computational Linguistics (NODALIDA 2015), 2015, pp. 239–243.

[43] T.H. Nguyen, K. Cho, R. Grishman, Joint event extraction via recurrent neural networks, in: Proceedings of the 2016 Conference of the North American Chapter of the Association for Computational Linguistics: Human Language Technologies, 2016, pp. 300–309.

[44] T. Chen, C. Guestrin, Xgboost: A scalable tree boosting system, in: Proceedings of the 22nd acm Sigkdd International Conference on Knowledge Discovery and Data Mining, 2016, pp. 785–794.

[45] Y. Freund, R. Schapire, N. Abe, A short introduction to boosting, J. Jpn. Soc. Artif. Intell. 14 (771-780) (1999) 1612.

[46] I.K. Fodor. A survey of dimension reduction techniques. Tech. rep. Lawrence Livermore National Lab., CA, 2002.

[47] I.T. Jolliffe, Principal components in regression analysis, Principal Component Analysis,

Springer, 1986, pp. 129–155.
[48] G. Golub, W. Kahan, Calculating the singular values and pseudo-inverse of a matrix, SIAM J. Numer. Anal. 2 (2) (1965) 205–224.
[49] Y. Dong, E. Spinei, A. Karpatne, A feasibility study to use machine learning as an inversion algorithm for aerosol profile and property retrieval from multi-axis differential absorption spectroscopy measurements, Atmos. Meas. Tech. 13 (10) (2020) 5537–5550.
[50] N. Kalchbrenner, P. Blunsom, Recurrent continuous translation models, in: Proceedings of the 2013 Conference on Empirical Methods in Natural Language Processing, 2013, pp. 1700–1709.
[51] S. Albawi, T.A. Mohammed, S. Al-Zawi, Understanding of a convolutional neural network, in: 2017 International Conference on Engineering and Technology (ICET), 2017, pp. 1–6, doi:10.1109/ICEngTechnol.2017.8308186.
[52] A. Krizhevsky, I. Sutskever, G.E. Hinton, ImageNet classification with deep convolutional neural networks, in: F. Pereira, et al. (Eds.), Advances in Neural Information Processing Systems, 25, Curran Associates, Inc., 2012, pp. 1097–1105. https://proceedings.neurips.cc/paper/2012/file/c399862d3b9d6b76c8436e924a68c45b-Paper.pdf.
[53] Y. LeCun. The MNIST Database of Handwritten Digits. In: http://yann.lecun.com/exdb/mnist/ (1998).
[54] Y. LeCun, et al., Gradient-based learning applied to document recognition, Proc. IEEE 86 (11) (1998) 2278–2324.
[55] J. Deng, et al., Imagenet: a large-scale hierarchical image database, in: 2009 IEEE Conference on Computer Vision and Pattern Recognition, IEEE, 2009, pp. 248–255.
[56] G.A. Miller, et al., Introduction to WordNet: an on-line lexical database, Int. J. Lexicogr. 3 (4) (1990) 235–244.
[57] K. Simonyan and A. Zisserman. Very deep convolutional networks for large-scale image recognition. In: arXiv preprint arXiv:1409.1556 (2014).
[58] G.E. Hinton et al. Improving neural networks by preventing co-adaptation of feature detectors. In: arXiv preprint arXiv:1207.0580 (2012).
[59] M. Edwards and X. Xie. Graph based convolutional neural network. In: arXiv preprint arXiv:1609.08965 (2016).
[60] W.W. Zachary, An information flow model for conflict and fission in small groups, J. Anthropol. Res. 33 (4) (1977) 452–473.
[61] T.N. Kipf and M. Welling. Semi-supervised classification with graph convolutional networks. In: arXiv preprint arXiv:1609.02907 (2016).
[62] B. Shakibajahromi, et al., HyNet: 3D Segmentation Using Hybrid Graph Networks, in: 2021 International Conference on 3D Vision (3DV), IEEE, 2021, pp. 805–814.
[63] J. Pennington, R. Socher, C.D. Manning, Glove: global vectors for word representation, in: Proceedings of the 2014 Conference on Empirical Methods in Natural Language Processing (EMNLP), 2014, pp. 1532–1543.
[64] P. Bojanowski, et al., Enriching word vectors with subword information, Trans. Assoc. Comput. Linguist. 5 (2017) 135–146.
[65] K. Cho et al. Learning phrase representations using RNN encoder-decoder for statistical machine translation. In: arXiv preprint arXiv:1406.1078 (2014).
[66] R.C. Staudemeyer and E.R. Morris. Understanding LSTM–a tutorial into Long Short-Term Memory Recurrent Neural Networks. In: arXiv preprint arXiv:1909.09586 (2019).
[67] A. Vaswani et al. Attention is all you need. In: arXiv preprint arXiv:1706.03762 (2017).

[68] H. Xie, et al., Deep learning enabled semantic communication systems, IEEE Trans. Signal Process. 69 (2021) 2663–2675.

[69] E. Hazan. Lecture notes: optimization for machine learning. In: arXiv preprint arXiv:1909.03550 (2019).

[70] N.V. Sahinidis, BARON: a general purpose global optimization software package, J. Global Optim. 8 (2) (1996) 201–205.

[71] S. Arora, S. Singh, Butterfly optimization algorithm: a novel approach for global optimization, Soft Comput. 23 (3) (2019) 715–734.

[72] S. Kaur, et al., Tunicate swarm algorithm: a new bio-inspired based metaheuristic paradigm for global optimization, Eng. Appl. Artif. Intell. 90 (2020) 103541.

[73] J. Bruna, S. Mallat, Invariant scattering convolution networks, IEEE Trans. Pattern Anal. Mach. Intell. 35 (8) (2013) 1872–1886.

[74] T.-H. Chan, et al., PCANet: A simple deep learning baseline for image classification? IEEE Trans. Image Process. 24 (12) (2015) 5017–5032.

[75] J. Mairal, et al., Convolutional kernel networks, Advances in Neural Information Processing Systems, 27, Curran Associates, Inc., 2014, pp. 2627–2635.

[76] A. Daniely, R. Frostig, Y. Singer, Toward deeper understanding of neural networks: the power of initialization and a dual view on expressivity, Adv. Neural. Inf. Process Syst. 29 (2016) 2253–2261.

[77] Y. Zhang, P. Liang, M.J. Wainwright, Convexified convolutional neural networks, in: International Conference on Machine Learning, PMLR, 2017, pp. 4044–4053.

[78] A. Prabhu, G. Varma, A. Namboodiri, Deep expander networks: efficient deep networks from graph theory, in: Proceedings of the European Conference on Computer Vision (ECCV), Springer International Publishing, 2018, pp. 20–35.

[79] A.W.E. McDonald, A. Shokoufandeh, Sparse superregular networks, in: 2019 18th IEEE International Conference On Machine Learning And Applications (ICMLA), IEEE, 2019, pp. 1764–1770.

[80] J. You, et al., Graph convolutional policy network for goaldirected molecular graph generation, Adv. Neural. Inf. Process Syst. 31 (2018).

[81] M. Simonovsky, N. Komodakis, Graphvae: towards generation of small graphs using variational autoencoders, in: International Conference on Artificial Neural Networks, Springer, 2018, pp. 412–422.

第 2 章

从数据中学习第一性原理知识

Jaewook Lee⊖，Weike Sun⊖，Jay H. Lee⊖ 和 Richard D. Braatz⊖

2.1 引言

在当代社会，数据正呈指数级速率迅猛增长，人们正全力推进在各个应用领域中做数据分析的先进方法研究。得益于计算能力的飞速提高，包括存储和内存技术，如今即便是庞大的数据集也能被轻松存储和处理（关于化学工程数据中大数据问题的更多讨论，详见参考文献 [46] ）。不管数据集的规模大小，自动发现数据内在有价值关联性始终是机器学习领域内的重要研究方向。机器学习的另一关键目标是开发能够利用这些学到的模型进行优化决策的算法。

当模型的建立没有使用物理化学原理时，我们称这样的模型为黑箱模型（black box，又名数据驱动型模型）。设计构建黑箱模型的大多数算法，其主要目标在于提升模型的预测精度，而非构建一个可解释的模型——一个能够揭示底层过程机理的模型。本章主要讨论的是这类数据驱动型模型的识别方法，其目标是从数据中提炼出第一性原理知识。这里所说的第一性原理（first-principles）包括化学、物理和生物现象，涉及（生物）化学网络的化学计量学和动力学、本构关系（如菲克定律、傅里叶定律和牛顿定律），以及质量、能量和动量守恒定律。这一任务与白箱建模有明显区别，白箱建模是在第一性原理已知的情况下构建模型的过程，而灰箱建模则是在部分已知的第一性原理与数据驱动型建模的基础上进行建模。本章的建模目标迥然不同，其宗旨在于开发基于数据驱动的模型识别方

⊖ 韩国，韩国科学技术院。
⊖ 美国，麻省理工学院，化学工程系。
本章首字母缩略词及其含义如下：
ACF，自相关函数；ANN，人工神经网络；BIC，贝叶斯信息准则；BLUE，最佳线性无偏估计；CASH，组合算法选择和超参数优化；（D）ALVEN，（动态）弹性网络代数学习；EN，弹性网络；GRU，门控循环单元；LASSO，最小绝对收缩和选择算法；LSTM，长短期记忆网络；NAS，神经架构搜索；OLS，普通最小二乘；RNN，循环神经网络；SPA，智能过程分析；SVM，支持向量机；SVR，支持向量回归；TLS，全体最小二乘；VIF，方差扩大因子。

法，以便从数据中学习第一性原理知识。在此目标下，数据是模型识别过程的唯一输入，而第一性原理知识则是从该过程中得出的产物，而非输入。

在机器学习领域，对基础理论知识的学习已受到广泛关注。本章的核心则是探讨适用于处理"过程数据"的方法。所谓过程数据，其特征与大多数其他应用中的数据迥异，这一事实激发了化学工程领域对"过程数据分析"术语的逐渐青睐。首先，相较于其他应用中的数据，如谷歌搜索记录、国际象棋对弈数据或是小狗图片等，过程数据的获取常常需要更高的成本和更长的时间。因此，在过程应用中，数据分析的问题往往更侧重于如何从有限的数据量中挖掘信息，而非处理大规模的数据。其次，当我们拥有大量的过程数据集时，如多年积累的生产数据，这些数据往往存在种种不完美，如未知的干扰、传感器偏差，以及相对较低的信噪比。过程数据一般至少具备以下三种特性之一：非线性、多重共线性，以及动态特性。具体反映哪些特性，取决于学习活动发生的具体情境[1]。

本章详细描述了适配这些特性的过程数据的第一性原理知识学习方法，包括如何自动变换和筛选输入变量（详见第 2.2 节），以及如何自动选择合适的回归方法及其超参数（详见第 2.3 节）。第 2.2 节涵盖了理解如何从过程数据中学习第一性原理知识所必需的线性与非线性回归的基础知识，并将这些方法与文献中的其他流行方法进行对比，后者并未尝试学习第一性原理知识。第 2.3 节探讨了学习第一性原理知识的方法与自动化机器学习（AutoML）方法之间的联系。第 2.4 节则总结了本章的主要内容和论点。

2.2　分析制造业数据的方法

本节内容将提供一个简洁且独立完整的关于数据驱动建模方法的论述，起始于基本的线性回归分析，并逐步扩展到涉及非线性、多变量共线性及具备动态特征的输入输出关系问题的广义处理。选择合适的数据分析方法应当基于数据本身的特征来决定。对于静态数据，可以采用相对简易的模型来处理；而对于动态数据，则需要构建更为精细化的模型，并且要考虑其他一些因素，比如变量之间时间滞后的程度，以及在预测未来输出时，应该考虑多长时间范围内的输入和输出数据。

2.2.1　静态数据分析方法

对于静态关系建模，模型可根据对拟合参数依赖性的不同，划分为线性回归和非线性回归两大类。

2.2.1.1　线性回归

线性回归分析旨在描述因变量 y 与自变量 X 之间的线性相关性。仅涉及单一自变量的模型构建称为简单线性回归，当模型中包含两个或多个自变量时，则称为多元线性回归。线性模型的结构表达式为：

$$y = X\beta + \varepsilon$$

其中：

$$y = \begin{pmatrix} y_1 \\ y_2 \\ \vdots \\ y_n \end{pmatrix}$$

$$X = \begin{pmatrix} x_1^{\mathrm{T}} \\ x_2^{\mathrm{T}} \\ \vdots \\ x_n^{\mathrm{T}} \end{pmatrix} = \begin{pmatrix} x_{11} & \cdots & x_{1p} \\ x_{21} & \cdots & x_{2p} \\ \vdots & \ddots & \vdots \\ x_{n1} & \cdots & x_{np} \end{pmatrix}$$

$$\beta = \begin{pmatrix} \beta_1 \\ \beta_2 \\ \vdots \\ \beta_p \end{pmatrix}$$

$$\varepsilon = \begin{pmatrix} \varepsilon_1 \\ \varepsilon_2 \\ \vdots \\ \varepsilon_n \end{pmatrix}$$

在此处，输入变量向量 x_i 与标量输出 y_i 相关联，向量 y 代表了 n 次实验的输出结果，X 是数据矩阵（也称输入数据矩阵），β 是 p 个标量回归系数构成的向量，ε_i 表示第 i 次实验中线性模型的预测值与实际输出值之间的差距，而 ε 通常是指误差向量。线性回归的目标是最小化误差向量的范数，可以采用直接或间接方式。

在数据中寻找最佳的 β 值的方法有多种，大体上可以分为最小二乘法和最大似然估计法两大类。这两类方法有着密切的关联，在某些关于误差本质的假设条件下，它们会得到相同的结果。最小二乘法是大多数数据分析算法的基础，其目标是最小化加权平方误差总和，即 $\sum_i w_i (y_i - f(x_i, \beta))^2$。其中，$w_i$ 是正的标量权重。此方程适用于线性与非线性回归，也就是说，无论函数 f 在模型参数中是线性还是非线性的。对最大似然估计法感兴趣的读者，可参阅 DeSarbo 和 Cron 的文献[2]。

普通最小二乘（OLS）法是指在 f 对 β 线性，并且所有权重相等的情况下使用的方法，例如 $w_i=1$。在矩阵 $X^{\mathrm{T}}X$ 的逆存在的前提下，最佳拟合 β 的解析解由下式给出：

$$\hat{\beta} = (X^{\mathrm{T}}X)^{-1}X^{\mathrm{T}}y = \left(\sum x_i x_i^{\mathrm{T}}\right)^{-1} \sum x_i y_i$$

其中，$X^{\mathrm{T}}X$ 的逆矩阵必须是良定义的。三个典型假设包括：
- 每个自变量 x_i 均为确定性变量；
- 对于所有的 i，期望值 $\mathrm{E}(\varepsilon_i) = 0$；
- 对于所有的 $i \neq j$，协方差 $\mathrm{E}(\varepsilon_i \varepsilon_j) = 0$，且方差 $\mathrm{E}(\varepsilon_i^2) = \sigma^2$。

其中，$\mathrm{E}(\cdot)$ 代表期望值。在这些假定之下，高斯－马尔可夫定理（Gauss–Markov Theorem）表明，普通最小二乘（OLS）法确定的参数集是线性回归模型中的最优参数集。更确切地说，普通最小二乘法是最佳线性无偏估计（Best Linear Unbiased Estimator，BLUE）[3]。

如广义最小二乘（GLS）法、偏最小二乘（PLS）法以及全局最小二乘（TLS）法等替代方法已经被研发出来，它们对于不符合上述假定的过程数据具备最优性。这些方法的计算时间可能会相对较长，因为它们有着比普通最小二乘法更复杂的优化目标，但在某些特定情况下，如输入数据含有随机噪声时，这些方法的表现会更加出色，TLS 便是针对这一情况的解决方案。在输入与输出均为向量的后一种情况中，一个合适的参数估计目标是：

$$\arg\min_{B} \|[E \ F]\|_F$$

其中，$\|\cdot\|_F$ 表示弗罗贝尼乌斯范数，而 $(X+E)B=Y+F$，即 E 是自变量（也称为输入变量）上的误差，F 是因变量（也称为输出变量）上的误差。此优化问题可以通过计算奇异值分解（SVD）来求解：

$$[X \ Y] = [U_X \ U_Y]\begin{bmatrix} \Sigma_X & \\ & \Sigma_Y \end{bmatrix}\begin{bmatrix} V_{XX} & V_{XY} \\ V_{YX} & V_{YY} \end{bmatrix}^{\mathrm{T}}$$

其中，输入与输出的正交矩阵 U 和 V 已依照 X 和 Y 的维度进行了适当的分割。在进行一系列矩阵操作之后[4]，可得到最佳拟合参数向量。

$$B = -V_{XY}V_{YY}^{-1}$$

2.2.1.2 非线性回归中的无解释性模型：黑箱模型

下面将概述两种用于构建黑箱模型的非线性回归方法：随机森林回归[5]和支持向量回归[6]。这两种方法在机器学习领域广受欢迎，并已应用于数据处理。在后面的章节中，我们将在动态模型的背景下探讨最流行的非线性黑箱建模方法——人工神经网络。

随机森林（RF）是一个集成学习算法，它训练多棵决策树，并将这些树的预测结果进行平均，以此作为最终预测（见图2-1）。每一棵决策树是通过一种叫做自助抽样（bootstrap aggregating，bagging）[7]的过程从随机抽取的数据中构建的。自助抽样会重复地选择训练集中的样本并进行替换，以此来拟合多棵树。当所有决策树训练完成后，最终的预测是取所有决策树结果的平均值。随机森林能够有效处理文本数据集，这是它的一个优点。然而，它也存在一些不足之处：① RF 模型缺乏可解释性；②对于高维稀疏数据的预测精度较低；③输入-输出行为在大多数数据范围内呈现出平坦区域，这在许多工艺应用中是不符合物理实际的，并且这种特性可能会干扰包含模型的数值优化算法（参见 Sun 和 Braatz 的论点[1]）。

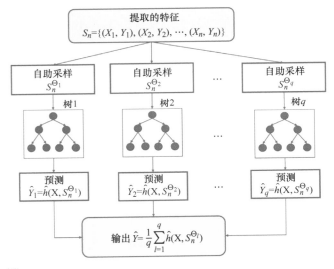

图2-1 随机森林回归[45]

另一种被广泛采用的非线性回归方法是支持向量回归（SVR），它建立在一种被称为支持向量机（SVM）的数据分类技术之上。SVM 与 SVR 均基于以下理念：

● 超平面（Hyperplane），即用于确定输出预测边界的平面。当输入新数据时，超平面将确定输出结果的范围。

● 支持向量（Support Vector），即定义超平面位置的数据点。这些向量相较于数据集中的其他点更靠近超平面。

● 核函数（Kernel），为一组能够将输入数据转换成所需形式的函数。当需要在更高维空间内构造超平面时，核函数就显得尤为重要。在 SVM 中，核函数用于在类别间创建非线性边界。而在 SVR 中，核函数被用来构建非线性回归模型。常用的核函数包括线性核、非线性核、多项式核、径向基函数（RBF）和 Sigmoid 函数。选择何种核函数时，需要考虑数据集的特性。

SVM 基本上是一种分类器，其目的是在分布的类别之间创建一个具有最大间隔的超平面，这个间隔被认为是最优的决策边界。为了给具有 n 个属性的数据创造最大间隔，至少需要 n+1 个支持向量。SVM 的优点在于，最优决策边界仅与少数数据点有关，因此不会受到数据分布的影响，如数据是否符合多变量正态分布。然而，SVM 的一个缺点是它不能提取或利用数据分布的方式，如它不会对特定位置聚集了大量数据点这种情况给予更高的权重。

与 SVM 不同的是，在 SVR 中被视为最佳的超平面是周围有最多点的超平面。这一目标也不同于大多数回归模型的目标，后者通常旨在最小化实际点与预测点之间的最小二乘误差。SVR 的目标是找到一个最优超平面，使得给定数据在指定的阈值之内，而不是利用数据分布的全部信息。

总之，像随机森林和支持向量回归这样的黑箱非线性回归方法能够对输入与输出数据之间的非线性关系进行建模，但是它们在过程应用中存在一定的局限性。在本章的背景下，最重要的是，这些方法生成的模型缺乏解释性。下一小节将讨论如何构建一个适用于过程数据的可解释的、连续的非线性输入–输出模型，该模型结合了线性回归、预定义的非线性变换（即特征）以及优化过程。在介绍该回归方法之前，我们将先探讨在构建模型时如何从一系列特征中选择最佳特征的方法。

2.2.1.3 在构建非线性可解释回归模型的过程中进行特征选择

在过程数据分析中，我们希望非线性回归模型具备良好的可解释性。为了达到这一点，我们不直接使用原始的过程数据输入，而是从预先定义的特征集中挑选出一组精简而有意义的特征。本小节将介绍三种用于选取这类特征的方法。

第一种特征选择方法是基于符号回归。符号回归通过构建数据集中自变量与因变量之间的符号关系来生成数学模型。这些符号关系可以是预先定义的，也可以是动态构建的，比如利用遗传编程[8]，它通过变异、交叉和进化操作来搜索旨在最小化回归误差的数学模型。可以通过交叉验证来减少符号关系的数量。在这类方法中考虑过多的潜在符号关系可能会导致过拟合，因此需要格外小心谨慎地处理[9]。

第二种特征选择方法是基于混合整数优化。优化方法通过一个最小化问题来挑选一组特征子集，该问题旨在限制最终模型中包含的特征数量。例如，自动学习代数模型优化（ALAMO）[10]方法就属于基于优化的方法，该方法用于解决以下问题：

$$\min \|y - Xw\|_2^2 + \lambda \|w\|_q$$

其中 q=0，而 λ 是正标量惩罚项，用以指定模型的稀疏性，即回归向量 w 中非零元素的数量。λ 的数值大小用于平衡模型的准确度与复杂性。

ALAMO 最初是为了简化模型以便更好地匹配原始数据而设计的。图 2-2 展示了通过 ALAMO 构建模型的详细流程图。构建模型的步骤包括求解一个 NP 难优化问题，该问题通常通过分支定界法来解决。

Wilson 和 Sahinidis[10]利用贝叶斯信息准则（BIC）作为适应度度量，以在确定构建

第2章 从数据中学习第一性原理知识

恰当线性代理模型所需的输入特征和项的过程中，实现偏差与方差之间的权衡。可以施加约束到响应变量上，以此融入第一性原理知识。寻找合适特征的优化工作相较于接下来将要描述的方法类别，计算成本上要高得多。

第三种特征选择方法基于一种强制稀疏性的凸优化，即在构建非线性可解释回归模型的过程中，从非线性变换的基中选择特征。这种数学表述如下：

$$\min \|y - Xw\|_2^2 + \lambda \|w\|_q$$

其中 $q=1$，而 λ 是一个正标量惩罚项，用于指定模型的稀疏性，也就是回归向量 w 中非零元素的数量。λ 的大小用来平衡模型的准确性与复杂性。这类优化方程被称作最小绝对收缩和选择算法（LASSO[11]）。优化可被重新构造为一个凸形的二次规划问题。由于其计算效率，LASSO 在过去 15 年被广泛使用，尤其是在需要对原始数据集的不同子集进行大量优化计算以验证模型在非回归数据上的性能时，这一点尤其重要。$q=1$ 的 LASSO 优化被认为是 $q=0$ 优化的一个凸松弛形式[11]。$q=0$ 会导致 l_0 伪范数，此时的回归问题被称为最佳子集选择问题。ALAMO 采用的 l_0 伪范数会导致一个非凸的且 NP 难的混合整数规划问题。

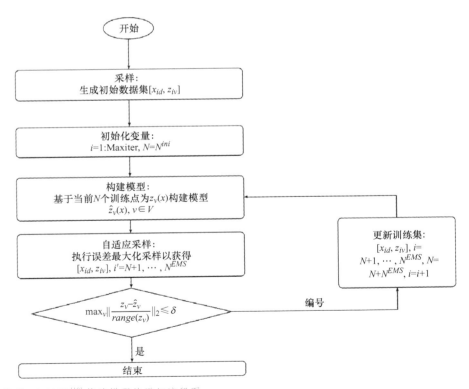

图 2-2 使用 ALAMO[10] 构建模型的详细流程图。

$q=0$ 和 $q=1$ 的特征选择对数据中极小扰动的敏感性限制了其解释性，这促使了弹性网络（Elastic Net，EN）[12]的发展。弹性网络解决了如下优化问题：

$$\min \| y - Xw \|_2^2 + \lambda \left(\alpha \| w \|_1^1 + \frac{1-\alpha}{2} \| w \|_2^2 \right)$$

其中，标量 α 在 0 至 1 之间取值，用以调和 l_1 惩罚项与 l_2 惩罚项之间的比重。当 α 取最大值 1 时，EN 与 LASSO 相等。与 LASSO 相比，EN 在特征选择上表现出更高的稳健性[12]。EN 能够在数据较少时选取恰当特征，并且能选出相关联的变量。l_2 惩罚项是处理数据集中多重共线性问题并提升模型稳健性的关键。基于 EN 的特征选择是 EN 代数学习（Algebraic Learning Via Elastic Net，ALVEN）方法的基础，该方法用于从数据中构建非线性模型，下文将对此进行详细介绍。

2.2.1.4 可解释性非线性回归示例：ALVEN

本小节将详细介绍弹性网络代数学习（ALVEN），这是一种解释性强的非线性稀疏回归方法[9]。ALVEN 使用预定义的特征，这些特征能够捕捉到化学、物理和生物过程中已观察到的绝大多数关系。然后，ALVEN 利用 EN 来自动选拔那些展现出稳定性和良好预测性能的非线性特征。ALVEN 的模型拟合算法由图 2-3 所展示的三个步骤组成：①对原始数据进行非线性变换；②进行特征的预筛选；③结合交叉验证的 EN。下面将对这些步骤进行更详细的阐述。

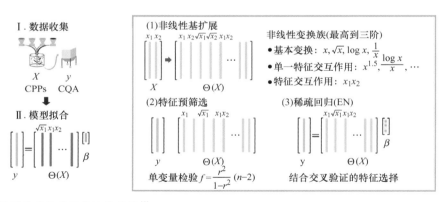

图 2-3　弹性网络代数学习算法示意图[9]。

第 1 步：在使用训练数据矩阵 X 时，首先对其应用非线性变换，然后将变换后的结果叠加形成候选特征矩阵 $\Theta(X)$。这些非线性变换基于四种基础关系构建：线性、对数[13]、平方根以及倒数。通过这些非线性关系的反复应用以及特征间的乘法（亦称特征交互作用），可以构建出绝大多数基于第一性原理的关系。候选特征的复杂性由复杂度度量 d 控制。对于化学或生物过程数据而言，大部分基于第一性原理推导的关系可以在 $d \leq 3$ 的条件下表示，而幂律关系[14]则可通过对输出取对数并应用 ALVEN 方法来处理。

当复杂度度量 $d=1$ 时，所采用的非线性变换族表达为 x_i，$\sqrt{x_i}$，$\log x_i$，$\frac{1}{x_i}$，$i=1,\cdots,m_x$。其中 m_x 代表输入变量的个数。

当 $d=2$ 时，非线性变换族包括 $d=1$ 的变换族，以及①输入变量之间的二阶交互项 $x_i x_j$，其中 $\forall i \neq j, i=1,\cdots,m_x$；②每个观测值的二阶交互项，其中 x_i^2，$x_i^{3/2}$，$(\log x_i)^2$，$\frac{1}{x_i^2}$，$x_i^{-1/2}$，$i=1,\cdots,m_x$。

当 $d=3$ 时，非线性变换族包括 $d=2$ 的变换族，以及①输入变量之间的三阶交互项 $x_i x_j x_k$，其中 $\forall i \neq j \neq k$，$i=1,\cdots,m_x$；②每个输入变量的三阶交互项，其中 x_i^3，$(\log x_i)^3$，$\frac{1}{x_i^3}$，$x_i^{5/2}$，$\frac{(\log x_i)^2}{x_i}$，$\frac{\log x_i}{\sqrt{x_i}}$，$\frac{\log x_i}{x_i^2}$，$x_i^{-3/2}$，$i=1,\cdots,m_x$。

因此，矩阵 $\Theta(X)$ 由数据矩阵 X 的列经过候选非线性变换后构成。

第 2 步：为了筛除在第 1 步生成的候选特征中潜在价值较低的项，并且减少特征维度，需要执行预筛选的单变量检验[9]。预筛选有多种可选方法。其中第一种方法是基于响应变量与每个变换特征之间的线性相关系数 $r_i = \text{corr}(y, x_i)$，$\forall x_i \in \Theta(x)$。随后，将对基于此计算得到的检验统计量进行单变量统计检验。

$$f_i = \frac{r_i^2}{1-r_i^2}(N-2)$$

如果 P 值低于预先设定的显著性水平阈值，则该特征被认为是潜在有用的，并予以选取。

第二种方法是挑选出得分函数 f_i 最高的特征，并剔除其他特征。在采用这种方法时，需要确定保留特征的比例。第三种方法是使用肘部法则（elbow method）[15]。简而言之，肘部法则是通过计算得分函数并将其从高到低进行排序，随后绘制成图形。该方法通过分析图形中的"肘点"来确定哪些特征应该被移除。此方法适用于在图形中有明显"肘点"出现的数据集。

第 3 步：在第 2 步中预选出的特征基础上，采用弹性网络进行建模。之所以选择弹性网络，是因为它能够有效处理候选特征间的多重共线性问题；l_2 范数是确保生成的模型具有可解释性、准确性和鲁棒性的关键[12]。通过交叉验证来选定超参数 λ 以及模型复杂度 d。为避免过拟合，对于数量和质量都有限的数据集，交叉验证通常会选择 d 为 1 或 2。

下面将介绍如何从数据出发，构建动态模型的各种方法。

2.2.2 动态数据处理方法

2.2.2.1 循环神经网络

循环神经网络（RNN）是一种人工神经网络（ANN），它将前一时间步的内部状态作为下一时间步的输入[16]。RNN 的内部状态，即隐藏状态，能够记忆历史信息。基于隐藏状态和新输入，RNN 能够预测下一步的输出。在训练过程中，RNN 接收序列作为输入和输出，输入序列和输出序列的向量长度可以是不同的。

在 RNN 中，隐藏层和输出层的计算可以表达为：

$$h_t = \tanh(W_x x_t + W_h h_{t-1} + b_h)$$

$$y_t = f(W_y h_t + b_y)$$

其中矩阵 W_x、W_y 和 W_h 分别代表权重，向量 b_h 和 b_y 代表在训练过程中确定的偏置。隐藏层根据前一个时间步的隐藏状态 h_{t-1} 和当前时间步的输入 x_t 来计算当前隐藏状态 h_t。输出层则利用当前隐藏状态来计算当前输出 y_t。双曲正切函数通常作为神经元或激活函数，其他选项包括 Sigmoid 函数和修正线性单元（ReLU）。另一种网络结构采用较少数量的隐藏层，这在过程应用中被证实非常有效[17, 18]。不论采用何种结构，权重和偏置均通过梯度下降法计算得出，在神经网络领域，这一过程称为反向传播。虽然反向传播不能保证找到误差函数的全局最小值，且实际很少这样做，但是当使用较少的隐藏层时，该方法倾向于收敛至能够很好适配训练数据的权重和偏置。

大量文献研究了拥有众多隐藏层的网络，这类网络被称为深度学习网络（DNN）。在此类网络中，反向传播过程中使用的梯度可能会接近零，这会导致训练过程极其缓慢，以至于在实际操作中变得不现实。采用修正线性单元作为激活函数可以减轻这一问题。存在一种替代的循环神经网络结构，称为长短期记忆网络（LSTM），它通过引入"遗忘门"机制，能够在不出现梯度消失问题的情况下对时间序列数据进行建模[16]。LSTM 能够模拟长时间的延迟，并且保持标准 RNN 处理不同速率时间序列的能力。

为了计算长期记忆，LSTM 使用了门控概念[19]。每个门在处理重要信息或删除不重要信息时发挥不同的作用，并将这些记忆用于未来的预测。这种网络结构要比标准 RNN 复杂得多，需要定义更多类型的权重和偏置——具体包括 W_{xi}、W_{xg}、W_{xf}、W_{xo}、W_{hi}、W_{hg}、W_{hf}、W_{ho} 以及 b_i、b_g、b_f、b_o，这些参数将在与各种门类型相关的上下文中进行详细定义。

1. 输入门

输入门负责记忆当前时间步 t 的重要信息。输入门的激活向量 i 以及单元输入的激活向量 g_t 可以通过以下公式计算得出：

$$i_t = \sigma(W_{xi} x_t + W_{hi} h_{t-1} + b_i)$$

$$g_t = \tanh(W_{xg}x_t + W_{hg}h_{t-1} + b_g)$$

2. 遗忘门

遗忘门的作用是遗忘掉不重要的数据。其输入与输入门相同，但在这个阶段，如果 f_t 接近 0，那么过去的信息就会被几乎完全遗忘；反之，如果 f_t 不接近 0，过去的信息就几乎不会被遗忘。遗忘门的激活向量由以下公式给出：

$$f_t = \sigma(W_{xf}x_t + W_{hf}h_{t-1} + b_f)$$

3. 单元状态

单元状态 c_t 融合了输入门和遗忘门的信息。公式如下：

$$c_t = f_t \circ c_{t-1} + i_t \circ g_t$$

输入门到单元状态的输入反映了当前信息应该被保留的程度，它是通过 i_t 与 g_t 的逐元素相乘（阿达玛积，用 ∘ 表示）计算得出的。同时，单元状态的上一时刻值 c_{t-1} 会受到遗忘门输出值的调节。

4. 输出门与隐藏状态

最终，输出门负责计算隐藏状态向量 h，这一向量由上一时刻的隐藏状态向量 h_{t-1}、输入向量 x_t，以及单元状态 c_t 相结合生成，公式如下：

$$o_t = \sigma(W_{xo}x_t + W_{ho}h_{t-1} + b_o)$$

$$h_t = o_t \circ \tanh(c_t)$$

其中 o_t 代表输出门的激活向量。

包含遵循上述公式的 LSTM 单元的循环神经网络（RNN），其训练过程采用反向传播算法。

门控循环单元（GRU）在结构上与 LSTM 单元相似，但更为简化，它只包含两个门[20]。由于门的数量减少，用 GRU 训练网络的速度通常会比训练包含 LSTM 单元的网络快很多。在大多数情况下，GRU 所展现的预测精度与 LSTM 相当。GRU 网络的反向传播训练方式与 LSTM 相似。GRU 的具体形式如下：

$$r_t = \sigma(W_{xr}x_t + W_{hr}h_{t-1} + b_r)$$

$$z_t = \sigma(W_{xz}x_t + W_{hz}h_{t-1} + b_z)$$

$$g_t = \tanh(W_{hg}(r_t \circ h_{t-1}) + W_{xg}x_t + b_g)$$

$$h_t = (1 - z_t) \circ g_t + z_t \circ h_{t-1}$$

RNN 及其他动态神经网络模型在过程工业领域已经有几十年的应用历史[21]。更为高级的 RNN 能够提供概率输出分布，这类网络也已经在工业界得到应用[22]，同时，为了更便于理论分析，人们开发了结构更为紧凑的密集型网络[23]。随着计算能力的持续增强，RNN 及其相关网络的收敛速度逐年提升，使得这些模型可以针对更庞大的训练数据集进行训练。然而，从这些网络中提取基于第一性原理的知识仍然是一个挑战，这一领域的研究仍在持续进行中。此外，由于隐藏层内部结构的复杂性，神经网络训练通常不会全局收敛，因此 RNN 很少具有可解释性。下面将介绍一种构建既可解释又数据驱动的动态模型的方法。

2.2.2.2 动态弹性网络代数学习

通过对变换矩阵进行动态修改，ALVEN 可以直接扩展应用于非线性动态系统的识别。因此得到的动态弹性网络代数学习（DALVEN）模型，即便在维持高建模精度的同时，也拥有可解释的输入 – 输出结构。

DALVEN 采用了被广泛应用的时间延迟移位方法[24]来扩充原始输入空间 X，形成一个新的扩展空间 $\hat{X}$。DALVEN 的数学公式随之变为

$y_t = \sum_i w_i \varnothing_i(x_t, \cdots, x_{t-l}, y_{t-1}, \cdots, y_{t-l}) + \varepsilon_t$，其中 l 代表延迟移位的大小。DALVEN 算法包括以下三个步骤：

第 1 步：在非线性映射方面，DALVEN 提供了两种方案。第一种方案，即 DALVEN 全模型，是将原始输入空间 X 与过去 l 次的状态和输出观察值结合[9]：

$$\hat{X} = \begin{bmatrix} x_t & \cdots & x_{t-l} & y_{t-1} & \cdots & y_{t-l} \\ x_{t+1} & \cdots & x_{t+1-l} & y_t & \cdots & y_{t+1-l} \\ \vdots & \ddots & \vdots & \vdots & \ddots & \vdots \\ x_N & \cdots & x_{N-l} & y_{N-1} & \cdots & y_{N-l} \end{bmatrix}$$

当 ALVEN 应用于这个增广矩阵时，所得模型将对输入及过去的输出同时施加非线性处理，并且包括不同时间点上的输入与输出之间的交互作用。第二种方案是在 ALVEN 中采用非线性变换处理输入，以构建矩阵：

$$\Theta(\hat{X}) = \begin{bmatrix} \phi(x_t) & \cdots & \phi(x_{t-l}) & y_{t-1} & \cdots & y_{t-l} \\ \phi(x_{t+1}) & \cdots & \phi(x_{t+1-l}) & y_t & \cdots & y_{t+1-l} \\ \vdots & \ddots & \vdots & \vdots & \ddots & \vdots \\ \phi(x_N) & \cdots & \phi(x_{N-l}) & y_{N-1} & \cdots & y_{N-l} \end{bmatrix}$$

第二种方案只允许同一时间点内过去输入变量之间的非线性和相互作用，而不对过去的系统输出进行变换。通过减少可能的非线性处理范围，这种方案可以在一些应用中生成较少的特征，这些特征在某些情况下可能更加稳健。

第 2 步：特征预筛选与 ALVEN 中的方法相同。我们首先计算输出变量与第 1 步设计空间中变量之间的线性相关性，然后通过单变量统计检验来排除那些统计意义不显著的特征。在 ALVEN 的第 2 步，可以选择使用百分比方法或肘部法则来预选特征。

第 3 步：弹性网络被用来最小化向前一步的预测误差。最优超参数的选择是通过交叉验证或信息准则（如赤池信息准则）[25] 来确定的。如果在此步骤之后，自相关性在统计上仍然显著，那么就会构建一个差分自回归移动平均（ARIMA）模型[26]，并将其加入到 DALVEN 模型中，以提升预测的准确度。

DALVEN 模型与基于 RNN 的模型识别在构建离散时间非线性输入-输出模型方面位于理论光谱的两端。DALVEN 扩展了应用机器学习文献中的弹性网络和特征工程方法。DALVEN 包括基于化学和生物系统中常见反应表达式的特征设计，加入特征选择来生成一个稀疏且易于解释的模型，是以多项式时间复杂度的凸优化问题来表述，并且实现了全局收敛的二次优化。与之相对，寻找 RNN 的优化是非凸的，模型参数的局部最优解是通过梯度下降法获得的。

2.3　模型选择与超参数搜索的自动化

在开发数据驱动型模型的过程中，常见的做法是迭代搜索能够使模型误差最小化的模型。这些流程需要大量的人工专业技能和时间投入，因此激发了开发自动化这些步骤的方法。本节将介绍这类自动化流程及在应用过程中可能遇到的潜在问题，以及规避这些问题的策略。

2.3.1　面向通用数据的自动化：自动化机器学习

自动化机器学习（AutoML）的目标是提供一种软件工具，使得非机器学习专家无须具备深厚的机器学习专业知识，也能从数据预处理到超参数调整各阶段，构建出高品质的机器学习模型。目前已经发展了两种主要的 AutoML 策略。第一种策略是组合算法选择和超参数优化（CASH[27]）。该策略的核心目标是针对给定数据找到最适合的算法，并最大化该算法的性能表现。许多方法都采用了 CASH 策略。

有些方法通过传统的优化技术，如网格搜索和随机搜索来寻找最佳的超参数，其他方法则采用贝叶斯优化技术，如高斯过程[28]、快速贝叶斯优化数据分析管道[29]，或者多臂老虎机算法[30]。这些方法的具体细节可以在相应的参考文献中找到。

第二种自动化机器学习策略专注于将神经网络定为唯一可采用的算法，并致力于自动化神经结构搜索（神经架构搜索，NAS[31]）。NAS 方法可从以下几个维度进行分类：

- 搜索空间：为了发现最优网络架构所探索的人工神经网络（ANN）架构集合。
- 搜索策略：用于遍历搜索空间的策略。

● **性能评估策略**：用于从候选的 ANN 架构中选取最优 ANN 的评价标准。

已经开发出的神经架构搜索方法包括结合了强化学习[32]、卷积网络[33]，以及在评估期间对网络进行零化处理[34, 35]的技术。这些算法的详细信息可以在相关参考文献中找到。

AutoML 工具包括 Auto-WEKA[36]、Auto-Sklearn[37]、Auto-Keras[38] 以及 TPOT[39] 等。以 Auto-Sklearn 为例，它融合了元学习、贝叶斯优化和集成模型技术，用以选择最优算法并进行超参数调优。元学习部分被整合进包含数据预处理器、特征预处理器和分类器的机器学习框架中，并与贝叶斯优化器形成反馈机制。该机器学习框架的输出进一步用于构建集成模型[37]。

AutoML 相关研究文献主要关注自动化过程，而非模型的可解释性，并且也没有专注于处理过程数据。本章的核心内容是学习基于第一性原理的知识，其中模型的可解释性是一个重要考虑因素，同时还关注过程数据的处理。因此，现有文献中占主导地位的 AutoML 方法并不满足我们基于过程数据构建可解释非线性回归模型的目标。接下来的小节将介绍一种 AutoML 方法——智能过程分析（Smart Process Analytics，SPA）——这是专门为处理过程数据而开发的自动化机器学习方法。

2.3.2 制造业数据自动化：智能过程分析

智能过程分析（SPA）[1] 与 AutoML 软件的共同目标是提供一个工具，使非机器学习领域的专家也能够准确且有效地构建预测模型。理想状态下，这类软件应最小化决策流程，实现数据分析过程的自动化。

SPA 与 AutoML 有两大主要区别。第一个区别在于，SPA 专注于处理过程数据，而并不是设计来处理 AutoML 所关注的多种数据集，例如图像数据或与棋类游戏（如国际象棋、跳棋和围棋）相关的数据。过程数据有着科学家和工程师相对熟悉的特性，在过往，人们已尝试利用人类知识结合相对较小的数据集构建模型。

第二个区别在于，SPA 并不适用于那些设计来处理无限或近乎无限数量数据集的机器学习方法。因此，SPA 在挑选最优模型时需要更为慎重，以规避过拟合的风险。此外，SPA 基于一个假设：数据量并不庞大，并且所构建的模型本身也应尽可能简洁。

SPA 的第一步是对数据的特征进行量化。初始步骤中，SPA 会确定预测变量与输入变量之间的非线性关系。如果非线性关系在统计上不具显著性，那么可以构建一个计算量较小的线性模型；反之，如果非线性关系在统计上具有显著性，线性模型就不再适用，此时应当构建如神经网络这样的非线性模型。

在进行初步的强线性测试时，智能过程分析采用皮尔逊相关系数。皮尔逊相关系数是衡量两个变量之间关系的指标，其值在 −1 到 1 之间变化。相关系数越接近 −1 或 1，表示变量之间存在越强的负相关或正相关。如果皮尔逊相关系数的绝对值足够大，那么就应当只考虑线性模型。

$$r_{XY} = \frac{\sum_i^n (X_i - \bar{X})(Y_i - \bar{Y})}{\sqrt{\sum_i^n (X_i - \bar{X})^2} \sqrt{\sum_i^n (Y_i - \bar{Y})^2}}$$

为了评价非线性相关性，SPA 运用了两种方法：二次检验和最大相关分析。二次检验对比两个假设：零假设 $H_0: y = w_1 x + w_0$ 认为两个变量 x 与 y 呈线性关系，备择假设 $H_1: y = w_2 x_2^2 + w_1 x + w_0$，则认为 y 与 x 之间存在非线性关系。零假设通过统计量 $F = \frac{SSE(0) - SSE(a)}{df_0 - df_a} \div \frac{SSE(a)}{df_a}$ 进行检验，其中 df 代表自由度的数目。假设检验的 P 值用于量化给出数据的非线性程度。在最大相关分析中，通过最大化皮尔逊相关系数来量化非线性[40]：

$$\sup_{\theta, \phi} \text{corr}(\theta(x), \phi(y))$$

其中，相关系数是指皮尔逊相关系数。值得注意的是，存在一个计算效率极高的算法，用于确定两个变量之间的非线性，以最大化它们的相关性。

每种方法在从数据中量化非线性时都有其局限性：①二次检验仅考虑二次模型；②当数据量极少时，最大相关分析的统计效力较弱[41]。因此，SPA 通过综合这两种方法，并将其结果与线性相关矩阵相比较，以此来评估非线性。

线性相关性和最大相关性均接近 0 或 1，意味着变量之间要么不相关，要么线性相关。当线性相关性接近 0 而最大相关性接近 1 时，则表明变量之间虽不呈线性相关，却存在非线性相关。

评估非线性关系之后，SPA 将对数据的多重共线性进行评估。多重共线性是指输入变量之间的关系不是独立的，且相互依赖性强。多重共线性现象在多数过程数据集中普遍存在。SPA 采用方差扩大因子（VIF）来评估多重共线性。计算得出的第 k 个输入变量的 VIF，若其值大于 10，则认为具有显著性。

$$VIF_k = \frac{1}{1 - R_k^2}$$

最终，SPA 会评估数据的动态特性。在动态模型中，前一时刻的值会影响当前时刻的值。SPA 使用自相关函数（ACF）来评估序列相关性，其中 1 表示滞后变量。如果自相关函数的值在统计学上显著，则 SPA 将采用动态模型。在仅具有动态特性的数据集选择动态模型时，典型变量分析（CVA）、状态空间自回归外生（SSARX）模型以及多变量输出误差状态空间（MOESP）模型是最适合的方法。对这些方法的详细说明，读者可以参阅文献 [42–44]。

$$ACF = \text{corr}(\varepsilon_t, \varepsilon_{t-l})$$

在分析数据的非线性程度、多重共线性与动态性后，SPA 会筛选用于模型构建的潜在数据分析和机器学习方法。SPA 用于模型选择的决策树可由如图 2-4 所示的示意图表示。例如，如果数据被评估出具有显著非线性，而多重共线性和动态性不显著，则 SPA 会选择应用 ALVEN、支持向量回归（SVR）或随机森林（RF），并运用交叉验证技术在这些方法中做出选择。若数据同时具有显著的非线性和动态特征，但不具有显著的多重共线性，那么 SPA 会通过交叉验证从递归神经网络和 DALVEN 构建的最优模型中进行选择。DALVEN 的优点在于该模型具有较好的可解释性，因为它会自动排除对模型输出没有显著影响的输入变量。

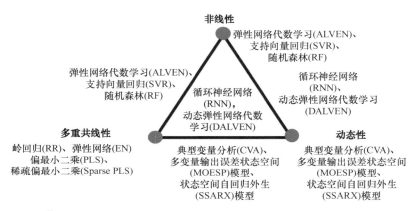

图 2-4　数据分析三角[1]。

对于评估结果显示有多重共线性，但非线性和动态性不显著的数据，适合采用的方法包括岭回归（RR）、偏最小二乘（PLS）法、弹性网络（EN）以及稀疏偏最小二乘（Sparse PLS）法。稀疏偏最小二乘法结合了最小绝对收缩和选择算法（LASSO）与偏最小二乘法，可以剔除那些对模型输出影响不大的输入变量。如果追求模型的可解释性，则应在模型构建中优先使用弹性网络和稀疏偏最小二乘法，而不选岭回归和偏最小二乘法，因为这些方法会在最终模型中包含所有的输入变量。

2.4　结论

本章介绍了多种数据驱动的建模方法，以及如何从数据中提取第一性原理知识，并且探讨了基于数据特性自动选择数据分析和机器学习方法的策略。本章还包括了如何在预设的特征中选择，这些特征定义了模型输入与输出之间可能存在的非线性关系。

在讨论过程中，我们分析了过程数据的三大特性：非线性、多重共线性和动态性。同时，也对模型是否基于模型参数的线性或非线性函数进行了分类描述。在回归方法的研究中，我们更多地关注了包括随机森林（RF）、支持向量回归（SVR）、循环神经网络（RNN）、长短期记忆网络（LSTM）和门控循环单元（GRU）在内的非线性方法，这些方法适用于静态模型，RNN、LSTM 和 GRU 则适用于动态数据。本章还详细介绍了一种构建可解释模型的代数学习方法——ALVEN。这种方法擅长处理数据，将特征限定在符合第一性原理的形式，比如双线性、二次方以及幂律关系。对于动态数据，DALVEN 提供了两种处理方式：一种是考虑对输入和输出变量都进行非线性变换的方案，另一种则只考虑对输入变量进行非线性变换。

在了解了这些数据驱动方法和模型之后，我们探讨了如何根据数据特性自动选择最合适的方法、模型、超参数和架构。自动化机器学习（AutoML）是一个结合了众多机器学习领域研究者开发的自动化算法选择方法论。文中描述了通用 AutoML 方法的局限性，并由智能过程分析（SPA）算法提供解决方案。SPA 通过不同的分析方法来研究数据的三个特性，利用这些信息来缩小适用算法的选择范围，并确定应用哪种算法。可选择的数据驱动建模算法包括 RNN、DALVEN、SVR 和 RF。因此，我们认为可以通过研究选择适应过程数据特征的模型超参数，并进一步设计新的基于数据的模型，如 AutoML 所做的那样。

目前，SPA 已能描述许多在过程数据中出现的物理关系，包括牛顿定律（$F=ma$）、基础化学动力学（$r = k_0 C_A C_B^2$），以及对流传热和传质的表达式（例如，$Nu = 0.6 Re^{1/2} Sc^{1/3}$）。展望未来，一个有潜力的研究方向是将 SPA 或其他代数学习框架扩展，以处理更多在过程系统中出现的第一性原理表达式。

参考文献

[1] W. Sun, R.D. Braatz, Smart process analytics for predictive modeling, Comput. Chem. Eng. 144 (2021) 107134.
[2] W.S. DeSarbo, W.L. Cron, A maximum likelihood methodology for clusterwise linear regression, J. Classification 5 (2) (1988) 249–282.
[3] F. McElroy, A necessary and sufficient condition that ordinary least-squares estimators be best linear unbiased, J. Am. Statist. Assoc. 62 (320) (1967) 1302–1304.
[4] H.P. Gavin, Total Least Squares. http://people.duke.edu/~hpgavin/SystemID/CourseNotes/TotalLeastSquares.pdf (2017).
[5] L. Breiman, Random forests, Mach. Learn. 45 (1) (2001) 5–32.
[6] V. Vapnik, O. Chapelle, Bounds on error expectation for support vector machines, Neural. Comput. 12 (9) (2000) 2013–2036.
[7] L. Breiman, Bagging predictors, Mach. Learn. 24 (2) (1996) 123–140.
[8] J.H. Holland, Genetic algorithms, Sci. Am. 267 (1) (1992) 66–73.
[9] W. Sun, R.D. Braatz, ALVEN: algebraic learning via elastic net for static and dynamic nonlinear model identification, Comput. Chem. Eng. 143 (2020) 107103.
[10] Z.T. Wilson, N.V. Sahinidis, The ALAMO approach to machine learning, Comput. Chem. Eng. 106 (2017) 785–795.

[11] R. Tibshirani, Regression shrinkage and selection via the lasso, J. R. Stat. Soc., B: Stat. Methodol. 58 (1) (1996) 267–288.
[12] H. Zou, T. Hastie, Regularization and variable selection via the elastic net, J. R. Stat. Soc., B: Stat. Methodol. 67 (2) (2005) 301–320.
[13] K. Pielichowski, J. Njuguna, Thermal Degradation of Polymeric Materials, iSmithers Rapra Publishing, 2005.
[14] M. Milosevic, Internal Reflection and ATR Spectroscopy, John Wiley & Sons, 2012.
[15] R.L. Thorndike, Who belongs in the family? Psychometrika 18 (1953) 267–276.
[16] F.A. Gers, N.N. Schraudolph, J. Schmidhuber, Learning precise timing with LSTM recurrent networks, J. Mach. Learn. Res. 3 (2002) 115–143.
[17] S.J. Qin, Recursive PLS algorithms for adaptive data modeling, Comput. Chem. Eng. 22 (4-5) (1998) 503–514.
[18] S.J. Qin, T.J. McAvoy, Nonlinear PLS modeling using neural networks, Comput. Chem. Eng. 16 (4) (1992) 379–391.
[19] S. Hochreiter, J. Schmidhuber, Long short-term memory, Neural. Comput. 9 (8) (1997) 1735–1780.
[20] K. Cho, B. Van Merriënboer, C. Gulcehre, D. Bahdanau, F. Bougares, H. Schwenk, Y. Bengio. Learning phrase representations using RNN encoder-decoder for statistical machine translation, In: arXiv preprint arXiv:1406.1078 (2014).
[21] S. Piche, J. Keeler, G. Martin, G. Boe, D. Johnson, M. Gerules, Neural network based model predictive control, Advances in Neural Information Processing Systems, MIT Press, Denver, Coloardo, 1999.
[22] W. Sun, A.R. Paiva, P. Xu, A. Sundaram, R.D. Braatz, Fault detection and identification using Bayesian recurrent neural networks, Comput. Chem. Eng. 141 (2020) 106991.
[23] P.R. Jeon, M.S. Hong, R.D. Braatz, Compact neural network modeling of nonlinear dynamical systems via the standard nonlinear operator form, Comput. Chem. Eng. 159 (2022) 107674.
[24] W. Ku, R.H. Storer, C. Georgakis, Disturbance detection and isolation by dynamic principal component analysis, Chemom. Intell. Lab. Syst. 30 (1) (1995) 179–196.
[25] H. Akaike, A new look at the statistical model identification, IEEE Trans. Autom. Control. 19 (6) (1974) 716–723.
[26] C. Chatfield, The Analysis of Time Series: An Introduction, Chapman and Hall/CRC, 2003.
[27] C. Thornton, F. Hutter, H.H. Hoos, K. Leyton-Brown, Auto-WEKA: combined selection and hyperparameter optimization of classification algorithms, in: Proceedings of the 19th ACM SIGKDD International Conference on Knowledge Discovery and Data Mining, New York, Association for Computing Machinery, 2013.
[28] J. Snoek, H. Larochelle, R.P. Adams, Practical bayesian optimization of machine learning algorithms, Advances in Neural Information Processing Systems, Curran Associates, Lake Tahoe, Nevada, 2012.
[29] Y. Zhang, M.T. Bahadori, H. Su, J. Sun, FLASH: fast Bayesian optimization for data analytic pipelines, in: Proceedings of the 22nd ACM SIGKDD International Conference on Knowledge Discovery and Data Mining, New York, Association for Computing Machinery, 2016.
[30] L. Li, K. Jamieson, G. DeSalvo, A. Rostamizadeh, A. Talwalkar, Hyperband: a novel bandit-based approach to hyperparameter optimization, J. Mach. Learn. Res. 18 (1) (2017)

6765–6816.
[31] T. Elsken, J.H. Metzen, F. Hutter, Neural architecture search: a survey, J. Mach. Learn. Res. 20 (1) (2019) 1997–2017.
[32] B. Zoph, Q.V. Le. Neural architecture search with reinforcement learning. arXiv preprint arXiv:1611.01578 (2016).
[33] B. Zoph, V. Vasudevan, J. Shlens, Q.V. Le, Learning transferable architectures for scalable image recognition, in: Proceedings of the IEEE Conference on Computer Vision and Pattern Recognition, Salt Lake City, IEEE, 2018.
[34] G. Bender, P.-J. Kindermans, B. Zoph, V. Vasudevan, Q. Le, Understanding and simplifying one-shot architecture search, in: International Conference on Machine Learning Proceedings of Machine Learning Research, Stockholm, Sweden, 2018.
[35] H. Cai, L. Zhu, S. Han. Proxylessnas: direct neural architecture search on target task and hardware. arXiv preprint arXiv:1812.00332 (2018).
[36] L. Kotthoff, C. Thornton, H.H. Hoos, F. Hutter, K. Leyton-Brown, Auto-WEKA: automatic model selection and hyperparameter optimization in WEKA, Automated Machine Learning, Springer, Cham, 2019, pp. 81–95.
[37] M. Feurer, A. Klein, K. Eggensperger, J. Springenberg, M. Blum, F. Hutter, Efficient and robust automated machine learning, Advances in Neural Information Processing Systems, Curran Associates, Montréal, Canada, 2015.
[38] H. Jin, Q. Song, X. Hu, Auto-keras: An efficient neural architecture search system, in: Proceedings of the 25th ACM SIGKDD International Conference on Knowledge Discovery & Data Mining, Association for Computing Machinery, New York, 2019.
[39] T.T. Le, W. Fu, J.H. Moore, Scaling tree-based automated machine learning to biomedical big data with a feature set selector, Bioinformatics 36 (1) (2020) 250–256.
[40] A. Rényi, On measures of dependence, Acta. Math. Hung. 10 (3-4) (1959) 441–451.
[41] W.K. Härdle, L. Simar, Canonical correlation analysis, Applied Multivariate Statistical Analysis, Springer, 2015, pp. 443–454.
[42] D. Astuti, B.N. Ruchjana, Generalized space time autoregressive with exogenous variable model and its application, J. Phys. Conf. Ser. 893 (1) (2017) 012038.
[43] R.B. Darlington, S.L. Weinberg, H.J. Walberg, Canonical variate analysis and related techniques, Rev. Educat. Res. 43 (4) (1973) 433–454.
[44] F. Ding, X. Zhang, L. Xu, The innovation algorithms for multivariable state-space models, Int. J. Adapt. Control Signal Process. 33 (11) (2019) 1601–1618.
[45] Y. Li, C. Zou, M. Berecibar, E. Nanini-Maury, J.C.-W. Chan, P. Van den Bossche,…, N. Omar, Random forest regression for online capacity estimation of lithium-ion batteries, Appl. Energy 232 (2018) 197–210.
[46] M.S. Reis, R.D. Braatz, L.H. Chiang, Challenges and future research directions, Chem. Eng. Prog. 112 (3) (2016) 46–50.

第 3 章

卷积神经网络：基本概念及其在制造业中的应用

Shengli Jiang[○], Shiyi Qin[○], Joshua L. Pulsipher[○], and Victor M. Zavala[○]

3.1 引言

制造业正越来越多地应用实时传感和仪器技术，这些技术产生的数据包括形式多样的图像/视频（如红外和热成像）、振动/音频，以及化学光谱和几何结构等复杂数据形式（如 3D 打印物体、合成分子和晶体）。此外，越来越多的自动化系统旨在利用这些数据进行决策，比如优化生产流程和检测异常情况，并已被应用于制造领域。现代自动化系统还被设计为能够接收复杂数据对象作为指令/目标（如语音、文本、化学光谱和分子结构）。

制造业中使用的现代自动化系统内置了高度复杂的计算工作流程，这些工作流程采用数据科学和机器学习工具，从复杂数据流中提取并解读可供操作的信息。这些工作流程与自动驾驶技术（如航空器、地面车辆和水下设备）以及机器人技术等使用的工作流程相似。更进一步，这些工作流程开始模仿人类系统的工作方式——使用视觉、听觉、触觉和嗅觉信号（数据）来做出决策。例如，人类嗅觉系统在识别特定化学结构时会产生信号，这些信号被大脑处理并解读以检测异常情况。同样，当我们的视觉系统遇到具有特定几何形状和颜色特征的物体时，会产生可解读的信号；当我们的听觉系统遇到特定频率时，也会产生可解读的信号。因此，从概念上讲，我们可以看到，感知技术和数据科学正在推动工业（人造）感知与人类（自然）感知及决策过程的日益融合。这为人工智能与人类智能的协同合作开辟了新的、激动人心的机会，其最终目标是使制造业变得更加高效、安全、可持续和可靠。

在本章中，我们将重点介绍机器学习技术，这些技术能够从制造业常遇到的复杂数

[○] 美国，威斯康星大学麦迪逊分校，化学与生物工程系。
[○] 加拿大，滑铁卢大学，化学工程系。

第3章 卷积神经网络：基本概念及其在制造业中的应用

据源中提取信息。具体而言，我们将复习卷积神经网络（CNN）的基础概念，并概述如何利用这些工具在制造业中执行各类决策任务。卷积神经网络的核心是一项强大且灵活的数学运算——卷积，它能够从表示为规则网格（如一维向量、二维矩阵和高维张量）以及不规则网格（如二维图和高维超图）的数据对象中提取信息。这些数据表示方法具有很大的灵活性，可以用来编码各种数据对象，包括音频信号、化学光谱、分子结构、图像和视频。此外，这些表示方法还能够编码多通道数据，使其能够捕捉颜色信息和多变量输入（如多变量时间序列和分子结构图）。卷积神经网络通过卷积操作来识别能够从数据中提取出来并最好地解释输出结果的特征；这些特征的识别依赖于找到最优的卷积滤波器或操作器，这些是 CNN 通过学习过程获得的参数。这些操作器的学习过程需要使用复杂的优化算法，且计算成本可能很高。卷积神经网络是新兴的机器学习领域——几何深度学习的模型类别之一，该领域利用几何和拓扑学工具来表示和处理数据。

卷积神经网络的最早原型由福岛邦彦于 1980 年提出[1]，其最初应用于模式识别领域。到了 20 世纪 80 年代末，由 LeCun 等人提出的 LeNet 模型首次引入了反向传播算法概念，利用优化技术简化了学习过程中的计算[2]。尽管 LeNet 模型结构简单，但它在识别手写数字方面展现出高准确性。1998 年，Rowley 等人[3]推出了能够进行面部识别的 CNN 模型，这一工作为对象分类和检测领域带来革命性的进展。随着并行计算结构的发展，如图形处理单元等[4]，CNN 模型的复杂度及其预测能力均得到显著提升。当代用于图像识别的 CNN 模型包括 SuperVision[5]、GoogLeNet[6]、VGG[7] 和 ResNet[8] 等。当前，新型模型正被开发用以执行多样化的计算机视觉任务，如对象检测[9]、语义分割[10]、动作识别[11]以及三维分析[12]。现在，卷积神经网络已在智能手机中得到普遍应用，如基于面部识别的解锁功能[13]。

卷积神经网络虽然最初是为计算机视觉领域而开发的，但其采用的网格数据表示法十分灵活，适用于处理多个不同应用场景中的数据集。例如，在化学领域，Hirohara 及其团队[14]采用所谓的独热编码技术，将 SMILES 字符串（一种编码分子拓扑结构的方法）转换成矩阵形式。研究者利用这种数据表示方法训练 CNN 模型，成功预测化学物质的毒性，并证明 CNN 模型的性能超过了基于分子"指纹"（另一种分子表示方式）的传统模型。在生物学领域，Xie 等人[15]应用 CNN 处理显微图像，进行细胞计数与检测。近年来，CNN 还扩展到图数据表示的处理上，大大增广了其应用范围。这类被称为图神经网络的 CNN，在分子性质预测等方面已得到广泛应用[16, 17]。

制造业覆盖了极其广泛的重要产品和工艺，其种类繁多至难以穷尽。在本章，我们将聚焦于 CNN 在化学和生物制造领域的应用，这些领域包括制药、农业产品、食品、消费品、石化产品及材料等。我们还要指出，这些制造部门正在逐渐采纳自主化平台，这些平台实现了灵活高通量的实验操作和/或按需生产，因此，本章讨论的概念适用于这种情境。本章将提供特定的案例研究，我们认为这些案例可以代表性地说明 CNN 如何帮助制造业中的决策制定。具体来说，我们将展示如何运用 CNN 来做以下工作：①解析多变量时间序列数据；②解读来自显微镜和流式细胞术的复杂信号，检测空气和溶液中的污染物；③实时解码 ATR-FTIR 光谱，用于鉴别塑料废物流；④直接根据分子结构预测表面活性剂的特性；⑤将图像数据转换为反馈控制信号。

3.2 数据对象与数学表征

在制造业中遇到的众多数据集可通过两种基础数学对象进行表征——张量和图。这些表征方法非常通用，事实上，我们难以想象存在不能以这两种形式之一来表示的数据集。张量与图之间的主要区别在于张量是规则的对象（如规则网格），而图则是不规则的（如不规则网格）。此外，张量隐含地编码了位置上下文，图则可能会也可能不会编码位置上下文。张量和图的表征方式的差异，在设计用于从数据中提取信息的 CNN 架构时发挥着关键作用。不幸的是，通常不容易明确哪种数据表征最适合某个具体应用，有时候适合的数据表征形式并不会直接从数据本身显现出来。事实上，我们可以将 CNN 视作一种表征学习的工具，其目标在于学习数据的最佳表征方式，以便进行有效预测。

3.2.1 张量表征

数据对象通常与网格相联系，典型的例子是灰度图像，可以用二维网格对象来表示。在这里，每个空间网格点对应一个像素点，该像素点的数据值表示光线强度。灰度视频实际上是一系列灰度图像的序列，可以表示为一个三维网格对象（包含空间维度及时间维度）。此时，每个时空网格点称为体素（voxel），其数据值为光线强度。人们常误以为网格数据仅用于表示图像与视频，然而它的应用范围更为广泛。例如，化学物质的三维密度场或流体速度场（如通过分子动力学和流体动力学模拟生成的）可以用三维网格来表示；同理，表面的热分布可以用二维网格来表示。

张量是表示网格数据的数学对象。张量将向量（一维张量）和矩阵（二维张量）概念扩展到更高维度[18]。张量的一个核心属性是它隐含地编码了位置上下文和顺序（它存在于欧几里得空间中）；特别是，张量中的每个元素都有一组独特的坐标/索引，这些坐标/索引准确指明了元素在张量中的位置（见图 3-1）。由于其位置上下文，通过旋转可以改变张量的性质，例如，旋转图像（或者转置其对应的矩阵）会改变图像的特性。

张量是一种灵活的对象，它还可以用于表示具有多属性或多通道的网格数据。比如，彩色图像可以表示为三个网格（红、绿、蓝通道）的叠加。其中，每个通道是一个二维张量（矩阵），而这三个通道叠加在一起则构成一个三维张量。通道同样可以用来在网格的每个条目中表示多元数据。例如，音频或传感器信号是可以用单通道向量表示的时间序列，而多元时间序列（如从制造车间多个传感器收集到的数据）则可以表示为多通道向量。

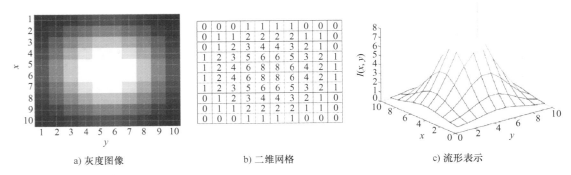

a) 灰度图像　　　　　b) 二维网格　　　　　c) 流形表示

图 3-1　张量表征示意图

注：灰度图像的表现形式（见图 3-1a）为一个二维网格对象（见图 3-1b）。该网格是一个矩阵，每个条目代表一个像素，条目中的数值代表了光强度。灰度图像的流形表示（见图 3-1c）揭示了图像的几何模式。

需要强调的是，图像（人眼或光学设备所感知的现实）与张量（它们的数学表达形式）之间有一种固有的对偶性。具体而言，图像是我们的视觉传感系统捕获并处理的光学场，用于导航世界和做出决策，而张量是用于计算机处理的抽象数学表征。明确这种区分非常重要，因为相较于数值数据（如数字序列），人类通常更擅长从视觉数据中提取信息（而无须了解任何数学知识）。这便引出了一些问题：为什么自动化系统要以数字形式向操作人员展示数据？对于人类来说，哪些视觉表现形式最佳，能让他们更容易地解读和分析数据？这些问题是人机交互领域的核心，突出了数据可视化和处理技术的重要性。

同样需要重点指出的是，人类视觉系统及大脑在感知与解读光学场时存在先天的局限性。例如，人眼和听觉系统无法捕获光学场或音频信号中的所有频率，因此，我们需要辅以仪器（如显微镜和夜视系统），来揭示或强化那些超出我们有限感官所能捕捉到的信息。此外，人类的大脑经常会被光学场和音频信号的失真（如旋转和变形）以及噪声（如雾和白噪声）所"迷惑"。使用人工智能工具，如卷积神经网络，可以克服这些限制。在此情景下，如图像和音频信号这样的感测信号被以网格数据的形式数学化表示，以便提取信息。遗憾的是，网格数据的表示本质上是有限的，因为它们固有地代表了规则形状的对象，且容易受到旋转和变形的影响。

3.2.2　图的数学表示

图是一种灵活且强大的数学数据表示形式。图是由一组节点（顶点）及其相连的一组边（边缘）构成的拓扑结构；图中的每个节点代表图形对象中的一个点，每条边则连接一对节点。图的连通性（拓扑结构）通常用邻接矩阵来表示（见图 3-2）。

人工智能与智能制造：概念与方法

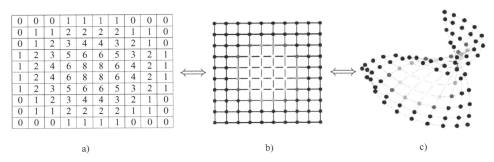

图 3-2　图的数学表示示意图。

注：灰度图像的表现形式（图 3-2a）可以转换为图（图 3-2b）。图中的每个节点代表一个像素，节点内的权重编码了光强度。图是一个拓扑不变性的对象，它不受变形影响（图 3-2c）。

　　图定义了一种不规则的网格，并且可以在这样的网格的节点和边上附加多通道数据（特性）。例如，在表示分子结构时，可以在每个原子上附加多种特性（如元素类型和电荷）。这里，每种特性都可以视作图的一个通道；节点和边上具有多种特性的图也被称为多属性图。多属性图用于表示分子的示例如图 3-3 所示。

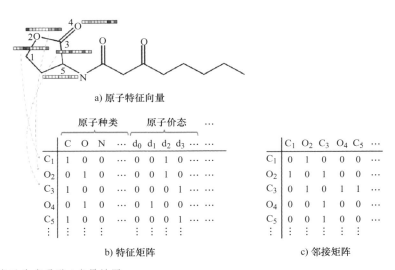

图 3-3　将分子表示为多通道/多属性图。

注：分子的拓扑结构通过邻接矩阵进行编码，原子的特性则以向量形式编码，并堆叠成特征矩阵（经美国化学学会许可，修改自参考文献 [60]）。

　　图的一个根本特性是它不直接编码位置信息（它不存在于欧几里得空间中）。因此，图可以进行拉伸、旋转，或者节点可以在空间中重新排列，而不会影响图的基础拓扑结构。换言之，图的拓扑结构完全由节点与边的连接关系所决定。这为图的表示带来了许多有用的属性（如旋转不变性），在表示某些系统时这些属性可能极为有益。例如，在分子模拟中，分子可能会在空间中随机移动，但其内部的连接性（如氢键）可能保持不变[19]。

第3章 卷积神经网络：基本概念及其在制造业中的应用

图的另一关键特性是，由于它们构成了不规则的网格，我们可以开发卷积神经网络，用以学习不同规模图的特征（如聚合物和肽链序列）。

需要特别指出的是，虽然图本身是二维的，并没有位置信息，但我们可以将图中每个节点的三维（或更高维度）位置信息作为节点特征进行编码[20]。例如，在代表供应链网络时间演进的图表示中，节点特征可以包括特定的时间点和地理坐标。更进一步，图的表示方法可以扩展到超图，超图允许表示多个节点通过一条边相连的结构。这些更先进的几何表征方法促进了一门名为几何深度学习[21]的新兴机器学习领域的发展，并且推动了拓扑数据分析[22, 23]的研究。这些方法使我们能够分析复杂的三维（及更高维度）结构。

3.2.3 色彩的表示

人类视觉系统使用色彩作为获取信息并做出判断的关键手段。在计算机处理中，色彩一般通过红绿蓝（RGB）色彩空间进行表示（见图3-4）。RGB色彩空间是一种加性色彩模型，通过混合红、绿、蓝三种颜色通道可以产生丰富的色彩范围[24]。

在RGB色彩空间成为计算机电子系统中的默认标准之前，它已经基于人类对色彩的感知建立了完善的理论。选择这三种基色与人眼的生理机制息息相关。具体而言，人眼中的三种视锥细胞对红、绿、蓝三种颜色的波长有最敏感的反应。RGB色彩空间的设计是为了最大限度地利用光的不同波长对视锥细胞的反应差异[25]。然而，在不同的场景下，还有许多其他的色彩空间可能更加实用。例如，CIELAB（也称为LAB）色彩空间是一种强有力的表示形式，适合进行定量色彩比较。

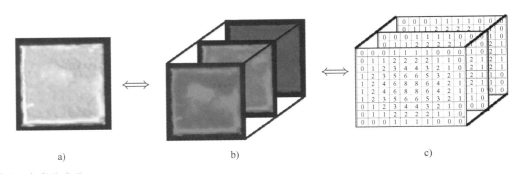

图3-4 色彩的表示

注：色彩图像的表示（图3-4a）可以理解为红、绿、蓝三个颜色通道的重叠（图3-4b）。每个颜色通道都是一个二维网格对象（即矩阵，图3-4c），将这些通道叠加在一起形成一个三维张量。

LAB色彩空间由国际照明委员会（CIE）定义为一个感知均匀的色彩空间，这意味着在LAB色彩空间中，相同距离间隔的一组颜色看起来差异一致。LAB色彩空间的三个坐标分别表示颜色的亮度（$L^*=0$表示黑色，$L^*=100$表示白色）、颜色在红色与绿色之间的位置（a坐标，负值指示绿色，正值指示红色）以及颜色在黄色与蓝色之间的位置（b坐标，负值指示蓝色，正值指示黄色）。可以通过一种复杂的非线性变换，将 RGB 色彩空间转换为 LAB 色彩空间。LAB 色彩空间能够突显出人眼可能直接察觉不到的图像特征，这一原理可以被卷积神经网络所利用，以从图像中提取隐含信息。

不同于 RGB 和 LAB 成像仅捕捉可见光谱中的三个波长带，光谱成像能够使用跨越整个电磁光谱的多个波段[26]。光谱成像可以涵盖红外线、可见光、紫外线、X 射线，或是上述某些的组合。多光谱和高光谱相机能够为图像中每个像素捕获上百个波段，形成一个完整的光谱。由于光谱图像中蕴含的信息量巨大，这项技术已经在农业[27]、医疗健康[28]以及材料的无损检测[29]等领域得到广泛应用。

3.3　卷积神经网络架构

卷积神经网络是指一大类机器学习模型，这些模型通过特化的卷积块来从数据对象中抽取特征信息。CNN 最初被设计用于提取网格状数据对象的信息，而近期它们已被改进以用于从图结构中抽取信息。卷积神经网络的核心数学运算是卷积；简言之，卷积运算通过在数据对象的一个区域内应用加权求和来变换数据。这个求和过程的权重由卷积滤波器或操作符确定。CNN 的目标是找到能够从输入数据对象集合中提取最大化信息的最优滤波器或操作符；这里的"最大化信息"是指该信息能预测与输入数据对象相关的结果（标签）。例如，我们可以训练一个 CNN，使其能直接根据分子结构预测分子的毒性，这是通过对一组具有相应毒性等级的分子进行 CNN 训练来实现的。

卷积神经网络的架构实质上是将输入数据对象通过一系列卷积、激活和池化等操作的前向传播过程，这些操作包含通过最小化损失函数学习得到的参数。使用反向传播（backpropagation）策略来计算损失函数相对于参数的梯度（见图 3-5）。

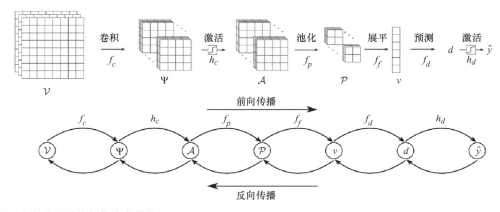

图 3-5　卷积神经网络架构的高层视图。

注：输入数据对象（如网格或图）通过一系列卷积、激活和池化等操作进行传播，以产生输出预测。这些操作的可训练参数通过最小化损失函数来学习。损失函数的导数/梯度通过反向传播计算（经 Wiley 出版社许可，修改自参考文献 [77]）。

第3章 卷积神经网络：基本概念及其在制造业中的应用

在本节中，我们将讨论卷积的数学原理和 CNN 训练背后的计算过程。通过这些分析，我们旨在揭示 CNN 的内部工作原理及其面临的瓶颈与挑战。

3.3.1 卷积操作

我们首先考虑卷积神经网络 f_{cnn}，它将输入张量 V 映射到输出预测 $\hat{y}$。在一个特定的卷积层中，输入对象 V 会被卷积算子 U 所卷积处理，该算子采用了一组卷积滤波器或操作符来生成特征图 Ψ。卷积操作定义为 $\Psi = U \times V$，本质上是卷积算子的条目和输入对象之间的加权求和。在这里，我们还要注意到算子通常远小于输入对象，因此，算子是在覆盖整个输入对象的移动窗口（邻域）上应用的。由于在输入对象 V 的边界上，这一操作并没有明确的定义，因为某些索引可能会越界，但这一问题通常通过在图像周围添加零值条目（一种称为零填充的技术）来解决。我们也可以用紧凑的形式表达这个操作：$\Psi = f_c(V, U)$。如图 3-6 所示，不同的算子能够突出输入对象的不同特征。另外，我们认识到可以设计多种算子来从输入数据中提取信息。在卷积神经网络架构中，这些算子是通过学习得到的，以便它们能够提取出最能解释所感兴趣输出的信息。

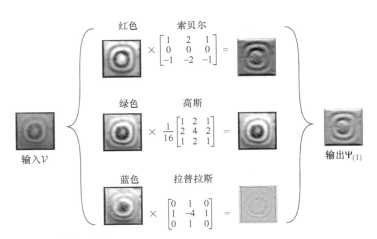

图 3-6 三通道网格的卷积（彩色图像）。

注：每个通道使用不同的卷积算子进行处理。每个算子突出 / 提取图像中的不同特征（如几何特征）（经 Wiley 出版社许可，修改自参考文献 [77]）。

参照图 3-7，对卷积算子的应用可以直观地解释为模式识别。组成 U 的各个滤波器内嵌了不同的模式，当这些模式与 V 中的特定邻域（图 3-6 展示的）进行卷积时，能够得出模式匹配程度的评分（数值越大表示匹配程度越高）。因此，特征映射 Ψ 可以理解为一个评分表，它记录了 V 中各种特定模式（通过 U 中的滤波器编码）的表现情况。

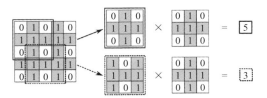

图3-7 卷积作为一种模式匹配技术。

注：卷积算子突出显示了网格中图像和算子模式匹配的区域（经Wiley出版社许可，修改自参考文献[77]）。

在图卷积神经网络（GCNN）架构[30]中，输入的图根据其拓扑结构传播；在此过程中，卷积操作与在网格数据对象上的操作类似，通过加权求和节点及其相邻节点的特征来执行。通常采用消息传递框架[17]作为构建图神经网络（GNN）架构的一种通用方法，该架构融合了节点特征和边特征。

3.3.2 激活函数

在卷积操作之后，特征映射的输出通常会逐元素地通过激活函数 a 进行映射，从而得到激活对象 A。这一操作可表述为 $A=h_c(\Psi)$，它有助于卷积神经网络实现非线性行为的编码。激活函数的常见选择包括：

$$\alpha_{\text{sig}}(z) = \frac{1}{1+e^{-z}}$$

$$\alpha_{\text{tanh}}(z) = \tanh(z)$$

$$\alpha_{\text{ReLU}}(z) = \max(0, z)$$

此处，修正线性单元（ReLU）函数 $\alpha_{\text{ReLU}}(\cdot)$ 非常普遍，因为它通常对输入变化的敏感度较高[31]。而且，这个函数可以通过分段线性函数和混合整数规划公式来简便地表示。

3.3.3 池化

卷积神经网络的另一个关键部件是池化层。池化操作 f_p 是一种降维映射，其目的是通过将较小维度的子区域（即池化区域）合并，以简化/减少激活 A。池化操作有助于使得学习到的特征表示对小尺度的扰动更容易保持不变形[32]。常见的池化方式包括最大池化和平均池化，它们分别采用子区域的最大值或平均值进行标量化。

3.3.4 卷积块

在卷积神经网络中，卷积块是指将给定输入进行卷积、激活和池化操作的组合体。简单来说，卷积块通过映射 f_{cb} 实现如下功能：

$$P = f_{cb}(V;U) = f_p(h_c(f_c(V;U))) \tag{3-1}$$

出于陈述上的简化，我们这里仅考虑遵公式（3-1）的卷积块结构。这些模块可以实现更复杂的操作组合（如多个卷积层的叠加），但我们在此不展开讨论。此外，这些卷积块可以接受池化后的输出 P 作为输入，通过递归调用 f_{cb} 的方式，实现多个卷积块的串联使用。这些模块本质上通过其使用的卷积滤波器充当特征提取器的角色。并且，在 CNN 中位置越深的卷积块，其特征提取的专业性也越高。在计算机视觉领域内，这意味着初始的卷积块可能提取简单的特征（如边缘或颜色），而更深层的模块则能够识别出更为复杂的模式（如特定的形状）。因此，我们可以将多次卷积操作视作一个多阶段的精炼过程，在这一过程中，连续的特征空间能够捕捉到更长尺度和更高复杂性的模式（换言之，把图像数据逐步转化为更加精细的特征表达）[33]。

3.3.5 前馈神经网络

最后一个卷积块的输出 P 一般须被转换为一维向量（即向量化），这一变换过程可表述为映射 f_f，并由此产生特征向量 v：

$$v = f_f(P) \tag{3-2}$$

随后，此特征向量将作为输入被送入前馈神经网络模型 f_d，该模型负责预测目标状态空间向量 $\hat{y}$。图 3-5 阐释了一个标准的图像 CNN 模型实现上述过程的结构。该模型集成了若干卷积块，并可通过以下函数形式来描述：

$$\hat{y} = f_{cnn}(V) \tag{3-3}$$

在此，映射 f_{cnn} 包含了卷积、激活、池化和展平（flattening）操作的嵌套集合。这一结构突显了卷积块作为特征信息的提取器，以及密集层作为预测器的角色，其特征空间即为最终块输出的一维向量 v。

3.3.6 数据增广

数据增广是指一系列目的在于通过对输入数据施加多样化的扰动或变换，人为地扩充训练数据集大小的技术。在计算机视觉领域，为了降低 CNN 遇到未知图像的风险，以及避免与栅格数据对象相关的旋转不变性问题，常常利用数据增广技术来扩增训练图像集的规模。图像增广的一般做法是对训练图像施加扰动，使 CNN 能够对这些类型的视觉干扰具有较强的鲁棒性。常见的图像扰动方法包括旋转、平移、裁剪、雾化处理、亮度调整、喷溅处理等。目前有许多软件工具支持实施这些变换，其中包括 TensorFlow 和 ImgAug[34, 35]。图 3-8 展示了一个训练图像通过多种扰动方法进行增广的示例。这种方法有助于减少 CNN 在面对新颖图像时的风险，但通常无法完全覆盖过中可能遇到的所有干扰类型。

　　　a) 原始图像　　　b) 喷溅处理图　　　c) 雾化处理图　　　d) 移位处理图

图 3-8　数据增广技术中使用的图像扰动方法示例（经 Elsevier 许可，修改自参考文献 [79]）。

3.3.7　训练与测试流程

CNN 的训练流程致力于寻求最优模型参数（即卷积操作符和密集网络权重），目的是最小化 CNN 输出预测与训练数据集实际输出之间的误差。我们考虑一个包含输入与输出配对的训练集 $|\mathcal{K}|$。训练过程中旨在最小化的预测误差称作损失函数 L。例如，回归模型通常采用平方误差和（SSE）作为损失函数：

$$L(\hat{y}) = \| \hat{y} - y \|_2^2 \tag{3-4}$$

因此，将所有 CNN 模型参数归纳为 θ，模型训练可以被形式化为一个标准优化问题：

$$\begin{aligned} \min_{\theta} \quad & \sum_{k \in \mathcal{K}} L(\hat{y}^{(k)}) \\ \text{s.t.} \quad & \hat{y}^{(k)} = f_{cnn}(V^{(k)}; \theta), k \in \mathcal{K} \end{aligned} \tag{3-5}$$

将约束方程直接整合入目标函数中，便能将其转换为一个无约束优化问题。鉴于训练数据量庞大、模型参数量众多以及模型本身的复杂性，通常采用随机梯度下降（SGD）算法解决这一问题。此外，还应用前向传播和反向传播技术来计算 SGD 算法每一次迭代所需的目标值和导数值（见图 3-5）。对于分类模型而言，一般会使用交叉熵损失函数。

3.3.8　CNN 架构优化

神经架构搜索（NAS）的设计目的是自动搜寻特定数据集最合适的 CNN 架构。具体来说，它运用一种搜索方法（如强化学习、进化算法或随机梯度下降）来遍历用户定义的搜索空间，并根据在特定任务上生成模型的性能表现（如验证集上的准确度）来选取最优架构。搜索空间囊括了所有潜在的架构可能性。研究表明，NAS 发现的架构在多种任务中的表现超越了人工设计的架构，如图像分类[36]、图像分割[37]、自然语言处理[38]以及时间序列预测[39]等。

3.3.9　迁移学习

由于需要执行大量卷积运算（如在每次 SGD 迭代过程中以及处理大规模训练集时），

CNN 的训练过程可能极其耗费计算资源。然而，我们可以利用现有已训练完成的 CNN 中的滤波器/操作符来为新的数据集提取信息，而这些信息可用于不同类型的任务（如发展不同的机器学习模型，如支持向量机）。这种做法称为迁移学习，它基于以下观察：尽管所用滤波器对于新数据集可能并非最优，但仍能够提取出有价值的信息。例如，在人类学习的情境中，我们往往能够辨识出以前未曾见过的物体的特征。

3.4 案例研究

在本节中，我们将介绍一组案例研究，这些案例突显了 CNN 在制造业中的潜在用途。我们的目标不在于提供一个涵盖所有应用场景的列表，而是旨在展示 CNN 的强大功能，并展现如何创新地使用数据表示来解决各种问题。

3.4.1 在传感器设计中应用卷积神经网络

3.4.1.1 检测溶液中的污染物

此案例研究基于 Jiang 等人的研究成果[40]。内毒素是存在于细菌外膜的脂多糖（LPS）[41]。近期研究发现，分散于水溶液中的微米级液晶（LC）微滴，可以作为感测手段，用于检测和测定不同细菌体中内毒素的含量。在接触内毒素后，液晶微滴会发生转变，形成可以通过流式细胞术进行定量的独特光学信号（见图 3-9）。

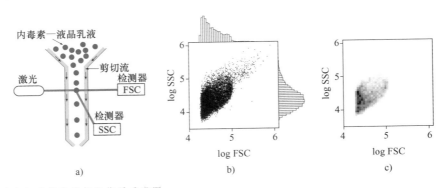

图 3-9 内毒素与液晶乳液相互作用示意图。

注：图 3-9a 为前向散射（FSC）与侧向散射（SSC）散射场的生成过程。内毒素—液晶乳液被泵入流式细胞仪，顺着剪切流的方向流动。激光从液晶微滴中散射出来，并在两个角度（FSC 和 SSC）处被收集。通过结合 10 000 个液晶微滴的 FSC 和 SSC 数据点，我们构建了一个 FSC/SSC 散射场。图 3-9b 为暴露于 100pg/mL 内毒素的液晶微滴所生成的散射场。利用 50 个分段，生成了以对数刻度表示的 FSC（图中顶部）和 SSC（图中右侧）光的边际概率密度。图 3-9c 通过将散射场分段并计算每个分段中的事件数量来构建二维网格图（经皇家化学学会许可，修改自参考文献 [40]）。

流式细胞术产生的复杂数据对象以前向散射与侧向散射的散射点云形态呈现；此处，

每个点代表一个给定微滴的散射事件。关键在于，可以通过分段的方法将点转换成二维网格数据对象；即通过对 FSC/SSC 域进行离散化处理，并计算每个分段内的点数。由此获得的二维网格对象是一个矩阵，我们可以将其视作灰度图像。在这里，每个像素代表一个分段，其亮度代表该分段内的事件/微滴数目（微滴数较多的分段显示得更暗）。这种可视化实质是一个三维直方图的二维投影（第三维度对应事件数目，即频率）。换言之，二维网格对象捕获了 FSC/SSC 联合概率密度的几何形态。这些几何特征可以通过 CNN 自动提取。

图 3-10 展示了内毒素浓度对经过分段处理后的前向散射与侧向散射散射场的影响；在浓度差异较大的情况下，散射模式的差异较为显著，但浓度相近时差异则相对微小。我们训练了一个能够自动识别这些变化并根据散射场预测浓度的二维卷积神经网络（2D CNN）。我们采取以下步骤来获取输入至 CNN 的二维网格数据对象（样本）。对于每个样本，我们通过将 FSC 和 SSC 的数值范围各自划分为 50 个分段，来为特定的散射场生成网格（网格由 50×50=2 500 个像素点组成）。同时，我们也得到了代表极端行为的参考散射场：双极性对照（负控）和径向对照（正控）。每个样本由一个三通道对象 V 定义，其中第一通道是负控矩阵 $V_{(1)}$，第二通道是目标矩阵 $V_{(2)}$，第三通道是正控矩阵 $V_{(3)}$（每个通道均含有一个 50×50 的矩阵）。该步骤参见图 3-11。这种多通道数据表示法能够放大目标矩阵与参考矩阵之间的差异（我们会发现，如果忽略负控/正控参考矩阵，将无法获得准确的预测结果）。

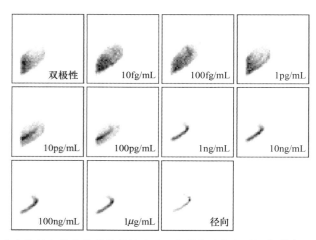

图 3-10　内毒素浓度对前向散射与侧向散射散射场（以二维网格对象表示）的影响

注：散射场是通过使用暴露于不同浓度内毒素的液晶微滴获得的。随着内毒素浓度的提高，液晶微滴群体的配置从双极性转变为径向（经皇家化学学会许可，修改自参考文献 [40]）。

该三通道数据对象输入到一个名为 EndoNet 的卷积神经网络。EndoNet 的架构由以下部分组成：卷积层（64 个滤波器）—最大池化层—展平层—全连接密集层（32 个神经元）—全连接密集层（32 个神经元）—全连接密集层（1 个神经元）。输出模块生成一个

标量预测值 $\hat{y}$，该值对应于内毒素浓度。也就是说，CNN 的目的是从输入的流式细胞术散射场中预测内毒素浓度。EndoNet 的架构如图 3-11 所示。EndoNet 的回归分析结果如图 3-12 所示。EndoNet 能够提取输入图像各通道内部以及通道间的模式信息。捕捉各通道间的差异性为 CNN 提供了上下文信息，并且能够强调散射场中含有最多信息的区域。为了验证这一假设，我们使用仅含单一通道的数据作为输入来对 EndoNet 进行预测测试（此时忽略了正负参考通道）。单通道数据的预测结果的均方根误差（RMSE）为 0.97，而三通道数据的预测结果的 RMSE 为 0.78。特别值得指出的是，EndoNet 能够准确预测相差 8 个数量级的内毒素浓度。

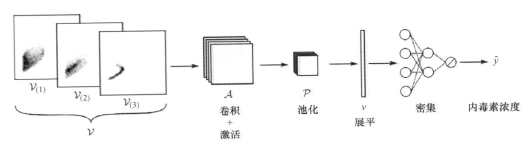

图 3-11 EndoNet 架构。EndoNet 的输入是一个三通道对象 $\mathcal{V}\in\mathbb{R}^{50\times50\times3}$，这些通道分别对应于目标、负控和正控（每一个都是一个 50×50 维度的矩阵）。EndoNet 包含一个拥有 64 个 3×3 卷积核的卷积块，以及一个带有 2×2 操作核的最大池化块。卷积和激活块生成的特征 $\mathcal{A}$ 是一个张量 $\mathbb{R}^{48\times48\times64}$。最大池化块生成的特征图 $\mathcal{P}\in\mathbb{R}^{24\times24\times64}$ 会被展平成一个长向量 $v\in\mathbb{R}^{36864}$。这个向量随后传递至 2 个密集层（每层有 32 个神经元）。预测的内毒素浓度 $\hat{y}$ 是由线性函数激活的密集层输出的结果（经皇家化学学会许可，修改自参考文献 [40]）。

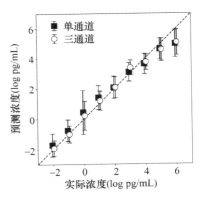

图 3-12 利用单通道与三通道表示法，在不同浓度水平下预测与实际浓度的对比。

注：经英国皇家化学学会许可，修改自参考文献 [40]。

3.4.1.2 空气污染物的检测方法研究

本案例研究源自 Smith 等人发表的研究成果 [42]。液晶还提供了一个适用于感测空气污染物 [43,44]、热传递和剪切应力（即机械感测）[45] 的多功能平台。在空气化学感测领域，液晶传感器可以通过在化学功能化的表面上铺设一层薄液晶膜来构建。液晶膜中的分子（介晶体）会与表面结合，并形成垂直排列，从而提供初始的光学信号。当液晶膜随后暴露于分析物时，分析物会通过液晶相发生扩散运输，并在表面替换介晶体，引发丰富的时空光学反应（见图3-13）。

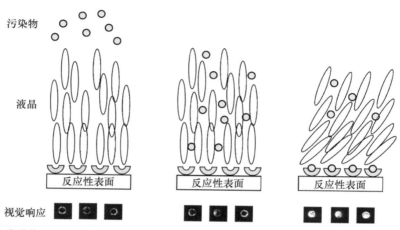

图3-13　液晶传感器的工作设计原理。

注：功能化的液晶薄膜能够针对空气中的污染物进行选择性响应，并产生光学变化（经美国化学学会许可，修改自参考文献[42]）。

液晶传感器开发面临的一个挑战是它们对干扰物质的高敏感性。例如，专门设计用于探测甲基磷酸二甲酯（DMMP）——化学式为 $CH_3PO(OCH_3)_2$ 的液晶传感器，在暴露于湿润氮气时可能会展现出相似的光学反应[46]。图3-14展示了实验反应中这一问题的体现。我们的目标是确定能否识别出光学反应中的隐含模式，这些模式有助于区分不同化学物质。

我们设计了一个卷积神经网络，用于从液晶光学显微图像中自动检测污染物的存在。简而言之，该方法基于迁移学习。具体来说，我们采用了预训练好的 VGG16 卷积神经网络来从光学反应中提取特征，然后将这些特征输入到一个简易的支持向量机（SVM）中，以判断污染物是否存在。研究结果表明，通过 VGG16 的第一和第二卷积层提取的特征能够实现极高的分类准确率。研究还发现，在液晶响应中，复杂的空间颜色模式能在几秒内形成，这表明液晶的倾斜取向（角度）的变化对传感器的选择性至关重要。此外，分析还揭示出颜色是卷积神经网络寻找的关键信息来源。

本研究分析的数据集来源于6段视频，这些视频分别记录了液晶对含 10ppm DMMP 的气态氮气以及含 30% 相对湿度的气态氮气（两者均在室温条件下）的响应。每个视频跟踪记录了多个独立微孔的动态变化过程（共记录了 391 个微孔）。我们将每一帧视频分割为多个图像，每个图像捕捉到一个特定时间点的单个微孔。由此产生的微孔快照总数达到了 75 081 张。

第3章 卷积神经网络：基本概念及其在制造业中的应用

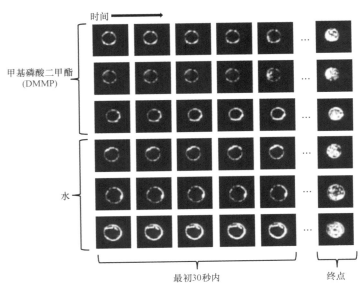

图3-14 在含有气态氮气—水（相对湿度30%）和氮气—DMMP（浓度10ppm）的环境下，液晶的光学反应。
注：液晶被注入直径为3毫米的微孔内，以便进行高通量数据采集（经美国化学学会许可，修改自参考文献[42]）。

通过Keras软件可以自由地获取经过训练的VGG16网络，该网络就是在特征提取过程中所使用的[34]。这一点强调了目前高度先进的卷积神经网络已经公开可用，用于进行特征提取。VGG16架构的简化表示参见图3-15。VGG16网络经过预训练，用于对互联网上的复杂图像（如猫和狗等与我们特定应用无关的图片）进行分类，且其最深层已经被精心调整以分辨这些图像。网络的初级层次最为通用，也较容易理解；据此，我们利用第一和第二卷积块的输出作为线性支持向量机（LSVM）分类的特征信息。第一和第二卷积块该过程的视觉表示如图3-16所示。

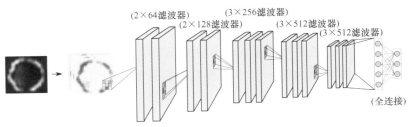

图3-15 预训练的VGG16网络架构示意图，用于提取液晶显微图像的特征。
注：经美国化学学会许可，修改自参考文献[42]。

应用VGG16特征和LSVM框架能够以100%的准确率分类水和DMMP显微图像。当使用第二卷积层的全部128个特征时，便实现了这一成果。而当我们使用第一卷积层的64个特征时，可获得98%的准确率。这些结果指出，在传感器反应早期形成的液晶特征信息量丰富，足以区分不同的化学环境。

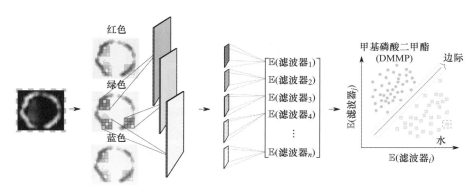

图3-16 示意图展示了一个包含特征提取和基于支持向量机（SVM）分类的机器学习框架。
注：经美国化学学会许可，修改自参考文献[42]。

3.4.2 预测分子性质

机器学习技术近来被广泛应用于预测分子性质，如水溶性[47-49]、毒性[50-52]以及亲脂性[53, 54]。在利用机器学习算法的基本步骤中，分子描述符的预定义或预计算尤为关键[55-58]；这些描述符作为输入数据，用于构建定量结构—性质关系（QSPR）模型[59]。在众多机器学习技术中，图神经网络（GNN）[16, 17]因其能够直接融合分子的图表示而特别受到关注，这样做能够保留分子的关键结构信息，并且免去了采用密度泛函理论（DFT）或分子动力学（MD）模拟来预计算/定义分子描述符的需求。总体来看，GNN在分子性质预测方面显示出了强大的预测能力，它在其他领域的应用也充满潜力，不仅可以开发出更加精确的模型，还可以实现材料的高通量筛选，以服务于制造业。

我们说明了如何利用GNN来预测表面活性剂的临界胶束浓度（CMC）。这项研究基于Qin等人的工作[60]。当表面活性剂单体溶于水时，会发生一种合作性聚合过程，即自组装，形成球状胶束或相关的聚合结构[61]（见图3-17）。溶液中胶束的形成会显著改变包括电导率、表面张力、光散射和化学反应性在内的多项关键溶液特性[61, 62]。因此，预测表面活性剂自组装的条件对于表面活性剂的选用和设计极为重要[63]。临界胶束浓度是描述表面活性剂自组装行为的一个重要参数，它是指发生自组装现象的最低表面活性剂浓度。

传统上，CMC值是通过表面张力法实验得出的，这一过程既费时又昂贵[64-66]。本文中，我们证明了图神经网络可以直接从表面活性剂单体的分子图结构预测CMC值。我们整理了在常温水中测量的202种表面活性剂的实验CMC数据[62, 64, 67, 68]，这些数据覆盖了所有类型的表面活性剂。我们提出的GNN架构包含两层图卷积层、一层平均池化层、两个全连接隐藏层以及一个最终输出层。图卷积层通过聚合各自及其邻域原子的特征来更新每一个原子，并将更新的特征映射到一个拥有256个隐藏特征的隐藏层中。图卷积网络（GCN）模型总共包含216 833个可训练参数。

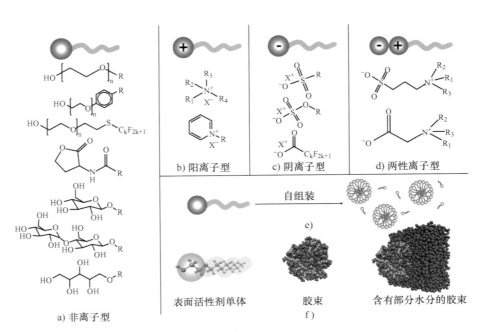

图 3-17 表面活性剂分子结构及其在胶束中自组装过程。

注：（图 a～d）展示了四种类型的表面活性剂的示例结构。根据它们头基团的性质，表面活性剂分为 a）非离子型、b）阳离子型、c）阴离子型和 d）两性离子型。e）表面活性剂单体在水中聚合成球形胶束，亲水性头基朝向溶剂，而疏水性尾基隐藏在胶束的核心内部。f）利用分子动力学模拟捕捉到的表面活性剂胶束的瞬间快照，模拟中的水以蓝色表示（经美国化学学会许可，修改自参考文献 [60]）。

在所有类型表面活性剂的交叉验证中，均方根误差（RMSE）的均值为 0.39，且没有显著的异常值。我们在一个包含各类表面活性剂样本的测试数据集上测试了模型的性能。我们使用 t 分布随机邻域嵌入（t-SNE）[69] 技术对测试样本的分布进行了验证，这是一种非线性降维技术，用于可视化高维数据，并对表面活性剂的分子指纹进行了分析[56]。图 3-18 显示了测试样本分布广泛，说明测试数据集包含了多种不同结构和类型的表面活性剂，与之前用于定量构效关系（QSPR）模型的数据集相比，这些样本覆盖了更广泛的表面活性剂谱系。

图 3-18 也展示了在训练集和测试集中，实验值与预测值 log CMC 的相等图。在测试中，阳离子型表面活性剂的均方根误差（RMSE）最低（0.07），其次是非离子型的（0.18），再次是阴离子型表面活性剂（0.32），而模型对两性离子型表面活性剂的预测性能最差（0.76）。相等图还显示，对于 log CMC 值较大（>4.5）的表面活性剂，预测的准确度略有降低。图卷积网络模型的整体预测能力超过了文献[64]中报道的早期定量构效关系（QSPR）模型。我们数据集中的分子结构差异突显了图卷积网络模型能够捕捉的表面活性剂种类之广泛。

人工智能与智能制造：概念与方法

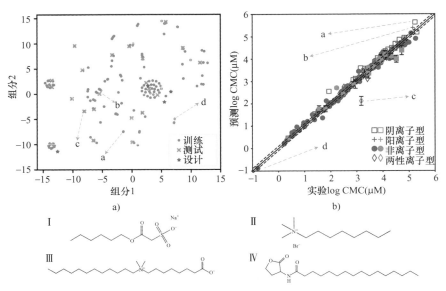

图 3-18　图神经网络对所有类别表面活性剂的预测结果。

注：图 3-18a 通过 t 分布随机邻域嵌入技术，对表面活性剂的分子指纹进行低维分布展示。测试样本（以红色叉号表示）分布广泛，而多数自行设计的表面活性剂（以绿色点表示）落在现有数据集的群集之外。图 3-18b 展示了预测的和实验得出的 log CMC 值之间的相等图，训练数据用蓝色表示，测试数据用红色表示。测试数据的最佳拟合线斜率为 0.91（决定系数 $R^2=0.92$），测试数据的均方根误差（RMSE）为 0.30。图中还标出了选定极端点的分子结构。结构 I 代表一种阴离子型表面活性剂，为一个较小的异常值，拥有较高的 log CMC 值。结构 II 代表一种阳离子型表面活性剂，同样为一个较小的异常值，具有较高的 log CMC 值。结构 III 是一种两性离子型表面活性剂，为一个较大的异常值。结构 IV 是非离子型表面活性剂，具有较低的 log CMC 值（经美国化学学会许可，修改自参考文献 [60]）。

3.4.3　光谱解码技术

我们将介绍如何应用卷积神经网络对实时光谱进行解码；具体来讲，我们将讲解如何利用实时衰减全反射—傅里叶变换红外光谱（ATR-FTIR）技术来鉴别塑料组分。本案例研究旨在展示如何运用创新的（非直观的）数据表现方法从光谱数据中提取更多信息。该研究基于 Jiang 等人发表于文献 [70] 中的工作。

塑料广泛应用于食品包装、建筑、交通、卫生保健以及电子产品等领域。然而，根据文献 [71] 记载，所有生产的塑料中仅有 20% 被回收，这一比例与其他材料相比显得十分低下（如铝材的回收率几乎达到 100%）。这一现状中出现的一个关键问题是，如何在混合塑料废弃物（MPW）中对各种塑料成分进行准确鉴定。ATR-FTIR 是一种可以用于实时分析 MPW 中塑料组分的分析技术；据此，我们可以预见到快速、在线的机器学习技术的发展将能够分析 ATR-FTIR 光谱，以鉴定 MPW 的成分。在本节，我们将展示卷积神经网络如何通过解码 ATR-FTIR 光谱来鉴定 MPW 中的塑料组分。

我们通过制备不同形状的小型塑料片，并运用 ATR-FTIR 技术对 10 种不同类型的塑料片进行扫描，以此获得实验数据。该数据收集方法仿照了在 MPW 的在线处理中对硬质废旧塑料的检测方式（见图 3-19）。收集到的光谱数据可以转化为一维向量，并通过一维卷积神经网络（1D CNN）进行分析[72]。1D CNN 通过将光谱与不同的滤波器卷积来提取特征。然而，一维表征可能无法捕获频率间的相关性。近期，Gramian 角场（GAF）技术被用于将一维序列数据编码成可以反映相关性结构的矩阵，并通过二维卷积神经网络（2D CNN）来处理；这种数据转换方法已被证实能够提高时间序列数据的分类准确率[73]。

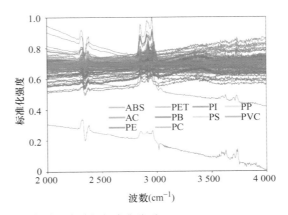

图 3-19　对各类塑料材料的红外光谱强度进行标准化处理。

注：每个光谱是一个长度为 4 150 的向量，得到的光谱包含了显著的噪声和系统误差（经 Elsevier 许可，修改自参考文献[70]）。

GAF 将向量在极坐标系统中表示，并通过多种运算将这些角度转换成对称矩阵。GAF 有两种形式——Gramian 角求和场（GASF）和 Gramian 角差场（GADF）。将光谱转换为 GASF 和 GADF 矩阵的过程如图 3-20 所示，在图中，GAF 矩阵以灰度图像的形式展现。

图 3-21 展示了 PlasticNet（1D）与 PlasticNet（2D）结构的对比。

图 3-22 呈现了 PlasticNet（1D）与 PlasticNet（2D）的分类结果。当输入尺寸超过 100×100 时，与 PlasticNet（1D）在原始红外光谱的准确率（77.7%）相比，PlasticNet（2D）显示出更高的准确率。具体而言，PlasticNet（2D）将 PlasticNet（1D）的准确率提升了 12.4%（见图 3-23），这验证了光谱中的相关性信息对于分类的重要性。为了验证所提出的卷积神经网络模型的有效性，我们将其与包括基于径向基函数的支持向量机（RBF-SVM）、随机森林（RF）、k 近邻（kNN）、高斯过程分类器（GPC）在内的四种常用机器学习分类器进行了比较。当输入尺寸超过 200×200 时，PlasticNet（2D）的准确率略高于 RBF-SVM（提高了 1%）。这表明 RBF-SVM 与基于 CNN 的方法相比较为接近；然而，RBF-SVM 在捕获红外数据的不同表征方面的灵活性相对有限。所有方法的准确率最终都趋于稳定在 87%，这暗示数据集本身存在显著误差，这些误差无法通过基于 CNN 或 SVM 的方法来解释。在后续工作中，我们证明了利用 CNN 解码快速中红外光谱（MIR）能够实现接近完美的塑料分类准确率[74]。

人工智能与智能制造：概念与方法

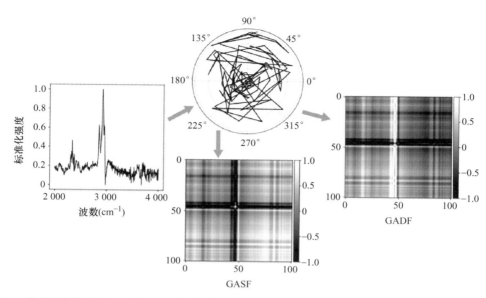

图 3-20 一维信号转换为 GASF 与 GADF 矩阵的过程的示意图。

注：首先将一维信号映射到极坐标系，然后转换为 GASF 和 GADF 矩阵。将一维信号编码进 GAF 矩阵可以捕捉不同波数处信号强度的相互关系（经 Elsevier 许可，修改自参考文献 [70]）。

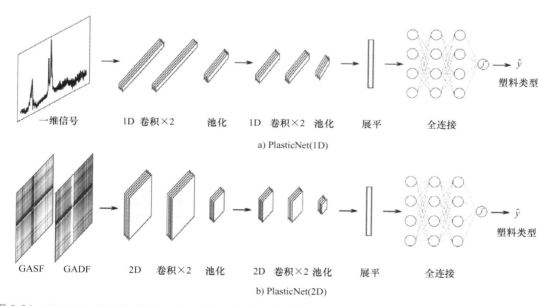

图 3-21 PlasticNet（1D）及 PlasticNet（2D）的结构示意图。

注：PlasticNet（1D）输入一个含有 4 150 个数据点的向量，并输出预测的塑料类型。其包含 41 层的一维卷积层（每层设有 64 个三维滤波器）、一维最大池化层（每层的池化窗口尺寸为 2）、一个展平层，以及 3 个全连接层（每层含有 64 个单元，且设有 20% 的丢弃率）。各层之间的激活函数采用 ReLU 函数。最后的输出激活函数使用的是 softmax 函数。PlasticNet（2D）则输入 GASF 和 GADF 矩阵，输入尺寸范围为 $50 \times 50 \times 2$ 至 $250 \times 250 \times 2$ 之间。它包含 4 层二维卷积层（每层配有 64 个 3×3 滤波器），2 层二维最大池化层（每层的池化窗口尺寸为 2×2）。展平层、全连接层以及激活函数的配置与 PlasticNet（1D）相同（经 Elsevier 许可，修改自参考文献 [70]）。

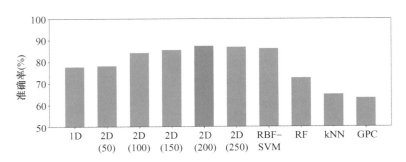

图 3-22　PlasticNet（1D）与 PlasticNet（2D）的分类结果。

注：本节对基于卷积神经网络的方法与其他机器学习算法在准确性方面进行了比较。当输入规模为 200×200×2 时，PlasticNet（2D）的准确率达到了最高，为 87.29%。使用径向基函数（RBF）核的支持向量机（SVM）的准确率与之相近，为 86.14%。PlasticNet（2D）的准确率超过了 PlasticNet（1D），这表明将原始一维信号转换为二维的 GAF 矩阵，能够捕捉到更多的信息。随着输入矩阵尺寸的增加，PlasticNet（2D）的准确率也随之提高，这说明更大的输入矩阵能够包含更多信息（经 Elsevier 许可，修改自参考文献 [70]）。

3.4.4　在多变量过程监控中应用卷积神经网络

多变量过程监控是制造业中执行的常规任务，旨在识别异常或故障行为。其基本思路是在不同操作模式下收集多变量时间序列数据（对应不同的过程变量），每种模式由特定故障引起。目标在于从时间序列中识别特征（信号特征），以判断过程是否处于特定模式。本文介绍的案例研究利用了田纳西—伊斯曼（TE）过程的基准数据[75]。该研究基于 Wu 和 Zhao[76] 以及 Jiang 和 Zavala[77] 的工作。

田纳西—伊斯曼（TE）过程单元包括反应器、冷凝器、压缩机、分离器和汽提塔等。该过程利用四种反应物（A、C、D 和 E）生成两种产品（G 和 H）以及一种副产品（F）。组分 B 是一种不参与反应的惰性化合物。田纳西—伊斯曼（TE）过程总共有 52 个测量变量，其中包括 41 个过程变量和 11 个操控变量。该过程共涉及 20 种不同的故障类型，这些故障与进料温度、组分、反应动力学等方面的变化有关。

田纳西—伊斯曼（TE）过程的数据可从 Harvard Dataverse[78] 获取。这 52 个过程变量每 3 分钟采集一次数据；多变量信号数据转换成矩阵的过程如图 3-24 所示。我们将 52 个信号向量（每个向量包含 60 个时间点）组合成一个 52×60 的矩阵（V），以此构建输入数据样本。总共有 6 947 个输入样本，按照 11∶4∶5 的比例划分为训练集、验证集和测试集。图 3-25 展示了卷积神经网络预测结果的混淆矩阵；整体分类准确率为 0.756 1。除了 3、4、5、9 和 15 号故障外，大多数故障都能被准确识别。3、9 和 15 号故障特别难以检测，因为它们的均值、方差以及高阶方差变化不显著。

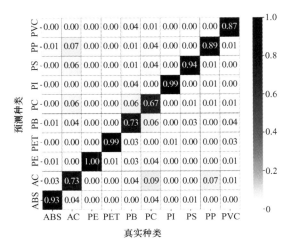

图 3-23 输入规模为 200×200×2 的 PlasticNet（2D）混淆矩阵。

注：整体准确率为 87.3%。矩阵中的每一列代表真实的塑料种类，每一行代表模型预测的塑料种类。对角线上的数值代表正确分类的塑料种类。许多对角线数值接近 1，这表明 PlasticNet（2D）在分类准确性上表现卓越。然而，也存在一些塑料种类 [如 PC（聚碳酸酯）和 AC（丙烯酸酯共聚物）] 未能以高准确率被分类（经 Elsevier 许可，修改自参考文献 [70]）。

3.4.5 在图像反馈控制中应用卷积神经网络

本研究探讨了如何将卷积神经网络传感器（即将图像信号转换为可控状态信号的卷积神经网络）融入反馈控制系统中的技术。我们特别强调了实时新颖性/异常检测技术的重要性，这些技术在有效减轻视觉干扰影响方面必须具备足够的鲁棒性。此处讨论的概念是对 Pulsipher 等人的研究成果[79]的总结，并且该研究成果进一步借鉴了 Villalba-Diez 等人提出的图像数据在控制应用中的新兴应用[80-83]。

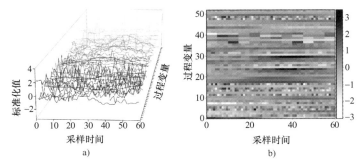

图 3-24 多变量信号数据以二维图像形式表示。

注：图 3-24a 中 52 个过程变量在 3 小时期间内共采样 60 次。这些变量经过标准化处理，均值为零，方差为 1。图 3-24b 以图像形式展示了 52×60 的矩阵。图 3-24a 中的红色线条与图 3-24b 中的红色行表示的是同一组数据。图像中的每一行代表 a 中的一条时间序列。图 3-24a、b 的故障编号为 7（经 Wiley 出版社许可，修改自参考文献 [77]）。㊀

㊀ 英文原书有误，原书此处对图的说明文字还有：c、d 在视觉上相似，但它们属于不同故障类别，c 的故障号为 9，d 的故障号为 15。

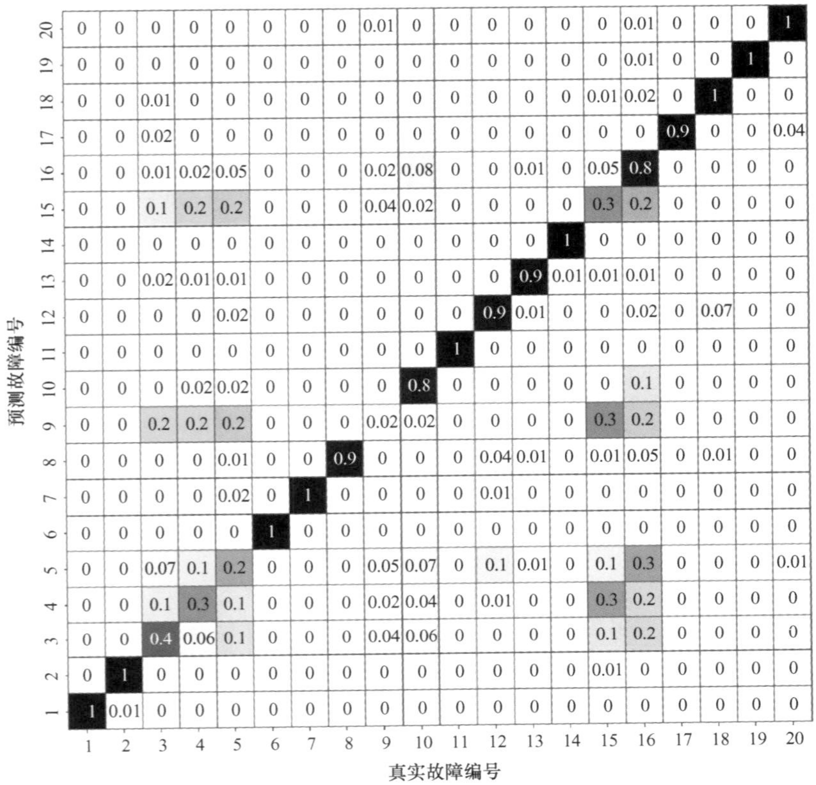

图 3-25　卷积神经网络预测结果的混淆矩阵。

注：每一列代表一个真实故障类型，每一行表示一个由卷积神经网络预测出的故障类型。对角线上的数值表示故障类型被正确分类的情况。大部分对角线上的数值接近 1，这表明卷积神经网络在故障分类上具有很高的准确性（经 Wiley 出版社许可，修改自参考文献 [77]）。

我们考虑利用卷积神经网络传感器，自动地将图像数据映射到一个可控状态变量上，以实现闭环控制。通过这种方法，操作人员在控制环中的作用被省略，他们无须再主动解读和响应视觉过程数据。这样的控制系统在图 3-26 中展示。在此系统中，摄像头与卷积神经网络共同构成了一个计算机视觉传感器，能够测量那些传统过程中测量设备无法测得的状态变量 y_{vis}。遵循这一新范式，我们得到了一个全自动的控制系统，它能够提供更精确的设定点跟踪性能，从而促进生产过程的一致性和整体性能的提升。

从以操作人员为核心的控制系统转变为如图 3-26 所示的 CNN 辅助系统，带来了一个明显的劣势：当图像 V 与训练 CNN 所用数据相比较新颖时，y_{vis} 的预测准确度可能会降低（即 CNN 传感器在进行外推时可能会产生高度不准确的预测）。错误的测量数据输入到反馈控制结构中可能引发严重的后果。因此，我们需要一个合适的新颖性检测方法，以自动实时识别视觉数据 V 相对于使用的 CNN 传感器的新颖性（见图 3-26）。新颖性检测是指一系列无监督学习方法，用于区分新颖数据与常规数据[84]。其中包括重建模型和单类分类等方法。单类分类（OCC）是指从未标记训练数据中学习正常实例的单一类别的方法系列（这些训练数据通常被假设为包含正常实例）。然后这些方法通过判断新数据实例是否位于学习到的类别之外来识别新颖数据实例。我们在此讨论传感器激活的特征提取单类分类（SAFE-OCC）新颖性检测框架[79]。SAFE-OCC 框架利用 CNN 传感器固有的特征空间来实现补充的新颖性检测。SAFE-OCC 新颖性检测器包括通过 CNN 传感器的特征映射进行特征提取→特征精炼→利用 OCC 进行新颖性检测共三个步骤（见图 3-27）。

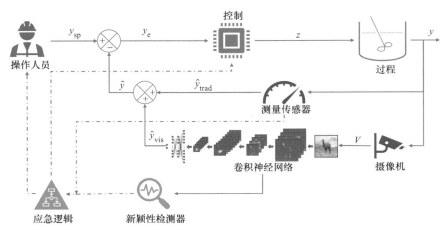

图 3-26　一个集成了卷积神经网络传感器（CNN 传感器）的反馈控制系统，能够将图像数据转换为可用于反馈控制的可控测量信号。

注：经 Elsevier 出版社许可，修改自参考文献 [79]。

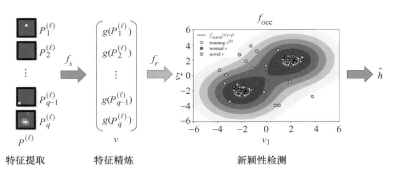

图 3-27　传感器激活的特征提取单类分类（SAFE-OCC）新颖性检测框架。

注：该框架能够基于特征映射生成新颖性信号（经 Elsevier 许可，修改自参考文献 [79]）。

这部分内容阐释了 SAFE-OCC 在控制 OpenAI-Gym[85] 平台上 CartPole-v1 环境的应用，此环境对应于 Barto 等人引入的经典倒立摆控制问题[86]。我们试图使一个悬挂在小车上方的摆杆保持平衡，小车可以通过混合速率向左或向右移动。我们将摆杆的角度（以垂直对齐的度数测量）视为状态变量 y（不考虑小车的位置），并将小车的移动方向设为控制变量 $z \in \{0,1\} \subset Z$（0 代表向左，1 代表向右）。因此，我们的目标是控制一个单输入单输出（SISO）的过程。在这一简化模型中，我们部署了一个带有导数滤波的 PID 控制器（比例 – 积分 – 微分控制器）。

我们进行了四组模拟实验，一组基准案例使用未经干扰的图像，另外三组在 150 个时间步后引入了特定的模拟视觉干扰。这三种干扰类型分别通过 ImgAug 工具实施雾化、溅射和剪裁方法生成，对应于雾效、溅射和方形遮挡。图 3-28 显示了这些模拟的代表性图像。图 3-29 展示了模拟 4（方形遮挡）和模拟 2（雾效）的响应。在图 3-29b 中，我们注意到两组模拟中均实现了对设定点的有效跟踪控制。这一行为得益于 CNN 传感器接受了清晰与雾化图像的训练，意味着其预测值 $\hat{y}$ 相对于真实值 y 的误差较低，如图 3-29d 所示。图 3-29c 展示了模拟 4 的反应；图中由于方形遮挡对 CNN 传感器来说是一个新颖的扰动，因此一旦传感器遭遇该扰动，将在每种情况下引发显著的预测误差。SAFE–OCC 成功地准确识别了注入 CNN 传感器的新颖图像，并能有效避免灾难性的控制失败。

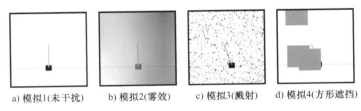

图 3-28 倒立摆案例研究中使用的模拟的代表性。

注：经 Elsevier 许可，修改自参考文献 [79]。

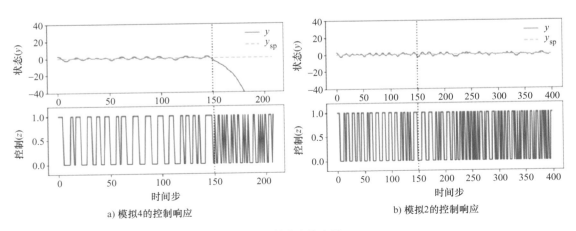

图 3-29 模拟 4（方形遮挡）与模拟 2（雾效）的控制响应轨迹图。

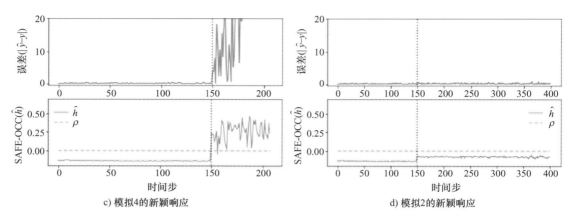

图 3-29　模拟 4（方形遮挡）与模拟 2（雾效）的控制响应轨迹图。（续）

注：时间步 150 处的垂直点线显示了模拟 2 中雾化干扰的引入时刻以及模拟 4 中遮挡干扰的引入时刻。模拟 2 中维持了有效的控制，因为这些图像对于卷积神经网络而言是常态图像。然而，模拟 4 中的控制效果不佳，因为对于卷积神经网络来说，这些图像是新颖的。传感器激活的特征提取单类分类（SAFE-OCC）框架能够检测到这些新颖图像，以阻止此类行为的发生（经 Elsevier 许可，修改自参考文献 [79]）。

3.5　结论

本章深入探讨了卷积神经网络在制造业中处理常见而复杂数据源时提取信息的用途。通过一系列精选的案例研究，本章展示了机器学习技术在执行分类、异常检测以及性质预测等多样化任务方面的应用能力。

本章重点反映了本章第一作者所在研究团队的研究成果，并不意味着对此提供一个详尽无遗的评述。机器学习领域正经历迅猛发展，众多不同的应用和技术正不断涌现。例如，如今变换器模型（Transformer models）已经开始在计算机视觉领域得到开发，它们为应对卷积神经网络的局限性提供了另一种可能 [87]。进一步说，卷积神经网络正被活跃地用于应对催化、材料科学、医疗保健以及生物学等领域中出现的一系列挑战 [88-90]。

一个尚处于起步阶段的领域是利用计算机视觉技术实现反馈控制；具体而言，将图像数据和反馈控制实现闭环是一个技术难题。这是由于计算机视觉信号本质上是无限维的对象（如场），这些对象无法被控制系统直接操控。因此，必须提取出能有效概述这些对象的关键描述符，并发展从计算机视觉信号直接构建动态模型的技术。自编码器、循环神经网络以及动态模式分解等技术提供了一些替代方案 [83, 91]。在此情境下，也很重要的一点是重新考虑如何设计控制架构，以便它们能够适当地处理图像数据，特别是在大多数制造系统的执行能力有限的情况下。在 3D 打印和增材制造应用中，这一点尤为相关，因为需要在成形 3D 对象时达到高水平的精确度。此外，思考如何在物理模型开发中利用这些图像数据源也是重要的[92]。在制造业中使用高光谱成像也是一个激动人心的新方向[93]；这种数据类型可以揭示系统、材料和产品的属性，提供关于质量和状况的丰富信息。但是，高光谱成像面临的一个根本性挑战是其固有的高维度特性。特别是，高光谱图像包含众多的颜色通道，使用卷积神经网络进行处理时面临着挑战。

当前研究中另一个提振人心的领域是语音识别[94]；可以想象，在未来，指令可以以声音的形式提供给自动化系统，或者自动化系统能够以叙述的形式总结系统的行为，或解释其决策背后的逻辑。在这方面，目前正在研究利用音频信号（如从振动传感器获取的信号）来探测故障[95]。

致　　谢

我们在此感谢美国国家科学基金会对 BIGDATA 项目（授权号 IIS-1837812）的资助，以及得克萨斯—威斯康星—加利福尼亚控制联盟（TWCCC）成员的支持。

参考文献

[1] K. Fukushima, Neocognitron: a self-organizing neural network model for a mechanism of pattern recognition unaffected by shift in position, Biol. Cybern. 36 (4) (1980) 193–202.
[2] Y. Le Cun, L.D. Jackel, B. Boser, J.S. Denker, H.P. Graf, I. Guyon, D. Henderson, R.E. Howard, W. Hubbard, Handwritten digit recognition: applications of neural network chips and automatic learning, IEEE Commun. Magaz. 27 (11) (1989) 41–46.
[3] H.A. Rowley, S. Baluja, T. Kanade, Neural network-based face detection, IEEE Trans. Pattern Anal. Mach. Intell. 20 (1) (1998) 23–38.
[4] J. Nickolls, I. Buck, M. Garland, K. Skadron, Scalable parallel programming with Cuda, Queue 6 (2) (2008) 40–53.
[5] A. Krizhevsky, I. Sutskever, G.E. Hinton, Imagenet classification with deep convolutional neural networks, Advances in Neural Information Processing Systems, Curan Associates Inc., 2012, pp. 1097–1105.
[6] C. Szegedy, W. Liu, Y. Jia, P. Sermanet, S. Reed, D. Anguelov, D. Erhan, V. Vanhoucke, Going deeper with convolutions, Proceedings of the IEEE Conference on Computer Vision and Pattern Recognition, 2015, pp. 1–9.
[7] K. Simonyan, A. Zisserman, Very deep convolutional networks for large-scale image recognition. In: arXiv preprint arXiv:1409.1556 (2014).
[8] K. He, X. Zhang, S. Ren, J. Sun, Deep residual learning for image recognition, Proceedings of the IEEE Conference on Computer Vision and Pattern Recognition, 2016, pp. 770–778.
[9] S. Ren, K. He, R. Girshick, J. Sun, Faster r-cnn: Towards real-time object detection with region proposal networks, Advances in Neural Information Processing Systems, MIT

Press, 2015, pp. 91–99.
[10] J. Long, E. Shelhamer, T. Darrell, Fully convolutional networks for semantic segmentation, in: Proceedings of the IEEE Conference on Computer Vision and Pattern Recognition, 2015, pp. 3431–3440.
[11] K. Simonyan, A. Zisserman, Two-stream convolutional networks for action recognition in videos, Advances in Neural Information Processing Systems, MIT Press, 2014, pp. 568–576.
[12] S. Ji, W. Xu, M. Yang, K. Yu, 3D convolutional neural networks for human action recognition, IEEE Trans. Pattern Anal. Mach. Intell. 35 (1) (2012) 221–231.
[13] Computer Vision Machine Learning Team, An on-device deep neural network for face detection, Apple Machine Learning Research. https://machinelearning.apple.com/research/face-detection, 2017. (Accessed 23 July 2021).
[14] M. Hirohara, Y. Saito, Y. Koda, K. Sato, Y. Sakakibara, Convolutional neural network based on smiles representation of compounds for detecting chemical motif, BMC Bioinformat. 19 (19) (2018) 526.
[15] W. Xie, J.A. Noble, A. Zisserman, Microscopy cell counting and detection with fully convolutional regression networks, Comput. Methods Biomech. Biomed. Eng.: Imaging Vis. 6 (3) (2018) 283–292.
[16] D.K. Duvenaud, D. Maclaurin, J. Iparraguirre, R. Bombarell, T. Hirzel, A. Aspuru-Guzik, R.P. Adams, Convolutional networks on graphs for learning molecular fingerprints, Adv. Neural. Inf. Process. Syst. 28 (2015).
[17] J. Gilmer, S.S. Schoenholz, P.F. Riley, O. Vinyals, G.E. Dahl, Neural message passing for quantum chemistry, in: International Conference on Machine Learning, PMLR, 2017, pp. 1263–1272.
[18] I. Goodfellow, Y. Bengio, A. Courville, Deep Learning, MIT Press, 2016.
[19] L. Je, G.W. Huber, R.C. Van Lehn, V.M. Zavala, On the integration of molecular dynamics, data science, and experiments for studying solvent effects on catalysis, Curr. Opin. Chem. Eng. 36 (100796) (2022).
[20] K. Yang, K. Swanson, W. Jin, C. Coley, P. Eiden, H. Gao, A. Guzman-Perez, T. Hopper, B. Kelley, M. Mathea, et al., Analyzing learned molecular representations for property prediction, J. Chem. Infor. Model. 59 (8) (2019) 3370–3388.
[21] M.M. Bronstein, J. Bruna, Y. LeCun, A. Szlam, P. Vandergheynst, Geometric deep learning: going beyond euclidean data, IEEE Signal Process. Mag. 34 (4) (2017) 18–42.
[22] A.D. Smith, P. Dłotko, V.M. Zavala, Topological data analysis: concepts, computation, and applications in chemical engineering, Comput. Chem. Eng. 146 (107202) (2021).
[23] A. Smith, V.M. Zavala, The Euler characteristic: a general topological descriptor for complex data, Comput. Chem. Eng. 154 (107463) (2021).
[24] R. Hirsch, Exploring Colour Photography: A Complete Guide, Laurence King Publishing, 2004.
[25] R.W.G. Hunt, The Reproduction of Colour, John Wiley & Sons, 2005.
[26] C.-I. Chang, Hyperspectral Imaging: Techniques for Spectral Detection and Classification, 1, Springer Science & Business Media, 2003.
[27] B. Lu, P.D. Dao, J. Liu, Y. He, J. Shang, Recent advances of hyperspectral imaging technology and applications in agriculture, Remote Sens. 12 (16) (2020) 2659.
[28] B. Fei, Hyperspectral imaging in medical applications, Data Handling in Science and Technology, 32, Elsevier, 2020, pp. 523–565.

[29] M. Manley, Near-infrared spectroscopy and hyperspectral imaging: non-destructive analysis of biological materials, Chem. Soc. Rev. 43 (24) (2014) 8200–8214.

[30] J. Zhou, G. Cui, S. Hu, Z. Zhang, C. Yang, Z. Liu, L. Wang, C. Li, M. Sun, Graph neural networks: a review of methods and applications, AI Open 1 (2020) 57–81.

[31] V. Nair, G.E. Hinton, Rectified linear units improve restricted boltzmann machines, in: Proceedings of the 27th International Conference on Machine Learning (ICML-10), Curran Associates, Inc., 2010, pp. 807–814.

[32] J. Nagi, F. Ducatelle, G.A. Di Caro, D. Cires¸an, U. Meier, A. Giusti, F. Nagi, J. Schmidhuber, L.M. Gambardella, Max-pooling convolutional neural networks for vision-based hand gesture recognition, in: 2011 IEEE International Conference on Signal and Image Processing Applications (ICSIPA), IEEE, 2011, pp. 342–347.

[33] F. Chollet, Deep Learning with Python, Simon and Schuster, 2017.

[34] A. Géron, Hands-on Machine Learning with Scikit-Learn, Keras, and TensorFlow: Concepts, Tools, and Techniques to Build Intelligent Systems, O'Reilly Media, 2019.

[35] A.B. Jung, K. Wada, J. Crall, S. Tanaka, J. Graving, C. Reinders, S. Yadav, J. Banerjee, G. Vecsei, A. Kraft, Z. Rui, J. Borovec, C. Vallentin, S. Zhydenko, K. Pfeiffer, B. Cook, I. Fernndez, F.-M. De Rainville, C.-H. Weng, A. Ayala-Acevedo, R. Meudec, M. Laporte, et al. Imgaug. https://github.com/aleju/imgaug, 2020. (Accessed 23 July 2021).

[36] E. Real, S. Moore, A. Selle, S. Saxena, Y.L. Suematsu, J. Tan, Q. Le, A. Kurakin, Large-scale evolution of image classifiers. In: arXiv preprint arXiv:1703.01041, (2017). https://arxiv.org/abs/1703.01041.

[37] C. Liu, L.-C. Chen, F. Schroff, H. Adam, W. Hua, A.L. Yuille, L. Fei-Fei, Autodeeplab: hierarchical neural architecture search for semantic image segmentation, in: Proceedings of the IEEE Conference on Computer Vision and Pattern Recognition, Curran Associates, Inc., 2019, pp. 82–92.

[38] Y. Fan, F. Tian, Y. Xia, T. Qin, X.-Y. Li, T.-Y. Liu, Searching better architectures for neural machine translation, IEEE/ACM Transactions on Audio, Speech, and Language Processing 28 (2020) 1574–1585.

[39] R. Maulik, R. Egele, B. Lusch, P. Balaprakash. Recurrent neural network architecture search for geophysical emulation. In arXiv preprint arXiv:2004.10928 (2020). https://arxiv.org/abs/2004.10928.

[40] S. Jiang, J. Noh, C. Park, A.D. Smith, N.L. Abbott, V.M. Zavala, Using machine learning and liquid crystal droplets to identify and quantify endotoxins from different bacterial species, Analyst 146 (4) (2021) 1224–1233.

[41] F. Borek, Handbook of endotoxin, vol. 1, chemistry of endotoxin, J. Immunolog. Methods 82 (2) (1985).

[42] A.D. Smith, N. Abbott, V.M. Zavala, Convolutional network analysis of optical micrographs for liquid crystal sensors, J. Phys. Chem. C 124 (28) (2020) 15152–15161.

[43] R.R. Shah, N.L. Abbott, Principles for measurement of chemical exposure based on recognition-driven anchoring transitions in liquid crystals, Science 293 (5533) (2001) 1296–1299.

[44] D. Mulder, A. Schenning, C. Bastiaansen, Chiral-nematic liquid crystals as one dimensional photonic materials in optical sensors, J. Mater. Chem. C 2 (33) (2014) 6695–6705.

[45] P. Ireland, T. Jones, Liquid crystal measurements of heat transfer and surface shear stress, Meas. Sci. Technol. 11 (7) (2000) 969.

[46] K.-L. Yang, K. Cadwell, N.L. Abbott, Use of self-assembled monolayers, metal ions and

smectic liquid crystals to detect organophosphonates, Sens. Actuators B: Chem. 104 (1) (2005) 50–56.

[47] J. Huuskonen, M. Salo, J. Taskinen, Aqueous solubility prediction of drugs based on molecular topology and neural network modeling, J. Chem. Inf. Comput. 38 (3) (1998) 450–456.

[48] A. Lusci, G. Pollastri, P. Baldi, Deep architectures and deep learning in chemoinformatics: the prediction of aqueous solubility for drug-like molecules, J. Chem. Infor. Model. 53 (7) (2013) 1563–1575.

[49] S. Boobier, D.R. Hose, A.J. Blacker, B.N. Nguyen, Machine learning with physicochemical relationships: solubility prediction in organic solvents and water, Nat. Commun. 11 (1) (2020) 1–10.

[50] A. Mayr, G. Klambauer, T. Unterthiner, S. Hochreiter, Deeptox: toxicity prediction using deep learning, Front. Environ. Sci. 3 (2016) 80.

[51] P. Banerjee, A.O. Eckert, A.K. Schrey, R. Preissner, Protox-ii: a webserver for the prediction of toxicity of chemicals, Nucleic Acids Res. 46 (W1) (2018) W257–W263.

[52] J. Jiang, R. Wang, G.-W. Wei, Ggl-tox: geometric graph learning for toxicity prediction, J. Chem. Infor. Model. 61 (4) (2021) 1691–1700.

[53] T. Schroeter, A. Schwaighofer, S. Mika, A. Ter Laak, D. Suelzle, U. Ganzer, N. Heinrich, K.-R. Müller, Machine learning models for lipophilicity and their domain of applicability, Mol. Pharmaceutics 4 (4) (2007) 524–538.

[54] B. Tang, S.T. Kramer, M. Fang, Y. Qiu, Z. Wu, D. Xu, A self-attention based message passing neural network for predicting molecular lipophilicity and aqueous solubility, J. Cheminformat. 12 (1) (2020) 1–9.

[55] H.L. Morgan, The generation of a unique machine description for chemical structures-a technique developed at chemical abstracts service, J. Chem. Doc. 5 (2) (1965) 107–113.

[56] D. Rogers, M. Hahn, Extended-connectivity fingerprints, J. Chem. Infor. Model. 50 (5) (2010) 742–754.

[57] M. Karelson, V.S. Lobanov, A.R. Katritzky, Quantum-chemical descriptors in qsar/qspr studies, Chem. Rev. 96 (3) (1996) 1027–1044.

[58] H. Moriwaki, Y.-S. Tian, N. Kawashita, T. Takagi, Mordred: a molecular descriptor calculator, J. Cheminformat. 10 (1) (2018) 1–14.

[59] Y.-C. Lo, S.E. Rensi, W. Torng, R.B. Altman, Machine learning in chemoinformatics and drug discovery, Drug Discovery Today 23 (8) (2018) 1538–1546.

[60] S. Qin, T. Jin, R.C. Van Lehn, V.M. Zavala, Predicting critical micelle concentrations for surfactants using graph convolutional neural networks, J. Phys. Chem. B 125 (37) (2021) 10610–10620.

[61] J.N. Israelachvili, Intermolecular and Surface Forces, Academic press, 2011.

[62] M.J. Rosen, J.T. Kunjappu, Surfactants and Interfacial Phenomena, John Wiley & Sons, 2012.

[63] K.C. Cheng, Z.S. Khoo, N.W. Lo, W.J. Tan, N.G. Chemmangattuvalappil, Design and performance optimisation of detergent product containing binary mixture of anionic-nonionic surfactants, Heliyon 6 (5) (2020) e03861.

[64] T. Gaudin, P. Rotureau, I. Pezron, G. Fayet, New qspr models to predict the critical micelle concentration of sugar-based surfactants, Ind. Eng. Chem. Res. 55 (45) (2016) 11716–11726.

[65] N. Scholz, T. Behnke, U. Resch-Genger, Determination of the critical micelle concen-

tration of neutral and ionic surfactants with fluorometry, conductometry, and surface tensiona method comparison, J. Fluoresc. 28 (1) (2018) 465–476.

[66] A. Fluksman, O. Benny, A robust method for critical micelle concentration determination using coumarin-6 as a fluorescent probe, Anal. Methods 11 (30) (2019) 3810–3818.

[67] C.G. Gahan, S.J. Patel, M.E. Boursier, K.E. Nyffeler, J. Jennings, N.L. Abbott, H.E. Blackwell, R.C. Van Lehn, D.M. Lynn, Bacterial quorum sensing signals self-assemble in aqueous media to form micelles and vesicles: an integrated experimental and molecular dynamics study, J. Phys. Chem. B 124 (18) (2020) 3616–3628.

[68] P. Mukerjee, K.J. Mysels, Technical report, National Standard Reference Data System, 1971.

[69] L. Van der Maaten, G. Hinton, Visualizing data using t-sne, J. Mach. Learn. Res. 9 (11) (2008).

[70] S. Jiang, Z. Xu, M. Kamran, S. Zinchik, S. Paheding, A.G. McDonald, E. Bar-Ziv, V.M. Zavala, Using atr-ftir spectra and convolutional neural networks for characterizing mixed plastic waste, Comput. Chem. Eng. 155 (107547) (2021).

[71] H. Ritchie, M. Roser, Plastic pollution, Our World in Data, 2018.

[72] X. Chen, Q. Chai, N. Lin, X. Li, W. Wang, 1D convolutional neural network for the discrimination of aristolochic acids and their analogues based on near-infrared spectroscopy, Anal. Methods 11 (40) (2019) 5118–5125.

[73] Z. Wang, T. Oates, Encoding time series as images for visual inspection and classification using tiled convolutional neural networks, in: Workshops at the Twenty-ninth AAAI Conference on Artificial Intelligence, AAAI Press, 2015.

[74] S. Zinchik, S. Jiang, S. Friis, F. Long, L. Høgstedt, V.M. Zavala, E. Bar-Ziv, Accurate characterization of mixed plastic waste using machine learning and fast infrared spectroscopy, ACS Sustain. Chem. Eng. 9 (42) (2021) 14143–14151.

[75] J.J. Downs, E.F. Vogel, A plant-wide industrial process control problem, Comput. Chem. Eng. 17 (3) (1993) 245–255.

[76] H. Wu, J. Zhao, Deep convolutional neural network model based chemical process fault diagnosis, Comput. Chem. Eng. 115 (2018) 185–197.

[77] S. Jiang, V.M. Zavala, Convolutional neural nets in chemical engineering: foundations, computations, and applications, AIChE J. 67 (9) (2021) e17282.

[78] R. Cory A., A. Ben D., T. Randy, C. Maia B., Additional tennessee eastman process simulation data for anomaly detection evaluation, Harvard Dataverse, V1, 2017. https://doi.org/10.7910/DVN/6C3JR1.

[79] J.L. Pulsipher, L.D. Coutinho, T.A. Soderstrom, V.M. Zavala, Safe-occ: A novelty detection framework for convolutional neural network sensors and its application in process control, J. Process Control 117 (2022) 78–97.

[80] J. Villalba-Diez, D. Schmidt, R. Gevers, J. Ordieres-Meré, M. Buchwitz, W. Wellbrock, Deep learning for industrial computer vision quality control in the printing industry 4.0, Sensors 19 (18) (2019) 3987.

[81] A. Martynenko, Computer vision for real-time control in drying, Food Eng. Rev. 9 (2) (2017) 91–111.

[82] B.A. Rizkin, K. Popovich, R.L. Hartman, Artificial neural network control of thermoelectrically-cooled microfluidics using computer vision based on ir thermography, Comput. Chem. Eng. 121 (2019) 584–593.

[83] Q. Lu, V.M. Zavala, Image-based model predictive control via dynamic mode decom-

position, J. Process Control. 104 (2021) 146–157.
[84] L. Ruff, J.R. Kauffmann, R.A. Vandermeulen, G. Montavon, W. Samek, M. Kloft, T.G. Dietterich, K.-R. Müller, A unifying review of deep and shallow anomaly detection, in: Proceedings of the IEEE, IEEE, 2021.
[85] G. Brockman, V. Cheung, L. Pettersson, J. Schneider, J. Schulman, J. Tang, W. Zaremba, OpenAI gym. In: arXiv preprint arXiv:1703.01041, (2017). https://arxiv.org/abs/1606.01540.
[86] A.G. Barto, R.S. Sutton, C.W. Anderson, Neuronlike adaptive elements that can solve difficult learning control problems, IEEE Trans. Syst. Man Cybern. Syst. (5) (1983) 834–846.
[87] N. Carion, F. Massa, G. Synnaeve, N. Usunier, A. Kirillov, S. Zagoruyko, End-to-end object detection with transformers, in: European Conference on Computer Vision, Springer, 2020, pp. 213–229.
[88] H.A. Haenssle, C. Fink, R. Schneiderbauer, F. Toberer, T. Buhl, A. Blum, A. Kalloo, A.B.H. Hassen, L. Thomas, A. Enk, et al., Man against machine: diagnostic performance of a deep learning convolutional neural network for dermoscopic melanoma recognition in comparison to 58 dermatologists, Ann. Oncol. 29 (8) (2018) 1836–1842.
[89] A.E. Bruno, P. Charbonneau, J. Newman, E.H. Snell, D.R. So, V. Vanhoucke, C.J. Watkins, S. Williams, J. Wilson, Classification of crystallization outcomes using deep convolutional neural networks, PLoS One 13 (6) (2018) e0198883.
[90] A. Cecen, H. Dai, Y.C. Yabansu, S.R. Kalidindi, L. Song, Material structure-property linkages using three-dimensional convolutional neural networks, Acta Mater. 146 (2018) 76–84.
[91] D. Masti, A. Bemporad, Learning nonlinear state–space models using autoencoders, Automatica 129 (109666) (2021).
[92] J. Li, R. Jin, Z.Y. Hang, Integration of physically-based and data-driven approaches for thermal field prediction in additive manufacturing, Mater. Design 139 (2018) 473–485.
[93] J. Bøtker, J.X. Wu, J. Rantanen, Hyperspectral imaging as a part of pharmaceutical product design, Data Handling in Science and Technology, 32, Elsevier, 2020, pp. 567–581.
[94] T. Dimitrov, C. Kreisbeck, J.S. Becker, A. Aspuru-Guzik, S.K. Saikin, Autonomous molecular design: then and now, ACS Appl. Mater. Interf. 11 (28) (2019) 24825–24836.
[95] R.M. Scheffel, A.A. Fröhlich, M. Silvestri, Automated fault detection for additive manufacturing using vibration sensors, Int. J. Comput. Integr. Manufact. 34 (5) (2021) 500–514.

第 4 章

稀疏数学规划及其在控制方程基础学习中的应用

Fernando Lejarza[㊀]和 Michael Baldea[㊀,㊁]

4.1 引言

在当今的制造业中，数学模型的应用已无处不在。这些模型从设计阶段开始就是制造设施全生命周期中的重要决策支持工具，覆盖工程建设、生产启动、控制优化、故障检测与缓解、供应链管理，直至设施的退役和场地的环境修复。同时，数学模型也支持这些设施内的新产品开发工作。从根本上说，这些模型可以基于第一性原理来建立（通常像上述所列的制造相关决策往往依赖于包含物质和能量平衡的宏观模型），也可以从物理系统收集的数据中得到（不论是整个生产设施还是实验室规模的实验）。这两种建模方法并非相互排斥：第一性原理模型通常包含通过实验确定的参数，而数据驱动型模型往往选择基于物理论据的。

过去几十年，从建模、验证到模型部署以指导制造过程的角度来看，呈现出多个积极趋势。传感器与数据存储成本的降低使得收集大规模工厂数据成为可能。计算设备的性能有了显著提高，与此同时，分析、仿真和优化算法也实现了重大突破，这些算法往往嵌入用户友好的软件包中。这些发展共同推动了从数据中提取信息的能力，构建更大、更详尽的基于第一性原理的模型，并利用这些模型的输出来优化制造全生命周期的各个方面，无论是离线还是实时进行。

人们认为，这标志着一场新的工业革命的开始，被称为"智能制造"或"工业 4.0"。数学建模位于这场革命的核心，其中"数字孪生"概念用于表示物理系统（已存在或待建设的）在所有相关的时间和空间尺度上的行为的计算机模拟，这种模拟不仅要足够精确以支撑前述的各种决策活动，尤其是在线和实时的决策活动，还要足够简洁。智能制造领域

㊀ 美国，得克萨斯大学奥斯汀分校，McKetta 化学工程系。
㊁ 美国，得克萨斯大学奥斯汀分校，奥登计算工程与科学研究院。

的文献[1, 2]对数字孪生的具体衍生和格式并无具体规定。然而，除了上述对精确性和计算速度的需求之外，我们直观上可以认为，这样的模型应当满足以下几点需求：①易于衍生，或至少易于复制并适用于类似于第一实例的系统或案例；②能够推广到类似但不完全相同的系统（即这些模型应当具备外推能力）；③对用户来说应当是可解释的和透明的。这些需求指出，无论是单独使用还是与数据驱动技术结合使用，基于第一性原理的论证和表述在衍生数字孪生时都是可行且应当利用的。

在第一性原理模型领域中，控制方程发挥着极其重要的作用。我们定义控制方程为系统基本行为的最简表达形式；因此，它们是可推广且简约的第一性原理数学模型和"数字孪生"模型的构建基块。虽然在许多案例中，控制方程常被理解为在微观层面上对理论（如动力学）论据的宏观完成，但它们通常是通过分析从典型宏观物理系统的精确实验中收集的数据集来推导（或发现）的。历史上，这种发现过程往往是缓慢而有目的的，并可能包括一些特别有天赋的科学家和工程师经历的幸运的尤里卡（Eureka）时刻。近年来，人们已经开始认识到利用数据分析技术和机器学习工具进行基础学习的潜力，即利用从物理系统获取的数据来提取控制方程，而不仅仅是构建近似/代理模型的潜力[3, 4]。这种发现路径的吸引力非常大，新技术的发展日新月异。

本章将概述利用机器学习从数据中发现控制方程的工具的现状。我们还将指出当前技术存在的缺口和短板，并提出进一步发展的可能途径。

4.2 问题定义

在本节中，我们为当前面临的问题提供定义，即从数据中提炼控制方程，并将其与相关但有明显区别的任务（如代理建模、系统识别和参数估计）进行比较。

4.2.1 提炼控制方程

在一般情况下，我们将控制方程定义为一个数学表达式，该表达式描述了给定某一特定领域（如时间域或空间域）内系统状态的演变过程。控制方程的形式通常如下所示：

$$\mathcal{D}\mathbf{x} = f(x, u, p) \tag{4-1}$$

其中，$x \in \mathcal{X} \subseteq \mathbb{R}^{n_x}$ 表示系统状态，$u \in \mathcal{U} \subseteq \mathbb{R}^{n_u}$ 表示系统的输入（控制输入），$p \in \mathcal{P} \subseteq \mathbb{R}^{n_p}$ 为参数集，$\mathcal{D}: \mathcal{X} \rightarrow \mathbb{R}^{n_x}$ 代表作用于状态变量的微分操作符。例如，

$$\mathcal{D} = \frac{d}{dt}(\bullet)$$

表示一个在时间域上的常微分方程的实例，而

第4章 稀疏数学规划及其在控制方程基础学习中的应用

$$\mathcal{D} = \frac{\partial}{\partial t}(\bullet) + \sum_{j=1}^{n_e} \frac{\partial}{\partial \epsilon_j}(\bullet)$$

表示一个偏微分方程（PDE）的实例，$\epsilon \in \mathbb{R}^{n_e}$则表示空间坐标。假设向量场$f: \mathcal{X} \times \mathcal{U} \times \mathcal{P} \to \mathbb{R}^{n_x}$足够平滑，并且方程（4-1）中控制方程的真实形式是未知的。

在此背景下，本书关注的基本学习问题定义如下：给定一组包含系统状态和输入变量的（带噪声）测量数据，这些数据分别用$\hat{x}(\hat{t}_k, \hat{\epsilon}_k)$和$\hat{u}(\hat{t}_k, \hat{\epsilon}_k)$表示，并在域$\{(\hat{t}_k, \epsilon_k)\}_{k=1}^m$上可获取，目标是找到形如方程（4-1）的（非线性）控制方程，确保其具有高预测准确性（针对某个特定的误差指标）并且复杂性低 [即函数$f(\bullet)$和操作符$\mathcal{D}$的项数/元素尽可能少]。我们强调，这项任务与代理建模、系统识别和参数估计等相关既有成熟研究不同，接下来我们将拿这些问题与基础学习进行对比。

注意，实际应用中，不是所有系统状态都能被观测到，这就需要通过考虑一个表示系统输出的向量$y \in \mathcal{Y} \subseteq \mathbb{R}^{n_y}$来更广泛地描述系统。输入、状态和输出之间的关系可能由某个其他（非线性）函数控制，形式为$y=g(x, u, q)$，这里q是一组参数。本文未明确处理状态的可观测性问题，因此当前我们假设$y=x$（即完全状态测量），是为了与成熟的系统识别方法进行比较。后续章节将进一步讨论放宽这一可观测性假设的问题。

4.2.2 代理建模与系统识别

当对由方程（4-1）所描述的（通常是复杂的）现象知之甚少时（即相关的函数形式及微分操作符不能确定时），代理建模尝试使用可获得的训练数据，通过一个任意的近似$\hat{f}(\bullet)$来表征未知的函数$f(\bullet)$。当用代理模型来近似一个动态系统的行为时，如方程（4-1）所示，我们通常称这一过程为"系统识别"，它通过捕捉输入与输出之间的关系来实现。例如，在离散时间内（为简化问题，不考虑空间坐标的依赖性）一个代理模型的一般结构可能如下所示：

$$\mathbf{x}(t_k) = \hat{\mathbf{f}}(\mathbf{x}(t_{k-\tau_x}), \mathbf{u}(t_{k-\tau_u}), t_k, \hat{\mathbf{p}}) \tag{4-2}$$

其中，$\tau_x, \tau_u \in \mathbb{R}_{\geq 0}$表示用来预测未来时间点$t_k$状态的数据延迟，模型中考虑的延迟项数量对状态变量和输入变量可能不同（即$\tau_x \neq \tau_u$）。在方程（4-2）形式的模型中，可能直接对状态/输出变量进行建模，而不尝试像方程（4-1）那样估计它们的导数，因为通常没有可用的直接测量数据。接下来的任务是拟合选定模型$\hat{f}(\bullet)$的参数$\hat{p}$（同时确定τ_x、τ_u的最佳选择），这个模型在方程（4-2）中具有已知的结构和便于操作的函数形式。模型拟合通常被构建为使测量数据$\hat{x}$与$\hat{f}(\bullet)$的预测之间的差异在某种范数意义上最小化。我们期望模型尽可能简洁，可以通过正则化（如通过某些函数惩罚训练目标中的系数大小）来实现，并且一般会追求最小阶模型（即状态变量数最少的模型）。此外，还可以在训练数据上执行降维（如通过主成分分析或神经网络嵌入）以识别新的坐标或状态变量 $\hat{x}$，在此基础上训练代理模型。应注意，识别出的模型 $\hat{f}(\cdot)$ 的函数形式与方程（4-1）中的控制方程可能有很大不同。这种情况表明，代理模型和系统识别方法往往具有"黑箱"特性，对研究中系统的内在动力学提供的物理洞察非常有限。

在众多代理模型中，正确选择模型及其超参数的优化通常是一项具有挑战性的任务。在这里，我们把模型的超参数定义为影响模型配置的外部决策和参数，这些参数在训练过程中不进行学习（如在神经网络中的隐藏层数量、在随机森林或梯度增强树中的树深度和估计器数量）。调整机器学习模型超参数的常见方法包括使用贝叶斯优化技术，相关技术已在Frazier 的研究[5]中进行了详细讨论。选择合适的模型依赖多种因素，包括问题的维度（如状态变量的数量）、数据类型（如特征是离散的还是连续的，数据是静态的还是动态的）、数据质量（如测量噪声和采样频率）以及数据数量（如训练和测试中整个特征及输出空间的观测点数量）。常见的代理模型包括线性回归模型、线性状态空间模型、非线性的 Hammerstein–Wiener 模型、神经网络结构、决策树及其集成等。在时间序列预测的文献[6]中，形式类似于方程（4-2）的自回归模型可以捕获状态变量作为其自身先前（即滞后项）值及残差项的函数的未来变化。例如，具有额外输入的自回归模型（ARX）具有以下结构：

$$\mathbf{x}(t_k) = a_1\mathbf{x}(t_{k-1}) + \cdots + a_n\mathbf{x}(t_{k-n}) + b_1\mathbf{u}(t_{k-\eta}) + \cdots + b_m\mathbf{u}(t_{k-\eta-m+1}) + \varepsilon(t_k)$$

其中，a 和 b 是从数据中估计出的参数，n 和 m 定义了 ARX 模型的阶数（即通常视为超参数的滞后项数量，通常通过交叉验证的某种形式确定），η 表示系统的时间延迟或死时，$\varepsilon \in \mathbb{R}^{n_x}$ 对应一个白噪声干扰。这种模型结构不仅反映了动态关系，还便于通过数据拟合来调整和优化。

4.2.3 参数估计

与代理建模和系统识别不同，参数估计任务是在已完全知道控制方程 [如方程（4-1）] 的功能形式 [包括微分操作符 $\mathcal{D}$ 和函数 $\mathbf{f}(\cdot)$] 的前提下进行的，此时唯一未知的是参数 p。当系统的内在物理机理已知时，我们会利用训练数据来估计这些参数，方法是在范数意义上最小化状态测量值与模型预测之间的误差。化学制造行业中一个常见的参数估计例子是，根据可用的实验数据或过程数据来拟合一组已知反应的动力学参数[7]。在这类情况下，状态变量通常对应于反应物种的浓度（可能在不同反应温度下），而动力学则对应于由一系列反应的化学计量决定的物种平衡。虽然代理建模通常缺乏物理解释性，但此处定义的参数估计假设对系统演变背后的现象有完全的理解（如准确的机制指导反应物转变为产品），因此两者与前述的基础学习任务有本质的不同。

注意，在统计、数据分析及估计方法中已有的技术可以与基础学习框架以及代理建模和参数估计协同使用，来发展更加精确的模型和控制方程。例如，在训练数据中识别（并去除）异常值以及对测量值进行去噪，都能显著提升训练过程的效益。如后续章节将展示，通过 Lejarza 和 Baldea[8] 的方法，利用相关分析、普通最小二乘回归和滤波等技术预处理训练数据，有助于探索控制方程。

4.3 物理信息化机器学习

4.3.1 基本原理

将机器学习技术应用于发现控制方程的第一步自然是让学习算法融入物理洞见。物理信息化机器学习框架[9]是一种"灰箱"模型，其目标是在训练过程中整合基础物理法则和领域知识，形式上表现为"信息先验"。因此，这种方法提高了发现的动力系统的解释力，并减少了可能导致泛化性能下降的外推偏误。有几种方法可以使机器学习算法"物理信息化"，并引入合适的偏差，从而引导学习过程向着识别物理一致的模型方向发展[9]：①观测偏差，即使用体现底层系统动力学的数据，或者经过数据增强处理的数据，这些数据用来在训练中引导算法掌握正确的物理行为。②归纳偏差，即修改机器学习架构，使得推导出的控制方程满足一组反映领域知识的数学约束（如守恒定律），这种修改有助于模型学习到符合物理规律的结构。③学习偏差，即在损失函数中以柔性方式引入这些约束，形式为训练过程中最小化的损失函数的惩罚项。

在物理信息化机器学习框架中，尤其是深度学习架构的神经网络（NN），近年来见证了越来越高的流行度[9]。神经网络因其能够在适当的复杂度条件下（如增加隐藏层的数量、每层的神经元数量或选择特定的激活函数）作为通用函数逼近器来非常有效地逼近给定的非线性函数，而被广泛认可。因此，它们成为一个有力的工具，用于捕捉科学应用中复杂系统的动态。此外，开源深度学习软件如 PyTorch[10] 和 TensorFlow[11] 提供的灵活性和实施便利性，简化了构建受信息先验规范化的神经网络架构的编程需求。物理信息化神经网络（PINN）[12] 是这种深度学习框架的一个最新且具有代表性的例子，它能够无缝集成数据和抽象的数学操作符，生成精确的偏微分方程（PDE）解或揭示未知的动态过程，这正体现了前述讨论的学习偏差。

PINN 架构示例如图 4-1 所示，用于 PINN 的第一个神经网络（图 4-1 中最左侧的网络）不包含有关系统的物理知识，它作为解决某些（偏）微分方程的解 $x(\epsilon,u,t)$ 的一般代理模型。网络的后续部分（图 4-1 中最右侧的层）代表 PDE 残差，这一部分的损失被视作对前一"非物理信息"层的损失函数的正则化惩罚[9, 12]。在训练 PINN 的过程中，需要最小化两个相关损失函数（$\mathcal{L}_{data}$ 和 $\mathcal{L}_{PDE}$）的线性组合，通常使用梯度下降算法的变体来实现，同时，通过适当的权重（$w_{data} \in \mathbb{R}_{\geq 0}$ 和 $w_{PDE} \in \mathbb{R}_{\geq 0}$）来平衡它们的相对重要性。这种方法不仅提高了模型的预测精度，还增强了模型对物理过程的解释能力。

PINN 已被成功应用于寻找具有已知参数化的 PDE 的高精度解决方案，并用于推断最佳描述观测数据的 PDE 参数。PINN 在处理粗糙和含噪声的数据时展示出较强的鲁棒性[12]。然而，与所有深度学习架构一样，PINN 及其相关方案需要大量的训练数据集，且在解释从观测数据构建的解 x(ϵ,u,t) 方面缺乏透明度和可解释性。它们在决策制定和优化程序中的有效性尚未得到充分证明。PINN 依赖对系统方程深入的结构假设和显著的领域知识（如用于网络正则化的 PDE 操作符是预先知道的），使得其发现任务更接近于一个参数估计问题。此外，对于某些基础 PDE 的特定结构形式，PINN 可能确实难以训练，甚至训练失败[13, 14]。

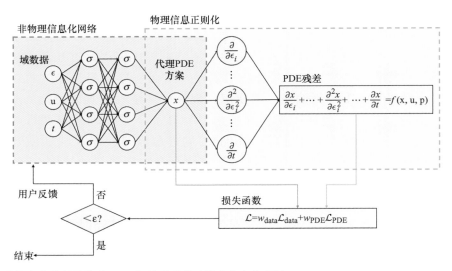

图 4-1　物理信息化神经网络（PINN）的示意图（修改自文献 [9]）。

注：PINN 主要由两个基本组成部分构成：一个用于预测系统状态 x 的通用神经网络，以及一个包含物理知识的正则化损失项。此外，在最小化损失函数过程中，如果提供了涵盖特定空间域 ϵ 和时间 t 的状态测量数据，参数 p 也可以被学习。

4.3.2　物理信息化神经网络应用示例：布尔兹方程解决方案

本节介绍如何应用 PINN 框架来计算一维布尔兹方程在空间和时间上的数据驱动解决方案。布尔兹方程从纳维—斯托克斯方程衍生，用于模拟流体流动和气体动力学，这些过程在多种制造过程中非常关键，如液体和气体在管道中的流动。该方程及其示例边界和初始条件如下所示：

第4章 稀疏数学规划及其在控制方程基础学习中的应用

$$\begin{aligned}
&\frac{\partial u}{\partial t} + u\frac{\partial u}{\partial \epsilon} - \lambda \frac{\partial^2 u}{\partial \epsilon^2} = 0 \quad \forall (t,\epsilon) \in (0,1] \times (-1,1) \\
&u(0,\epsilon) = -\sin(\pi\epsilon) \quad \forall \epsilon \in [-1,1] \\
&u(t,-1) = u(t,1) = 0 \quad \forall t \in (0,1]
\end{aligned} \quad (4\text{-}3)$$

其中，$u(t,\varepsilon)$ 表示作为时间 t 和空间坐标 ε 函数的流体速度，λ 是流体黏性的参数。目标是利用神经网络 $u_\xi(t,\varepsilon) \approx u(t,\varepsilon)$ 来对方程（4-3）近似求解 $u(t,\varepsilon)$，其中 ξ 表示网络参数化（如权重和偏置）。

参数 ξ 通过最小化包含三个部分 $\phi_\xi(X) = \phi_\xi^r(X^r) + \phi_\xi^0(X^0) + \phi_\xi^b(X^b)$ 的损失函数 $\phi_\xi(X)$ 获得。这个损失函数中的均方残差部分定义如下：

$$\phi_\xi^r(X^r) = \frac{1}{N_r} \sum_{i=0}^{N_r} (r_\xi(t_i^r, \epsilon_i^r))^2$$

其中，X^r 是一组配置点 $X^r = \{(t_i^r, \epsilon_i^r)\}_{i=1}^{N_r}$，$r_\xi(t,\epsilon)$ 代表神经网络近似 PDE 的残差函数。具体来说：

$$r_\xi(t,\epsilon) = \frac{\partial u_\xi}{\partial t} + u_\xi \frac{\partial u_\xi}{\partial \epsilon} - \lambda \frac{\partial^2 u_\xi}{\partial \epsilon^2}$$

该残差函数在配置点 X^r 上进行评估。对于初始条件和边界条件下的数据，其相应的残差分别由 ϕ_ξ^0 和 ϕ_ξ^b 表示，具体定义如下：

$$\phi_\xi^0(X^0) = \frac{1}{N_0} \sum_{i=1}^{N_0} (u_\xi(t_i^0, \epsilon_i^0) - u_0(\epsilon_i^0))^2$$

$$\phi_\xi^b(X^b) = \frac{1}{N_b} \sum_{i=1}^{N_b} (u_\xi(t_i^b \epsilon_i^b) - u_b(t_i^b, \epsilon_i^b))^2$$

其中，$u_0(t,\varepsilon)$ 和 $u_b(t,\varepsilon)$ 分别指方程（4-3）中定义的初始条件函数和边界条件函数。X^0 代表初始条件下的数据点集合（$X^0 = \{(0,\epsilon_i^0)\}_{i=1}^{N_0}$），$X^b$ 代表在边界条件下收集的所有数据点集合（对于 $x_i^b \in [-1,1]$ 有 $X^b = \{(t_i^b, \epsilon_i^b)\}_{i=1}^{N_b}$）。根据之前定义的残差，训练神经网络时仅使用这些初始和边界数据，数据集的规模为 $N_0 = N_b = 50$，配置点总数为 $N_r = 10\ 000$。网络架构包括 8 层全连接层，每层包含 20 个单元，每个单元后接一个双曲正切激活函数，最后是一个全连接输出层。该模型使用 Python 语言和 TensorFlow 库[11]实现。模型经过 5 000 个训练周期，总耗时 461 秒，最终获得的损失值记为 $\phi_\xi(X) = 3.44 \times 10^{-4}$。图 4-2 展示了训练数据及布尔兹方程的求解结果。

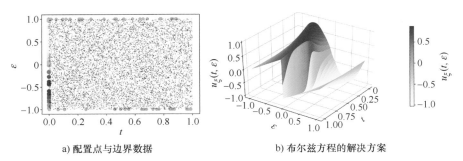

a) 配置点与边界数据　　　　b) 布尔兹方程的解决方案

图 4-2　物理信息化神经网络应用于求解布尔兹方程。

注：使用了边界和初始条件数据进行实施，图 4-2a 展示了与初始条件 $t=0$ 和边界条件 $\epsilon \in \{-1, 1\}$ 对应的训练数据，这些数据从均匀分布中采样得到。图中的灰色点表示配置点，即在这些点上估算解决方案。图 4-2b 展示了利用 PINN 在时间和空间域内求解布尔兹方程得到的解决方案。此实施案例及布尔兹方程解的例子基于文献 [15] 中的工作（经过修改）。

4.4　基于回归的方法

4.4.1　基本原理

在数据驱动的控制方程发现方法中，已建立的线性及非线性回归工具构成了另一大类方法的基础[16]。这些方法的核心是一个候选基函数的字典（即非线性算子），这些基函数被设定为 $\{\theta_j(\mathbf{x},\mathbf{u}) \mid \theta_j : \mathcal{X} \times \mathcal{U} \to \mathbb{R} \forall j \in [1, n_\theta]\}$。核心假设是系统的控制方程可以表示为这些基函数的线性组合。具体来说，按照 Brunton 等人[17]使用的数学符号，动态系统可以被描述为：

$$\mathcal{D}\mathbf{x} = \Xi^T \Theta(\mathbf{x}, \mathbf{u})^T \tag{4-4}$$

其中，$\Theta(\mathbf{x},\mathbf{u})^T = \left[\theta_1(\mathbf{x},\mathbf{u}), \cdots, \theta_{n_\theta}(\mathbf{x},\mathbf{u})\right]^T \in \mathbb{R}^{n_\theta}$ 是基函数字典的向量形式，而 $\Xi \in \mathbb{R}^{n_\theta} \times \mathbb{R}^{n_x}$ 是一个系数矩阵，这个矩阵决定了每个状态变量发现的控制方程中非线性基函数的贡献。在方程（4-4）中定义的结构形式本质上假定了模型对于未知系数 Ξ 是线性的，因此，发现任务可以形式化为以下类型的非线性回归问题：

$$\begin{bmatrix} \widehat{\mathcal{D}\mathbf{x}}(\hat{t}_1)^T \\ \vdots \\ \hat{\mathcal{D}}(\hat{t}_m)^T \end{bmatrix} = \begin{bmatrix} \Theta(\hat{\mathbf{x}}(\hat{t}_1), \hat{\mathbf{u}}(\hat{t}_1)) \\ \vdots \\ \Theta(\hat{\mathbf{x}}(\hat{t}_m), \hat{\mathbf{u}}(\hat{t}_m)) \end{bmatrix} \Xi \tag{4-5}$$

其中，Ξ 的值是未知的，需要被估计，符号 $\Theta(\hat{\mathbf{x}}(t_k), \hat{\mathbf{u}}(t_k))$ 代表在操作输入和状态测量

的采样时间 $\hat{t}_k$ 的值处评估的基函数矩阵。在许多实际情况下，状态导数（表示为 $\widehat{\mathcal{D}\mathbf{x}}$）可能不直接可用，但理论上可以通过在数据足够精细、系统动态不是刚性的且测量噪声处于可控状态下使用数值微分方案来获得其估计（表示为 $\mathcal{D}\hat{x}$）。如果这些条件未得到满足，从数据中估计导数可能会在上述回归过程中引入重大误差，这会造成数值计算上的困难或导致发现错误的控制方程。此外，非线性回归（NLR）方法通常缺少自动微分工具所提供的灵活性，如 Raissi 等人[12]使用的工具，这些工具还能考虑不同的微分操作符。因此，对 NLR 方法应用于由偏微分方程（PDE）控制的系统的研究较少，其更多是用于探索常微分方程。尽管如此，它的解释性强、一般可加的结构，以及相较于之前讨论的 PINN 可能更低的数据需求，使其成为从数据中提炼控制方程的一个有吸引力的选项。进一步，通过选择适当的候选基函数 $\mathcal{D}\hat{x}$ 和决定测量哪些状态变量，可以在探索任务中有效地融入领域知识，类似于第 4.3 节提到的观测偏差。

注意，方程（4-5）的形式可以直接调整，以便用于探索方程（4-4）左侧的整体微分算子。例如，可以通过考虑对应于微分算子的基函数（如 $\partial^2(\bullet)/\partial\epsilon^2$）来实现这一点，尽管在噪声较大或数据采样稀疏的情况下评估这些函数可能会面临重大挑战。

基于非线性回归的策略可以根据定义基函数集 $\Theta(\bullet)$ 的方式大致分为"扩展式"和"收缩式"两类。扩展式策略通常从一个较小的基函数集开始，通过迭代扩充直至模型达到期望的复杂度和预测能力（如 Udrescu 和 Tegmark 的研究[18]）。相反，收缩式策略从一个庞大的初始候选函数字典出发，通过在方程（4-5）中设置某些 Ξ 元素为零来进行缩减（如 Brunton 等人的研究[17]）。后文将更详细地讨论这些观点。

4.4.2 扩展式策略

在发现控制方程的早期数据驱动研究中，常基于符号回归策略，这是一种本质上具有扩展性的方法。符号回归旨在同时确定方程的形式（即最佳符号基函数组合）和参数的值（即选定基函数相关的系数），以最好地代表数据[19]。为了搜索这些基函数的组合，常采用遗传编程算法，这类算法通过最小化各种误差指标来实现。典型的算法[4]涉及评估和精炼符号函数组合，并最终返回一组相对简单且预测精度足够好的方程（即最有可能反映系统基本动态的方程）。图 4-3 展示了基于 Schmidt 和 Lipson[4]提出的方法，利用符号回归技术从数据中提炼控制方程的关键步骤。

直观上，扩大搜索空间（即增加候选基函数数量）会提高正确恢复真实控制方程集的可能性，但这同时会导致计算复杂度的增加。这一点对于基于回归的扩展式策略尤其成问题，因为它们的组合性质可能使计算成本在处理低维系统和小规模数据集时变得过高。此外，扩展式范例容易造成过拟合，使得搜索过程倾向于生成过于复杂的表达式（通过不断增加项以减少对训练数据的预测误差），这些表达式与真实控制方程可能完全不同。提出的模型在预测能力和简洁性之间的权衡可以通过帕累托最优的形式来考虑，即设定一个试图平衡这两种模型属性的终止标准[4]。

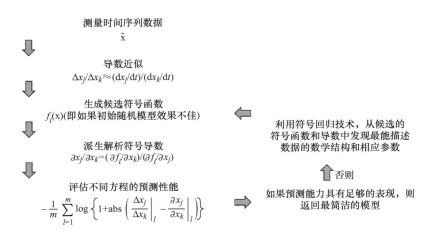

图4-3 利用符号回归技术提炼控制方程的过程。

注：使用测量数据与模型预测之间残差的均值－对数误差作为模型性能的评价指标，该框架基于文献[4]进行了修改。这种方法主要通过计算模型预测值和实际测量值之间差的对数误差的平均值来评估模型的表现。

该领域的最新研究[18, 20]融合了传统的模型拟合技术（如维度分析、多项式回归、符号回归）与基于神经网络的方法。例如，Udrescu 和 Tegmark[18]提出利用神经网络在替代意义上预测方程（4-1）中的未知函数 **f**(·)，该函数依赖一组可测量的变量。训练后的网络随后被用来探索未知方程中的平移对称性以及加法和乘法的可分离性，它提供了一个额外的评估标准，以确定候选模型是否适合作为控制方程。这种增强的符号回归框架通过迭代缩小方程搜索空间，相对于先前的研究（如 Schmidt 和 Lipson[4]以及 Dubčáková[21]），在正确发现率和计算时间上都显示出了显著的性能提升。然而，神经网络组件的训练需要依赖大量数据集，这些想法应用于探索（空间分布型）动态系统的控制方程的有效性还有待验证。

4.4.3 收缩式策略

收缩式策略为解决方程发现问题提供了一种可能更高效的途径，其核心任务是通过开发稀疏或正则化回归方案[16]来确定方程（4-4）中的正确非零项 Ξ。这种策略利用回归分析的方法，强调在大量潜在预测因子中，实际对模型有贡献的预测因子（即具有非零系数的基函数）只有少数。在此框架下，控制方程（4-5）中的有效基函数（"预测因子"）由稀疏向量 $\xi_i \in \mathbb{R}^{n_\theta}$ 确定，这些向量对应于系数矩阵 Ξ 的列，并通过求解以下每个状态变量 $i \in \{1,\cdots,n_x\}$ 的凸无约束优化问题来获取：

第4章 稀疏数学规划及其在控制方程基础学习中的应用

$$\min_{\xi_i} \frac{1}{2m} \sum_{j=1}^{m} \left\| \Theta\left(\hat{\mathbf{x}}(\hat{t}_j), \hat{\mathbf{u}}(\hat{t}_j)\right) \xi_i - \dot{\hat{\mathbf{x}}}_i(\hat{t}_j) \right\|_2^2 + \lambda\rho \|\xi_i\|_1 + \frac{\lambda(1-\rho)}{2} \|\xi_i\|_2^2 \tag{4-6}$$

方程（4-6）的目标函数包括两部分：首先，是模型预测的状态导数 $\Theta(\hat{x}(t_j),\hat{u}(t_j))\xi_i$ 与从 m 个数据样本在各个采样时间 t_j 估计的相应值 $\dot{\hat{x}}_i(\hat{t}_j)$ 之间差的 ℓ_2-范数；其次，包括一个正则化惩罚项，该惩罚项采用 ℓ_1 和/或 ℓ_2-范数的系数向量 ξ_i，以确保解的稀疏性。参数 $\lambda \geq 0$ 控制稀疏化程度，而 $0 \leq \rho < 1$ 用于在 ℓ_1 和/或 ℓ_2-范数之间进行权衡。注意，重要的是方程（4-6）类型的公式本质上假设从测量数据中可以获得可靠的导数估计 $\dot{\hat{x}}_i(\hat{t}_j)$，这一假设须考虑先前列出的各项预防措施。

正则化惩罚的适当选择对于确保发现的模型既有所需的复杂度（由活跃基函数的数量确定），又具备良好的预测能力，是至关重要的。最小绝对收缩与选择算法（LASSO）[22][即在方程（4-6）中，$\lambda>0$ 且 $\rho=1$] 被 Brunton 等人[17]使用。在特定条件下，LASSO 可以通过将所有无关的基函数系数置为零，从而收敛至系统的真实动态模型。然而，由于 LASSO 目标函数的不可微特性，需要特定的数值解算方法（如 Kim 等人[23]提出的方法）来求解 Ξ，这在处理大数据集时可能会特别耗费计算资源（尤其是当参数 λ 需要通过交叉验证确定时）。LASSO 回归面临的另一个挑战是特征共线性问题 [即矩阵 $\Theta(\hat{x}(t_j),\hat{u}(t_j))$ 的列向量近似线性相关]，这可能导致在所发现的控制方程中包含错误的基函数。另外，岭回归[24][即在方程（4-6）中，$\lambda>0$ 且 $\rho=0$] 已显示出可以减少过拟合，并具有与普通最小二乘问题 [即在方程（4-6）中，$\lambda=0$] 相似的明确解析解。尽管岭回归具有良好的计算特性，但它在变量选择方面表现不佳，且无法得到像 LASSO 那样的稀疏控制模型。为了同时解决 LASSO 的计算问题和岭回归的稀疏性问题，弹性网络[25]结合了两种正则化惩罚 [即在方程（4-6）中，$\lambda>0$ 且 $0<\rho<1$]，近期已用于识别和学习非线性动态系统的模型[26]。后续章节将进一步讨论其他非凸正则化惩罚方法。

在此类讨论中，阈值技术被提议用来增强控制方程中的稀疏性[17, 27]。阈值技术的目的是排除那些其对应参数满足特定标准（如参数幅度较小）的基函数。从理论上讲，基于阈值的算法首先解一个普通最小二乘（OLS）回归问题，其中预测变量是用每个时间样本点测得的状态估算的基函数值，响应变量是同一时间点的状态导数的估算值。在该算法中，所有系数小于某一阈值的基函数都将被移除出基集，然后问题将使用缩小后的基集重新求解 OLS 回归。该算法在没有更多基函数被移除时收敛。这种方法类似于在机器学习中常用的超参数调整策略，可以通过类似交叉验证的方式来确定阈值[17]。使用阈值方法的一个关键困难在于，因为这种方法完全基于通过 OLS 得到的系数的大小，它可能不适合于发现那些演化特征在多个时间尺度上的动态系统（或者说，在最简单的情况下，是那些动态具有快速和慢速组成部分的双时间尺度系统）。在这种情况下，方程（4-4）中的系

数 Ξ 可能会有很大的幅度差异，而系统行为中较慢的组分可能不会在所得模型中被有效捕捉[28, 29]。这一点特别重要，因为它关系到模型是否能真实反映系统的全部动态特性。

收缩式策略（在图 4-4 中进行了概念性总结）已经得到了广泛的研究，并且相关关键算法的开源实现已可用[30]。此外，关于算法收敛及其速率的充分条件和证明也已提供[31]。近期 Sun 和 Braatz[26] 的研究使用非线性自回归模型（NARX）带外部输入来识别适用于制造业的模型。虽然得到的模型具有较低的复杂性并且易于解释，但通常这些模型并不直接对应于系统的控制方程。

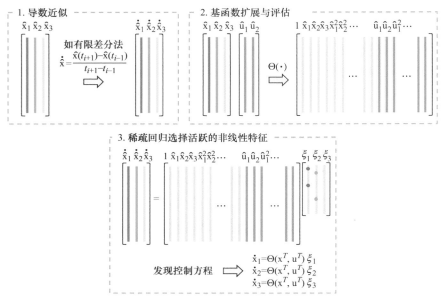

图 4-4　收缩式策略过程框架。

注：此框架参考了 Brunton 等人[17]及 Sun 和 Braatz[26]的研究，对基于稀疏回归的发现框架进行了修改。

4.5　基于数学规划的技术

4.5.1　基本原理

尽管优化问题是多数前文介绍的策略的核心内容，但将探索问题直接且明确地构建为一个（受约束的）数学规划问题，可以提高其灵活性和多功能性。特别是这种方式允许放宽第 4.4 节介绍的回归方法中的一些假设，具体包括：①考虑不同的目标函数（如最小化"自定义"的误差指标，可能涉及物理相关的正则化惩罚项）；②引入反映领域知识或物理相关关系的约束，以促进模型的收敛；③探索违反模型结构方程（4-4）和方程（4-6）中所设定的线性和凸性假设的动力学。数学规划技术适用于探索以下更通用形

第4章 稀疏数学规划及其在控制方程基础学习中的应用

式的控制方程：

$$\mathcal{D}\mathbf{x} = \Xi^T \Theta(\mathbf{x},\mathbf{u},\mathbf{c})^T \tag{4-7}$$

其中，向量 $\mathbf{c} \in \mathbb{R}^{n_x \times n_\theta}$ 表示基函数的一种未知可能为非线性的参数化形式，即函数字典定义为 $\{\theta_j(\mathbf{x},\mathbf{u},\mathbf{c}_{i,j}) \mid \theta_j : \mathcal{X} \times \mathcal{U} \times \mathcal{C} \to \mathbb{R}, \forall j \in [1,n_\theta]\}$，需要注意的是，方程（4-7）中的动态特性对于未知的模型系数 Ξ 和基函数参数 $\mathbf{c}$ 不再是线性关系，这与第 4.4.3 小节中描述的稀疏回归形式有显著的不同（该形式不适用于探索包含未知参数的非线性函数的控制方程）。

Cozad 等人[32]提出的称为"自动学习代数模型优化"（ALAMO）的框架，是一种基于优化的学习方法的典型例子。ALAMO 专注于代理模型的构建，旨在生成对高维模型的简洁数据驱动表示，这些高维模型通常模拟成本高，尤其是在执行优化计算时。在这一框架中，通过自适应采样和模拟方案，迭代地验证和改善这些模型的表示。具体构建代理模型时，采用了与第 4.4 节中讨论的相同方法，即将模型表示为一系列候选非线性函数基的线性组合。不过，与第 4.4.3 小节中所回顾的收缩式稀疏回归策略不同，代理模型的识别是通过对最佳子集问题进行混合整数线性规划（MILP）重构来实现的[32]。这种模型生成策略在预测能力、模型的简洁性以及 CPU 时间需求方面，已被证明相比普通最小二乘回归、LASSO 和穷尽搜索最佳子集方法具有更优的性能[33]。尽管通过 ALAMO 得到的代理模型通常精度高且结构简单，但所发现的方程可能与系统的真实控制方程有很大不同[34]。需要强调的是，Cozad 等人的工作并不是直接旨在发现控制方程[32]。

最近，基于（非凸）优化的稀疏回归发现策略的扩展已被提出（在第 4.4.3 小节中介绍过）。Champion 等人[35]引入了一个条件放松的优化问题方程（4-6），形式如下：

$$\min_{\xi_j,\mathbf{c}_i} \frac{1}{2m} \sum_{j=1}^{m} \left\| \Theta\left(\hat{\mathbf{x}}(\hat{t}_j),\hat{\mathbf{u}}(\hat{t}_j),\mathbf{c}_i\right)\xi_i - \dot{\hat{\mathbf{x}}}_i(\hat{t}_j) \right\|_2^2 + \lambda \ell(\Xi) \tag{4-8}$$

其中，$\ell(\Xi)$ 表示一种非凸正则化惩罚项，如 ℓ_0 范数，它相较于前述的 LASSO 及弹性网络方法，能够更有效地增强识别模型的稀疏性。此外，通过对方程（4-8）的公式稍作修改，Champion 等人[35]增加了额外的功能，使其能够处理数据裁剪，应对数据污染和异常值的高风险，同时也能够处理形式为 $\mathbf{C}\xi_i = \mathbf{d}_i, i \in \{1,\cdots,n_x\}$ 的物理约束条件。在这一系列方法中，与 Wilson 和 Sahinidis[34]提出的策略相关的一个重要方面是，通过对 ℓ_0 - 范数正则化函数施加一个显式的上界（作为一个不等式约束），可以直接控制在探索得到的控制方程中选择的基函数的数量。

Goyal 和 Benner[27]将稀疏识别方法与 Runge–Kutta 积分方案相结合。该方法不依赖于获取或近似时间梯度数据，因此避免了近似误差，并且当数据稀疏且有噪声时，能够更好地收敛到系统的控制动态。这种 ℓ_1 - 正则化优化问题的通用形式为[27]：

$$\min_{\xi_i,c_i}\frac{1}{2m}\sum_{j=1}^{m-1}\|\mathbf{g}_i\big(\Theta(\mathbf{x}(\hat{t}_j),\mathbf{u}(\hat{t}_j),\mathbf{c}_i),\xi_i\big)-\hat{\mathbf{x}}_i(\hat{t}_{j+1})\|_2^2+\lambda\|\Xi\|_1 \tag{4-9}$$

其中，运算符 $g_i(\cdot):\mathbb{R}^{n_x}\times\mathbb{R}^{n_\theta}\to\mathbb{R}$ 代表用于将连续时间动态转换为离散时间形式的数值积分方案。即 Goyal 和 Benner 采用的显式 Runge-Kutta 四阶方案用于探索形式为 $\dot{x}_i=f_i(x(t))$ 的动态，紧缩记法 $x_i(t_{j+1})=g_i(x(t_j))$ 反映了：

$$\begin{aligned}\mathbf{x}_i(t_{j+1})&\approx \mathbf{x}_i(t_j)+\frac{1}{6}h_j(\mathbf{k}_{i,1}+\mathbf{k}_{i,2}+\mathbf{k}_{i,3}+\mathbf{k}_{i,4})\\ h_j&=t_{j+1}-t_j\\ \mathbf{k}_{i,1}&=\mathbf{f}_i(\mathbf{x}(t_j)),\mathbf{k}_{i,2}=\mathbf{f}_i\left(\mathbf{x}\left(t_j+h_j\frac{\mathbf{k}_{i,1}}{2}\right)\right)\\ \mathbf{k}_{i,3}&=\mathbf{f}_i\left(\mathbf{x}\left(t_j+h_j\frac{\mathbf{k}_{i,2}}{2}\right)\right),\mathbf{k}_{i,4}=\mathbf{f}_i(\mathbf{x}(t_j+h_j\mathbf{k}_{i,3}))\end{aligned} \tag{4-10}$$

结果产生的优化问题是非线性且非凸的，但是，这一框架原则上可以处理涉及如有理函数、外部控制输入及非线性参数化基函数的控制方程的发现。

4.5.2 滚动时域公式

需要指出的是，对于像方程（4-8）和方程（4-9）这样的受约束的非线性、非凸优化问题，寻找全局最优解或者甚至是好的局部最优解都是非常具有挑战性的。直观来看，优化问题 [方程（4-9）] 的计算复杂性会随着以下因素的增加而增加：①可用数据集的大小（m）及/或离散化网格的精细程度；②系统的维数（即状态数 n_x 和操控输入数 n_u）；③字典中初始考虑的基函数 n_θ。显然，那些导致计算复杂性增加的情况也预期会增加正确发现控制方程的概率：例如，更多的训练数据可以帮助降低模型偏差，更精细的离散化可以减少微分误差，更庞大的字典可以增加控制方程被包含在基中的可能性。此外，因为这类问题的非凸性质，优化问题 [方程（4-8）和方程（4-9）] 中的解对初始系数 Ξ 和参数 c 的初始设定非常敏感，这可能导致算法收敛到不同的局部最优解。目前文献中还没有完全解决如何系统地确定这些初始值的方法。

这种方法源于滚动时域状态估计与控制理论，通过滚动时域优化[8]来识别动态系统，采用时间视界分解策略来降低大规模非凸问题的计算负担。关键步骤包括将数据集 $\{(\hat{x}(\hat{t}_k),\hat{u}(\hat{t}_k)),\forall k\in\{1,\cdots,m\}\}$ 分割成（通常是）序列的小子集或批次 $\{(\hat{x}(\hat{t}_k),\hat{u}(\hat{t}_k)),\forall k\in\{j,j+1,\cdots,j+H\}\}$，每个子集定义在覆盖 $H\leq m$ 次测量的时间视界内。算法从 $j=0$ 开始初始化，在每次迭代中，先求解方程（4-11）中描述的优化问题，随后"最旧"的 $\Delta\mathcal{D}$ 个测量数据被抛弃，通过时间向前滚动时域（即 $\leftarrow j+\Delta\mathcal{D}$）来获取新的数据子集，这里 $\Delta \mathcal{D}$ 是数据步长。H 与 $\Delta \mathcal{D}$ 之间的区别以图形方式展示（见图4-5），该图根据 Lejarza 和 Baldea[8, 36] 引入的框架来说明滚动时域算法。值得注意的是，上述操作无须在线进行，选择数据子集的方式也可以调整（如可以从可用数据中随机选择）。

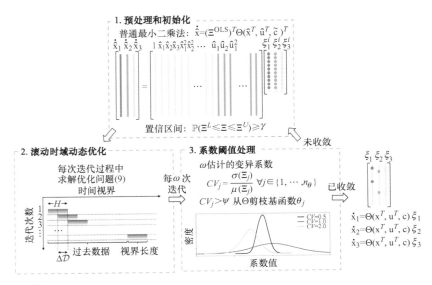

图 4-5 滚动时域算法

注：此解析基于 Lejarza 和 Baldea[8] 的研究修改而来，其中 $\tilde{c}$ 表示参数 c 的初始值，γ 用来推导 Ξ^U 和 Ξ^L 的置信度水平，ψ 是用于基函数剪枝的变异性阈值。

鉴于模型方程（4-7）在时间和空间坐标上是连续的，必须采用离散化技术，如前文提到的 Runge–Kutta 方法[27]，以得到一个可处理的优化问题。在此框架下，依据 Lejarza 和 Baldea[8] 的建议，我们使用有限元上的正交配置方案[37] 来离散地表达候选的控制方程。具体来说，控制方程通过重复或顺序解决以下形式的非线性规划（NLP）问题来发现：

$$\min_{\Xi, \mathbf{c}, \mathbf{x}} \frac{1}{2NK} \sum_{i=0}^{N} \sum_{j=0}^{K} \mathbf{x} \left\| (t_{ij}) - \tilde{\mathbf{x}}(t_{ij}) \right\|_2^2 + \lambda \ell(\Xi)$$
$$\text{s.t. } g(\Theta(\mathbf{x}(t_{ij})^T, \tilde{\mathbf{u}}(t_{ij})^T, \mathbf{c}), \Xi) = 0 \quad (4\text{-}11)$$
$$\Xi \in [\Xi^L, \Xi^U], \quad \mathbf{c} \in [\mathbf{c}^L, \mathbf{c}^U]$$

其中，$\mathbf{x}(t_{ij})$ 表示在有限元 i 和配置点 j 的时间 t_{ij} 时预测的状态，$g(\cdot) = 0$ 为方程（4-7）中非线性动态的离散版本所表示的代数约束，Ξ^L、$\mathbf{c}^L$ 和 Ξ^U、$\mathbf{c}^U$ 分别是估计的系数及参数的下限和上限（基于领域知识或统计方法确定，将在后续讨论），K 是每个有限元上的配置点数量。这些配置方程形成了一组代数约束，表示为：

$$\left.\frac{d\mathrm{x}(t)}{dt}\right|_{t_{ij}} = \frac{1}{h_i}\sum_{k=0}^{K}\mathrm{x}_{ik}\frac{d\mathcal{L}_k(\tau_j)}{d\tau}, \quad j \in \{1,\cdots,K\}, i \in \{1,\cdots,N\}$$

$$\left.\frac{d\mathrm{x}(t)}{dt}\right|_{t_{ij}} = \Xi^T\Theta(\mathrm{x}(t_{ij})^T, \mathbf{u}(t_{ij})^T, \mathbf{c})^T, \quad j \in \{1,\cdots,K\}, i \in \{1,\cdots,N\} \quad (4\text{-}12)$$

$$\mathrm{x}(t_{i+1,0}) = \sum_{k=0}^{K}\mathcal{L}_k(1)\mathrm{x}(t_{ik}), \quad i \in \{1,\cdots,N-1\}$$

在该算法中，h_i 表示单个有限元 i，$t_{i-1} = t_{ij} - \tau_j h_i$ 的长度，状态变量 $\mathrm{x}(t)$ 则通过拉格朗日多项式 $\mathcal{L}_k$ 进行如下插值：

$$\mathbf{x}(t) = \sum_{k=0}^{K}\mathcal{L}_k(\tau)\mathbf{x}_{ik}, \quad t \in [t_{i-1}, t_i], \tau \in [0,1]$$

$$\mathcal{L}_k(\tau) = \prod_{j=0, \neq k}^{K}\frac{\tau - \tau_j}{\tau_k - \tau_j} \quad (4\text{-}13)$$

插值点的最优位置选择（由 τ_j 给出）是由 Biegler[37] 详细推导的。方程（4-12）和方程（4-13）的紧凑表达形式用 $g(\Theta(\mathrm{x}(t_{ij})^T, \tilde{u}(t_{ij})^T, \mathrm{c}), \Xi)$ 表示。使用正交配置方法能够有效处理在多个时间尺度上变化的刚性非线性动态系统。这类高级数值离散化技术的应用进一步推动了滚动时域分解的发展，尽管这会带来更大的问题维度。Lejarza 和 Baldea[8] 的论文中详细讨论了滚动时域发现的算法方面，并提供了一系列说明性示例。我们注意到，动态系统的离散化可能需要使用插值和/或重新采样技术来在相关的离散化点 $t_k \forall k \in \{1,\cdots,M\}$ 估计状态和输入变量的值 [除非采样时间被用作差分时间步（即 $\hat{t}_{k+1} - \hat{t}_k$），如 Goyal 和 Benner[27] 所研究的，这可能引入重大的近似误差]。

除了利用较小数据子集解决方程（4-11）带来的计算优势外，获得一系列系数 Ξ 和参数 c 的估计（与迄今审查的所有技术中仅得到单一估计的情况不同）也使得能够以系统的方式进行基函数字典的剪枝（即从模型中去除基函数）。Lejarza 和 Baldea[8] 提出了一种基于估计系数观测到的变异性来进行剪枝的策略（不同于第 4.4.3 小节中讨论的仅基于估计幅度的方法）。这一策略认为：非基础系数（即那些不属于底层系统控制方程的基函数的系数，称为"非基础"）的估计值不仅幅度较小，而且在每次从连续数据批次中估计时变化较大。这些非基础系数的变异性与这样一个事实有关：非基础函数可能导致"过拟合"，即它们可能反映了测量噪声而非数据中的实际信号。因此，非基础系数的变异将受到数据中噪声成分方差的影响，这种变异在每次迭代中都会显现，当时会考虑原始数据集的新部分。另一方面，基础系数的估计（即那些确实出现在真实控制方程中的基函数的系数）在不同原始数据子集上计算时，往往更加一致（并且方差较低）。这些系数有助于预测潜在的信号，并且预计对污染训练数据的噪声更不敏感。

4.6 滚动时域在间歇化学过程的应用实例

考虑一个液相不可逆反应 $A \rightarrow B$，该反应在非等温批反应器系统中进行，系统示意图如图 4-6 所示。此过程的控制方程基于物质和能量平衡得到，真实模型假定为以下一组非线性常微分方程：

$$\frac{dC_A(t)}{dt} = -k_0 e^{-E_a/RT(t)} C_A(t)$$
$$\frac{dT(t)}{dt} = \frac{(-\Delta H_R)}{\rho C} k_0 e^{-E_a/RT(t)} C_A(t) + \frac{U\mathcal{A}}{V\rho C}(T_c - T(t)) \quad (4\text{-}14)$$

其中，状态变量包括组分 A 的浓度 $C_A(t)$（摩尔单位）和液体温度 T（开尔文）。系统假设良好混合，故浓度或温度无空间变异。在方程（4-14）中：ρ 是液体密度，C 是热容，ΔH_R 是每摩尔 A 反应的反应热，T_c 是冷却剂温度，U 是总热传递系数，$\mathcal{A}$ 是热传递面积，k_0 是指前因子，E_a 是活化能，R 是通用气体常数。所有模型参数及其在真实模型中的值如表 4-1 所示。显然，控制方程（4-14）对某些未知参数（特别是反应速率的阿伦尼乌斯公式中的指数项，是参数 E_a/R 的非线性函数）是非线性的，因此使用第 4.4 节介绍的稀疏回归方案时无法正确获取其结构。相反，这种发现努力适用于方程（4-7）中更一般的控制方程表示，以及第 4.5 节引入的方法。

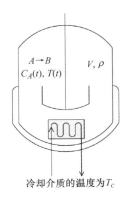

图 4-6　非等温间歇反应器系统的示意图。

注：其物质和能量平衡通过数据发现，作为案例研究。

表 4-1　非等温间歇反应器在数值实验中使用的参数值

参数	值	单位
V	100	L
ρ	1 000	g L^{-1}
C	0.239	J g^{-1} K^{-1}
$-\Delta H_R$	5×10^4	J mol^{-1}
E_a/R	8 750	K
k_0	7.2×10^{10}	min^{-1}
$U\mathcal{A}$	5×10^4	J min^{-1} K^{-1}
T_c	300	K

Lejarza 和 Baldea[36]研究了一个与图 4-6 所示的相似的连续过程。在这个连续系统的等温案例中,可以通过调整进料流量来激发过程动态;而在非等温案例中,系统被展示为能够达到周期性稳态[36]。在连续过程中生成的数据集特别适合应用滚动时域发现的概念,因为每个数据子集可能会反映更广泛的动态行为,并包含状态变量的不同观测值(非稳态)。另一方面,间歇反应非连续的本质使得为发现任务收集数据变得更为困难,这主要是因为:可用于激发动态的操控输入较少,这限制了能生成具有足够信息的数据集;批次之间的变异可能需要批数据的同步处理,如使用时间扭曲技术[38]。

虽然连续过程的动态激发相对直接(如通过调整进料条件),这有助于收集含信息量丰富的数据集,但在间歇反应过程中,通常需要收集在不同条件下运行的多批次数据(如初始物种浓度和初始混合温度)。在实践中,进行广泛的实验可能既耗时又昂贵,而且物理过程的配置可能不够多样化,无法充分激发和揭示真实控制方程中存在的所有动态成分。为了解决这些数据收集难题,一种可行的方法是利用少数几个批次实验来构建一个合成的引导数据集。这些实验可能包括变化每个批次的初始条件,以及其他过程参数,如批次体积和冷却液温度(在可操作的范围内)。重要的是,当这些变量在不同实验中变化时,控制方程的基函数应该明确反映这些不同的配置(如,$T(t)/V$ 应该明确包括在基函数字典中)。否则,用不同反应器配置生成的数据集可能会使得学习控制方程的过程出现不一致的结果。

获取这些数据后,可以使用带替换的引导方法来构建一个庞大的批次实验数据序列。尽管这个框架允许同时考虑多个批次实验(这可能有助于提高收敛性),但这需要为每个数据集定义离散动力学 $g(\cdot)$,这样做会增加问题的维度。图 4-7 显示了从 10 个批次实验中生成的引导序列,这个序列被用于滚动时域发现算法[8]中,以探索控制方程。该方案的每一次迭代都涉及使用图 4-7 中显示的、从可用批次实验集合中随机选取的批次数据来解决方程(4-11)中的问题,这使得可以利用上述的方差论点来从字典中剪枝基函数。这种方法的另一个优势是,每个批次实验都被独立地考虑,无须采用时间扭曲技术,这在实际中也允许从如中断和规格外的批次中学习,这些批次可能持续时间比成功完成的批次短。

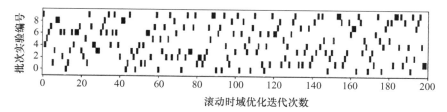

图 4-7 从 10 个不同初始条件和批处理时间的单独批次实验中生成引导数据序列。

注:在这些实验中,首先对控制方程进行积分计算,然后向得到的轨迹数据中添加高斯噪声。

第4章 稀疏数学规划及其在控制方程基础学习中的应用

Lejarza 和 Baldea[8] 提出的滚动时域优化算法（该算法的开源实现已公开[8]）应用于探索 $C_A(t)$ 和 $T(t)$ 的控制方程，使用了以下非线性基函数字典：

$$\Theta(C_A,T,c) = \{1, C_A, T, C_A T, C_A^2, T^2, C_A^2 T, C_A T^2, C_A^{-1}, T^{-1}, C_A^{-1}T^{-1}, e^{c/T}\} \quad (4\text{-}15)$$

其中，参数 c 在方程（4-14）中代表 $-E_a/R$。这里所遵循的数据预处理步骤与 Lejarza 和 Baldea[36] 的方法相同。具体来说，首先使用 Savitzky-Golay 滤波器对数据进行平滑处理，该滤波器采用二次多项式，窗口大小则通过迭代过程如 Lejarza 和 Baldea[8] 描述的进行确定。通过计算状态变量导数（通过中心有限差分法近似）与参数 c 的一系列可能值 $e^{c/T}$ 之间的皮尔逊相关系数，来寻找参数 c 的一个合适的初始估计值。在本案例中，因为这是组成动力学方程（4-14）中的单一基函数（即参数 c 的真实值与估计导数 $\dot{C}_A$ 相关性最高），$C_A(t)$ 的控制方程恰好找到了准确的参数 c 值。随后，进行了格兰杰因果关系检验和普通最小二乘回归的预处理步骤，作为预剪枝程序，并用来确定置信区间 $[\Xi^L, \Xi^U]$，以改善滚动时域优化方案的收敛性。对于系数变异系数（CV，定义为标准差与均值的比）高于阈值 ψ 的基函数将被移除，此处设定的阈值 $\psi=1$。该变异系数是基于模型系数的 10 个连续估计值计算得到的。这一阈值处理程序在图 4-5 中进行了图形展示，更多细节可以参阅 Lejarza 和 Baldea[8] 的研究论文。

表 4-2 展示了在逐渐增加的模拟测量噪声水平下批处理过程控制方程的发现结果。测量噪声的方差是根据用于生成批数据的初始条件 C_A（t=0）和 T（t=0）的百分比来确定的，滚动时域发现技术的性能通过发现模型预测的轨迹与数据之间的均方误差（MSE）以及模型复杂性（即模型中的基函数数量）来量化。尽管在所有噪声实例和两种状态变量中都成功发现了控制方程的正确结构，我们还是观察到，随着噪声水平的提高，参数估计的准确度下降，从而导致更大的 MSE 值。

表 4-2 批处理过程控制方程的发现结果

变量名	测量噪声（σ）	均方差	复杂度
成分（C_A）	$\sigma_{CA} = 0.1\%C_A(0)$, $\sigma_T = 0.1\%T(0)$	$1.96\times10^{-7}(7.00\times10^{-8})$	1
	$\sigma_{CA} = 0.5\%C_A(0)$, $\sigma_T = 0.5\%T(0)$	$2.15\times10^{-6}(1.11\times10^{-6})$	1
	$\sigma_{CA} = 1.0\%C_A(0)$, $\sigma_T = 1.0\%T(0)$	$7.32\times10^{-6}(2.97\times10^{-6})$	1
温度（T）	$\sigma_{CA} = 0.1\%C_A(0)$, $\sigma_T = 0.1\%T(0)$	$2.24\times10^{-2}(7.68\times10^{-3})$	3

(续)

变量名	测量噪声（σ）	均方差	复杂度
温度（T）	$\sigma_{C_A}=0.5\%C_A(0)$, $\sigma_T=0.5\%T(0)$	$1.89\times10^{-1}(4.40\times10^{-2})$	3
	$\sigma_{C_A}=1.0\%C_A(0)$, $\sigma_T=1.0\%T(0)$	$5.64\times10^{-1}(1.17\times10^{-1})$	3

注：这些结果对应于组成成分 $C_A(t)$ 和温度 $T(t)$ 的控制方程，涵盖了一系列模拟测量噪声水平 σ。展示的结果包括最后 50 次迭代的平均 MSE，括号内为相应的标准差，以及通过模型中存在的基函数数量表示的复杂度。

图 4-8 展示了模型复杂性和预测能力随发现算法迭代次数的演变。直观上，模型复杂性在初期较高，随着字典中基函数的移除会显著降低。而预测能力在算法执行过程中变化不大，即使基函数的数量显著减少。在开始阶段，由于候选基函数较多，发现的方程预期将具有非常低的误差，并可能对训练数据过拟合。字典中非基础基函数被剪除后，平均 MSE 基本保持不变（但方差明显降低），这表明学习过程成功，并暗示算法在基函数字典中识别出了最为简洁的模型。

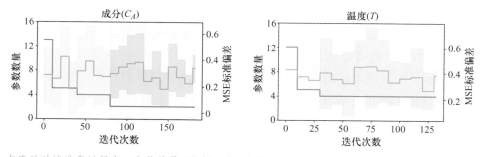

图 4-8 在滚动时域迭代过程中，参数数量（包括 Ξ 和 c）与 MSE 的演变（平均值每 10 次迭代计算 1 次，与 DySMHO 中使用的阈值频率相对应）。

注：MSE 线周围的阴影区域表示标准偏差范围（$m\mu\pm\sigma$），灰色阴影区域显示算法对真实控制方程的收敛。所展示的结果对应于噪声水平 $\sigma=(1.0\%C_A(0), 1.0\%T(0))$ 的实例。

在实施基本学习方案以探索未知控制方程的动态系统时，建立合适的验证方法以评估恢复的模型是非常重要的。先前讨论并在图 4-8 中显示的预测能力和复杂性分析，是一种评估算法性能和评价其最终输出的方法。另一种常用的验证策略是模拟恢复的方程（如为一组初始和边界条件求解发现的微分方程），并将得到的轨迹与实测数据进行比较。这些结果在图 4-9 中为用于训练的 10 个数据集（批次）展示。参数估计经过正态检验，然后使用最大似然估计方法来估算获得的系数的协方差。估计的均值和协方差用于生成 500 个独立同分布的模型参数样本，这些样本随后用于生成每个批次实验的多条可能的发现轨迹（灰色线条）。显然，尽管数据中存在明显的噪声，发现的模型准确地捕捉到所有批次的动态行为。图 4-9 的另一种可视化方式是相平面表示法（坐标平面上的轴代表状态变量的值),如图 4-10 所示。这种表示法有助于验证发现的控制方程是否正确地捕捉了观测系统的一般动态行为,特别是在系统行为呈周期性的情况下尤为有用。表 4-3 展示了与用于生成数据的真实模型相比,发现方程的对比情况。

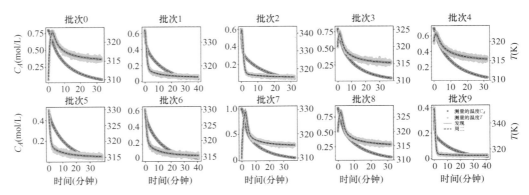

图 4-9 通过发现的方程进行的模拟。

注:状态变量随时间的变化,并将其与真实的控制方程以及 10 个批次实验中每个批次的测量数据进行比较,其中 $\sigma = (1.0\%C_A(0), 1.0\%T(0))$。该图展示了使用从多元高斯分布中随机抽取的参数生成的 500 条发现动态轨迹。

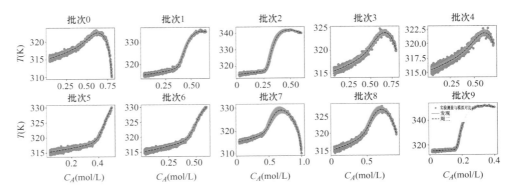

图 4-10 相平面表示法。

注:在进行的 10 个批次实验中,我们对比了发现的方程、真实的控制方程和每个实验的测量数据,实验初始条件为 $\sigma = (1.0\%C_A(0), 1.0\%T(0))$。该图对图 4-9 采用相平面的方式表现了结果。

表 4-3 发现方程的对比情况

动力学		控制方程
dC_A/dt	真实 发现	$-7.20 \times 10^{10} \exp(-8\,750/T(t))C_A(t)$ $-7.23 \times 10^{10} \exp(-8\,752/T(t))C_A(t)$
dT/dt	真实 发现	$669 - 2.09T(t) + 1.51 \times 10^{13} \exp(-8\,750/T(t))C_A(t)$ $657 - 2.08T(t) + 1.59 \times 10^{13} \exp(-8\,768/T(t))C_A(t)$

注:此表总结了相对于真实的第一性原理模型,针对浓度和温度的发现方程及其相关参数。发现的方程结果对应于表 4-2 中噪声最大的情况。

4.7 结论

数据驱动方法在制造设施全生命周期的决策支持模型开发中发挥着至关重要的作用。其中，控制方程起到关键作用，与黑箱数据驱动模型相比，它们提供了如可解释性和外推能力等显著优势。本章重点介绍了使用机器学习方法推导这类控制方程的一些最新进展。现有研究广泛涵盖了以下几类技术：物理信息化机器学习、非线性回归（包括符号回归）和基于数学规划的技术，其中包括滚动时域发现方法。为了突出滚动时域发现的主要特性，本章提供了一个非等温批处理反应器系统的案例。未来工作应继续提高控制方程发现方案的可扩展性，以便处理更大数据量和更高维度的系统。同样，将这些技术应用于更复杂的工业相关过程是实现制造业机器学习和探索新系统与技术的控制方程的重要下一步。进一步将上述方案与状态估计工具集成，可以提高在存在未测量状态和大量测量噪声的系统中，探索控制方程的能力。

参考文献

[1] M. Soroush, M. Baldea, T.F. Edgar, Smart Manufacturing: Concepts and Methods, Elsevier Science, 2020.

[2] M. Soroush, M. Baldea, T.F. Edgar, Smart Manufacturing: Applications and Case Studies, Elsevier Science, 2020.

[3] S. Forrest, Genetic algorithms: principles of natural selection applied to computation, Science 261 (1993) 872–878.

[4] M. Schmidt, H. Lipson, Distilling free-form natural laws from experimental data, Science 324 (2009) 81–85.

[5] P.I. Frazier, A tutorial on Bayesian optimization, in: arXiv preprint arXiv:1807.02811 (2018).

[6] R.J. Hyndman, G. Athanasopoulos, Forecasting: principles and practice, OTexts (2018).

[7] I.B. Tjoa, L.T. Biegler, Simultaneous solution and optimization strategies for parameter estimation of differential-algebraic equation systems, Ind. Eng. Chem. Res. 30 (1991) 376–385.

[8] F. Lejarza, M. Baldea, Data-driven discovery of the governing equations of dynamical systems via moving horizon optimization, Sci. Rep. 12 (2022) 1–15. https://github.com/Baldea-Group/DySMHO.

[9] G.E. Karniadakis, I.G. Kevrekidis, L. Lu, P. Perdikaris, S. Wang, L. Yang, Physics-informed machine learning, Nat. Rev. Phys. 3 (2021) 422–440.

[10] A. Paszke, S. Gross, F. Massa, A. Lerer, J. Bradbury, G. Chanan, T. Killeen, Z. Lin, N. Gimelshein, L. Antiga, et al., Pytorch: an imperative style, high-performance deep learning library, Adv. Neural. Inf. Process Syst. 32 (2019) 8026–8037.

[11] M. Abadi, A. Agarwal, P. Barham, E. Brevdo, Z. Chen, C. Citro, G. S. Corrado, A. Davis, J. Dean, M. Devin, S. Ghemawat, I. Goodfellow, A. Harp, G. Irving, M. Isard, Y. Jia, R. Jozefowicz, L. Kaiser, M. Kudlur, J. Levenberg, D. Mané, R. Monga, S. Moore, D. Murray, C. Olah, M. Schuster, J. Shlens, B. Steiner, I. Sutskever, K. Talwar, P. Tucker, V.

Vanhoucke, V. Vasudevan, F. Viégas, O. Vinyals, P. Warden, M. Wattenberg, M. Wicke, Y. Yu, X. Zheng, TensorFlow: Large-Scale Machine Learning on Heterogeneous Systems, 2015. https://www.tensorflow.org/.

[12] M. Raissi, P. Perdikaris, G.E. Karniadakis, Physics-informed neural networks: a deep learning framework for solving forward and inverse problems involving nonlinear partial differential equations, J. Comput. Phys. 378 (2019) 686–707.

[13] A. Krishnapriyan, A. Gholami, S. Zhe, R. Kirby, M.W. Mahoney, Characterizing possible failure modes in physics-informed neural networks, Adv. Neural. Inf. Process Syst. 34 (2021) 26548–26560.

[14] S. Wang, X. Yu, P. Perdikaris, When and why pinns fail to train: a neural tangent kernel perspective, J. Comput. Phys. 449 (2022) 110768.

[15] J. Blechschmidt, O.G. Ernst, Three ways to solve partial differential equations with neural networksa review, GAMM-Mitteilungen 44 (2021) e202100006.

[16] G. James, D. Witten, T. Hastie, R. Tibshirani, An Introduction to Statistical Learning, 112, Springer, 2013.

[17] S.L. Brunton, J.L. Proctor, J.N. Kutz, Discovering governing equations from data by sparse identification of nonlinear dynamical systems, Proc. Natl. Acad. Sci. 113 (2016) 3932–3937.

[18] S.-M. Udrescu, M. Tegmark, AI Feynman: a physics-inspired method for symbolic regression, Sci. Adv. 6 (2020) eaay2631.

[19] J.R. Koza, Genetic Programming: On the Programming of Computers by Means of Natural Selection, 1, MIT Press, 1992.

[20] M. Cranmer, A. Sanchez-Gonzalez, P. Battaglia, R. Xu, K. Cranmer, D. Spergel, S. Ho, Discovering symbolic models from deep learning with inductive biases, in: arXiv preprint arXiv:2006.11287 (2020).

[21] R. Dubčáková, Eureqa: software review, Genet Program Evolv. Mach. 12 (2011) 173–178.

[22] R. Tibshirani, Regression shrinkage and selection via the lasso, J. R. Stat. Soc. Series B Stat. Methodol. 58 (1996) 267–288.

[23] S.-J. Kim, K. Koh, M. Lustig, S. Boyd, D. Gorinevsky, An interior-point method for largescale l_1-regularized least squares, IEEE J. Sel. Top Signal Process 1 (2007) 606–617.

[24] A.E. Hoerl, R.W. Kennard, Ridge regression: biased estimation for nonorthogonal problems, Technometrics 12 (1970) 55–67.

[25] H. Zou, T. Hastie, Regularization and variable selection via the elastic net, J. R. Stat. Soc. Series B Stat. Methodol. 67 (2005) 301–320.

[26] W. Sun, R.D. Braatz, ALVEN: Algebraic learning via elastic net for static and dynamic nonlinear model identification, Comput. Chem. Eng. 143 (2020) 107103.

[27] P. Goyal, P. Benner, Discovery of nonlinear dynamical systems using a runge-kutta inspired dictionary-based sparse regression approach, in: arXiv preprint arXiv:2105.04869 (2021).

[28] M. Baldea, P. Daoutidis, Dynamics and Nonlinear Control of Integrated Process Systems, Cambridge University Press, 2012.

[29] M. Baldea, P. Daoutidis, Control of integrated process networksa multi-time scale perspective, Comput. Chem. Eng. 31 (2007) 426–444.

[30] B. de Silva, K. Champion, M. Quade, J.-C. Loiseau, J. Kutz, S. Brunton, PySINDy: A python package for the sparse identification of nonlinear dynamical systems from data. J. Open Source Softw. 5 (49) (2020) 2104.

[31] L. Zhang, H. Schaeffer, On the convergence of the SINDy algorithm, Multiscale Model. Simul. 17 (2019) 948–972.
[32] A. Cozad, N.V. Sahinidis, D.C. Miller, Learning surrogate models for simulation-based optimization, AlChE J. 60 (2014) 2211–2227.
[33] K.P. Burnham, D.R. Anderson, Practical use of the information-theoretic approach, in: Model Selection and Inference, Springer, 1998, pp. 75–117.
[34] Z.T. Wilson, N.V. Sahinidis, The ALAMO approach to machine learning, Comput. Chem. Eng. 106 (2017) 785–795.
[35] K. Champion, P. Zheng, A.Y. Aravkin, S.L. Brunton, J.N. Kutz, A unified sparse optimization framework to learn parsimonious physics-informed models from data, IEEE Access 8 (2020) 169259–169271.
[36] F. Lejarza, M. Baldea, Discovering governing equations via moving horizon learning: the case of reacting systems (Submitted), AlChE J. (2021).
[37] L.T. Biegler, Nonlinear Programming: Concepts, Algorithms, and Applications to Chemical Processes, SIAM, 2010.
[38] H. Sakoe, S. Chiba, Dynamic programming algorithm optimization for spoken word recognition, IEEE Trans. Acoust. Speech Signal Process. 26 (1978) 43–49.

第 5 章

数据驱动的优化算法

Burcu Beykal[一],[二] and Efstratios N. Pistikopoulos[三],[四]

5.1 引言

随着第四次工业革命（也称为工业 4.0）的到来，传统制造过程受到了广泛关注。制造业正在从相互独立的工业实践转变为更加互联的"智能"数字系统，这些系统能够通过数据进行相互通信，这种变革逐渐成为常态。这种"智能"实践的一个核心部分是创建数字孪生[1]，它允许我们在几秒内收集大量数据，测试操作条件，改进现有流程，并以安全且成本效益的方式设计新流程。随着计算能力的增强，任何工艺的数字孪生现在都可以通过考虑复杂的物理、化学和机械现象，跨多个时间和空间尺度进行更详细的建模。虽然通过自动化系统和数字孪生技术收集的数据量巨大，为从制造系统中提取洞察力提供了巨大的潜力，但将这些信息与第一性原理表达式（通常以普通或偏微分方程的形式呈现）结合，在多尺度建模框架中创建模型，这为通过数学优化找到最佳操作条件或新的工艺路线带来了独特的挑战。这一挑战源于模型的极端复杂性、数据的噪声，以及缺乏明确的分析形式，这些因素都需要花费大量的计算时间和努力，使用传统的优化技术来寻找可行的解决方案。

数据驱动的优化作为一种计算效率更高的方法，已成为一种有效的替代方案，相比于传统方法，它不需要显式的分析形式（即无数据或者白箱计算）以及原问题的一阶最优条件来求解。数据驱动的优化问题有多种类型，通常具有以下数学形式：

[一] 美国，康涅狄格大学斯托斯校区，化学与生物分子工程系。
[二] 美国，康涅狄格大学斯托斯校区，清洁能源工程中心。
[三] 美国，得克萨斯农工大学，能源研究院。
[四] 美国，得克萨斯农工大学，Artie McFerrin 化学工程系。

$$\begin{aligned}
&\min_{x,y} \quad f \\
&s.t. \quad g_m \leq 0 \quad \forall m \in \{1,\cdots,M\} \\
&\qquad\;\; g_k(\boldsymbol{x},\boldsymbol{y}) \leq 0 \quad \forall k \in \{1,\cdots,K\} \\
&\qquad\;\; \boldsymbol{x} \in [\boldsymbol{x}^L, \boldsymbol{x}^U] \\
&\qquad\;\; \boldsymbol{y} \in 整数 \\
&\qquad\;\; \boldsymbol{x} \in \mathbb{R}^n, \boldsymbol{y} \in \mathbb{Z}^b
\end{aligned} \quad (5\text{-}1)$$

公式（5-1）的目的是找到一组最优的连续决策变量 $\boldsymbol{x}$ 和整数变量 $\boldsymbol{y}$，使得目标函数 f 最小化，其中 f 的封闭形式未知，且受限于已知封闭形式的约束 $g_k(\boldsymbol{x},\boldsymbol{y})$，这些约束由集合 $k \in \{1,\cdots,K\}$ 定义，并受限于形式未知的约束（即黑箱约束或输出约束），g_m，由集合 $m \in \{1,\cdots,M\}$ 定义。如果不存在任何整数变量，这些问题本质上是连续的，它们可以是：①无约束的，即没有 g_k、g_m 以及对连续决策变量的界限；②箱约束（box-constrained）的，即 $\boldsymbol{x}$ 属于闭区间 $[\boldsymbol{x}^L, \boldsymbol{x}^U]$；③具有明确的 g_k 和 / 或黑箱 g_m 不等式约束的约束问题。数据驱动的优化算法的主要部分属于无约束和箱型约束的连续问题类别，而最近的研究也开始关注在数据驱动的优化框架内处理约束和混合整数决策变量的问题，这些内容将在本章后续部分详细介绍。

数据驱动的优化算法还可以根据其解决策略进行分类。直接搜索算法寻找具有最优目标函数值的搜索方向，而基于模型的算法则构建近似的代理模型，并利用这些代理模型的导数信息来指导搜索向有希望的区域进行。许多综述文章和教科书也依据优化能力（如局部优化与全局优化、确定性方法与随机方法）对数据驱动或无导数优化算法进行了分类[2-4]。我们将遵循这些广泛认可的分类，提供从算法发展到应用，以及包括针对混合整数公式和各种优化问题类别的扩展在内的数据驱动优化算法的最新进展的详尽文献综述。对于希望深入了解数据驱动优化丰富理论的读者，可以参考 Conn 等人[5] 及 Audet 和 Hare[6] 的杰出教科书，以及参考文献 [2-4，7-16] 的作者提供的关于数据驱动优化的全面历史分析。

5.2 数据驱动的优化算法途径

5.2.1 直接搜索算法

5.2.1.1 局部优化技术

在数据驱动的优化算法中，最早也是最广为人知的算法之一是 Nelder-Mead 算法。该算法采用基于单纯形的搜索策略来寻找无约束优化问题的最小值[17]。该算法基于 Spendley 等人的初步研究[18]，其核心思想是对一个单纯形（即由一组仿射独立点组成的凸包）进行一系列操作，旨在使其远离目标函数值最差的点。算法的下一步行动完全基于当前最差解的值，而非原问题的一阶最优性条件。这种算法设计具有很强的适应性，它通过反射、扩展、收缩或缩小迭代来替换单纯形中最差的顶点，从而逐步逼近最优解（见图 5-1）。因此，算法通过迭代调整单纯形的形状，以便更好地描绘目标函数的局部特征[19]。

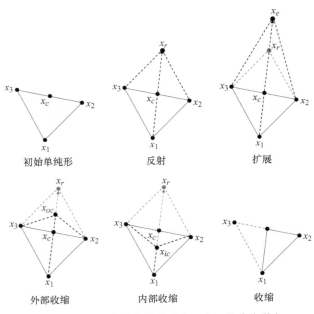

图 5-1 Nelder-Mead 算法中的反射、扩展、收缩操作展示在一个二维单纯形上。

由于算法简洁易懂，Nelder-Mead 算法在科学界得到了广泛的使用和研究。McKinnon[19] 和 Lagarias 等人[20] 对此算法的收敛性进行了研究。Wang 和 Shoup[21] 对算法参数进行了敏感性分析。Tseng[22] 提出了一种修改后的算法，使得在实验单纯形的选择上更加灵活和动态。此外，为了处理含有噪声的随机函数[23-27]、组合问题[28] 以及混合整数问题[29]，也对原始的确定性算法进行了进一步的修改。该算法还被扩展到多处理器上执行，以提高计算速度[30, 31]。传统的 Nelder-Mead 算法进一步扩展到使用概率重启初始化进行全局优化[32, 33] 以及使用自适应线性罚函数进行约束优化[33]。

这种流行算法的一个缺陷是在处理高维问题时，会丧失效率和收敛性。单次 Nelder-Mead 迭代的复杂性[34]、初始化程序的影响[35] 以及问题维度对算法整体性能的影响[36] 已得到研究。Gao 和 Han[37] 通过研究其迭代操作，揭示了该算法在高维情况下效率低下的原因。他们的研究表明，当目标函数具有均匀凸性时，扩展和收缩步骤具备下降属性，但随着问题维度的增加，这些步骤的效率会降低。此外，他们还发现，对于这类问题，原始算法从未使用缩小操作，并进行了大量的反射操作，这进一步降低了算法的效率[37]。此外，Fajfar 等人[38]提出了一种扰动质心 Nelder-Mead 方法，以解决高维问题中的收敛困难。其他收敛的 Nelder-Mead 变体由参考文献 [22，39-45] 的作者提出。

在直接搜索算法中，另一种广泛使用的技术是模式搜索。这种方法利用一个模式或一组有限的方向来寻找目标函数的最小值（见图 5-2）。最早的模式搜索算法之一是由 Hooke 和 Jeeves[46] 开发的，该算法执行一系列探索性移动，用以理解目标函数的局部行为（即探索升降趋势的谷地），并通过沿已探索的谷地进行模式移动，以改进当前最好的解[47]。后来，Dennis 和 Torczon[48] 提出了多方向搜索方法，该方法用于在并行计算机上进行无约束优化，也适用于 Hooke 和 Jeeves 的模式搜索算法[46]。这些早期的研发工作促成了 Torczon[49] 对模式搜索方法的一般化，并创造了"广义模式搜索（GPS）"这一术语，用于无约束优化。该算法的目标是通过确定一组称为"网格"（mesh）的候选点来找到更佳的目标函数值。网格点是通过将模式向量与一个称为网格尺寸的标量相乘，并加到具有最佳目标函数值的当前解上来确定的。如果这种探索性移动成功，即发现了具有更佳目标函数值的点，那么网格将被保留；如果不成功，则对网格进行细化，并探索新的邻近点[50]。

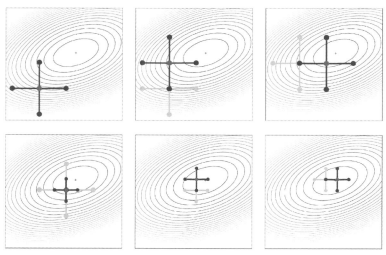

图 5-2 模式搜索的简单演示。

GPS 算法已经被扩展，可以处理正基[51]、非光滑优化问题[52,53]、有界约束[54]、线性约束[55] 以及通用约束问题[56,57]。Audet 和 Dennis[58] 也为 GPS 算法引入了明确的搜索步骤和投票步骤。搜索步骤类似于最初 GPS 算法[49] 中的探索性移动，进一步放松使用启发式方法或其他技术确定网格点。与原始算法相同，如果搜索步骤成功找到更好的解决方案，就保留网格并继续搜索。然而，如果搜索步骤未能找到具有更优目标函数值的点，算法将对网格中的点进行评估，并计算它们的目标函数值以进行投票。投票步骤在现有解决方案附近进行搜索，试图改进当前解决方案。如果投票步骤找到了具有更优目标函数值的点，则此步骤被认为是成功的，现有解决方案会据此更新。网格尺寸也会扩大，当前的搜索模式将用于进一步的探索。如果投票失败，则认为网格已找到局部最优解，并将其细化。投票可以是全面的，评估网格中的所有点，并从中选择最优点作为新的现有解决方案；也可以是机会主义的，即在找到比现有解决方案更好的解决方案时停止投票。Audet 和 Dennis[58] 及 Audet[59] 提供了搜索和投票步骤的详细描述，Abramson 等人[60] 提出了进一步的改进，利用导数信息来增强投票性能。

在 GPS 算法初步出现后不久，Kolda 等人[9] 提出了"生成集搜索"（GSS）算法，这是 GPS 的进一步泛化，不仅包括 GPS 算法[49]，还包括基于网格[61, 62]和充分减小条件[63, 64]的方法。GSS 算法也被扩展到处理分段光滑[65]、线性约束[66-69]和通用约束问题[70]。早期的算法改进促使网格自适应直接搜索（MADS）算法的发展，该算法通过在逐步密集的方向集合中进行投票，采用极端障碍方法来处理通用约束，从而扩展了 GPS[71]。该算法还通过渐进障碍方法处理约束[72]、确定性选择正交投票方向[73]，并在 NOMAD 软件中得到应用[74]。此外，还在 MADS 中探索了用于约束优化的二次[75]和树形高斯过程代理模型[76]。最近，Audet 等人[77] 提出了一种新方法来更新网格，以适应颗粒和离散变量，而 Seo 等人[78] 使用主成分分析法来推导方向向量，以提高 MADS 算法的探索性能。

5.2.1.2 全局优化技术

模式搜索算法同样被应用于数据驱动的全局优化中。全局与局部优化直接搜索（GLODS）是一种约束性的全局模式搜索算法，该算法通过多起点定向搜索方法来探索目标函数的所有局部最小值，以便识别这些解中的全局最优解[79]。算法首先通过搜索步骤探索具有潜力的子领域，随后通过投票步骤对这些区域进行深入挖掘。算法采取极端障碍策略来处理约束问题。此算法后续被扩展，以应对具有约束条件的多目标多模态优化问题[80]。

另一种广泛使用的全局优化技术是粒子群优化（PSO）。PSO 是由 Kennedy 和 Eberhart[81] 开发的最著名的基于群体的算法之一，旨在处理连续非线性函数的全局优化问题。该算法最初被提出是为了模拟鸟类等物种的社会行为，以合作方式寻找食物。其主要思想是：群体中的个体会根据自身及其他成员的经验不断调整搜索模式，最终定位到最优解。在优化的上下文中，这意味着有一群粒子在决策空间内的初始位置进行评估。之后，每个粒子将根据其自身及整个群体的历史信息，以随机方式向识别出的最佳适应度位置移动，直至整个群体逐渐靠近最优解。许多书籍[82-85]、综述[86-89]和研究文章都致力于 PSO

的研究，并提出了算法扩展以提升原始算法的效率。例如，Sorek 等人[90]利用 PSO 作为水淹生产优化的主要优化算法，并采用参数化控制结构。Bi 等人[91]则结合遗传算法和 PSO，寻找蒸汽裂解过程的全局最优解。此外，该算法还扩展到处理混合整数[92-94]、多目标[95-97]、双层[98, 99]和动态优化问题[100-102]。这里仅提及了部分应用和算法发展，但值得注意的是，关于 PSO 算法各方面的公开文献资料充足。

此外，子空间划分算法在基于搜索的优化过程中也起着关键作用。划分矩形（DIRECT）是一种全局优化算法，用于求解受边界约束的多变量非线性函数的最小值[103, 104]。该算法是对由 Shubert[105]引入的算法的一种改进，其中 DIRECT 方法使用利普希茨常数（即目标函数变化率的上界）作为全局探索与局部利用之间的权重。这使得该算法能够在局部和全局层面同时实现更快的收敛和更高的操作效率。DIRECT 算法通过将决策变量的超立方体分割成子矩形来实现。每个子矩形的中心点都是一个采样点，用于评估目标函数。在每次迭代过程中，都会识别出有前景的子矩形，并通过进一步将它们划分为更小的矩形来探索。迭代将持续进行，直到达到迭代次数或函数评估的上限。图 5-3 展示了空间划分的示例。

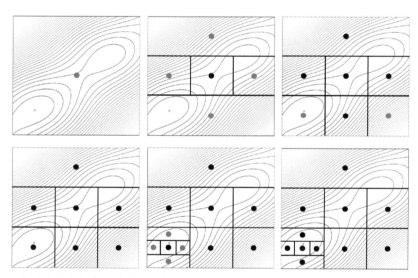

图 5-3　DIRECT 算法在麦考密克函数最小化中的迭代过程展示。

由于 DIRECT 算法的采样是精心设计的，采样点位于每个超矩形的中点，而非矩形的顶点，因此当全局解位于边界上时，算法的收敛速度可能较慢[104, 106]。为了提高收敛性，DIRECT 算法进行了扩展，增加了在局部最优附近偏向性搜索[107]，改进了潜在最优矩形的识别[108]，处理整数变量和约束[109-113]，并增强了分割方案[114-119]。这些改进也促成了多级坐标搜索算法[106]的开发，该算法用于受边界约束问题的全局优化，允许在超立方体内任意位置设置采样点，而非仅限于像 DIRECT 算法中的中心点。

5.2.1.3 混合技术

众多直接搜索算法的研究也专注于结合局部和/或全局技术的混合实施，以提升性能。Lai 和 Achenbach[120] 提出了一种离散变量直接搜索算法，该算法融合了 Box[121] 基于单纯形的约束优化算法和 Hooke 及 Jeeves[46] 的模式搜索算法的理念，用于进行约束性非线性优化。遗传算法、禁忌搜索、模拟退火、粒子群优化及其变体常与 Nelder-Mead 算法结合使用，以解决无约束和箱约束非线性规划的全局优化问题，具备良好的探索和开发能力[122-130]。此类混合算法也被开发用于解决制造业问题。例如，一种 Nelder-Mead 和 PSO 的混合方法被用于解决用于监控制成品质量的控制图的经济和统计设计问题[131]。

混合技术还被扩展，用以处理包含嵌入式约束操作符、罚函数或解决方案选择标准的约束优化问题[132-134]。公开文献中也提出了 GPS 算法和 GSS 算法的多种替代方案，这些方案在算法中实现了单纯形梯度，以提高收敛速度，同时保持原算法的鲁棒性[135, 136]。模式搜索算法与 PSO、可变邻域搜索及其变体结合（类似于 Nelder-Mead），以拥有良好的全局探索和局部开发能力，包括在 PSwarm 算法[137] 及其他[138-140] 中的应用。

5.2.2 基于模型的算法

5.2.2.1 局部优化技术

本节将重点介绍基于模型的局部数据驱动优化中的信赖域算法。信赖域算法依靠对原始函数进行局部模型近似，以执行非线性优化。这些方法通过在当前解决方案周围构建线性或二次近似模型，并快速求解这些模型以确定下一个迭代点，然后围绕这一新点构建另一个近似模型。这些模型仅在当前解的邻近区域内被信任（即"信赖区域"），并根据近似模型预测目标函数值下降的准确性，每次迭代都会适应性地调整该区域。如果根据实际降低与预测降低的比值评估，改进是可接受的，信赖域将被扩大；否则，将缩小区域半径，迭代将继续进行，直到满足收敛标准。有关算法的详细信息，读者可以参阅 Conn 等人编写的教材[141]，该书对信赖域方法进行了广泛讨论，也可查阅 Yuan 的综述文章[142, 143]。

Powells 方法是目前最受欢迎和广泛使用的基于信赖域的优化技术之一[144-147]。COBYLA[144] 是最早的基于信赖域的约束优化策略之一，它通过在单纯形的顶点上使用线性多变量插值来近似目标和约束。接着是无约束优化的二次近似（UOBYQA）算法的发展[145]，该算法使用二次插值进行无约束优化，以及为解决评估成本高的问题而开发的 NEWUOA 算法[146]。在 UOBYQA 算法中，需要 $(n+1)(n+2)/2$ 个插值点来构建 n 维目标函数的唯一的二次近似。NEWUOA 算法则通过较少的固定数量的点构建二次近似，新点通过删除另一个点加入到插值集中。后来，NEWUOA 算法被扩展以在新的算法 BOBYQA[147] 中处理边界约束。

Powells 方法也有许多算法上的进展。ORBIT 算法[148] 在信赖域框架下，利用带有完全线性尾部的径向基函数进行无约束局部优化。在此方法中，径向基插值函数作为目标函数的代理模型，通过在紧凑区域进行优化来进行迭代更新，与 NEWUOA 算法使用固定数量插值点的方式不同。随后，ORBIT 算法扩展为信赖域中的径向基函数插值受约束优化算法（CONORBIT）[149]，该算法可以通过使用径向基函数来处理不等式约束。此外，NEWUOA 算法也进行了改进，以处理线性不等式约束[150]，并采用无穷范数而非欧几里得范数，结合活动集策略来解决信赖域子问题[151]。BOBYQA 算法同样被扩展，用于通过在信赖域子问题优化中采用增广拉格朗日方法来处理通用约束[152]，并利用启发式和确定性方法处理具边界约束的混合整数非线性优化问题[153]。这些扩展增强了算法在处理各种优化问题时的灵活性和效率。

为解决黑箱优化问题，研究者们开发了多种显著的信赖域算法，其中包括：① Conn 等人[154] 提出的无导数优化（DFO）算法，该算法在信赖域框架下使用二次插值处理无约束问题，并建议将其扩展应用于一般的、"困难的"以及"虚拟的"受约束问题。② Gould 等人[155] 引入的基于滤波器的信赖域方法，专用于无约束优化。③ Audet 等人[156] 提出的混合信赖域与渐进障碍方法，用于处理不等式受约束的优化问题。④ Echebest 等人[157] 采用的不精确恢复滤波器方法，该方法应用于线性受约束的信赖域算法中，专门解决等式受约束问题。⑤ Bajaj 等人[158] 开发的两阶段方法，该方法无须可行的初始点便可在信赖域框架内进行受约束优化。⑥ Sampaio 和 Toint[159] 的信赖漏斗方法，该方法在考虑等式受约束的非线性优化时，采用多项式插值模型，并将目标与约束分别放置在不同的模型和信赖域中。⑦ Eason 和 Biegler[160, 161] 的信赖域滤波算法，用于处理一般受约束的玻璃盒系统优化（即混合方程导向和计算成本高的黑箱系统）。⑧ Augustin 和 Marzouk[162] 的 NOWPAC 算法，该算法在信赖域框架中使用线性函数处理目标和约束，并通过内边界路径自适应地处理非线性约束。⑨ Conejo 等人[163] 提出的通用信赖域算法，用于优化在封闭凸域中受约束的光滑目标函数，并提供了全局收敛的结果。

除了信赖域方法之外，还值得注意的是，在局部优化框架中，人工神经网络（ANN）常被用作代理模型。特别是在超结构优化问题中，人工神经网络用来替代复杂的单元操作、热力学模型或化学反应机制[164-167]。关于为优化目的训练人工神经网络代理模型所需的样本量，Nuchitprasittichai 和 Cremaschi[168] 进行了研究，并基于此研究推动了自适应采样方法的发展，以生成人工神经网络代理模型[169]。此外，在数据驱动的全局优化框架中，神经网络及其他代理模型方法的应用也在后续部分进行了详细探讨。

5.2.2.2 全局优化技术

基于模型的全局优化方法主要依赖利用从高保真度黑箱模拟得到的数据构建全局代理模型或全局响应面。在这一子领域中，一个关键的贡献是 Jones 等人[170]提出的高效全局优化（EGO）方法，该方法适用于非线性的箱约束优化问题。EGO 方法通过最大似然估计将设计和计算实验的随机过程模型（即 DACE 模型或克里金模型）拟合到初始的空间填充设计中。新的采样点是通过最大化目标函数的预期改进而添加的，该过程使用分支定界方法，并且优化过程通过迭代更新采样集和重新拟合克里金代理模型来持续进行。原始算法已被扩展到解决多目标问题[171]、受约束的优化问题[172, 173]以及随机和噪声黑箱系统[174]。此外，还研究了各种填充采样标准对 EGO 性能的影响，并引入了一种处理受约束问题的惩罚方法[175]。该算法的缺点之一是，EGO 在每次迭代中只能确定一个点，这反过来需要算法进行多次迭代以找到最优解。为了提高 EGO 算法的效率，Viana 等人[176]提出了一种多代理模型方法，该方法在每次迭代中增加多个样本。类似地，Hamza 和 Shalaby[177]提出了一种并行填充样本收集策略。此外，Kleijnen 等人[178]通过使用自举估计器来修改克里金预测方差估计器，提出了对 EGO 算法的改进。

EGO 算法的出现也推动了克里金模型在黑箱优化中的广泛应用。Caballero 和 Grossmann[179]利用克里金模型进行了含噪声系统的受约束黑箱优化。此外，克里金模型还与局部响应面方法结合，用于识别具有噪声变量的非线性受约束优化问题中的全局最优解[180]。Boukouvala 和 Ierapetritou[181]开发了一种基于克里金的噪声黑箱优化策略，该策略采用了可行性映射方法。Carpio 等人[182]对改进概率（Probability of Improvement）方法进行了修改，使用克里金模型来改善黑箱系统的建模和优化框架，其中约束问题通过概率方法处理。最近，Paulson 和 Lu[183]开发了 COBALT 算法，该算法采用克里金模型（即高斯过程模型）和基于机会约束的上信任边界方法的泛化，用于解决受约束的黑箱优化问题。此外，Schweidtmann 等人[184]探讨了使用简化空间公式对克里金代理模型进行全局优化的问题。

在 EGO 算法开发后不久，Gutmann[185]在全局优化框架中引入了径向基函数，用于箱约束的非线性优化，其中引入了一个平滑函数以平衡全局探索与局部利用。径向基函数作为插值方法使用，其函数形式详见方程（5-2）：

$$\hat{f}(\boldsymbol{x}) = \sum_{i=1}^{n} \lambda_i \phi(\|\boldsymbol{x} - \boldsymbol{x}_i\|) + p(\boldsymbol{x}) \tag{5-2}$$

其中 $\phi(\cdot)$ 表示基函数的类型，可选择线性、立方、薄板样条、多二次或高斯形式；$p(\boldsymbol{x})$ 是插值器的多项式尾部；λ_i 是基函数项的未知参数。径向基函数的所有未知参数，包括 λ_i 及多项式尾部的参数，通过解一组线性方程获得，其唯一性由 Powell[186]证明。

径向基函数在数据驱动优化中的应用随后得到进一步扩展。Björkman 和 Holmström[187]

采用带线性尾部的径向基函数进行昂贵黑箱函数（blackbox function）的箱约束优化，并展示了在 MATLAB 中实现的示例。Regis 和 Shoemaker[188]引入了 CORS 算法，该算法使用径向基函数进行受约束优化。此方法还扩展应用到能够处理带有箱式约束的含噪声多目标优化问题[189]。CORS-RBF 框架的抽样方法也做了修改，以实现更优的空间填充设计，并解决在高维问题中样本点数指数增长的问题[190]。此外，他们还提出了 Gutmann 方法[185]的改进版本，采用了不同的重启策略，并提高了全局与局部探索的能力[190]。Regis 和 Shoemaker[191]使用径向基函数结合动态坐标搜索技术，针对高维黑箱系统进行优化。最近，Garud 等人[192]采用基于 Delaunay 三角剖分和径向基函数的两阶段方法，识别有潜力的子区域，并在最优子区域中进行优化，以寻找最佳解决方案。

尽管这些都是基于模型的数据驱动优化理论的重大进展，但上述研究也表明，单一类型的代理模型无法解决所有问题，即没有一种通用的解决方案。因此，近期在该领域的许多研究集中于创建多种代理模型或基函数的选择，旨在选出相对于其他可用选项表现更佳的模型。Palmer 和 Realff[193, 194]探索了在化工过程设计优化中，结合模拟退火算法使用克里金和多项式代理模型。Won 和 Ray[195]研究了在非支配排序遗传算法框架下，通过排名方法处理约束，使用克里金、径向基函数和协克里金代理模型进行设计优化。Goel 等人[196]考察了多个代理模型的集成，他们通过加权方法结合多个代理模型，以实现稳健的近似。研究还表明，代理模型的选择受到抽样设计的影响。Müller 和 Piché[197]研究了利用德姆斯特—沙弗理论结合不同代理模型的方法。Cozad 等人[198]开发了"自动学习代数模型优化"（ALAMO）框架，该框架使用一系列基函数库来处理受约束的非线性黑箱优化问题，识别出既精确又适合优化的最优代理模型形式。使用 Smolyak 网格和 Chebyshev 基函数训练多项式插值，用于箱式约束问题的黑箱优化[199]。Schweidtmann 和 Mitsos[200]研究了在简化空间中全局优化人工神经网络（ANN）代理模型。Nascimento 等人[201]使用 ANN 替代计算成本高的高保真模型，并用于缺乏明确数学形式的工业数据建模。他们在研究中使用网格搜索来优化得到的神经网络。神经网络代理模型的应用也扩展到多参数编程中，以发展最优的回退地平线政策[202, 203]。此外，ARGONAUT 算法通过在框架的多个阶段抽样、代理建模及进行全局优化，来处理受约束的灰箱优化问题[204-206]。

ARGONAUT 算法体现了"非一刀切"（one size does not fit all）的理念，包含了一个由插值（克里金和径向基函数）和非插值（线性、完全二次和符号多项式）形式组成的代理函数库。该算法通过检查交叉验证误差，为每个未知方程（目标函数和约束条件）单独选择最佳的代理模型。它还解决了参数估计问题的全局优化和已知信息下的最优受约束采样问题。ARGONAUT 算法在数据驱动优化文献中的应用不限于受约束的非线性优化问题。它还扩展到使用支持向量机（SVM）[207, 208]处理隐式约束，调整动态代理模型的未知参数[209]，以及解决多目标优化问题[210]。此外，原始算法被整合到一个名为 DOMINO[211, 212]的混合整数非线性双层优化框架中，以解决大规模的双层优化问题并保证可行性。第 5.4.1 和第 5.4.2 小节将进一步介绍 ARGONAUT 和 DOMINO 的算法细节，并针对多目标优化和混合整数非线性双层优化问题分别进行详细讨论。

在数据驱动优化的框架下，为处理混合整数公式，几种不同的基于模型的方法得以开发。Davis 和 Ierapetritou [213, 214] 使用基于克里金的方法来解决受噪声影响的混合整数非线性公式问题。其中整数的复杂性通过分支定界方法来处理，通过克里金模型获得非线性子问题的全局松弛，从而有效地将整数变量与替代建模问题分离。Holmström 等人 [215] 提出了一种自适应径向基函数（ARBF）方法，用于全局优化那些具有昂贵目标函数和约束条件的黑箱模型的混合整数问题。这种方法是对 Gutmann 方法 [185] 的扩展，在每次迭代过程中，通过多次全局优化一个功效函数，在不同的值域中确定最优解的目标值。

在其模型设定中，即便某些决策变量可能是整数，依然假设未知的目标函数是连续的，并在目标函数中加入一个惩罚项来处理计算成本高的约束。Costa 和 Nannicini [216] 提出了 RBFOpt 算法，用以解决有边界约束的混合整数黑箱问题。此算法与 Holmström 等人的 ARBF 方法 [215] 类似，同样假设即使部分决策变量为整数，目标函数仍保持连续。

Rashid 等人 [217] 运用自适应多二次径向基函数，采用多起点策略来进行受约束的混合整数非线性优化。SO-MI 算法 [218] 针对可能包含二进制和/或非二进制整数变量的混合整数非线性黑箱系统进行全局优化，使用径向基函数进行实现。该算法通过在连续空间内创建一个初始的对称拉丁超立方设计，并将其取整到最近的整数值以满足样本的整数性，从而实现整数变量的采样。此外，还有一种仅针对整数变量的算法扩展，称为 SO-I 算法 [219]。与 SO-MI 不同，SO-I 不需要在初始设计中指定一个可行点，该算法将自动进行优化阶段，以自动识别一个可行点。Müller [220] 再次扩展了 SO-MI 算法，提出了名为 MISO 的方法，该方法采用多种采样策略来采集点，并且新算法增加了一个局部搜索步骤，以识别高精确度的解决方案。最近，Regis [221] 引入了 CONDOR 算法，用于解决含有序数离散变量和多个黑箱不等式约束的黑箱问题的受约束优化。该算法采用径向基代理模型来近似目标和约束，通过在最优解的离散邻近区域内扰动变量来生成新的采样点。

尽管绝大多数算法从径向基函数的灵活性中获益，但 Kim 和 Boukouvala [222] 采用了独热编码来显式处理整数变量，并未放宽整数约束，同时他们还开发了包含混合变量的高斯过程和神经网络模型。此外，他们还研究了采样对解决方案性能的影响，并提出了解决混合整数黑箱问题最有效的采样策略。Thebelt 等人 [223] 开发了 ENTMOOT 框架，该框架利用带不确定性估计的树形模型进行黑箱优化。该框架应用混合整数编程重新构建树形模型以进行优化，并能够直接处理混合变量空间，而不需要对目标函数的连续性或不连续性做任何简化假设。同时，Ceccon 等人 [224] 开发了 OMLT 框架，将预训练的混合整数代理模型（形式为神经网络或梯度提升树）转换成 Pyomo 中的优化公式。最后，Bliek 等人[225]提出了混合变量 ReLU 基代理建模（MVRSM）算法，他们采用修正线性单元（ReLU）的线性组合来开发混合整数空间中的代理模型，同时在局部最优解处确保整数约束，无须进行任何数值舍入。对于对各种数据驱动的混合整数优化软件的计算性能分析感兴趣的读者，可以参阅 Ploskas 和 Sahinidis[226]发表的最新综述文章。此外，本章讨论的开源软件应用的简要总结如表 5-1 所示。

表 5-1　开源软件应用的简要总结

软件	方法	连续性	混合整数	一般约束	来源
ALAMO	全局	√	-	√	参考文献 [227]
ARBF	全局	√	√	√	参考文献 [228]
BOBYOA	局部	√	-	-	参考文献 [229，230]
COBALT	全局	√	-	√	参考文献 [231]
COBYLA	局部	√	-	√	参考文献 [229，230，232]
DIRECT	全局	√	-	√	参考文献 [230，232，233]
EGO	全局	√	-	-	参考文献 [228，234]
ENTMOOT	全局	√	√	√	参考文献 [235]
MISO	全局	√	√	-	参考文献 [236]
MVRSM	局部	√	√	-	参考文献 [237]
Nelder-Mead	局部	√	-	-	参考文献 [230，232]
NEWUOA	局部	√	-	-	参考文献 [229，230]
NOMAD	局部	√	√	√	参考文献 [238]
NOWPAC	局部	√	-	√	参考文献 [239]
PSO	全局	√	-	-	参考文献 [240]
PSwarm	全局	√	-	√①	参考文献 [241，242]
RBFSolye	全局	√	√	√	参考文献 [228]
UOBYQA	局部	√	-	-	参考文献 [229]

① 仅线性约束。

5.3　应用于大规模制造系统的数据驱动的优化算法

在工业领域，许多前文提到的数据驱动的优化算法被广泛应用于各种批量和连续的大规模制造过程的优化中。例如，空气分离或二氧化碳捕集的变压吸附系统（PSA）的优化就是一个常见的研究领域，其复杂性在于系统中包含多个时间和空间尺度的非线性代数偏微分方程，这些方程提出了独特的数学挑战。在此领域中，一些典型的数据驱动的优化算法包括信任域方法[243-246]、ARGONAUT 算法[204]、NOMAD 算法[247]以及基于二次曲面代理的优化方法[245]。此外，数据驱动优化技术也广泛应用于其他重要领域，如制药过程中常用的基于克里金的算法（如 EGO 及其变体[181, 248-250]）和粒子群优化（PSO）算法[251]。在石油生产优化和提高油气收率的系统中，数据驱动的优化同样扮演着关键角色，这些系统中采用了直接搜索方法[90, 252-255]和基于模型的算法[206, 256-258]。其他应用实例包括乙醇提纯的萃取蒸馏[182]、生物乙醇处理[259]、生物柴油生产[167]、加氢裂化优化[260]、蒸汽裂解优化[207]、蒸汽重整[261, 262]、空分单元[263, 264]以及生产调度优化[265]。这些应用展示了数据驱动的优化技术在解决复杂工业问题中的广泛适用性和有效性。

5.4 针对其他问题类别的扩展

虽然众多数据驱动的优化算法主要设计用于解决单目标问题，如公式（5-1）所示，但制造系统可能涉及多个相互竞争的目标（如最大化利润与最小化二氧化碳排放，或在反应系统中最大化选择性与最大化转化率），或需要协调相互关联的元素（如生产计划与调度）以提升生产效率和适应市场变化的灵活性。这些额外的考虑因素会影响整个决策制定过程，并且只有通过适当的数学表述方式，如多目标优划和多层次或双层次优划，才能得以准确捕捉。

这些特定类别的优化问题在数据驱动的优化框架中引入了进一步的算法挑战。在多目标优化的情境下，目标间的冲突使得不可能找到单一的最优解。因此，需要推导出一组同时优化多个目标的权衡最优解集。对于双层优化，即使是最简单的形式（如双层线性规划）也已被证明属于强 NP 难问题[266, 267]。这些挑战促使许多研究者发展出不同的数据驱动的优化技术，以应对那些非常符合现实决策过程的扩展类优化问题。

遗传和进化算法、模拟退火及其衍生算法一直处于解决制造系统多目标优化问题的应用前沿[268-275]。这些算法已成功应用在多个重要领域，如吸附系统[276-281]、低温空气分离装置[282]、蒸汽裂解过程[91, 283]以及碳纤维的生产过程[284]等的优化。最近，该领域的算法发展主要集中在辅助替代的混合进化算法上，其中传统的第一性原理模型被支持向量机（SVM）、人工神经网络（ANN）、克里金模型或径向基函数（RBF）等代理模型所替代，这样做可以在算法寻找最优解的同时，快速计算高精度的模型[91, 277-281, 284-286]。

在双层优化方面，大多数数据驱动的优化算法采用基于遗传或进化的解决策略[287]。早期的算法开发考虑了信任域方法，其中采用线性或二次近似来表示双层优化问题中的不同层级，并处理有限的约束数量[288, 289]。此外，还提出了适用于整数线性[290, 291]和混合整数非线性[292, 293]方案的遗传和进化算法。最近开发的 DOMINO 框架整合了基于模型的约束和基于搜索的数据驱动算法，确保双层混合整数非线性优化问题的可行性[211]。该框架能处理数百个变量和两个层次的一般性约束，适用于混合整数非线性的下层问题；然而，上层问题的复杂度限于非线性程序。DOMINO 已证明是解决具有多追随者下层的确定和随机综合生产计划与调度问题的有效算法，这些问题非常适用于批量制造系统[294, 295]。特别是在随机模型中，通过情景分析捕捉产品需求的不确定性，并为每个情景解决综合计划与调度问题，从而计算整个问题的总随机目标[295]。

虽然基于种群的算法因其在多种软件平台上的可用性和易于实现的特点而在数据驱动的优化领域占主导地位，但在选择用于解决扩展类优化问题的算法时，我们需要考虑几个重要因素，如计算时间和处理约束的能力。由于基于种群的算法具有随机性，通常需要成千上万的样本才能收敛，这在涉及成本高昂的模拟的问题中可能成为一个限制因素，即使利用了并行计算技术。这类算法最大的优势是在多目标优化问题中，它们能够立即且同时处理多个目标，无须进行任何离散化或重构。然而，随着目标数量的增加，基于种群的算法的计算成本将呈指数级增加[296]。此外，处理约束的能力在所有问题形式中都非常重要，但在双层优化问题中尤其关键。在双层优化程序中，下层问题的最优解被视为上层问题的一个约束，这意味着下层问题需要达到全局最优才能得到整个双层问题的可行解。然而，基于种群的算法无法保证这类问题的最优性和可行性。另一方面，基于模型的算法通过使用代理模型显式地对每个约束进行表示，并能在较低的样本需求下保证解的可行性。但是，随着约束数量的增加，需要训练、验证和测试的代理模型数量也会增加，如果没有对底层公式的先验洞察，选择合适的代理模型可能在计算上面临挑战。

在接下来的章节中，我们将展示如何使用一种基于模型的、全局约束的数据驱动的优化算法，即 ARGONAUT 框架，来解决具有挑战性示例的确定性多目标和双层优化问题。关于这些方法在处理大规模问题方面的应用可以在相应的出版物中找到详细说明。

5.4.1 带 ϵ 约束的数据驱动多目标优化

在本小节中，我们将简要介绍使用 ϵ 约束重构技术和基于 Beykal 等人[210]早期工作的 ARGONAUT 算法进行多目标优化的方法。作为案例分析，我们选用了 Binh 和 Korn[297]提出的测试示例 1 基准问题，具体如下：

$$\min_{x_1,x_2} U \begin{cases} f_1 = (x_1-2)^2 + (x_2-1)^2 + 2 \\ f_2 = 9x_1 - (x_2-1)^2 \end{cases}$$
$$s.t.\ x_1^2 + x_2^2 - 225 \leq 0$$
$$x_1 - 3x_2 + 10 \leq 0$$
$$x_1, x_2 \in [-20, 20]$$

(5-3)

为了应用 ARGONAUT 算法解决此问题，我们将方程（5-3）重构为一系列单目标优化问题，采用 ϵ 约束方法[210, 298]。在此方法中，一个（或在具有超过两个目标函数的系统中，可能是多个）目标被转移到约束集中，并作为一个不等式约束，其值小于或等于 ϵ。

在本示例中，我们将目标函数 f_2 移至约束集，并将多目标优化问题简化为以下单目标优化问题：

$$\min_{x_1,x_2} f_1 = (x_1-2)^2 + (x_2-1)^2 + 2$$
$$s.t.\ g_1 : 9x_1 - (x_2-1)^2 - \epsilon \leq 0$$
$$g_2 : x_1^2 + x_2^2 - 225 \leq 0 \tag{5-4}$$
$$g_3 : x_1 - 3x_2 + 10 \leq 0$$
$$x_1, x_2 \in [-20, 20],\ \epsilon \in [\epsilon^L, \epsilon^U]$$

ϵ 的值设定为 f_2 的一个上界，这个上界可以用来离散化目标空间，在每个离散点通过解方程（5-4）来映射帕累托前沿。ϵ 参数的上下界是通过单独将 f_1 和 f_2 作为单目标问题进行最小化来确定的。为了获得 ϵ 的下界，需要解决以下优化问题：

$$\min_{x_1,x_2} f_2 = 9x_1 - (x_2-1)^2$$
$$s.t.\ x_1^2 + x_2^2 - 225 \leq 0 \tag{5-5}$$
$$x_1 - 3x_2 + 10 \leq 0$$
$$x_1, x_2 \in [-20, 20]$$

方程（5-5）的最优解是 $x_1^* = -4.841\ 0$，$x_2^* = 14.197\ 4$。在此解的情况下，函数 f_2 达到了其最小可能值 $-217.739\ 0$，这个值也是 ϵ 的下界。

相反，为了获取 ϵ 的上界，我们解方程（5-6）得到的最优解是 $x_1^* = 1.1$，$x_2^* = 3.7$。

$$\min_{x_1,x_2} f_1 = (x_1-2)^2 + (x_2-1)^2 + 2$$
$$s.t.\ x_1^2 + x_2^2 - 225 \leq 0 \tag{5-6}$$
$$x_1 - 3x_2 + 10 \leq 0$$
$$x_1, x_2 \in [-20, 20]$$

因为这两个目标之间存在竞争关系，第一个目标函数的最小值将引导 f_2 达到其最大值，因为增加 f_2 的值超过这个最大值不会影响 f_1。因此，通过在此解的基础上计算第二个目标函数，我们得到 ϵ 的上界为：$\epsilon^U = 9(1.1) - (3.7-1)^2 = 2.61$。

确定了上下界之后，我们创建了 30 个具有不同 ϵ 值的离散点，并在这 30 个子问题上解方程（5-4）。需要指出的是，虽然可以选择更多的离散点，但这会增加需要解决的子问题总数，以便生成帕累托前沿。此外，目标数量的增加会显著增加需要处理的子问题数量，因为探索目标空间中额外维度需要更多的离散点。这是 ϵ 约束方法的一个主要缺点。

为了利用 ARGONAUT 算法进行多目标优化，我们假设子问题的目标函数和约束表达式未知。为了演示目的，我们选择了 $\epsilon = 2.61$ 的第一个离散点，并遵循下述分步过程。

步骤1：在变量范围内创建拉丁超立方设计

ARGONAUT算法利用最大最小间距法创建拉丁超立方设计，以最大化采样点之间的最小距离。初始设计依据Beykal等人提出的规则[211]，对于决策变量少于三个的灰箱问题（$k≤2$），采集$40k+1$个样本；对于$3≤k≤20$的问题，采集$10k+1$个样本；对于$k>20$的问题，采集251个样本。由于示例问题的维度$k=2$，采用第一条规则，在决策变量空间内确定了总共81个初始采样点（见图5-4）。

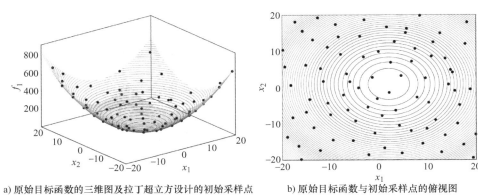

a) 原始目标函数的三维图及拉丁超立方设计的初始采样点　　b) 原始目标函数与初始采样点的俯视图

图5-4　创建拉丁超立方设计

步骤2：收集用于建立代理模型的输出数据

每个采样点在模拟文件中执行，获取目标函数的输出值以及x_1和x_2对的约束违反情况。模拟文件仅用于计算输出值，不进行任何优化，因为我们假设功能形态未知。这些输入-输出数据被用来解决参数估计问题，从而对未知函数进行全局最优的替代建模。如表5-2所示为输入-输出数据的示例。

表5-2　输入-输出数据示例

x_1	x_2	f_1	g_1	g_2	g_3
15.116	4.207	123.145	21.193	12.493	184.314
5.471	15.100	−152.186	32.949	−29.830	212.865
−6.041	1.632	−57.378	−185.843	−0.938	67.057
−8.360	13.955	−245.680	39.629	−40.225	277.159
0.599	−7.718	−73.217	−165.080	33.752	79.960

注：输入-输出数据的前五行，用于优化方程（5-4）中重构的多目标优化问题。

步骤3：交叉验证的代理模型识别与参数估计

在代理模型建模阶段，输入-输出数据经过缩放处理，并随机分割为90%的训练集和10%的测试集，通过5折交叉验证解决参数估计问题，以达到全局最优。以本示例为例，ARGONAUT识别了表5-3中列出的具有最小预测误差的代理模型。

表 5-3 从 ARGONAUT 的第一次迭代中得到的代理模型结果

适配的代理模型	CVRMSE（交叉验证均方根误差）
目标　$\hat{f}_1 = 1.788 - 2.711x_1 - 2.606x_2 + 2.087x_1^2 + 2.084x_2^2$	2.41×10^{-9}
约束 #1　$\hat{g}_1 : -0.236 + 0.479x_1 + 2.639x_2 - 2.11x_1^2 \leq 0.8796$	5.41×10^{-10}
约束 #2　$\hat{g}_2 : 1.613 - 2.538x_1 - 2.537x_2 + 2.117x_1^2 + 2.114x_2^2 \leq 0.3942$	9.04×10^{-9}
约束 #3　$\hat{g}_3 : 0.8996 + 0.266x_1 - 0.798x_2 \leq 0.5132$	2.96×10^{-10}

步骤 4：解决灰箱优化问题

表 5-3 中识别的代理模型现可用于构建灰箱优化问题。重要的是要注意，这里呈现的代理模型是使用缩放变量构建的。因此，每个函数及其约束的右侧可以进行反缩放，以便切换回原始的决策空间。这个转换回原始决策空间后的灰箱优化问题在方程（5-7）中给出，通过仅使用输入–输出数据，可以恢复方程（5-4）中提供的原始方程组。

$$\begin{aligned}
\min_{x_1, x_2} f_1 &= x_1^2 - 4x_1 + x_2^2 - 2x_2 + 7 \\
s.t.\ & 9x_1 - x_2^2 + 2x_2 - 3.61 \leq 0 \\
& x_1^2 + x_2^2 - 225 \leq 0 \\
& x_1 - 3x_2 + 10 \leq 0 \\
& x_1, x_2 \in [-20, 20]
\end{aligned} \quad (5\text{-}7)$$

接下来，该优化问题（或其缩放版本）解决至多个局部最优解和一个全局最优解，且这些独特的最优解成为下一迭代的新采样点。在每次迭代中，随着新样本的加入，代理模型进行调整，并且重复解决灰箱公式直至满足收敛标准。一旦在决策变量的初始边界内实现收敛，一个阶段便完成了，此后 ARGONAUT 将进入基于聚类的边界细化阶段。关于 ARGONAUT 的收敛标准，读者可参考 Boukouvala 和 Floudas[205] 的相关指导。

步骤 5：通过层次聚类进行边界细化

利用层次聚类中的全连接方法对可行数据点进行聚类，目的是在当前搜索空间中识别出最具潜力的区域（见图 5-5）。以示例为例，我们识别出五个聚类，并在最具潜力的聚类（即目标函数值最优的聚类）周围紧缩变量边界。在这一新设定的边界区域内，ARGONAUT 重复执行采样、代理模型构建和全局优化的步骤。当再次达到收敛时，ARGONAUT 的第二阶段结束，并报告最终解决方案。这个结果与确定性解完全一致，因此，我们可以看到通过 ARGONAUT 的数据驱动的优化能够达到与 Boukouvala 和 Floudas[205] 提出的详细基准测试一致的全局解。

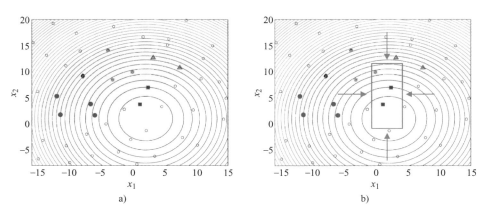

图 5-5 聚类可行数据点。

注：在边界精细化过程中，a）聚类可行数据点（展示为不同形状），其中最优的聚类以方形显示。空心圆代表根据模型化的约束条件不可行的采样点。图 5-5a 的阴影区域表示由拟合的代理模型定义的可行区域。图 5-5b 为围绕最佳聚类紧缩边界。

步骤 6：最终解决方案及帕累托前沿

ARGONAUT 为激励子问题报告了全局最优解，即它具有最小的目标函数值。

为了生成完整的帕累托前沿，我们对由变化的 ϵ 值定义的每一个子问题重复步骤 1 至 6。在图 5-6 中报告了 30 个离散点上的最终帕累托解集。在 5.4.2 小节，我们将介绍 DOMINO 算法，该算法针对的是混合整数非线性双层优化问题，这是另一类优化问题。

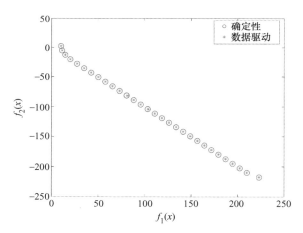

图 5-6 对于激励多目标示例的帕累托解，数据驱动的解与确定性解重叠，展示了此方法的效果。

5.4.2 基于 DOMINO 的数据驱动混合整数非线性双层优化

正如 5.4.1 小节关于多目标优化的介绍，数据驱动的优化算法能够适用于多种类型、不同维度和复杂度的优化问题。在本小节中，我们将展示数据驱动的优化算法在解决数学规划中极具挑战性的一类问题——双层优化问题时的应用。这一研究依托于 Beykal 等人[211] 和 Avraamidou 等人[212] 的先前工作。

双层优化问题是一种层次化的程序，用于模拟存在多个决策者时的决策制定过程，其中一个优化问题由其他优化问题进行约束。例如，在方程（5-8）中展示的这种层次结构中，上层问题涉及连续变量 x 的决策，并受到不等式 $G(x, y)$ 的约束。此问题还受制于另一个优化问题——下层问题的约束。下层问题涵盖了连续和整数决策变量 y，并带有不等式约束 $g(x, y)$ 及等式约束 $h(y)$。

$$
\begin{aligned}
&\min_{x} \quad F(\boldsymbol{x}, \boldsymbol{y}) \\
&\text{s.t.} \quad \boldsymbol{G}(\boldsymbol{x}, \boldsymbol{y}) \leq \boldsymbol{0} \\
&\quad\quad \boldsymbol{y} \in \arg\min_{y}\{f(\boldsymbol{x}, \boldsymbol{y}) : \boldsymbol{g}(\boldsymbol{x}, \boldsymbol{y}) \leq \boldsymbol{0}, \boldsymbol{h}(\boldsymbol{y}) = \boldsymbol{0}\} \\
&\quad\quad [x_1, \cdots, x_c] \in \mathbb{R}^c \\
&\quad\quad [y_1, \cdots, y_k] \in \mathbb{R}^k, [y_{k+1}, \cdots, y_i] \in \mathbb{Z}^{i-k}
\end{aligned} \quad (5\text{-}8)
$$

在这一部分，我们将使用 DOMINO 来解决一个形式如方程（5-8）所示的双层优化问题。DOMINO 是一个数据驱动的优化框架，它利用智能采样方法将双层优化问题简化为单层问题，并解决相应的数据驱动优化问题，确保其可行性[211, 212]。DOMINO 框架的灵活性允许在其结构内集成不同的数据驱动优化求解器。因此，我们选用了 ARGONAUT 作为我们的数据驱动优化求解器，并通过引用 Sahin 和 Ciric[299] 的示例来演示 DOMINO–ARGONAUT 的算法步骤。

- 步骤 1：为上层决策变量创建拉丁超立方设计

$$
\begin{aligned}
\min_{x_1, x_2} \quad & (0.4x_1^2 x_2 - 4x_2^2) y_1 y_2 - (-x_2^3 + 3x_1^2 x_2)(1 - y_1) y_2 - (2x_2^2 - x_1)(1 - y_2) \\
\text{s.t.} \quad & \min_{y_1, y_2} \quad -(x_1^2 x_2^2 + 8x_2^3 - 14x_1^2 - 5x_1) y_1 y_2 - (-x_1 x_2^2 + 5x_1 x_2 + 4x_2)(1 - y_1) y_2 \\
& \qquad\qquad + 8x_1 y_1 (1 - y_2) \\
& \text{s.t.} \quad 1 - y_1 - y_2 \leq 0 \\
& \boldsymbol{x} \in [0, 10]^2, \boldsymbol{y} \in \{0, 1\}
\end{aligned} \quad (5\text{-}9)
$$

该示例 [方程（5-9）] 是一个非线性规划（NLP），上层包含两个受限的连续决策变量，下层包含两个二进制变量，并在下层问题中设置了一个约束条件。

框架的首步是仅在上层决策变量空间内创建一个初始采样设计。根据所采用的数据驱动优化器类型，可能不需要初始采样设计，一个初始起点即可启动算法。在这种情况下，DOMINO 利用 ARGONAUT 的算法能力，按照第 5.4.1 小节介绍的经验法则，创建了一个包含 81 个样本的最大最小拉丁超立方采样设计（参见图 5-7）。

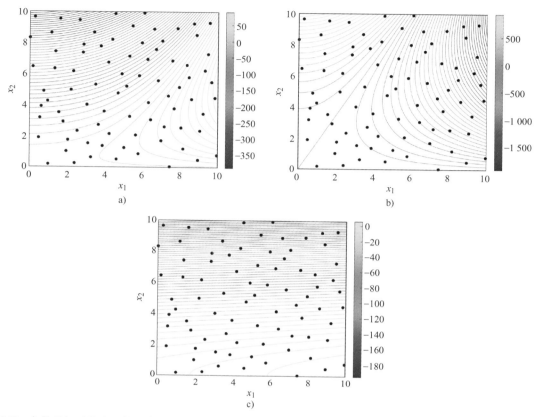

图 5-7　上层目标函数在下层决策变量不同组合下的变化情况。

注：图 5-7a $y_1=1$，$y_2=1$；图 5-7b $y_1=0$，$y_2=1$；图 5-7c $y_1=0$，$y_2=0$ 或 $y_1=1$，$y_2=0$。这些点标示了为示例中上层决策变量生成的拉丁超立方采样设计。

- 步骤 2：在每个采样点求解下级问题，确保达到确定性全局最优

完成初始设计后，下一步是收集用于代理模型的相应输出信息。这一步骤并不像在多目标优化示例中那样直接。正如方程（5-9）所示，上层和下层的变量都出现在各自的目标函数中。由于下层变量没有进行采样，我们需要获取这些信息才能收集任何输出数据。为了实现这一点，采样设计中每一组 x_1 和 x_2 的值都被用作下层问题的输入，随后使用确定性全局优化求解器解决由此产生的单层优化问题，从而达到全局最优。为展示这一流程，让我们观察从第一步获取的第一个样本，即 $x_1=2.835$ 和 $x_2=7.353$（见表 5-4）。这些数值在下层被固定，形成了以下的优化问题：

$$\min_{y_1,y_2} \quad 19.638 y_2 - 22.68 y_1 - 3\,485.222 y_1 y_2$$
$$\text{s.t.} \quad 1 - y_1 - y_2 \leq 0$$
$$\boldsymbol{y} \in \{0,1\} \tag{5-10}$$

表 5-4　在求解方程（5-9）中的双层优化问题过程中收集的前五行输入输出数据

x_1	x_2	目标函数值（obj）
2.835	7.353	−192.608
0.967	4.259	−70.955
6.715	7.572	−92.792
3.881	1.374	0.106
9.322	6.216	61.499

通过固定 x_1 和 x_2 的值，优化问题简化为一个单层问题，其中 y_1 和 y_2 成为唯一的决策变量。现在，方程（5-10）中的优化问题可以使用合适的确定性全局优化器来求解，以找到最优解 $y_1^*=1$ 和 $y_2^*=1$。

- 步骤 3：收集代理建模所需的输出数据

首先，通过将 $x_1=2.835$、$x_2=7.353$ 以及 $y_1^*=1$、$y_2^*=1$ 的值代入，计算上层目标函数的值，得到 $obj=-192.608$。对于已给定的输入样本点集，现在开始提取相应的输出信息。为了构建完整的输入 - 输出数据集，需要遵循此过程评估所有样本，并收集它们的输出信息（见表 5-4）。需要注意的是，在这个示例中，输出信息仅包含上层目标函数的值。然而，在 DOMINO 中，任何至少包含一个上层变量的约束都被视为灰箱约束，将按照上述方法收集其输出信息。在这个示例中，下层存在的唯一约束不包含上层决策变量，因此，当下层问题被求解至全局最优时，该约束会被自动处理，其违规情况不会作为数据驱动优化的输出信息被提取。

- 步骤 4：利用 ARGONAUT 进行交叉验证的代理模型识别与参数估计

在 DOMINO 框架中，得益于 ARGONAUT 算法的能力，输入 - 输出数据被送入交叉验证的参数估计步骤，用以构建未知目标函数的代理模型。此过程遵循第 5.4.1 小节步骤 3 的详细过程，创建一个精度极高的代理模型。在本优化示例中，第一轮迭代选用的是径向基函数。当将其与 ARGONAUT 库中其他可用的代理模型比较时，我们发现线性代理模型的交叉验证均方根误差（CVRMSE）为 0.11，二次代理模型的 CVRMSE 为 0.034，克里金代理模型的 CVRMSE 为 0.026。然而，经过拟合的径向基代理模型的 CVRMSE 为 0.007，这是所有模型中最低的。因此，ARGONAUT 选择带有薄板样条基的径向基函数来表示未知目标函数。需要指出的是，代理模型的选择可能会在算法的不同迭代过程中发生变化。随着更多样本的收集，数据集中的底层模式更加明显，可能会有其他代理模型以更高的准确度代表数据集。在本优化示例中，我们观察到在前两次迭代中选择了径向基函数，而在最终迭代中选择了二次代理模型，其 CVRMSE 为 0.002，并在未缩放空间中呈现以下函数形式：

$$\hat{obj} = 3.452x_1^2 - 3.950x_2^2 + 1.921x_1x_2 - 16.603x_1 - 2.376x_2 + 16.804 \quad (5-11)$$

- 步骤 5：解决灰箱优化问题及数据驱动算法的收敛

已构建的代理模型被嵌入到灰箱优化问题中，目的是发现新的采样点，这些点将被用于最小化原始优化问题。需要注意的是，此优化问题是一个单层问题，它利用了原始优化问题的双层信息来构建。通过解决此问题，找到多个局部最优解以及全局最优解，从而作为新的采样点获得独特的解决方案，并且按照第 5.4.1 小节中概述的 ARGONAUT 算法步骤来找到数据驱动系统的最优解。在 ARGONAUT 算法迭代结束时，报告称双层优化示例中的 $x_1^* = 0$，$x_2^* = 10$ 的目标函数值（obj）达到了 -400 的最优解。

- 步骤 6：检查灰箱约束的违规情况

当数据驱动优化器恢复系统的最优解后，DOMINO 将进行两次检查以确保解的可行性。首先检查确保数据驱动的优化算法收敛至一个可行解。如果违反了任何灰箱约束，则认为解不可行，此时 DOMINO 将重新启动，并采用新的采样设计。在我们的双层优化示例中，不存在需要处理的灰箱约束，因此最终解对于简化的单层数据驱动的优化问题是可行的。

- 步骤 7：检查下层问题的最优性状态

尽管满足了灰箱约束，如果最终报告的解在下层优化问题中不是全局最优的，则整个双层优化问题仍可能是不可行的。为确保双层问题的可行性，将上层问题的最优解 x_1^* 和 x_2^* 固定在下层，并查询问题的最优性状态。在示例中，最终报告的解 $x_1^* = 0$，$x_2^* = 10$，$y_1^* = 1$，$y_2^* = 1$ 在下层是全局最优的，并且在上层也是可行的，这意味着此解决方案对于整个双层优化问题来说是保证可行的。同时，与已知的全局解[300]进行比较，我们发现误差为 0%，全局最优解被 DOMINO 正确识别。这表明 DOMINO 能够准确地为双层优化问题提供保证可行、最优或接近最优的解决方案。此外，值得注意的是，DOMINO 的算法功能不限于 NLP-INLP 公式。Beykal 等人[211]曾经展示，DOMINO 可用于处理 LP-LP、LP-QP、LP-NLP、QP-QP、QP-NLP、NLP-QP、NLP-NLP、LP-ILP、LP-MILP、LP-MIQP、QP-MILP、QP-IQP、QP-MIQP、NLP-MILP、NLP-MIQP 等多种问题类型。

5.5 备注

- 数据驱动优化是科学、工程和应用数学中的一个新兴领域，在这个领域中，多年来不断涌现出许多算法进展。
- 至今为止的算法进步涵盖了无约束、有界约束和一般约束的线性、混合整数线性、二次以及非线性优化问题。
- 近期数据驱动优化的趋势表明，当前的算法进展主要集中在使用基于模型的方法处理约束混合整数非线性规划问题。

- 为了解决高维度和特定类别的问题，如多目标优化和双层优化，数据驱动框架得以开发。
- 更为复杂的代理模型，包括人工神经网络（ANN）和集成模型，因其灵活性以及处理混合变量信息的能力，已成为数据驱动优化框架的一部分。
- 在基于模型的方法中，如何精确选择和构建不连续空间中的代理模型，以及如何处理未知函数的不连续性，这些问题尚未得到解决。
- 数据驱动优化面临的其他开放性问题包括处理高维问题（维度从50至200个变量或更多）、处理随机和动态优化问题，以及处理代理模型参数的不确定性。
- 数据驱动优化在多尺度系统中的作用尚未得以完全探究。尤其重要的是，利用代理建模技术跨越不同时间与空间尺度的隔阂。
- 数据驱动的优化算法未来的发展方向将专注于混合建模应用，并着力解决如何构建同时包含显式已知组件和纯数据形式组件的模型这一基本问题。

5.6 结论

数据驱动优化在智能制造中的应用正日益增强，用于优化计算代价高昂的数字孪生技术。随着制造系统通过结合第一性原理表达和无方程数据逐渐走向混合化，数学优化面临挑战，因为缺乏显式的形式表达。数据驱动优化作为传统优化实践的替代方案，通过开发利用数据探索给定问题最佳解决方案的高效算法而显现出其独特优势。数据驱动优化采用了多种算法方法，包括基于样本的直接搜索算法、平衡探索与开发的混合技术，以及依赖代理模型的模型基方法。这些技术可以处理无约束、有界约束或常规约束的问题，适用于连续、非线性和/或混合整数的问题表述，在局部或全局优化的环境中均有应用。数据驱动的优化算法的发展不限于单层次或单目标优化问题。最新进展显示，数据驱动优化还可以处理其他类型的问题，如多目标优化和双层优化。

参考文献

[1] M. Liu, S. Fang, H. Dong, C. Xu, Review of digital twin about concepts, technologies, and industrial applications, J. Manuf. Syst. 58 (2021) 346–361.

[2] L.M. Rios, N.V. Sahinidis, Derivative-free optimization: a review of algorithms and comparison of software implementations, J. Global Optim. 56 (3) (2013) 1247–1293.

[3] F. Boukouvala, R. Misener, C.A. Floudas, Global optimization advances in mixed-integer nonlinear programming, MINLP, and constrained derivative-free optimization, CDFO, Eur. J. Oper. Res. 252 (3) (2016) 701–727.

[4] A. Bhosekar, M. Ierapetritou, Advances in surrogate based modeling, feasibility analysis, and optimization: a review, Comput. Chem. Eng. 108 (2018) 250–267.

[5] A.R. Conn, K. Scheinberg, L.N. Vicente, Introduction to Derivative-Free Optimization, SIAM, 2009.
[6] C. Audet, W. Hare, Derivative-Free and Blackbox Optimization, Springer, 2017.
[7] M.J. Powell, Direct search algorithms for optimization calculations, Acta Numer. 7 (1998) 287–336.
[8] R.M. Lewis, V. Torczon, M.W. Trosset, Direct search methods: then and now, J. Comput. Appl. Math. 124 (1-2) (2000) 191–207.
[9] T.G. Kolda, R.M. Lewis, V. Torczon, Optimization by direct search: new perspectives on some classical and modern methods, SIAM Rev. 45 (3) (2003) 385–482.
[10] N.V. Queipo, R.T. Haftka, W. Shyy, T. Goel, R. Vaidyanathan, P.K. Tucker, Surrogate-based analysis and optimization, Prog. Aerosp. Sci. 41 (1) (2005) 1–28.
[11] A.I. Forrester, A.J. Keane, Recent advances in surrogate-based optimization, Prog. Aerosp. Sci. 45 (1-3) (2009) 50–79.
[12] S. Koziel, D.E. Ciaurri, L. Leifsson, Surrogate-based methods, Computational Optimization, Methods and Algorithms, Springer, 2011, pp. 33–59.
[13] K.K. Vu, C. d'Ambrosio, Y. Hamadi, L. Liberti, Surrogate-based methods for black-box optimization, Int. Trans. Oper. Res. 24 (3) (2017) 393–424.
[14] J. Larson, M. Menickelly, S.M. Wild, Derivative-free optimization methods, Acta Numer. 28 (2019) 287–404.
[15] K. McBride, K. Sundmacher, Overview of surrogate modeling in chemical process engineering, Chem. Ing. Tech. 91 (3) (2019) 228–239.
[16] M. Xi, W. Sun, J. Chen, Survey of derivative-free optimization, Numer. Algebra Control Optim 10 (4) (2020) 537.
[17] J.A. Nelder, R. Mead, A simplex method for function minimization, Comput. J. 7 (4) (1965) 308–313.
[18] W. Spendley, G.R. Hext, F.R. Himsworth, Sequential application of simplex designs in optimisation and evolutionary operation, Technometrics 4 (4) (1962) 441–461.
[19] K.I. McKinnon, Convergence of the Nelder–Mead simplex method to a nonstationary point, SIAM J. Optim. 9 (1) (1998) 148–158.
[20] J.C. Lagarias, J.A. Reeds, M.H. Wright, P.E. Wright, Convergence properties of the Nelder–Mead simplex method in low dimensions, SIAM J. Optim. 9 (1) (1998) 112–147.
[21] P.C. Wang, T.E. Shoup, Parameter sensitivity study of the Nelder–Mead simplex method, Adv. Eng. Software 42 (7) (2011) 529–533.
[22] P. Tseng, Fortified-descent simplicial search method: a general approach, SIAM J. Optim. 10 (1) (1999) 269–288.
[23] R.R. Barton, J.S. Ivey Jr, Modifications of the Nelder-Mead Simplex Method for Stochastic Simulation Response Optimization, Tech. Rep., Institute of Electrical and Electronics Engineers (IEEE), 1991.
[24] J.J. Tomick, S.F. Arnold, R.R. Barton, Sample size selection for improved Nelder-Mead performance, in: Winter Simulation Conference Proceedings, 1995, IEEE, 1995, pp. 341–345.
[25] J.J. Tomick, On Convergence of the Nelder-Mead Simplex Algorithm for Unconstrained Stochastic Optimization, Tech. Rep., Air Force Inst of Tech Wright-Patterson Afb OH, 1995.

[26] R.R. Barton, J.S. Ivey Jr, Nelder-Mead simplex modifications for simulation optimization, Manag. Sci. 42 (7) (1996) 954–973.

[27] K.-H. Chang, Stochastic Nelder–Mead simplex method: a new globally convergent direct search method for simulation optimization, Eur. J. Oper. Res. 220 (3) (2012) 684–694.

[28] A. Moraglio, C.G. Johnson, Geometric generalization of the Nelder-Mead algorithm, in: European Conference on Evolutionary Computation in Combinatorial Optimization, Springer, 2010, pp. 190–201.

[29] E. Brea, An extension of Nelder-Mead method to nonlinear mixed-integer optimization problems, Rev. Int. Métodos Numér. Cálc. Diseño Ing. 29 (3) 163–174.

[30] D. Lee, M. Wiswall, A parallel implementation of the simplex function minimization routine, Comput. Econ. 30 (2) (2007) 171–187.

[31] K. Klein, J. Neira, Nelder-Mead simplex optimization routine for large-scale problems: a distributed memory implementation, Comput. Econ. 43 (4) (2014) 447–461.

[32] M.A. Luersen, R. Le Riche, Globalized Nelder–Mead method for engineering optimization, Comput. Struct. 82 (23-26) (2004) 2251–2260.

[33] M.A. Luersen, R. Le Riche, F. Guyon, A constrained, globalized, and bounded Nelder–Mead method for engineering optimization, Struct. Multidiscip. Optim. 27 (1-2) (2004) 43–54.

[34] S. Singer, S. Singer, Complexity analysis of Nelder-Mead search iterations, in: Proceedings of the Conference on Applied Mathematics and Computation, 1999, pp. 185–196.

[35] S. Wessing, Proper initialization is crucial for the Nelder–Mead simplex search, Optim. Lett. 13 (4) (2019) 847–856.

[36] L. Han, M. Neumann, Effect of dimensionality on the Nelder–Mead simplex method, Optim. Methods Softw. 21 (1) (2006) 1–16.

[37] F. Gao, L. Han, Implementing the Nelder-Mead simplex algorithm with adaptive parameters, Comput. Optim. Appl. 51 (1) (2012) 259–277.

[38] I. Fajfar, Á. Bürmen, J. Puhan, The Nelder–Mead simplex algorithm with perturbed centroid for high-dimensional function optimization, Optim. Lett. 13 (5) (2019) 1011–1025.

[39] C.T. Kelley, Detection and remediation of stagnation in the Nelder–Mead algorithm using a sufficient decrease condition, SIAM J. Optim. 10 (1) (1999) 43–55.

[40] C.J. Price, I.D. Coope, D. Byatt, A convergent variant of the Nelder–Mead algorithm, J. Optim. Theory Appl. 113 (1) (2002) 5–19.

[41] L. Nazareth, P. Tseng, Gilding the lily: a variant of the Nelder-Mead algorithm based on golden-section search, Comput. Optim. Appl. 22 (1) (2002) 133–144.

[42] Á. Bürmen, J. Puhan, T. Tuma, Grid restrained Nelder-Mead algorithm, Comput. Optim. Appl. 34 (3) (2006) 359–375.

[43] Á. Bürmen, T. Tuma, Unconstrained derivative-free optimization by successive approximation, J. Comput. Appl. Math. 223 (1) (2009) 62–74.

[44] L. Lócsi, A hyperbolic variant of the Nelder-Mead simplex method in low dimensions, Acta Univ. Sapient. Math. 5 (2) (2013) 169–183.

[45] V. Mehta, Improved Nelder–Mead algorithm in high dimensions with adaptive parameters based on Chebyshev spacing points, Eng. Optim. 52 (10) (2020) 1814–1828.

[46] R. Hooke, T.A. Jeeves, "Direct search" solution of numerical and statistical problems, J. ACM (JACM) 8 (2) (1961) 212–229.
[47] W.H. Swann, Direct search methods, in numerical methods for unconstrained optimization, W. Murray, Ed., Academic Press, London, New York, 1972, pp. 13–28.
[48] J.E. Dennis Jr, V. Torczon, Direct search methods on parallel machines, SIAM J. Optim. 1 (4) (1991) 448–474.
[49] V. Torczon, On the convergence of pattern search algorithms, SIAM J. Optim. 7 (1) (1997) 1–25.
[50] M.A. Abramson, Pattern Search Algorithms for Mixed Variable General Constrained Optimization Problems, Rice University, 2003.
[51] R.M. Lewis, V. Torczon, Rank ordering and positive bases in pattern search algorithms., Tech. Rep., Institute for Computer Applications in Science and Engineering Hampton VA, 1996.
[52] C. Bogani, M.G. Gasparo, A. Papini, Pattern search method for discrete L1–approximation, J. Optim. Theory Appl. 134 (1) (2007) 47–59.
[53] C. Bogani, M. Gasparo, A. Papini, Generalized pattern search methods for a class of nonsmooth optimization problems with structure, J. Comput. Appl. Math. 229 (1) (2009) 283–293.
[54] R.M. Lewis, V. Torczon, Pattern search algorithms for bound constrained minimization, SIAM J. Optim. 9 (4) (1999) 1082–1099.
[55] R.M. Lewis, V. Torczon, Pattern search methods for linearly constrained minimization, SIAM J. Optim. 10 (3) (2000) 917–941.
[56] R.M. Lewis, V. Torczon, A globally convergent augmented Lagrangian pattern search algorithm for optimization with general constraints and simple bounds, SIAM J. Optim. 12 (4) (2002) 1075–1089.
[57] C. Audet, J.E. Dennis Jr, A pattern search filter method for nonlinear programming without derivatives, SIAM J. Optim. 14 (4) (2004) 980–1010.
[58] C. Audet, J.E. Dennis Jr, Analysis of generalized pattern searches, SIAM J. Optim. 13 (3) (2002) 889–903.
[59] C. Audet, Convergence results for generalized pattern search algorithms are tight, Optim. Eng. 5 (2) (2004) 101–122.
[60] M.A. Abramson, C. Audet, J.E. Dennis, Generalized pattern searches with derivative information, Math. Program. 100 (1) (2004) 3–25.
[61] I.D. Coope, C.J. Price, A direct search conjugate directions algorithm for unconstrained minimization, ANZIAM J. 42 (2000) C478–C498.
[62] I.D. Coope, C.J. Price, On the convergence of grid-based methods for unconstrained optimization, SIAM J. Optim. 11 (4) (2001) 859–869.
[63] U.M. García-Palomares, J.F. Rodríguez, New sequential and parallel derivative-free algorithms for unconstrained minimization, SIAM J. Optim. 13 (1) (2002) 79–96.
[64] S. Lucidi, M. Sciandrone, On the global convergence of derivative-free methods for unconstrained optimization, SIAM J. Optim. 13 (1) (2002) 97–116.
[65] C. Bogani, M.G. Gasparo, A. Papini, Generating set search methods for piecewise smooth problems, SIAM J. Optim. 20 (1) (2009) 321–335.
[66] T.G. Kolda, R.M. Lewis, V. Torczon, Stationarity results for generating set search for linearly constrained optimization, SIAM J. Optim. 17 (4) (2007) 943–968.

[67] R.M. Lewis, A. Shepherd, V. Torczon, Implementing generating set search methods for linearly constrained minimization, SIAM J. Sci. Comput. 29 (6) (2007) 2507–2530.

[68] J.D. Griffin, T.G. Kolda, R.M. Lewis, Asynchronous parallel generating set search for linearly constrained optimization, SIAM J. Sci. Comput. 30 (4) (2008) 1892–1924.

[69] M.A. Abramson, L. Frimannslund, T. Steihaug, A subclass of generating set search with convergence to second-order stationary points, Optim. Methods Softw. 29 (5) (2014) 900–918.

[70] T.G. Kolda, R.M. Lewis, V. Torczon, et al., A Generating Set Direct Search Augmented Lagrangian Algorithm for Optimization With a Combination of General and Linear Constraints, Tech. Rep., Technical Report SAND2006-5315, Sandia National Laboratories (2006).

[71] C. Audet, J.E. Dennis Jr, Mesh adaptive direct search algorithms for constrained optimization, SIAM J. Optim. 17 (1) (2006) 188–217.

[72] C. Audet, J.E. Dennis Jr, A progressive barrier for derivative-free nonlinear programming, SIAM J. Optim. 20 (1) (2009) 445–472.

[73] M.A. Abramson, C. Audet, J.E. Dennis Jr, S.L. Digabel, OrthoMADS: a deterministic MADS instance with orthogonal directions, SIAM J. Optim. 20 (2) (2009) 948–966.

[74] S. Le Digabel, Algorithm 909: NOMAD: Nonlinear optimization with the MADS algorithm, ACM Trans. Math. Softw. (TOMS) 37 (4) (2011) 1–15.

[75] A.R. Conn, S.L. Digabel, Use of quadratic models with mesh-adaptive direct search for constrained black box optimization, Optim. Methods Softw. 28 (1) (2013) 139–158.

[76] R.B. Gramacy, S.L. Digabel, The mesh adaptive direct search algorithm with treed Gaussian process surrogates, Pacific J. Optim. 11 (3) (2015) 419–447.

[77] C. Audet, S.L. Digabel, C. Tribes, The mesh adaptive direct search algorithm for granular and discrete variables, SIAM J. Optim. 29 (2) (2019) 1164–1189.

[78] M.-K. Seo, T.-Y. Lee, J.-W. Kim, Y.-J. Kim, S.-Y. Jung, Principal component optimization with mesh adaptive direct search for optimal design of IPMSM, IEEE Trans. Magn. 53 (6) (2017) 1–4.

[79] A.L. Custódio, J.A. Madeira, GLODS: global and local optimization using direct search, J. Global Optim. 62 (1) (2015) 1–28.

[80] A.L. Custódio, J.A. Madeira, Multiglods: global and local multiobjective optimization using direct search, J. Global Optim. 72 (2) (2018) 323–345.

[81] J. Kennedy, R. Eberhart, Particle swarm optimization, in: Proceedings of ICNN'95-International Conference on Neural Networks, 4, IEEE, 1995, pp. 1942–1948.

[82] M. Clerc, Particle Swarm Optimization, 93, John Wiley & Sons, 2010.

[83] A.E. Olsson, Particle Swarm Optimization: Theory, Techniques and Applications, Nova Science Publishers, Inc., 2010.

[84] J. Sun, C.-H. Lai, X.-J. Wu, Particle Swarm Optimisation: Classical and Quantum Perspectives, CRC Press, 2012.

[85] J.C. Bansal, P.K. Singh, N.R. Pal, Evolutionary and Swarm Intelligence Algorithms, Springer, 2019.

[86] Y. Shi, et al., Particle swarm optimization: developments, applications and resources, in: Proceedings of the 2001 Congress on Evolutionary Computation (IEEE Cat. No. 01TH8546), 1, IEEE, 2001, pp. 81–86.

[87] R. Poli, J. Kennedy, T. Blackwell, Particle swarm optimization, Swarm Intell. 1 (1) (2007) 33–57.

[88] M.R. Bonyadi, Z. Michalewicz, Particle swarm optimization for single objective continuous space problems: a review, Evol. Comput. 25 (1) (2017) 1–54.

[89] E.H. Houssein, A.G. Gad, K. Hussain, P.N. Suganthan, Major advances in particle swarm optimization: theory, analysis, and application, Swarm Evol. Comput. 63 (2021) 100868.

[90] N. Sorek, E. Gildin, F. Boukouvala, B. Beykal, C.A. Floudas, Dimensionality reduction for production optimization using polynomial approximations, Comput. Geosci. 21 (2) (2017) 247–266.

[91] K. Bi, B. Beykal, S. Avraamidou, I. Pappas, E.N. Pistikopoulos, T. Qiu, Integrated modeling of transfer learning and intelligent heuristic optimization for a steam cracking process, Ind. Eng. Chem. Res. 59 (37) (2020) 16357–16367.

[92] L. dos Santos Coelho, An efficient particle swarm approach for mixed-integer programming in reliability–redundancy optimization applications, Reliab. Eng. Syst. Saf. 94 (4) (2009) 830–837.

[93] C. Jia, Y. Zhang, Y. Zeng, C. Yuan, An improved particle swarm optimization algorithm for solving mixed integer programming problems, in: 2015 7th International Conference on Intelligent Human-Machine Systems and Cybernetics, 2, IEEE, 2015, pp. 472–475.

[94] F. Wang, H. Zhang, A. Zhou, A particle swarm optimization algorithm for mixed-variable optimization problems, Swarm Evol. Comput. 60 (2021) 100808.

[95] L.-B. Zhang, C.-G. Zhou, X. Liu, Z. Ma, M. Ma, Y. Liang, Solving multi objective optimization problems using particle swarm optimization, in: The 2003 Congress on Evolutionary Computation, 4, IEEE, 2003, pp. 2400–2405.

[96] J.J. Liang, B.-Y. Qu, P.N. Suganthan, B. Niu, Dynamic multi-swarm particle swarm optimization for multi-objective optimization problems, in: 2012 IEEE Congress on Evolutionary Computation, IEEE, 2012, pp. 1–8.

[97] X. Zhang, H. Liu, L. Tu, A modified particle swarm optimization for multimodal multi-objective optimization, Eng. Appl. Artif. Intell. 95 (2020) 103905.

[98] R. Kuo, C. Huang, Application of particle swarm optimization algorithm for solving bi-level linear programming problem, Comput. Math. Appl. 58 (4) (2009) 678–685.

[99] Y. Gao, G. Zhang, J. Lu, H.-M. Wee, Particle swarm optimization for bi-level pricing problems in supply chains, J. Global Optim. 51 (2) (2011) 245–254.

[100] W. Du, B. Li, Multi-strategy ensemble particle swarm optimization for dynamic optimization, Inf. Sci. 178 (15) (2008) 3096–3109.

[101] C. Li, S. Yang, A clustering particle swarm optimizer for dynamic optimization, in: 2009 IEEE Congress on Evolutionary Computation, IEEE, 2009, pp. 439–446.

[102] S. Dennis, A. Engelbrecht, A review and empirical analysis of particle swarm optimization algorithms for dynamic multi-modal optimization, in: 2020 IEEE Congress on Evolutionary Computation (CEC), IEEE, 2020, pp. 1–8.

[103] D.R. Jones, C.D. Perttunen, B.E. Stuckman, Lipschitzian optimization without the Lipschitz constant, J. Optim. Theory Appl. 79 (1) (1993) 157–181.

[104] D.R. Jones, J.R. Martins, The DIRECT algorithm: 25 years later, J. Global Optim. 79 (3) (2021) 521–566.

[105] B.O. Shubert, A sequential method seeking the global maximum of a function, SIAM J. Numer. Anal. 9 (3) (1972) 379–388.

[106] W. Huyer, A. Neumaier, Global optimization by multilevel coordinate search, J. Global Optim. 14 (4) (1999) 331–355.

[107] J.M. Gablonsky, C.T. Kelley, A locally-biased form of the direct algorithm, J. Global Optim. 21 (1) (2001) 27–37.

[108] L. Stripinis, R. Paulavičius, J. Žilinskas, Improved scheme for selection of potentially optimal hyper-rectangles in direct, Optim. Lett. 12 (7) (2018) 1699–1712.

[109] D.R. Jones, Direct global optimization algorithm, in: C.A. Floudas, P.M. Pardalos (Eds.), Encyclopedia of Optimization, Springer US, Boston, MA, 2001, pp. 431–440.

[110] G. Di Pillo, S. Lucidi, F. Rinaldi, An approach to constrained global optimization based on exact penalty functions, J. Global Optim. 54 (2) (2012) 251–260.

[111] G. Di Pillo, S. Lucidi, F. Rinaldi, A derivative-free algorithm for constrained global optimization based on exact penalty functions, J. Optim. Theory Appl. 164 (3) (2015) 862–882.

[112] H. Liu, S. Xu, X. Chen, X. Wang, Q. Ma, Constrained global optimization via a direct-type constraint-handling technique and an adaptive metamodeling strategy, Struct. Multidiscip. Optim. 55 (1) (2017) 155–177.

[113] M.F.P. Costa, A.M.A. Rocha, E.M. Fernandes, Filter-based DIRECT method for constrained global optimization, J. Global Optim. 71 (3) (2018) 517–536.

[114] Y.D. Sergeyev, D.E. Kvasov, Global search based on efficient diagonal partitions and a set of Lipschitz constants, SIAM J. Optim. 16 (3) (2006) 910–937.

[115] R. Paulavičius, Y.D. Sergeyev, D.E. Kvasov, J. Žilinskas, Globally-biased DISIMPL algorithm for expensive global optimization, J. Global Optim. 59 (2-3) (2014) 545–567.

[116] Q. Liu, W. Cheng, A modified direct algorithm with bilevel partition, J. Global Optim. 60 (3) (2014) 483–499.

[117] H. Liu, S. Xu, X. Wang, J. Wu, Y. Song, A global optimization algorithm for simulation-based problems via the extended direct scheme, Eng. Optim. 47 (11) (2015) 1441–1458.

[118] R. Paulavičius, L. Chiter, J. Žilinskas, Global optimization based on bisection of rectangles, function values at diagonals, and a set of Lipschitz constants, J. Global Optim. 71 (1) (2018) 5–20.

[119] R. Paulavičius, Y.D. Sergeyev, D.E. Kvasov, J. Žilinskas, Globally-biased BIRECT algorithm with local accelerators for expensive global optimization, Expert Syst. Appl. 144 (2020) 113052.

[120] Y.-S. Lai, J.D. Achenbach, Direct search optimization method, J. Struct. Div., Am. Soc. Civ. Eng. 99 (1) (1973) 19–31.

[121] M. Box, A new method of constrained optimization and a comparison with other methods, Comput. J. 8 (1) (1965) 42–52.

[122] N. Durand, J.-M. Alliot, A combined Nelder-Mead simplex and genetic algorithm, in: GECCO99: Proc. Genetic and Evol. Comp. Conf, Citeseer, 1999, pp. 1–7.

[123] A.-R. Hedar, M. Fukushima, Hybrid simulated annealing and direct search method for nonlinear unconstrained global optimization, Optim. Methods Softw. 17 (5) (2002) 891–912.

[124] R. Chelouah, P. Siarry, Genetic and Nelder–Mead algorithms hybridized for a more

accurate global optimization of continuous multiminima functions, Eur. J. Oper. Res. 148 (2) (2003) 335–348.

[125] R. Chelouah, P. Siarry, A hybrid method combining continuous Tabu search and Nelder–Mead simplex algorithms for the global optimization of multiminima functions, Eur. J. Oper. Res. 161 (3) (2005) 636–654.

[126] F. Wang, Y. Qiu, Empirical study of hybrid particle swarm optimizers with the simplex method operator, in: 5th International Conference on Intelligent Systems Design and Applications, IEEE, 2005, pp. 308–313.

[127] S.-K.S. Fan, Y.-C. Liang, E. Zahara, A genetic algorithm and a particle swarm optimizer hybridized with Nelder–Mead simplex search, Comput. Ind. Eng. 50 (4) (2006) 401–425.

[128] S.-K.S. Fan, E. Zahara, A hybrid simplex search and particle swarm optimization for unconstrained optimization, Eur. J. Oper. Res. 181 (2) (2007) 527–548.

[129] C. Luo, B. Yu, Low dimensional simplex evolution: a hybrid heuristic for global optimization, in: Eighth ACIS International Conference on Software Engineering, Artificial Intelligence, Networking, and Parallel/Distributed Computing (SNPD 2007), 2, IEEE, 2007, pp. 470–474.

[130] A.F. Ali, M.A. Tawhid, A hybrid cuckoo search algorithm with Nelder–Mead method for solving global optimization problems, Springerplus 5 (1) (2016) 1–22.

[131] F. Barzinpour, R. Noorossana, S.T.A. Niaki, M.J. Ershadi, A hybrid Nelder–Mead simplex and PSO approach on economic and economic-statistical designs of MEWMA control charts, Int. J. Adv. Manuf. Technol. 65 (9-12) (2013) 1339–1348.

[132] M.F. Cardoso, R.L. Salcedo, S.F. De Azevedo, The simplex-simulated annealing approach to continuous non-linear optimization, Comput. Chem. Eng. 20 (9) (1996) 1065–1080.

[133] E. Zahara, Y.-T. Kao, Hybrid Nelder–Mead simplex search and particle swarm optimization for constrained engineering design problems, Expert Syst. Appl. 36 (2) (2009) 3880–3886.

[134] A. Menchaca-Mendez, C.A.C. Coello, A new proposal to hybridize the Nelder-Mead method to a differential evolution algorithm for constrained optimization, in: 2009 IEEE Congress on Evolutionary Computation, IEEE, 2009, pp. 2598–2605.

[135] A.L. Custódio, L.N. Vicente, Using sampling and simplex derivatives in pattern search methods, SIAM J. Optim. 18 (2) (2007) 537–555.

[136] S. Dedoncker, W. Desmet, F. Naets, Generating set search using simplex gradients for bound-constrained black-box optimization, Comput. Optim. Appl. 79 (1) (2021) 35–65.

[137] A.I.F. Vaz, L.N. Vicente, A particle swarm pattern search method for bound constrained global optimization, J. Global Optim. 39 (2) (2007) 197–219.

[138] C. Audet, V. Béchard, S. Le Digabel, Nonsmooth optimization through mesh adaptive direct search and variable neighborhood search, J. Global Optim. 41 (2) (2008) 299–318.

[139] J.H. Lee, J.-W. Kim, J.-Y. Song, Y.-J. Kim, S.-Y. Jung, A novel memetic algorithm using modified particle swarm optimization and mesh adaptive direct search for PMSM design, IEEE Trans. Magn. 52 (3) (2015) 1–4.

[140] H. Chen, Q. Feng, X. Zhang, S. Wang, Z. Ma, W. Zhou, C. Liu, A meta-optimized hybrid global and local algorithm for well placement optimization, Comput. Chem. Eng. 117 (2018) 209–220.

[141] A.R. Conn, N.I. Gould, P.L. Toint, Trust Region Methods, SIAM, 2000.
[142] Y.-x. Yuan, A review of trust region algorithms for optimization, in: Proceedings of the 4th International Congress on Industrial & Applied Mathematics (ICIAM 99), Edinburgh, 2000, pp. 271–282.
[143] Y.-x. Yuan, Recent advances in trust region algorithms, Math. Program. 151 (1) (2015) 249–281.
[144] M.J. Powell, A direct search optimization method that models the objective and constraint functions by linear interpolation, Advances in Optimization and Numerical Analysis, Springer, 1994, pp. 51–67.
[145] M.J. Powell, UOBYQA: unconstrained optimization by quadratic approximation, Math. Program. 92 (3) (2002) 555–582.
[146] M.J. Powell, The NEWUOA software for unconstrained optimization without derivatives, in: Large-Scale Nonlinear Optimization, Springer, 2006, pp. 255–297.
[147] M.J. Powell, The BOBYQA Algorithm for Bound Constrained Optimization Without Derivatives, Cambridge NA Report NA2009/06, University of Cambridge, Cambridge, 2009, pp. 26–46.
[148] S.M. Wild, R.G. Regis, C.A. Shoemaker, ORBIT: optimization by radial basis function interpolation in trust-regions, SIAM J. Sci. Comput. 30 (6) (2008) 3197–3219.
[149] R.G. Regis, S.M. Wild, CONORBIT: constrained optimization by radial basis function interpolation in trust regions, Optim. Methods Softw. 32 (3) (2017) 552–580.
[150] E.A. Gumma, M. Hashim, M.M. Ali, A derivative-free algorithm for linearly constrained optimization problems, Comput. Optim. Appl. 57 (3) (2014) 599–621.
[151] M. Arouxét, N. Echebest, E.A. Pilotta, et al., Active-set strategy in Powell's method for optimization without derivatives, Comput. Appl. Math. 30 (2011) 171–196.
[152] P. Conejo, E.W. Karas, L.G. Pedroso, A trust-region derivative-free algorithm for constrained optimization, Optim. Methods Softw. 30 (6) (2015) 1126–1145.
[153] E. Newby, M.M. Ali, A trust-region-based derivative free algorithm for mixed integer programming, Comput. Optim. Appl. 60 (1) (2015) 199–229.
[154] A. Conn, K. Scheinberg, P. Toint, A derivative free optimization algorithm in practice, in: 7th AIAA/USAF/NASA/ISSMO Symposium on Multidisciplinary Analysis and Optimization, 1998, p. 4718.
[155] N.I. Gould, C. Sainvitu, P.L. Toint, A filter-trust-region method for unconstrained optimization, SIAM J. Optim. 16 (2) (2005) 341–357.
[156] C. Audet, A.R. Conn, S.Le Digabel, M. Peyrega, A progressive barrier derivative-free trust-region algorithm for constrained optimization, Comput. Optim. Appl. 71 (2) (2018) 307–329.
[157] N. Echebest, M.L. Schuverdt, R.P. Vignau, An inexact restoration derivative-free filter method for nonlinear programming, Comput. Appl. Math. 36 (1) (2017) 693–718.
[158] I. Bajaj, S.S. Iyer, M.F. Hasan, A trust region-based two phase algorithm for constrained black-box and grey-box optimization with infeasible initial point, Comput. Chem. Eng. 116 (2018) 306–321.
[159] P.R. Sampaio, P.L. Toint, A derivative-free trust-funnel method for equality constrained nonlinear optimization, Comput. Optim. Appl. 61 (1) (2015) 25–49.
[160] J.P. Eason, L.T. Biegler, A trust region filter method for glass box/black box optimization, AIChE J. 62 (9) (2016) 3124–3136.

[161] J.P. Eason, L.T. Biegler, Advanced trust region optimization strategies for glass box/black box models, AlChE J. 64 (11) (2018) 3934–3943.

[162] F. Augustin, Y.M. Marzouk, NOWPAC: a provably convergent derivative-free nonlinear optimizer with path-augmented constraints, arXiv preprint arXiv:1403.1931.

[163] P. Conejo, E.W. Karas, L.G. Pedroso, A.A. Ribeiro, M. Sachine, Global convergence of trust-region algorithms for convex constrained minimization without derivatives, Appl. Math. Comput. 220 (2013) 324–330.

[164] F.A. Fernandes, Optimization of Fischer-Tropsch synthesis using neural networks, Chem. Eng. Technol. 29 (4) (2006) 449–453.

[165] C.A. Henao, C.T. Maravelias, Surrogate-based process synthesis, Comput. Aided Chem. Eng. 28 (2010) 1129–1134.

[166] C.A. Henao, C.T. Maravelias, Surrogate-based superstructure optimization framework, AlChE J. 57 (5) (2011) 1216–1232.

[167] S.C Fahmi, Process synthesis of biodiesel production plant using artificial neural networks as the surrogate models, Comput. Chem. Eng. 46 (2012) 105–123.

[168] A. Nuchitprasittichai, S. Cremaschi, An algorithm to determine sample sizes for optimization with artificial neural networks, AlChE J. 59 (3) (2013) 805–812.

[169] J. Eason, S. Cremaschi, Adaptive sequential sampling for surrogate model generation with artificial neural networks, Comput. Chem. Eng. 68 (2014) 220–232.

[170] D.R. Jones, M. Schonlau, W.J. Welch, Efficient global optimization of expensive black-box functions, J. Global Optim. 13 (4) (1998) 455–492.

[171] J. Knowles, ParEGO: a hybrid algorithm with on-line landscape approximation for expensive multiobjective optimization problems, IEEE Trans. Evol. Comput. 10 (1) (2006) 50–66.

[172] A. Basudhar, C. Dribusch, S. Lacaze, S. Missoum, Constrained efficient global optimization with support vector machines, Struct. Multidiscip. Optim. 46 (2) (2012) 201–221.

[173] J. Qian, Y. Cheng, J. Zhang, J. Liu, D. Zhan, A parallel constrained efficient global optimization algorithm for expensive constrained optimization problems, Eng. Optim. 53 (2) (2021) 300–320.

[174] D. Huang, T.T. Allen, W.I. Notz, N. Zeng, Global optimization of stochastic black-box systems via sequential kriging meta-models, J. Global Optim. 34 (3) (2006) 441–466.

[175] M.J. Sasena, P. Papalambros, P. Goovaerts, Exploration of metamodeling sampling criteria for constrained global optimization, Eng. Optim. 34 (3) (2002) 263–278.

[176] F.A. Viana, R.T. Haftka, L.T. Watson, Efficient global optimization algorithm assisted by multiple surrogate techniques, J. Global Optim. 56 (2) (2013) 669–689.

[177] K. Hamza, M. Shalaby, A framework for parallelized efficient global optimization with application to vehicle crashworthiness optimization, Eng. Optim. 46 (9) (2014) 1200–1221.

[178] J.P. Kleijnen, W. Van Beers, I. Van Nieuwenhuyse, Expected improvement in efficient global optimization through bootstrapped kriging, J. Global Optim. 54 (1) (2012) 59–73.

[179] J.A. Caballero, I.E. Grossmann, An algorithm for the use of surrogate models in modular flowsheet optimization, AlChE J. 54 (10) (2008) 2633–2650.

[180] E. Davis, M. Ierapetritou, A kriging method for the solution of nonlinear programs with black-box functions, AlChE J. 53 (8) (2007) 2001–2012.

[181] F. Boukouvala, M.G. Ierapetritou, Derivative-free optimization for expensive constrained problems using a novel expected improvement objective function, AIChE J. 60 (7) (2014) 2462–2474.

[182] R.R. Carpio, R.C. Giordano, A.R. Secchi, Enhanced surrogate assisted framework for constrained global optimization of expensive black-box functions, Comput. Chem. Eng. 118 (2018) 91–102.

[183] J.A. Paulson, C. Lu, Cobalt: COnstrained Bayesian optimizAtion of computationaLly expensive grey-box models exploiting derivaTive information, arXiv preprint arXiv:2105.04114.

[184] A.M. Schweidtmann, D. Bongartz, D. Grothe, T. Kerkenhoff, X. Lin, J. Najman, A. Mitsos, Deterministic global optimization with Gaussian processes embedded, Math. Program. Comput. 3 (2021) 553–581.

[185] H.-M. Gutmann, A radial basis function method for global optimization, J. Global Optim. 19 (3) (2001) 201–227.

[186] M.J. Powell, The theory of radial basis function approximation in 1990, Adv. Numer. Anal. (1992) 105–210.

[187] M. Björkman, K. Holmström, Global optimization of costly nonconvex functions using radial basis functions, Optim. Eng. 1 (4) (2000) 373–397.

[188] R.G. Regis, C.A. Shoemaker, Constrained global optimization of expensive black box functions using radial basis functions, J. Global Optim. 31 (1) (2005) 153–171.

[189] S. Jakobsson, M. Patriksson, J. Rudholm, A. Wojciechowski, A method for simulation based optimization using radial basis functions, Optim. Eng. 11 (4) (2010) 501–532.

[190] R.G. Regis, C.A. Shoemaker, Improved strategies for radial basis function methods for global optimization, J. Global Optim. 37 (1) (2007) 113–135.

[191] R.G. Regis, C.A. Shoemaker, Combining radial basis function surrogates and dynamic coordinate search in high-dimensional expensive black-box optimization, Eng. Optim. 45 (5) (2013) 529–555.

[192] S.S. Garud, N. Mariappan, I.A. Karimi, Surrogate-based black-box optimisation via domain exploration and smart placement, Comput. Chem. Eng. 130 (2019) 106567.

[193] K. Palmer, M. Realff, Metamodeling approach to optimization of steady-state flowsheet simulations: model generation, Chem. Eng. Res. Des. 80 (7) (2002) 760–772.

[194] K. Palmer, M. Realff, Optimization and validation of steady-state flowsheet simulation metamodels, Chem. Eng. Res. Des. 80 (7) (2002) 773–782.

[195] K.S. Won, T. Ray, A framework for design optimization using surrogates, Eng. Optim. 37 (7) (2005) 685–703.

[196] T. Goel, R.T. Haftka, W. Shyy, N.V. Queipo, Ensemble of surrogates, Struct. Multidiscip. Optim. 33 (3) (2007) 199–216.

[197] J. Müller, R. Piché, Mixture surrogate models based on Dempster-Shafer theory for global optimization problems, J. Global Optim. 51 (1) (2011) 79–104.

[198] A. Cozad, N.V. Sahinidis, D.C. Miller, Learning surrogate models for simulation-based optimization, AIChE J. 60 (6) (2014) 2211–2227.

[199] C.A. Kieslich, F. Boukouvala, C.A. Floudas, Optimization of black-box problems using Smolyak grids and polynomial approximations, J. Global Optim. 71 (4) (2018) 845–869.

[200] A.M. Schweidtmann, A. Mitsos, Deterministic global optimization with artificial neural networks embedded, J. Optim. Theory Appl. 180 (3) (2019) 925–948.

[201] C.A.O. Nascimento, R. Giudici, R. Guardani, Neural network based approach for optimization of industrial chemical processes, Comput. Chem. Eng. 24 (9-10) (2000) 2303–2314.

[202] J. Katz, I. Pappas, S. Avraamidou, E.N. Pistikopoulos, Integrating deep learning models and multiparametric programming, Comput. Chem. Eng. 136 (2020) 106801.

[203] D. Kenefake, I. Pappas, S. Avraamidou, B. Beykal, H.S. Ganesh, Y. Cao, Y. Wang, J. Otashu, S. Leyland, J. Flores-Cerrillo, et al., A smart manufacturing strategy for multi-parametric model predictive control in air separation systems, J. Adv. Manuf. Process. (2022) e10120.

[204] F. Boukouvala, M.F. Hasan, C.A. Floudas, Global optimization of general constrained grey-box models: new method and its application to constrained PDEs for pressure swing adsorption, J. Global Optim. 67 (1-2) (2017) 3–42.

[205] F. Boukouvala, C.A. Floudas, Argonaut: algorithms for global optimization of constrained grey-box computational problems, Optim. Lett. 11 (5) (2017) 895–913.

[206] B. Beykal, F. Boukouvala, C.A. Floudas, N. Sorek, H. Zalavadia, E. Gildin, Global optimization of grey-box computational systems using surrogate functions and application to highly constrained oil-field operations, Comput. Chem. Eng. 114 (2018) 99–110.

[207] B. Beykal, M. Onel, O. Onel, E.N. Pistikopoulos, A data-driven optimization algorithm for differential algebraic equations with numerical infeasibilities, AIChE J. 66 (10) (2020) e16657.

[208] B. Beykal, Z. Aghayev, O. Onel, M. Onel, E.N. Pistikopoulos, Data-driven stochastic optimization of numerically infeasible differential algebraic equations: an application to the steam cracking process, Comput. Aided Chem. Eng. 49 (2022) 1579–1584.

[209] B. Beykal, N.A. Diangelakis, E.N. Pistikopoulos, Continuous-time surrogate models for data-driven dynamic optimization, Comput. Aided Chem. Eng. 51 (2022) 205–210.

[210] B. Beykal, F. Boukouvala, C.A. Floudas, E.N. Pistikopoulos, Optimal design of energy systems using constrained grey-box multi-objective optimization, Comput. Chem. Eng. 116 (2018) 488–502.

[211] B. Beykal, S. Avraamidou, I.P. Pistikopoulos, M. Onel, E.N. Pistikopoulos, DOMINO: data-driven optimization of bi-level mixed-integer nonlinear problems, J. Global Optim. (2020) 1–36.

[212] S. Avraamidou, B. Beykal, I.P. Pistikopoulos, E.N. Pistikopoulos, A hierarchical food-energy-water nexus (few-n) decision-making approach for land use optimization, Comput. Aided Chem. Eng. 44 (2018) 1885–1890.

[213] E. Davis, M. Ierapetritou, A kriging-based approach to MINLP containing black-box models and noise, Ind. Eng. Chem. Res. 47 (16) (2008) 6101–6125.

[214] E. Davis, M. Ierapetritou, A kriging based method for the solution of mixed-integer nonlinear programs containing black-box functions, J. Global Optim. 43 (2) (2009) 191–205.

[215] K. Holmström, N.-H. Quttineh, M.M. Edvall, An adaptive radial basis algorithm (ARBF) for expensive black-box mixed-integer constrained global optimization, Optim. Eng. 9 (4) (2008) 311–339.

[216] A. Costa, G. Nannicini, RBFOpt: an open-source library for black-box optimization with costly function evaluations, Math. Progr. Comput. 10 (4) (2018) 597–629.

[217] K. Rashid, S. Ambani, E. Cetinkaya, An adaptive multiquadric radial basis function method for expensive black-box mixed-integer nonlinear constrained optimization, Eng. Optim. 45 (2) (2013) 185–206.

[218] J. Müller, C.A. Shoemaker, R. Piché, SO-MI: a surrogate model algorithm for computationally expensive nonlinear mixed-integer black-box global optimization problems, Comput. Oper. Res. 40 (5) (2013) 1383–1400.

[219] J. Müller, C.A. Shoemaker, R. Piché, SO-I: a surrogate model algorithm for expensive nonlinear integer programming problems including global optimization applications, J. Global Optim. 59 (4) (2014) 865–889.

[220] J. Müller, MISO: mixed-integer surrogate optimization framework, Optim. Eng. 17 (1) (2016) 177–203.

[221] R.G. Regis, Large-scale discrete constrained black-box optimization using radial basis functions, in: 2020 IEEE Symposium Series on Computational Intelligence (SSCI), IEEE, 2020, pp. 2924–2931.

[222] S.H. Kim, F. Boukouvala, Surrogate-based optimization for mixed-integer nonlinear problems, Comput. Chem. Eng. 140 (2020) 106847.

[223] A. Thebelt, J. Kronqvist, M. Mistry, R.M. Lee, N. Sudermann-Merx, R. Misener, ENTMOOT: a framework for optimization over ensemble tree models, Comput. Chem. Eng. 151 (2021) 107343.

[224] F. Ceccon, J. Jalving, J. Haddad, A. Thebelt, C. Tsay, C.D. Laird, R. Misener, OMLT: Optimization & machine learning toolkit, arXiv preprint arXiv:2202.02414.

[225] L. Bliek, A. Guijt, S. Verwer, M. De Weerdt, Black-box mixed-variable optimisation using a surrogate model that satisfies integer constraints, in: Proceedings of the Genetic and Evolutionary Computation Conference Companion, 2021, pp. 1851–1859.

[226] N. Ploskas, N.V. Sahinidis, Review and comparison of algorithms and software for mixed-integer derivative-free optimization, J. Global Optim. (2021) 1–30.

[227] The Optimization Firm, ALAMO modeling tool, https://minlp.com/alamo-modeling-tool.

[228] TOMLAB Optimization, TOMLAB /CGO toolbox, https://tomopt.com/tomlab/products/cgo/.

[229] Z. Zhang, Software by late Professor M. J. D. Powell and PDFO, https://www.zhangzk.net/software.html.

[230] S.G. Johnson, The NLopt nonlinear-optimization package, https://nlopt.readthedocs.io/en/latest/.

[231] J. Paulson, The COBALT algorithm for constrained grey-box optimization of computationally expensive models, https://github.com/joelpaulson/COBALT.

[232] P. Virtanen, R. Gommers, T.E. Oliphant, M. Haberland, T. Reddy, D. Cournapeau, E. Burovski, P. Peterson, W. Weckesser, J. Bright, S.J. van der Walt, M. Brett, J. Wilson, K.J. Millman, N. Mayorov, A.R.J. Nelson, E. Jones, R. Kern, E. Larson, C.J. Carey, İ. Polat, Y. Feng, E.W. Moore, J. VanderPlas, D. Laxalde, J. Perktold, R. Cimrman, I. Henriksen, E.A. Quintero, C.R. Harris, A.M. Archibald, A.H. Ribeiro, F. Pedregosa, P. van Mulbregt, SciPy 1.0 Contributors, SciPy 1.0: fundamental algorithms for scientific computing in Python, Nat. Methods 17 (2020) 261–272.

[233] TOMLAB Optimization, TOMLAB/glbDirect, https://tomopt.com/tomlab/products/base/solvers/glbDirect.php.

[234] M.A. Bouhlel, J.T. Hwang, N. Bartoli, R. Lafage, J. Morlier, J.R.R.A. Martins, SMT: surrogate modeling toolbox, https://smt.readthedocs.io/en/latest/_src_docs/applications/ego.html#.

[235] Computational Optimisation Group at Imperial College London, Ensemble tree model optimization tool, https://github.com/cog-imperial/entmoot.
[236] Lawrence Berkeley National Laboratory, MISO mixed integer surrogate optimization framework, https://optimization.lbl.gov/downloads#h.p_BjSaeAORU9gm.
[237] L. Bliek, MVRSM, https://github.com/lbliek/MVRSM.
[238] GERAD, NOMAD: a blackbox optimization software, https://www.gerad.ca/en/software/nomad/.
[239] F. Augustin, F. Menhorn, (S)NOWPAC: (Stochastic) nonlinear optimization with path-augmented constraints, https://github.com/snowpac/snowpac.
[240] L.J.V. Miranda, PySwarms a research toolkit for particle swarm optimization (PSO) in Python, https://github.com/ljvmiranda921/pyswarms.
[241] A.I.F. Vaz, PSwarm, http://www.norg.uminho.pt/aivaz/pswarm/.
[242] NEOS Server, PSwarm, https://neos-server.org/neos/solvers/go:PSwarm/AMPL.html.
[243] L. Jiang, L.T. Biegler, V.G. Fox, Simulation and optimization of pressure-swing adsorption systems for air separation, AlChE J. 49 (5) (2003) 1140–1157.
[244] S.R.R. Vetukuri, L.T. Biegler, A. Walther, An inexact trust-region algorithm for the optimization of periodic adsorption processes, Ind. Eng. Chem. Res. 49 (23) (2010) 12004–12013.
[245] N. Zhang, P. Bénard, R. Chahine, T. Yang, J. Xiao, Optimization of pressure swing adsorption for hydrogen purification based on box-Behnken design method, Int. J. Hydrogen Energy 46 (7) (2021) 5403–5417.
[246] J. Uebbing, L.T. Biegler, L. Rihko-Struckmann, S. Sager, K. Sundmacher, Optimization of pressure swing adsorption via a trust-region filter algorithm and equilibrium theory, Comput. Chem. Eng. 151 (2021) 107340.
[247] L.E. Andersson, J. Schilling, L. Riboldi, A. Bardow, R. Anantharaman, Bayesian optimization for techno-economic analysis of pressure swing adsorption processes, Comput. Aided Chem. Eng. 51 (2022) 1441–1446.
[248] F. Boukouvala, M.G. Ierapetritou, Surrogate-based optimization of expensive flowsheet modeling for continuous pharmaceutical manufacturing, J. Pharm. Innov. 8 (2) (2013) 131–145.
[249] Z. Wang, M. Ierapetritou, A novel surrogate-based optimization method for black-box simulation with heteroscedastic noise, Ind. Eng. Chem. Res. 56 (38) (2017) 10720–10732.
[250] Z. Wang, M. Ierapetritou, Constrained optimization of black-box stochastic systems using a novel feasibility enhanced kriging-based method, Comput. Chem. Eng. 118 (2018) 210–223.
[251] J.-X. Zhang, Y.-Z. Chen, Z.-N. Wu, W.-R. Liao, Optimize the preparation process of erigeron breviscapus sustained-release pellets based on artificial neural network and particle swarm optimization algorithm, Zhong Yao Cai 35 (1) (2012) 127–133.
[252] D.E. Ciaurri, T. Mukerji, L.J. Durlofsky, Derivative-free optimization for oil field operations, Computational Optimization and Applications in Engineering and Industry, Springer, 2011, pp. 19–55.
[253] O.J. Isebor, D.E. Ciaurri, L.J. Durlofsky, Generalized field-development optimization with derivative-free procedures, SPE J. 19 (05) (2014) 891–908.

[254] D. Janiga, R. Czarnota, J. Stopa, P. Wojnarowski, P. Kosowski, Performance of nature inspired optimization algorithms for polymer enhanced oil recovery process, J. Pet. Sci. Eng. 154 (2017) 354–366.

[255] M. Siavashi, M.H. Doranehgard, Particle swarm optimization of thermal enhanced oil recovery from oilfields with temperature control, Appl. Therm. Eng. 123 (2017) 658–669.

[256] N.V. Queipo, J.V. Goicochea, S. Pintos, Surrogate modeling-based optimization of SAGD processes, J. Pet. Sci. Eng. 35 (1-2) (2002) 83–93.

[257] B. Horowitz, L.J. do Nascimento Guimaraes, V. Dantas, S.M.B. Afonso, A concurrent efficient global optimization algorithm applied to polymer injection strategies, J. Pet. Sci. Eng. 71 (3-4) (2010) 195–204.

[258] B. Beykal, Advances in Data-Driven Modeling and Global Optimization of Constrained Grey-Box Computational Systems Ph.D. Thesis, Texas A&M University, 2020.

[259] J.F. Granjo, D.S. Nunes, B.P. Duarte, N.M. Oliveira, A comparison of process alternatives for energy-efficient bioethanol downstream processing, Sep. Purif. Technol. 238 (2020) 116414.

[260] W. Zhong, C. Qiao, X. Peng, Z. Li, C. Fan, F. Qian, Operation optimization of hydrocracking process based on kriging surrogate model, Control Eng. Pract. 85 (2019) 34–40.

[261] E.G. Pardo, J. Blanco-Linares, D. Velázquez, F. Serradilla, Optimization of a steam reforming plant modeled with artificial neural networks, Electronics 9 (11) (2020) 1923.

[262] J. Straus, J.A. Ouassou, B.R. Knudsen, R. Anantharaman, Constrained adaptive sampling for domain reduction in surrogate model generation: applications to hydrogen production, AlChE J. 67 (11) (2021) e17357.

[263] Y. Cao, J. Flores-Cerrillo, C.L. Swartz, Practical optimization for cost reduction of a liquefier in an industrial air separation plant, Comput. Chem. Eng. 99 (2017) 13–20.

[264] B. Wang, S. Shi, S. Wang, L. Qiu, X. Zhang, Optimal design for cryogenic structured packing column using particle swarm optimization algorithm, Cryogenics 103 (2019) 102976.

[265] J. Jerald, P. Asokan, G. Prabaharan, R. Saravanan, Scheduling optimisation of flexible manufacturing systems using particle swarm optimisation algorithm, Int. J. Adv. Manuf. Technol. 25 (9) (2005) 964–971.

[266] P. Hansen, B. Jaumard, G. Savard, New branch-and-bound rules for linear bilevel programming, SIAM J. 13 (5) (1992) 1194–1217.

[267] V. Visweswaran, C. Floudas, M. Ierapetritou, E. Pistikopoulos, A decomposition-based global optimization approach for solving bilevel linear and quadratic programs, State of the Art in Global Optimization, Springer, 1996, pp. 139–162.

[268] H. Tamaki, H. Kita, S. Kobayashi, Multi-objective optimization by genetic algorithms: a review, in: Proceedings of IEEE international conference on evolutionary computation, IEEE, 1996, pp. 517–522.

[269] C.A. Coello Coello, A comprehensive survey of evolutionary-based multiobjective optimization techniques, Knowl. Inf. Syst. 1 (3) (1999) 269–308.

[270] K. Deb, Multi-Objective Optimization Using Evolutionary Algorithms, Wiley, 2001.

[271] K. Deb, A. Pratap, S. Agarwal, T. Meyarivan, A fast and elitist multiobjective genetic algorithm: NSGA-II, IEEE Trans. Evol. Comput. 6 (2) (2002) 182–197.

[272] C.A.C. Coello, G.B. Lamont, D.A. Van Veldhuizen, et al., Evolutionary Algorithms for Solving Multi-Objective Problems, 5, Springer, 2007.

[273] L. Wang, A.H. Ng, K. Deb, Multi-Objective Evolutionary Optimisation for Product Design and Manufacturing, Springer, 2011.

[274] G.P. Rangaiah, A. Bonilla-Petriciolet, Multi-Objective Optimization in Chemical Engineering: Developments and Applications, John Wiley & Sons, 2013.

[275] G.P. Rangaiah, Z. Feng, A.F. Hoadley, Multi-objective optimization applications in chemical process engineering: tutorial and review, Processes 8 (5) (2020) 508.

[276] G. Fiandaca, E.S. Fraga, S. Brandani, A multi-objective genetic algorithm for the design of pressure swing adsorption, Eng. Optim. 41 (9) (2009) 833–854.

[277] J. Beck, D. Friedrich, S. Brandani, E.S. Fraga, Multi-objective optimisation using surrogate models for the design of VPSA systems, Comput. Chem. Eng. 82 (2015) 318–329.

[278] S.G. Subraveti, Z. Li, V. Prasad, A. Rajendran, Machine learning-based multiobjective optimization of pressure swing adsorption, Ind. Eng. Chem. Res. 58 (44) (2019) 20412–20422.

[279] K. Alkebsi, W. Du, Surrogate-assisted multi-objective particle swarm optimization for the operation of CO_2 capture using VPSA, Energy 224 (2021) 120078.

[280] L. Tong, P. B´enard, Y. Zong, R. Chahine, K. Liu, J. Xiao, Artificial neural network based optimization of a six-step two-bed pressure swing adsorption system for hydrogen purification, Energy AI 5 (2021) 100075.

[281] X. Yu, Y. Shen, Z. Guan, D. Zhang, Z. Tang, W. Li, Multi-objective optimization of ANN-based PSA model for hydrogen purification from steam-methane reforming gas, Int. J. Hydrogen Energy 46 (21) (2021) 11740–11755.

[282] B.V. Piguave, S.D. Salas, D. De Cecchis, J.A. Romagnoli, Modular framework for simulation-based multi-objective optimization of a cryogenic air separation unit, ACS Omega 7 (14) (2022) 11696–11709.

[283] A. Tarafder, B.C. Lee, A.K. Ray, G. Rangaiah, Multiobjective optimization of an industrial ethylene reactor using a nondominated sorting genetic algorithm, Ind. Eng. Chem. Res. 44 (1) (2005) 124–141.

[284] G. Golkarnarenji, M. Naebe, K. Badii, A.S. Milani, A. Jamali, A. Bab-Hadiashar, R.N. Jazar, H. Khayyam, Multi-objective optimization of manufacturing process in carbon fiber industry using artificial intelligence techniques, IEEE Access 7 (2019) 67576–67588.

[285] K.N. Pai, V. Prasad, A. Rajendran, Generalized, adsorbent-agnostic, artificial neural network framework for rapid simulation, optimization, and adsorbent screening of adsorption processes, Ind. Eng. Chem. Res. 59 (38) (2020) 16730–16740.

[286] J. Lu, Q. Wang, Z. Zhang, J. Tang, M. Cui, X. Chen, Q. Liu, Z. Fei, X. Qiao, Surrogate modeling-based multi-objective optimization for the integrated distillation processes, Chem. Eng. Process. 159 (2021) 108224.

[287] A. Sinha, P. Malo, K. Deb, A review on bilevel optimization: from classical to evolutionary approaches and applications, IEEE Trans. Evol. Comput. 22 (2) (2017) 276–295.

[288] G. Liu, J. Han, S. Wang, A trust region algorithm for bilevel programing problems, Chin. Sci. Bull. 43 (10) (1998) 820–824.

[289] B. Colson, P. Marcotte, G. Savard, A trust-region method for nonlinear bilevel program-

ming: algorithm and computational experience, Comput. Optim. Appl. 30 (3) (2005) 211–227.

[290] S.D. Handoko, L.H. Chuin, A. Gupta, O.Y. Soon, H.C. Kim, T.P. Siew, Solving multi-vehicle profitable tour problem via knowledge adoption in evolutionary bi-level programming, in: 2015 IEEE Congress on Evolutionary Computation (CEC), IEEE, 2015, pp. 2713–2720.

[291] I. Nishizaki, M. Sakawa, Computational methods through genetic algorithms for obtaining Stackelberg solutions to two-level integer programming problems, Cybern. Syst. 36 (6) (2005) 565–579.

[292] L. Hecheng, W. Yuping, Exponential distribution-based genetic algorithm for solving mixed-integer bilevel programming problems, J. Syst. Eng. Electron. 19 (6) (2008) 1157–1164.

[293] J.M. Arroyo, F.J. Fernández, A genetic algorithm approach for the analysis of electric grid interdiction with line switching, in: 2009 15th International Conference on Intelligent System Applications to Power Systems, IEEE, 2009, pp. 1–6.

[294] B. Beykal, S. Avraamidou, E.N. Pistikopoulos, Bi-level mixed-integer data-driven optimization of integrated planning and scheduling problems, Comput. Aided Chem. Eng. 50 (2021) 1707–1713.

[295] B. Beykal, S. Avraamidou, E.N. Pistikopoulos, Data-driven optimization of mixed-integer bi-level multi-follower integrated planning and scheduling problems under demand uncertainty, Comput. Chem. Eng. 156 (2022) 107551.

[296] A. Sinha, P. Korhonen, J. Wallenius, K. Deb, An interactive evolutionary multi-objective optimization algorithm with a limited number of decision maker calls, Eur. J. Oper. Res. 233 (3) (2014) 674–688.

[297] T.T. Binh, U. Korn, MOBES: a multiobjective evolution strategy for constrained optimization problems, in: The Third International Conference on Genetic Algorithms (Mendel 97), 25, Citeseer, 1997, p. 27.

[298] I. Pappas, S. Avraamidou, J. Katz, B. Burnak, B. Beykal, M. Turkay, E.N. Pistikopoulos, Multiobjective optimization of mixed-integer linear programming problems: a multi-parametric optimization approach, Ind. Eng. Chem. Res. 60 (23) (2021) 8493–8503.

[299] K.H. Sahin, A.R. Ciric, A dual temperature simulated annealing approach for solving bilevel programming problems, Comput. Chem. Eng. 23 (1) (1998) 11–25.

[300] A. Mitsos, Global solution of nonlinear mixed-integer bilevel programs, J. Global Optim. 47 (4) (2010) 557–582.

第 6 章

机器学习在（生物）化学制造系统控制中的应用

Andreas Himmel[○]，Janine Matschek[○]，Rudolph Kok（Louis）[○]，Bruno Morabito[○]，Hoang Hai Nguyen[○]和 Rolf Findeisen[○]

6.1 引言

化学与生物化学工业是制造业中极为关键和核心的部分，涉及电池、生物化学品、化学品、肥料、食品与饮料、石油化学品及药品等多种产品的生产过程[1-4]。控制、自动化和监测这些涉及物理、化学和生物化学的过程对于生产高质量产品、确保安全、满足法规要求、适应变化并提高经济效益及可持续性至关重要。然而，某些过程的灵活而最优的控制与监测仍然面临挑战[5]。大部分生物化学和化学过程都是复杂的、多尺度的、高维度系统，具有显著的非线性特征，并受到众多不确定因素的影响[4, 6, 7]。控制策略必须综合考虑所有这些方面，并经常需要在不同的需求之间寻找平衡。一种处理这些影响的方法是利用详细的数学模型描述工厂动态，并运用基于模型的控制与优化技术[8, 9]。这些模型传统上基于诸如热力学、能量和质量守恒定律等第一性原理知识构建，这可能是具有挑战性的、成本高昂的，甚至有时是不可行的。

近年来，随着数据量的持续增长和深度学习等领域的突破，人工智能和机器学习领域取得了显著进展，从而推动了机器学习模型的应用。机器学习已在诸如机器人技术[10]、自动驾驶[11]、医学[221]或交通[13]等多个领域成功应用。尽管机器学习已用于化学和生物化学工程以及过程系统工程[14-16]，如用于过程和材料发现[17, 18]、过程数据分析[19, 20]等，但将机器学习应用于（生物）化学过程控制的实践还相对有限且充满挑战[15, 19]。安全要求和缺乏可靠数据是控制领域中机器学习应用面临的一些主要障碍，特别是在（生物）化学过程操作中。由于设计更改、设备老化、操作制度变动等因素，收集的历史数据无法准

[○] 德国，达姆施塔特工业大学，控制与网络物理系统。
[○] 德国，奥托·冯·格里克马格德堡大学，系统理论与自动控制。

第6章 机器学习在（生物）化学制造系统控制中的应用

确反映当前的工厂运行状况。因此，必须进行实验和仪器测试以采集新数据。由于这些过程的动态通常较慢，这些实验需要较长时间，可能导致生产时间的损失。特别是在批量化学品生产中，由于经济利润较低，这种损失可能难以承受。然而，新的测量技术，如光谱方法，正变得普遍可用，使得在线测量更加便捷。此外，能够处理有限数据量的机器学习算法已被开发出。物理信息化学习[21]和混合建模[22]等方法允许结合先验知识，以增强模型在数据稀少或无数据区域的推广能力。

当数据可用时，它们几乎总是包含一定的不确定性，这必须被考虑在内。此外，在实验或生产过程中工厂的故障可能对安全性和产品质量产生严重后果。为了赢得操作员的信任，机器学习模型必须具备一定程度的稳健性和安全保证，控制算法应充分考虑这些需求[23, 24]。因此，应开发机器学习算法来支持化学和生物化学工厂的控制，以便在确保满足所有安全规定的同时提高控制性能。通常，各种控制策略会在多个层次上应用，从经典的 PID 控制器到基于优化的控制，如模型预测控制。每个层次的控制策略都以不同的粒度级别与过程进行交互，因此它们所处理的时间尺度和对象也各不相同。机器学习应用应能够与这种层次结构集成。

在本章中，我们将概述机器学习如何应对上述挑战，并特别支持（生物）化学工业的控制和控制器设计。图 6-1 展示了机器学习被用于此目的的可能性。基本上，ML-Oracle（机器学习 Oracle）将使用来自工厂的数据来设计或调整模型或控制算法。学到的关系将被提供给控制器以提高性能、稳健性或安全性。机器学习组件的生成可以在控制执行前（离线）、控制器运行期间（在线）或在控制器执行之间（迭代）进行。在机器学习算法方

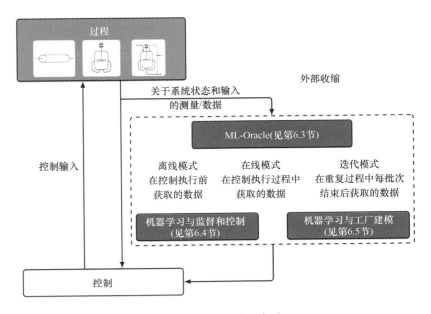

图 6-1 机器学习被用于支持（生物）化工制造过程的控制的示意图。

面，我们特别关注神经网络和高斯过程，将其作为机器学习技术的常用代表[1, 2, 25]。我们提出了一个通用框架，展示如何将机器学习嵌入过程控制、操作和监控中，从而允许使用其他机器学习方法。

本章将主要从两个角度讨论机器学习对控制技术的支持（另见图 6-1）：

1）机器学习可以帮助构建（生物）化学工厂的模型，同时用于成本和约束条件的分析、基于仿真的控制器设计，以及基于模型的估计和控制。

2）机器学习可以直接从数据中学习或替换控制器和控制律。

本章第一部分关注利用基于数据或混合形式的系统动态表示、状态和参数估计或监测来支持机器学习的控制。关于机器学习如何用于（生物）化工厂建模的综述可以参见文献 [22，26，27]。相比之下，我们专注于专门为实现某种控制或控制器设计而进行的建模，即通过学习支持的仿真、优化和基于模型的控制器设计。本章第二部分涉及学习型控制器，包括控制器参数化、控制器近似、基于学习的决策制定、自适应控制、强化学习以及模仿学习。在这里，控制器是通过机器学习技术来学习或逼近的。

在与机器学习结合使用的控制策略方面，我们特别强调模型预测控制技术[28-30]，这些技术与机器学习技术结合使用，具有极大的潜力改进控制操作[23, 24, 31]。

我们主要致力于对系统进行概述，说明不同机器学习方法如何应用于支持（生物）化工制造过程的控制。为此，我们构建了一个包含控制领域中机器学习常见任务和算法的通用框架。基于此框架，我们进行了广泛的文献回顾，以描述机器学习在制造过程中的应用。

本章其余部分的结构安排如下：首先，在第 6.2 节中，我们概述了所考虑的（生物）化学过程的构成，并从中归纳出机器学习支持这些过程控制的任务。这些任务包括用于监控和控制的建模和估计、学习干扰和参考信号，以及基于数据的控制器设计。第 6.3 节以抽象 / 通用的形式提出了机器学习组件的数学表示，并描述了这些组件通过通用的 ML-Oracle 的训练过程。基于这种通用描述，第 6.4 节和第 6.5 节分别概述了机器学习在识别子任务中的应用情况，详情可参见图 6-1。第 6.4 节专注于基于学习的（生物）化工过程工厂动态的建模，并描述了这些模型如何用于监控、仿真和基于模型的控制。第 6.5 节概述了如何利用机器学习来基于数据学习控制律或通过机器学习来逼近复杂控制律。在此，机器学习算法直接用于表示系统的控制器，而非动态系统模型。第 6.6 节总结了本章内容并展望了未来研究的方向。

6.2 （生物）化学过程

本节简要讨论（生物）化学过程的建模与操作，通常包括如连续操作或重复批次操作等典型的过程操作，以及经常遇到的分级控制结构。我们仅讨论与后续章节相关的话题。

关于控制与过程系统工程的深入介绍以及适当的建模与控制方法，详见参考文献[32–36]。

化学和（生物）化学过程从输入材料（原料）中生产出产品。这些过程通常包括若干不同的子组件，如反应器、分离器和混合器。通过操控输入变量，如流速、温度和压力来控制这些过程，同时通过测量浓度、温度和湿度等参数来监控过程。

6.2.1 工厂建模

工厂动态通常通过合适的数学模型来描述。这些模型不仅提供了深入的洞察，还有助于改进工厂设计，并对过程优化、控制和监控至关重要[32-34]。过程模型可以基于基础的工程、物理和化学原理来建立，也可以基于实验数据来获取[22, 32, 37]。合适的模型的推导通常具有挑战性，可能涉及多个状态、未知的参数、输入/操作变量和输出。

为了简化说明，我们假设所讨论的过程或元素不需要使用如浓度和温度这样随几何分布变化的参数和状态。我们选择了一个较为通用的模型结构，在此基础上应用机器学习技术，考虑了一个基于第一性原理见解与数据及基于学习的组件的混合构成。具体来说：

$$\dot{x}(t) = f(x(t), z(t), u(t), p) + F(x(t), z(t), p) \quad (6\text{-}1\text{a})$$

$$0 = g(x(t), z(t), u(t), p) + G(x(t), z(t), p) \quad (6\text{-}1\text{b})$$

$$y(t) = h(x(t), z(t)) \quad (6\text{-}1\text{c})$$

其中：$x(t) \in \mathcal{X} \subseteq \mathbb{R}^{n_x}$ 和 $z(t) \in \mathcal{Z} \subseteq \mathbb{R}^{n_z}$ 表示动态状态和代数状态，$u(t) \in \mathcal{U} \subseteq \mathbb{R}^{n_u}$ 表示操纵变量/输入，$p \in \mathcal{P} \subseteq \mathbb{R}^{n_p}$ 表示模型参数，变量 $y(t) \in \mathcal{Y} \subseteq \mathbb{R}^{n_y}$ 是过程 $h: \mathcal{X} \times \mathcal{Z} \to \mathcal{Y}$ 的输出/测量值。过程的动态由一个基于第一性原理的组件 $f: \mathcal{X} \times \mathcal{Z} \times \mathcal{U} \times \mathcal{P} \to \mathbb{R}^{n_x}$ 和一个基于数据的（学习得到的）组件 $F: \mathcal{X} \times \mathcal{Z} \times \mathcal{P} \to \mathbb{R}^{n_x}$ 来描述。同样，$g: \mathcal{X} \times \mathcal{Z} \times \mathcal{U} \times \mathcal{P} \to \mathbb{R}^{n_z}$ 和 $G: \mathcal{X} \times \mathcal{Z} \times \mathcal{P} \to \mathbb{R}^{n_z}$ 分别描述代数状态与其他变量之间的耦合，其中 g 基于物理考虑，而 G 可能基于测量数据进行学习。

请注意，选择这种模型结构有些主观性，目的是强调如何将机器学习组件整合到模型的建立、控制和监测中。

注意，在许多情况下，方程（6-1b）可以明确地表达为：

$$z(t) = g_{ex}(x(t), u(t), p) + G_{ex}(x(t), p)$$

这样可以将模型方程（6-1）简化为一个常微分方程。

通常，系统行为以离散时间表示，导致形成离散时间模型。此离散时间模型通过整合方程（6-1a）和方程（6-1b）得出，例如假设输入为分段常数（即 $u(t) = u_k$, $t \in [t_k, t_{k+1})$）及采样时间（即 $T := t_{k+1} - t_k$）。我们假设时间网格是等距的。请注意，更进一步的解释同样可以扩展到变化的网格尺寸。由此产生的模型方程通过以下形式给出：

$$(\mathrm{x}(t_{k+1}), \mathrm{z}(t_{k+1})) = I(\mathrm{x}(t_k), \mathrm{u}(t_k), p) \tag{6-2a}$$

$$y(t_k) = h(x(t_k), z(t_k)) \tag{6-2b}$$

其中，$I: \mathcal{X} \times \mathcal{U} \times \mathcal{P} \to \mathcal{X} \times \mathcal{Z}$是由积分得到的映射。原则上，$I$可以像连续时间情况一样被分解为学习部分、基于第一性原理的部分和代数子组件。

注意，在接下来的讨论中，我们将简要使用$x_k := \mathrm{x}(t_k)$，$z_k := \mathrm{z}(t_k)$和$u_k := \mathrm{u}(t_k)$。

（1）基于第一性原理的模型

基于第一性原理的建模通常依据物理定律，如能量守恒、质量守恒或热力学关系。如果过程足够明确，这种建模方法通常能够实现以高空间和时间分辨率描述物理过程[38]。在适当的假设下，基于第一性原理的模型能够具备高度的外推质量，并且可能适用于广泛的操作条件，同时提供物理洞察力[33, 39]。然而，基于第一性原理的模型的广泛使用受到多种因素的制约。这类模型的性能受到所做假设的限制[4]。此外，开发能够描述底层关系的第一性原理模型需要深入的过程知识和理解[39]。这使得为具有众多集成过程的大规模系统开发过程模型变得具有挑战性，有时甚至是不现实的[40]。同时，维护复杂的第一性原理模型在经济上通常是不可行的，需要在可持续性和严格性之间做出权衡[32, 40]。第一性原理模型还可能因化学和生化过程动态的高维度、非线性及广泛的时间和空间尺度而面临高计算复杂性[4, 39, 41, 42]。

（2）基于数据的模型

基于数据的模型或模型部分[在方程（6-1）中表示为F和G]可以用于解决基于第一性原理模型的一些缺点。机器学习算法能够基于通用结构描述输入和输出数据之间的关系，无须预先了解过程[4, 40]。因此，机器学习技术可以逼近未知现象和参数效应，减少专家的手动劳动，缩短设计时间和降低开发成本[43]。此外，由于机器学习方法具有良好的适应性和易于针对新数据进行重新训练的特点，可以增加生产的灵活性[37]。特别是，机器学习方法能处理噪声数据、模型不确定性、大的搜索空间、非线性问题、定义不明确的子问题或需要快速和实时解决方案的任务[6, 16, 39]。一些技术，如高斯过程，可以量化近似误差或模型不确定性，从而提供具有相应误差界限的可靠模型[27, 31, 38, 44]。此外，机器学习可以帮助开发复杂系统的过程模型，降低计算负担，实现在线应用[4, 6, 45]。

（3）混合模型

机器学习模型可以与基于第一性原理的模型结合，形成所谓的混合模型[22, 46]。最近，数据驱动的建模受到了广泛关注，这种建模方法囊括或嵌入了底层过程原理的特定特性，旨在增强对过程的理解并缩减所需的数据集规模[16, 47, 48]。由于结合了第一性原理，混合模型通常比纯数据驱动型模型具有更强的外推能力。它们还赋予了模型结构和参数以物理意义，同时确保模型预测受到系统物理约束的限制[4, 47]。例如，在化学反应系统、热力学、生化过程及流体动力学领域，混合模型已经被用来利用过程数据估计难以直接测量的参数和状态[4, 47, 49]。更多相关细节可以参考2021年的一篇综述文章[48]。在生物技术领

第6章 机器学习在（生物）化学制造系统控制中的应用

域，尤其是混合模型的应用，过去 20 年中机器学习的关注度显著提升。一篇 2021 年的综述文章[27]总结了过去 20 年内发表的超过 200 篇论文中的机器学习在生物技术应用中的情况。例如，在代谢工程领域，混合模型被用于模拟细胞内的动态过程（如代谢作用、酶调节），这有助于简化模型的识别、控制和优化过程[46, 49, 50]。此外，混合模型也被应用于藻类[51, 52]、细菌[22, 53]及动物细胞的信号传递路径的建模[54-56]。

6.2.2 操作模式

在（生物）化学领域，反应过程通常分为连续运行的过程、间歇处理过程和批次补料过程，如图 6-2 所示。尽管形式为方程（6-1）的动态系统模型能够描述这三种操作模式，但各自的控制目标则有所不同。在连续运行的过程中，目标通常是在外部干扰下稳定系统状态达到预设的稳态条件，以优化过程效率，或是按照过渡轨迹达到所需的操作条件，参见图 6-2a[57]。这些预设的控制点和轨迹通常由上层的控制器或优化器设定（参见第 6.2.3 小节）。与批次补料操作不同，所需的产品可以连续不断地生产。过程中输入（进料）的变化会引起生产状态（产出）的动态或过渡变化。

然而，反应器的停留时间可能不足以将所有反应物转化为目标产品。因此，常伴随物料的循环使用，如图 6-2a 中的虚线所示。循环的过程流也可能来自下层单元，如图 6-2a 中虚线箭头指示的那样。可以根据运行过程中在线或离线获得的动态数据来构建工厂模型。

与此相对，间歇处理过程和批次补料过程通常从相同的初始条件开始，运行一定时间后结束，并且重复进行操作，如图 6-2b 所示[33, 57]。批次补料处理过程与连续过程类似，采用连续进料方式。然而，与批处理方式相似，产品仅在一定时间后才被提取，如图 6-2b 中的虚线所示。补料批处理操作确保了原料的持续供应，但通常需要更大的反应器容积[33]。每个批次结束后，也可以根据获得的在线或离线动态数据来构建工厂模型。

在进行（补料）批处理过程的控制器设计时，如稳定性这类渐近性质通常不是首要考虑的因素。尽管确保反应器，如避免热失控的安全非常重要，但更关键的目标包括遵循指定的时间变化轮廓/配方，确保在批处理结束时达到预定数值，尽量缩短批处理时间或优化整体效率。由于状态变化显著，这需要考虑被控过程的非线性行为，因此控制和优化（补料）批处理过程特别具有挑战性。虽然在操作处于稳态的连续过程中，常常可以使用非线性过程行为的线性化进行控制、估计和建模，但这对于（补料）批处理过程往往不适用。然而，（补料）批处理过程的重复性可以用来调整和改进批次之间的控制性能，参见图 6-2b[58, 59]。迭代学习控制（见第 6.5.2.3 小节）、逐批学习及优化适合这些操作模式，但它们需要能够应对批次初始条件的变化。

操作模式还会影响机器学习如何整合到过程中。例如，在（补料）批处理过程中，有些数据可能只在批次结束时才可用。在这种情况下，机器学习模型可以在批次完成后进行训练，实现批与批之间的学习，即模型只在批次之间更新。对于连续时间过程，模型的更新频率可以根据具体情况调整。

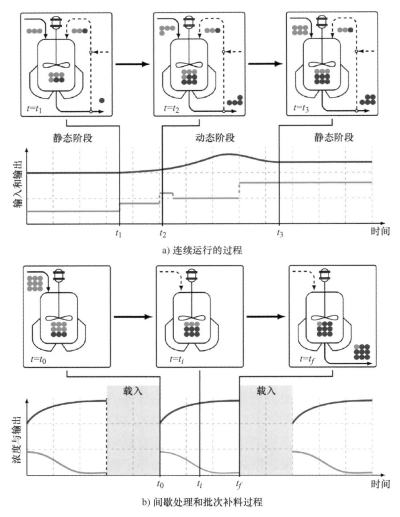

图 6-2　反应过程。

注：图中的虚线代表可选的回收（见图 6-2a）或可选的进料（见图 6-2b），用以涵盖批次补料的情况。

6.2.3　控制架构

生产过程需要一个合适的控制架构来实施连续、间歇或批次补料处理过程中提到的目标。控制架构负责实现指定的生产数量和质量操作点。另一个重要方面是即时且有保证的干扰排除和噪声补偿，从而确保工厂的安全稳定运行。

现代化学工艺常采用分层控制结构，以实现经济优化及安全稳定的操作过程，详见参考文献[33，60-62]。图6-3显示了不同控制层次的简化图。每个层次的行动或响应在不同的时间尺度上执行。在最上层控制层，通过规划和调度层设定的长期外部规范以及从工厂得到的测量数据，来确定经济运行的最优点。根据具体应用的不同，这些关于当前生产水平设定点的经济决策通常在几小时或几天内完成。为了达到这个目的，通常会使用一个以经济目标为函数的静态优化问题 $J_{eco}: \mathcal{X} \times \mathcal{Z} \times \mathcal{U} \times \mathbb{R}^{n_{eco}} \to \mathbb{R}$（如最大化产量或利润等），并结合稳态工厂模型进行计算。这种问题通常被称为实时优化（RTO）[60, 63]。针对特定的经济参数 $p_{eco} \in \mathbb{R}^{n_{eco}}$（如原材料或产品价格的描述），实时优化的一般控制法则可以表述为：

$$K_{RTO}: \mathbb{R}^{n_{eco}} \to \mathcal{X} \times \mathcal{Z} \times \mathcal{U}, (p_{eco}) \to K_{RTO}(p_{eco}) := (x_s, z_s, u_s)$$

通过解决以下问题获得经济最优设定点 (x_s, z_s, u_s)：

$$(x_s, z_s, u_s) := \arg\min_{(x,z,u)} J_{eco}(x, z, u, p_{eco}) \tag{6-3a}$$

并受到如下约束

$$0 = f(x, z, u, p) + F(x, z, p) \tag{6-3b}$$

$$0 = g(x, z, u, p) + G(x, z, p) \tag{6-3c}$$

$$(x, z, u) \in \mathcal{X} \times \mathcal{Z} \times \mathcal{U} \tag{6-3d}$$

随后，这个设定点会被发送到下一层的控制层以实施（参见图6-3）。

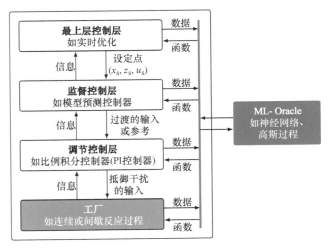

图6-3 （生物）化学过程中的典型控制架构。

监督控制层常通过使用模型预测控制器（MPC）来实施设定点。模型预测控制的核心理念是在移动预测范围内重复解决最优控制问题，并不断地纳入工厂状态的新测量数据。通过这种方法，系统的输入根据实际测量与预测系统行为的比较，并考虑多种约束条件，持续进行更新。关于 MPC 的更多信息，可以参考文献 [28，29，65，152]。MPC 拥有众多的表达形式。这里，我们仅简要介绍一种基本的设定点跟踪公式，其控制律如下所示：

$$K_{MPC}: \mathcal{X} \rightarrow \mathcal{U}, (x_k) \rightarrow K_{MPC}(x_k) = u_k := \text{pr}_1(\mathbf{u}^*)$$

为当前状态 x_k 提供应用于工厂的输入 u_k。这个输入值是通过求解非线性规划得到的。

$$\mathbf{u}^* := \underset{u_0,\cdots,u_{N-1}}{\arg\min} \sum_{l=1}^{N} \|\hat{x}_l - x_s\|_Q + \|\hat{z}_l - z_s\|_R + \|u_{l-1} - u_s\|_S \quad (6\text{-}4a)$$

并受到如下约束

$$(\hat{x}_{l+1}, \hat{z}_{l+1}) = I(\hat{x}_l, u_l, p) \quad l = 0, \cdots, N-1, \quad (6\text{-}4b)$$

$$0 = \hat{x}_0 - x_k, \quad (6\text{-}4c)$$

$$(\hat{x}_l, \hat{z}_l, u_l) \in \mathcal{X} \times \mathcal{Z} \times \mathcal{U} \quad l = 0, \cdots, N-1, \quad (6\text{-}4d)$$

$$(\hat{x}_N, \hat{z}_N) \in \mathcal{X}_f \times \mathcal{Z}_f \quad (6\text{-}4e)$$

该输入值是通过解决一个非线性规划问题来得到的。为了简化描述，这里采用了一个二次成本函数，其中 Q、R 和 S 是适当的惩罚项。动态的工厂模型被替换为离散时间模型。除了路径约束 [方程（6-4d）]，我们还可以定义额外的终端约束 [方程（6-4e）]，这些约束必须在预测期末满足。反馈机制的思想源于系统的当前状态值 x_k 被用作公式（6-4c）中预测的初始值。当前的输入值随后被传递到调节控制层，在那里对工厂信息进行短期处理。

调节控制层的主要职责是确保在工厂端直接快速实施监督控制层的决策，这些决策通常在数秒内对过程元素生效。此外，该层也负责抵御高频干扰，从而保证过程操作的稳定性。在这一层中，常见的控制律包括 PID 控制器或线性二次调节器。

每个控制层都可以得到机器学习算法的增强。在图 6-3 右侧的蓝色框中显示的机器学习生成模块，通过使用数据为每个控制层提供映射或函数。这些函数代表了不同类型的系统模型，包括静态或动态、线性或非线性的状态空间模型。此外，ML-Oracle 还可以提供控制律，用以替换层次控制结构中的某些组件，详见第 6.5 节。例如，它可以提供设定点或反馈规则，分别替换实时优化或模型预测控制器，这一切都通过机器学习来实现。

6.2.4 监控

为了实现闭环控制，控制单元必须能够提供当前的状态信息。这可以通过在线测量来估计或提取，同时还需要过滤掉噪声，并且识别出异常和故障。

进行参数估计有时是必需的，以便获得可靠的模型来执行这些任务。通常，这一工作由监测单元来处理。它往往依赖使用工厂模型 [方程（6-1）]。然而，在没有工厂模型的情况下，也可以使用基于数据的算法进行监控。无论是基于模型的监控还是基于数据的监控，机器学习都能有效提升监测或估计的质量。在第一种情况下，机器学习用于建模系统，而在基于模型的估计中，如滚动时域估计器[66]，可以使用（部分）学习得到的模型。在第二种情况下，可以直接利用机器学习算法在数据上进行状态、参数和故障估计。在这两种情况中，ML-Oracle 模块为设计和训练机器学习组件提供了基础，详细内容可参见第 6.3.1 和第 6.4.1 小节。

6.3 ML-Oracle 与机器学习方法概述

鉴于机器学习能够支持过程控制、建模、监测和操作，本节对所谓的 ML-Oracle 概念进行介绍。ML-Oracle 的提出为如何将机器学习方法融入控制、建模、监测和优化任务提供了一个通用框架。此外，我们还将简要介绍一些相关的机器学习算法，主要关注前馈神经网络和循环神经网络（RNN）、高斯过程以及基于物理知识的学习方法。

6.3.1 ML-Oracle 介绍

机器学习能够在控制、建模和监测等多种任务中提供支持。为了将具体的学习方法抽象化，我们将这种学习提供的支持称为 ML-Oracle（机器学习 Oracle）。ML-Oracle 从过程中获取信息——数据和测量（见图 6-3）。它利用这些数据，并提供以"函数"的形式学习到的支持。这个函数在理论上可以是控制、建模或监测组件的任意部分，如代理模型、混合模型的一部分，用于预测和最优控制的成本函数的一个元素，或考虑的约束集。

从抽象的角度来看，ML-Oracle $\mathcal{G}$ 提供了一个映射：

$$\mathcal{D}_{tot} \xrightarrow{\mathcal{G}} S \tag{6-5}$$

从数据集 $\mathcal{D}_{tot}$（及其他过程信息）到函数 $S: \mathcal{F} \to \mathcal{L}$。该函数根据所提供的数据，建立特征集 $\mathcal{F}$ 与标签集 $\mathcal{L}$ 之间的关联。因此，ML-Oracle 利用机器学习算法训练基于数据的函数，这些函数执行回归或分类任务，以支持建模、控制或监测。由系统提供的数据集 $\mathcal{D}_{tot}$ 可能包含各种信息，如测量的（时间序列）数据点、工厂的当前参数配置或被用于 ML-Oracle 中函数 S 训练的测量信号。

根据 ML-Oracle 的特定应用和设计，S 可以表示动态工厂模型的部分或全部，或者控制公式。在第一种情况中，工厂模型是通过基于数据的技术由 ML-Oracle 创建或得以支持的。例如，在方程（6-1）中，该函数可以提供 F 和/或 G。在第二种情况中，ML-Oracle 可能提供控制律的部分。通过这种方式，可以利用从工厂持续更新的数据来扩展传统的控制器设计程序，从而通过学习来改善控制，适应那些难以预先模拟的效应。此外，ML-Oracle 还可以用来近似或学习控制律本身，例如，当控制律的评估在嵌入式硬件上成本较高，或者控制律本身由学习部分进行调整时。

通常，ML-Oracle 使用包含来自工厂或控制器的测量或观察信息的数据。如果有额外的信息和要求，它可以加以整合。例如，ML-Oracle 生成的工厂模型的可解释性、可微分性和实时性可能对提高接受度或利用学习组件进行高效的基于梯度的优化非常重要。

经常需要对学习部分的不确定性进行量化，如模型的不确定性，这可能是至关重要的，例如，用来估计模型提供的有效操作区域。假设 S 提供了一个控制律或其部分，在这种情况下，它通常旨在保持闭环稳定性或在面对不可预测的干扰或模型不确定性时确保稳健性。在 ML-Oracle 的设计中，应考虑这些要求，采用适当的先验、方法或约束。下文中，我们将提供 ML-Oracle 的数学抽象描述，包括先验信息，并详细探讨两种具体算法：神经网络和高斯过程。请注意，我们关注的是基于机器学习的回归方法，而非分类方法。

6.3.2 ML-Oracle 的抽象描述

我们将 ML-Oracle 定义为一个映射，它利用数据集 $\mathcal{D}_{tot}$ 来学习一个函数：

$$S \in \mathcal{M} := \{\xi : \mathcal{F} \to \mathcal{L}\}$$

这个函数映射特征空间 $\mathcal{F}$ 中的元素到标记数据空间 $\mathcal{L}$。图 6-4a 展示了这个 ML-Oracle 并描述了它的基本结构。基于数据集 $\mathcal{D}_{tot}$，ML-Oracle 生成了映射 S，该映射包括一个协调 / 规划模块（图 6-4a 的下方蓝色框）和一个训练模块（图 6-4a 的上方蓝色框）。

6.3.2.1 数据集

我们假设用于生成 S 的总数据集 $\mathcal{D}_{tot} = \{\mathcal{D}, \mathcal{D}_{add}\}$ 包含两个子集 $\mathcal{D}$ 和 $\mathcal{D}_{add}$，这两个子集包含了关于过程的不同信息。

$$\mathcal{D} := \{(f_{pre,1}, \ell_{post,1}), \cdots, (f_{pre,n}, \ell_{post,n}) \mid f_{pre,i} \in \mathcal{F}_{pre}, \ell_{post,i} \in \mathcal{L}_{post}\}$$

这个数据集是一系列测量值的集合，这些测量值间接代表了要学习的特征和标签。为了获得生成 S 所需的特征 $f_i \in \mathcal{F}$ 和标签 $\ell_i \in \mathcal{L}$，可能需要对数据 $\mathcal{D}$ 进行处理。这一处理过程由训练模块完成，详见图 6-4 和第 6.3.2.1 小节之后的介绍。

注意，数据集 $\mathcal{D}$ 被假设为包含标记特征的集合，这表明采用的是监督学习方法。

数据集 $\mathcal{D}$ 中的标签可能是离散值或连续值。若考虑连续值集合，则该学习任务称为回归；反之，则称为分类。

除了测量得到的输入 – 输出数据 $\mathcal{D}$ 外，ML-Oracle 可能还需要考虑额外的参数。例如，在物理信息化学习中，机器学习算法的训练将考虑一个包含特定参数或需要满足特定

第6章 机器学习在（生物）化学制造系统控制中的应用

约束的第一性原理模型。在训练过程中应当考虑的有关物理假设、知识或限制的额外信息被存储在 $\mathcal{D}_{add}$ 中。总数据集 $\mathcal{D}_{tot}=\{\mathcal{D},\mathcal{D}_{add}\}$ 会传递给负责执行训练模块和评估训练模型的协调/规划模块。

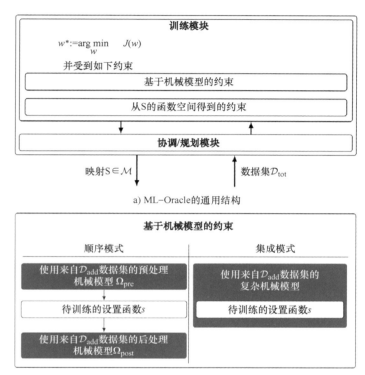

图 6-4 ML-Oracle 的基本结构

1. 协调

在常见情况下，数据集 $\mathcal{D}$ 会被分为训练数据集、测试数据集和验证数据集。协调/规划模块负责选择这些分组，并评估训练算法的性能。训练数据集用于学习过程，测试数据集用于评估模型对于未见样本的表现，而验证数据集则用来比较不同的机器学习模型，从而选择性能最优的模型。为了加快训练速度，训练数据集可以进一步划分为多个批次。这些批次是训练数据集的一个子集，在模型参数或权重更新前传递给机器学习模型。使用训练数据集进行训练的次数称为"轮次"。协调器利用数据集 $\mathcal{D}_{tot}$ 执行以下任务：

1）选择并转发训练数据及额外参数至训练模块。
2）执行训练模块。
3）评估训练后函数的质量。

算法 6-1 将这一任务形式化，其中 $\mathcal{P}(\mathcal{D})$ 表示数据集 $\mathcal{D}$ 的幂集。

算法 6-1　ML-Oracle 设计数据驱动函数的协调

输入：数据集 $\mathcal{D}_{tot}$
结果：以数据集 $\mathcal{D}_{tot}$ 训练得到的函数 $S \in \mathcal{M}$
while *true* **do**
　　selecting subsets D_{train} and D_{test} from the data set $\mathcal{P}(\mathcal{D})$
　　running the training block using D_{train} and $\mathcal{D}_{add}$
　　evaluating the function S using D_{test} in terms of e.g. inter- and
　　　extrapolation quality or constraint satisfaction
　　if *Function S satisfies all conditions* **then**
　　　｜ break
　　end
end

---

2. 设置函数

为了找到函数 S，ML-Oracle 可能需要使用一组待训练的设置函数

$$s : \mathcal{F} \times \mathcal{W} \times \mathcal{P}(\mathcal{D}) \to \mathcal{L}$$

其中 $\mathcal{W}$ 表示参数集，$\mathcal{P}(\mathcal{D})$ 是输入数据 $\mathcal{D}$ 的幂集。待训练的设置函数是根据具体应用外部选择的。例如，在神经网络中，会选择网络的层数以及这些层的连接方式，以及激活函数。网络的权重和激活函数的参数尚未确定。在高斯过程中，会选择先验均值和用于构建来自数据子集的协方差矩阵的核函数。核函数的超参数还未指定，需要进一步训练。一旦参数确定，通过固定参数和训练数据集来计算 $S(\cdot) = s(\cdot, w, D)$，即 S 是针对给定参数集和数据的 s 函数的评估。

总体而言，可以区分出下面两种类型的待训练的设置函数：

1）直接基于数据的设置函数：此类设置函数 s 直接依赖于原始数据集 $\mathcal{D}$ 的子集，即 $\mathcal{P}(\mathcal{D}) \ni D \neq \varnothing$。采用这种类型设置函数的机器学习算法不仅在训练过程中使用数据来确定参数集 $\mathcal{W}$ 中的参数，而且在训练期间也使用数据进行评估或预测。典型的例子包括高斯过程或基于核的插值技术。

2）间接基于数据的设置函数：此类设置函数 s 并不直接依赖于数据点。因此，从数据的幂集中选取的元素 D 为空，即 $D \neq \varnothing$。这种情况下，不是直接使用数据，而是使用 $\mathcal{D}$ 的元素来确定参数集 $\mathcal{W}$ 中的参数。算法的预测或评估则仅依赖于 $\mathcal{F}$ 和 $\mathcal{W}$。采用这种类型设置函数的机器学习算法的典型例子包括神经网络或线性回归技术。

所选的待训练的设置函数在训练模块中使用，用以参数化机器学习算法，具体内容将在后续章节中详细介绍。

3. 训练模块

在多数机器学习方法中，函数的训练被定义为一个优化问题，目的是寻找最佳模型。

根据具体应用的不同,目标函数可以分为下面两大类别:

1)基于误差的目标:此类目标旨在最小化实测标签数据与基于预测标签数据之间的差异。目标函数从预选的数据点集 $D \in \mathcal{P}(\mathcal{D})$ 和使用待训练的设置函数对实数的相应预测信息进行映射。典型的例子包括平均绝对误差(MAE)、均方误差(MSE)、二分类交叉熵(BCE)或交叉熵损失等。

$$J_{er}: \mathcal{L}_{post} \times \mathcal{L}_{post} \to \mathbb{R} \tag{6-6}$$

2)基于证据的目标:此类目标旨在描述参数 $w \in \mathcal{W}$ 的分布对观测数据的解释能力。目标函数从预选的数据点集 $D \in \mathcal{P}(\mathcal{D})$ 和用于定义待训练的设置函数的参数映射到实数。

$$J_{ev}: \mathcal{P}(\mathcal{D}) \times \mathcal{W} \to \mathbb{R} \tag{6-7}$$

这些类型的目标与直接基于数据的设置函数密切相关。

这类目标函数的一个例子是似然函数。

除了这两种类型的目标函数,为了平衡参数的影响并防止过拟合,经常使用正则化函数。通过这种方式,可以通过调整函数内的不同项或组件的权重来改变待训练的设置函数的结构。

训练模块的目标是识别出最优参数 $w^* \in \mathcal{W}$。一旦确定了参数,就可以基于在 w^* 处评估 s 构建函数 S。对于间接基于数据的设置函数,映射仅依赖于特征(而非参数)以用于进一步的应用。对于直接基于数据的设置函数,则必须固定训练数据集 $D \in \mathcal{P}(\mathcal{D})$ 以获取所需结果。

4. 物理信息化学习

在许多应用中,除了最小化目标函数,如方程(6-6)或方程(6-7),以及考虑正则化项之外,还需要确保满足某些物理约束、规律或已知关系。将这些关系融入学习过程,通常称为物理信息化机器学习。

例如,我们可以要求学到的函数具备连续可微性、单调性或周期性等特性,即机器学习的输出应该属于"限定的函数空间":

$$\mathcal{M}_r := \{\xi: \mathcal{F} \to \mathcal{L} | \ \xi \text{需要满足额外条件}\}$$

例如,在回归分析中,可能只关注那些连续可微的函数:

$$C^k(\mathcal{F}, \mathcal{L}) := \{\xi: \mathcal{F} \to \mathcal{L} | \ \xi \text{需要满足连续可微} k \text{次的条件}\}$$

其他的限制可能包括只允许函数具有单调性、正/负定性或有界性。这些约束在机器学习的训练环节中将被考虑,如图 6-4a 所示。

另一种类型的约束源自机理模型,如图 6-4b 所示。当数据点集 $\mathcal{D}$ 中的前置特征集 $\mathcal{F}_{pre}$ 与后置标签集 $\mathcal{L}_{post}$ 不直接对应于特征空间 $\mathcal{F}$ 和标签空间 $\mathcal{L}$ 时,使用机理模型。换句话说，从 $\mathcal{F}$ 到 $\mathcal{L}$ 的映射学习只能利用 $\mathcal{F}_{\text{pre}} \neq \mathcal{F}$ 和 $\mathcal{L}_{\text{post}} \neq \mathcal{L}$ 的数据。在这种情况下，需要在这些集合之间进行转换，可以通过额外的模型来实现。这些模型通常呈现为隐式或显式的代数或动态系统方程。例如，当无法直接测量所有物理变量（如温度、压力、浓度、化学势等）时，需要在不同的物理变量之间进行转换。根据物理信息化机理模型的应用方式，我们可以区分顺序方法和集成方法。这些方法需要使用额外的参数 $d \in \mathcal{D}_{\text{add}}$，这些参数除了数据点外，还必须提供给机器学习模型。

1）顺序方法：顺序方法使用物理信息化模型

$$0 = \tilde{\Omega}_{\text{pre}}(f_{\text{pre}}, f) \quad \text{和} \quad 0 = \tilde{\Omega}_{\text{post}}(\ell, \ell_{\text{post}})$$

在物理信息化学习中的顺序方法利用物理信息模型来进行数据转换，以便设置函数能够处理这些数据。典型的例子包括描述不同状态变量（如温度、压力、体积等）之间关系的热力学方程、热力学势（如焓、熵等）以及材料属性（如密度、热容等）。如果这些模型在局部可以显式给出，即以映射的形式存在，那么这些映射可以直接集成到设置函数中。这样做的结果是形成一个混合模型。通常，物理信息化机器学习的顺序方法允许将数据转换任务外包，更具体地说，可以在训练模块外部和离线完成从 f_{pre} 到 f 以及从 $\mathcal{L}_{\text{post}}$ 到 ℓ 的转换。

$$\Omega_{\text{pre}} : \mathcal{F}_{\text{pre}} \to \mathcal{F} \quad \text{和} \quad \Omega_{\text{post}} : \mathcal{L} \to \mathcal{L}_{\text{post}}$$

表 6-1 展示了两个训练过程的例子，这些过程中数据是按顺序转换的。它提供了针对特定设置函数 s 的训练的数学公式，旨在获得最优参数 w^*。在表 6-1 中展示的两种情况中，优化过程中引入了额外的约束，这些约束反映了机理模型。在案例 1 中，这种机理模型是显式给出的；案例 2 则采用了隐式的机理模型约束。尽管这些约束在表 6-1 中作为训练优化的一部分被提及，相关的转换可以在优化过程之外进行，因为 Ω_α 或 $\tilde{\Omega}_\alpha$，$\alpha \in \{\text{pre, post}\}$ 并不依赖于参数 w。

表 6-1 训练映射示例

设置函数：	一个间接基于数据的待训练的设置函数
目标函数：	基于错误的，旨在使模拟数据与实际测量数据之间的误差最小化
案例 1：	$z_1 = g_{\text{ex}}(u), z_2 = G_{\text{ex}}(z_1), y = h(z_2)$ 其中 $z = (z_1, z_2)$
数据集：	$\mathcal{D} := \{(u_k, y_k) \mid u_k \in \mathcal{F}_{\text{pre}}, y_k \in \mathcal{L}_{\text{post}}, k = 1, \cdots, N\}$
物理模型：	定义函数，$\Omega_{\text{pre}} := g_{\text{ex}}, \Omega_{\text{post}} := h$
训练：	$w^* := \arg\min_w \sum_k \| y_k - \hat{y}_k \|_Q$
	受到如下约束：$\hat{y}_k = h \circ s(g_{\text{ex}}(u_k), w), k = 1, \cdots, N$
ml-oracle 输出：	$G_{\text{ex}}(z_1) \approx S(z_1) := s(z_1, w^*)$

(续)

案例2:	$0 = g(z_1, u), z_2 = G_{ex}(z_1), y = h(z_2)$ 其中 $z = (z_1, z_2)$
数据集:	$\mathcal{D} := \{(u_k, y_k) \mid u_k \in \mathcal{F}_{pre}, y_k \in \mathcal{L}_{post}, k = 1, \cdots, N\}$
物理模型:	定义函数, $\tilde{\Omega}_{pre} := g, \Omega_{post} := h$
训练:	$w^* := \arg\min_w \sum_k \|y_k - \hat{y}_k\|_Q$ 受到如下约束: $0 = g(z_{1,k}, u_k), k = 1, \cdots, N$ $\hat{y}_k = h \circ s(z_{1,k}, w) \quad k = 1, \cdots, N$
ml-oracle 输出:	$G_{ex}(z_1) \approx S(z_1) =: s(z_1, w^*)$

注：使用顺序方法训练映射 G_{ex}。在这两个案例中，系统都被描述为一个代数模型。

2）**集成方法**：集成方法涉及那些与设置函数互相耦合的物理信息化模型。在这种情况下，如果不使用尚未确定并需要训练的参数 w 来评估模型，就无法从数据集 $\mathcal{D}$ 中计算出特征 f 和标签 t。这类模型的典型例子是动态系统，其中设置函数起到系统描述中代数方程的作用。例如，在反应器的动态模型中，设置函数可能代表动力学方程。然而，反应速率通常无法直接测量，测量数据通常是浓度剖面。从这些数据中学习反应速率包括求解动态系统方程，这一过程必须在每个训练步骤中执行。表 6-2 展示了训练过程，其中基于数据的模型是代数模型（案例1）和动态模型（案例2）的一部分。在训练过程中必须解决系统问题，以获得可以与测量数据进行比较的数据。优化中的约束描述了系统方程，并且直接依赖于参数 w。因此，没有可能在优化过程外预先计算特征和标签以简化训练。

表 6-2 使用集成方法训练映射 G_{ex}

设置函数:	一个间接基于数据的待训练的设置函数
目标函数:	基于错误的，旨在使模拟数据与实际测量数据之间的误差最小化
案例1:	$0 = g(z_1, z_2, u), z_2 = G_{ex}(z_1), y = h(z_1, z_2)$ 其中 $z = (z_1, z_2)$
数据集:	$\mathcal{D} := \{(u_k, y_k) \mid u_k \in \mathcal{F}_{pre}, y_k \in \mathcal{L}_{post}, k = 1, \cdots, N\}$
物理模型:	$0 = g(z_1, s(z_1, w), u) =: \tilde{g}(z_1, w, u)$ 并在设置函数 s 的约束条件下定义 $\tilde{h}(z_1, w) := h(z_1, s(z_1, w))$
训练:	$w^* := \arg\min_w \sum_k \|y_k - \hat{y}_k\|_Q$ 受到如下约束: $0 = \tilde{g}(z_{1,k}, w, u_k) \quad k = 1, \cdots, N,$ $\hat{y}_k = \tilde{h}(z_{1,k}, w) \quad k = 1, \cdots, N$
ml-oracle 输出:	$G_{ex}(z_1) \approx S(z_1) := s(z_1, w^*)$
案例2:	$\dot{x} = f(x, z, u), z = G_{ex}(x), y = h(x)$
数据集:	$\mathcal{D} := \{(t_k, y_k) \mid t_k \in \mathcal{F}_{pre}, y_k \in \mathcal{L}_{post}, k = 1, \cdots, N\}$

(续)

额外数据：	$\mathcal{D}_{add} := \{x_0, (u_k)_{k \in \mathbb{T}}\}$，其中 $\mathbb{T} := \{0, 1, \cdots, N-1\}$
物理模型：	一步积分器：通过函数 s 计算 $(x_{k+1}, z_{k+1}) = I(x_k, u_k, w)$
训练：	$w^* := \arg\min_w \sum_k \|y_k - \hat{y}_k\|_Q$ 受到如下约束 $(\hat{x}_{k+1}, \hat{z}_{k+1}) = I(\hat{x}_k, u_k, w) \quad k = 0, \cdots, N-1$, $\hat{x}_0 = x_0$, $\hat{y}_k = h(\hat{x}_k) \quad k = 1, \cdots, N$
ml-oracle 输出：	$G_{ex}(x) \approx S(x) := s(x, w^*)$

注：系统可能是由代数模型或动态模型给出。

总而言之，在设置函数的设计过程以及参数的训练中，可以以多种方式整合物理信息化知识。通过这种方式，物理模型能够转换测量数据和训练需要的变量。选择待训练的设置函数也可以基于物理和技术方面的考量。例如，神经网络的初始网络拓扑（如隐藏层的数量和激活函数的选择）或高斯过程中的核函数对于数据的近似非常关键。特别是，设置函数的选择将决定如何有效地将额外的函数空间 $\mathcal{M}_r$ 约束纳入优化中。事实上，一些设置函数因其结构直接满足特定属性（如周期性）。同时，初始参数或边界的选择基于经验丰富的工程师的先验知识或技术限制，详情参见参考文献 [38]。

6.3.3 ML-Oracle 示例

在本小节中，我们将详细介绍两个特定的 ML-Oracle 示例：神经网络和高斯过程。在这些例子中，我们假设特征和标签是直接测量得到的，无须通过物理模型在 $\mathcal{F}_{pre}/\mathcal{F}$ 或 $\mathcal{L}_{post}/\mathcal{L}$ 之间进行转换。

6.3.3.1 前馈人工神经网络

人工神经网络（ANN）是最灵活且应用最广泛的机器学习方法之一。它们的设计灵感来源于人脑中的神经网络[67]。人工神经网络由多个神经元组成，这些神经元可以按层或更复杂的结构排列[68, 69]，每个神经元都与网络中的其他神经元相连。我们首先介绍前馈神经网络（FNN）（见图 6-5），在这种网络中，每层的神经元都只与下一层的神经元连接，不存在自连接或回路。每个连接都具有一个权重参数，表示该信号对下一个神经元的重要性。信息从输入层开始输入，通过网络传递和转换，最终得到相应的输出。这种转换是通过将所有输入的加权和与每个神经元的偏置相结合，并应用非线性激活函数在神经元内部完成的。

特征 $f =: z_0$ 是整个网络的输入。训练网络的目标是找到参数，如权重，以生成网络输出 $z_{N+1} \in \mathcal{L}$，这一输出能够模拟标签数据。

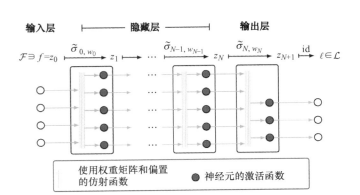

图 6-5　前馈神经网络的表示。

神经网络是一类采用间接基于数据的设置函数的机器学习技术。这意味着测量数据仅用于训练参数，而非在推理阶段使用。待训练的设置函数 S_{FNN} 由一系列基本函数组成，这些函数描述了每一层的处理过程。

$$z_{l+1} = \tilde{\sigma}_{l,w_l}(z_l) := \sigma_l(W_l z_l + b_l) \tag{6-8}$$

其中，$\sigma_l : \mathbb{R}^{n_{l+1}} \to \mathbb{R}^{n_{l+1}}$ 代表激活函数，而 $w_l = (W_l, b_l) \in \mathcal{W}_l := \mathbb{R}^{n_{l+1}, n_l} \times \mathbb{R}^{n_{l+1}}$ 是第 l 层的参数，包括权重矩阵 W_l 和偏置 b_l。第 l 层的输出信息 $z_l \in \mathbb{R}^{n_l}$ 成为第 $l+1$ 层的输入，这里 n_l 表示第 l 层的神经元数。数字 $n_0 = n_f$ 和 $n_{N+1} = n_\ell$ 分别对应特征空间和标签空间的维度。神经网络的参数，即 $\mathcal{W}$ 的元素，由权重矩阵和偏置项的条目组成。

通过对所有 N 层重复此操作，我们获得了待训练的设置函数。

$$S_{\text{FNN}} : \mathcal{F} \times \mathcal{W} \to \mathcal{L}, (f, w) \mapsto s_{\text{FNN}}(f, w) := \tilde{\sigma}_{N, w_N} \circ \cdots \circ \tilde{\sigma}_{0, w_0}(f)$$

各个参数 w_l 形成了完整的参数向量 $w = (w_0, \cdots, w_N) \in \mathcal{W} := \mathcal{W}_0 \times \cdots \times \mathcal{W}_N$。每一层的权重 W_l 和偏置 b_l 在训练过程中通过基于误差的目标进行优化 [如方程（6-6）所示]。换言之，优化的目标是最小化预测标签与实际标签之间的误差[70]。在实际操作中，通常采用基于梯度的优化算法来训练人工神经网络。针对深度神经网络（具有多个隐藏层的网络）的特殊结构，训练时会使用特定的基于梯度的技术子类型。其中之一是反向传播技术，该技术允许在避免因梯度消失而使网络陷入局部最小值的同时，迭代地更新参数。关于梯度消失和反向传播的更多详细讨论，读者可以查阅参考文献 [71, 72]。

6.3.3.2　循环神经网络

前馈神经网络是实现输入与输出之间静态映射的网络结构。然而，在某些场景中，我们不仅需要考虑当前的输入，还需要考虑之前的输入信息。这种需求常见于序列数据处理，如时间序列分析、文本生成或文本预测等领域，其中输入数据的顺序对于预测结果有重要影响。为此，循环神经网络（RNN）应运而生，它通过引入记忆效应来处理此类问题，这对于模拟动态系统尤为重要。在 RNN 中，为了实现记忆功能，网络会使用所谓的"隐藏状态"。这些隐藏状态能够将前一时刻的信息传递到下一时刻，从而在网络中形成信息的持续流动。在这里，我们为了简化讨论，假设网络中只包含一个处理层来阐述 RNN 的工作原理。更具体地说，我们考虑的网络除了输入层和输出层外，仅包含一个额外的层。通常，这样一个层中可以采用不同的结构来实现记忆效应的整合。在下文中，我们将重点介绍一个基本的 RNN 单元。此外，还存在其他结构，如门控循环单元（GRU）[73]和长短期记忆网络（LSTM）[74]，它们具有不同的特点和应用。

RNN 单元是由两个神经元子层组成的一种隐藏层（见图 6-6）。第一个子层负责计算隐藏状态，第二个子层定义了如何根据这些状态生成输出标签。为了将 RNN 单元的架构融入我们的框架中，我们采用以下两个基本假设：

假设 1. 特征空间和标签空间的定义如下：

$$\mathcal{F} = \bar{\mathcal{F}} \times \mathcal{H} \text{ 和 } \mathcal{L} = \bar{\mathcal{L}} \times \mathcal{H} \tag{6-9}$$

其中集合 $\mathcal{H}$ 包含了所谓的隐藏状态，这些状态使得我们可以描述一个依赖于参数的映射。集合 $\bar{\mathcal{F}}$ 和 $\bar{\mathcal{L}}$ 分别代表了如果使用前馈神经网络（FNN）描述设置函数时的原始输入域和输出域。

假设 2. 包含内部状态 h 的标签部分会被反馈到神经元的输入中（见图 6-6）。

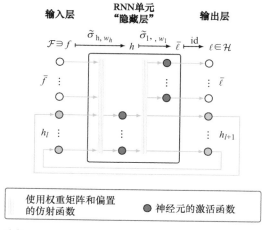

图 6-6　循环神经网络的表示形式。

注：注意，我们使用下标来突出网络由于反馈机制而产生的记忆效应。

通过在假设 1 中引入隐藏状态，我们人为扩展了特征和标签空间，使得这些隐藏状态可以作为单元的输出和输入的一部分被反馈回网络。假设 2 使我们能够存储并重复使用一旦被计算出的信息，换言之，神经元具备了记忆能力。RNN 单元内部各个子层的基本函数通常是定义如下的仿射函数，它们使用权重矩阵和偏置来实现。

第一个子层：$\quad h_{l+1} = \tilde{\sigma}_{h,w_h}(f, h_l) := \sigma_h(W_f f + W_h h_l + b_h),$

第二个子层：$\quad \ell = \tilde{\sigma}_{1,w_1}(h_{l+1}) := \sigma_1(W_1 h_{l+1} + b_1)$

在这里，映射 $\sigma_h : \mathbb{R}^{n_h} \to \mathbb{R}^{n_h}$ 和 $\sigma_1 : \mathbb{R}^{n_h} \to \mathbb{R}^{n_\ell}$ 是激活函数。

参数 $w_h = (W_f, W_h, b_h) \in \mathcal{W}_h := \mathbb{R}^{n_h, n_f} \times \mathbb{R}^{n_h, n_h} \times \mathbb{R}^{n_h}$ 和 $w_1 = (W_1, b_1) \in \mathcal{W}_1 := \mathbb{R}^{n_\ell, n_h} \times \mathbb{R}^{n_\ell}$ 包括需要训练的权重矩阵（W_f，W_h. 和 .W_1）和偏置值（b_h 和 .b_1）。使用方程（6-9），可以定义单个 RNN 单元的设置函数如下：

$$s_{RNN} : \bar{\mathcal{F}} \times \mathcal{H} \times \mathcal{W} \to \bar{\mathcal{L}} \times \mathcal{H}, (f, h_l, w) \mapsto s_{RNN}(f, h_l, w) := (\ell, h_{l+1}),$$
当 $w := (w_h, w_1) \in \mathcal{W} := \mathcal{W}_h \times \mathcal{W}_1$

6.3.3.3　高斯过程

高斯过程与神经网络在待训练的设置函数、训练目标和数据处理类型方面有所不同。基本思想是将标签解释为依赖于特征的正态分布随机变量。为了描述数据点之间的相似性，使用一个核函数 σ：

$\mathcal{F} \times \mathcal{F} \times \mathcal{W} \to \mathbb{R}_0^+$，为两个特征分配一个正实数。核函数特定的参数 $h \in \mathcal{H}$ 要么被假设为已给出，要么使用数据和基于证据的目标函数进行训练。核函数可以用来评估特征空间中两点之间的邻域或关系。如果对于两个点的 σ 值比另外两个点的更大，可以得出它们之间有更强的耦合关系的结论。这反过来又影响了标签之间的评估。通常，核函数必须满足以下两个属性：

1）对称性：对于固定的参数 $h \in \mathcal{H}$，核函数是对称的，即 $\sigma(f_1, f_2, h) = \sigma(f_2, f_1, h)$。

2）上界性：对于固定的参数 $h \in \mathcal{H}$ 和固定的特征 $f \in \mathcal{F}$，函数 $\tilde{\sigma} : \mathcal{F} \to \mathbb{R}_0^+, \tilde{\sigma}(\tilde{f}) := \sigma(f, \tilde{f}, h)$，被 $\tilde{\sigma}(f)$ 上界限制。

对称性非常关键，因为不论在特征空间 $\mathcal{F}$ 中的哪两个点被选择，它们之间的关系总是保持不变，即使它们在 σ 的参数位置互换。上界性保证了特征空间 $\mathcal{F}$ 中任意一个点 $\tilde{f}$ 与一个基准点 f 之间的相似度不会超过 f 与其自身的相似度。在学术文献中，一个常用的核函数示例是平方指数函数，如下：

$$\sigma_{se}(f_1, f_2, h) := h_1 \exp\left(\frac{\sum_\alpha (f_1^\alpha - f_2^\alpha)^2}{h_2}\right)$$

其中 f_i^α 表示 f_i 的第 α 个分量，h_1，$h_2 \in \mathbb{R}_+$ 是参数。

通过核函数，可以根据输入数据 $D = \{(f_1,\ell_1),\cdots,(f_n,\ell_n)\} \in \mathcal{P}(\mathcal{D})$ 和超参数 $w := (h,v) \in \mathcal{W} := \mathcal{H} \times \mathbb{R}_+$，设计一个直接基于数据的设置函数 s_{GP}：

$$s_{GP} : \mathcal{F} \times \mathcal{W} \times \mathcal{P}(\mathcal{D}) \to \mathcal{L}$$

$$(\tilde{f},w,D) \mapsto s_{GP}(\tilde{f},w,D) := \sum_{\alpha,\beta=1}^{n} (K(w,D)^{-1})^{\alpha\beta} \ell_\beta \sigma(f_\alpha, \tilde{f}, h)$$

这里，h 表示核函数的特定参数，$v \in \mathbb{R}_+$ 表示方差。该矩阵值函数

$$K : \mathcal{W} \times \mathcal{P}(\mathcal{D}) \to \mathbb{R}^{n,n},$$

$$(w,D) \to K(w,D) := \begin{pmatrix} \sigma(f_1,f_1,h) & \cdots & \sigma(f_1,f_n,h) \\ \vdots & & \vdots \\ \sigma(f_n,f_1,h) & \cdots & \sigma(f_n,f_n,h) \end{pmatrix} + v\mathbb{I}$$

生成了协方差矩阵，从而可以描述特征之间的关系。由于核函数的对称性质，可以推断出 $K(w, D)$ 是一个对称矩阵。在文献中，s_{GP} 函数被描述为具有零先验均值的后验均值，参见文献 [64]。

高斯过程的优势源于这种方法的随机本质。除了 s_{GP} 函数外，还可以定义另一个函数 κ，该函数描述了围绕 s_{GP} 的协方差，并因此定义了一个置信区间。这个后验协方差函数表示为

$$\kappa : \mathcal{F} \times \mathcal{W} \times \mathcal{P}(\mathcal{D}) \to \mathbb{R}_+, (\tilde{f},w,D) \mapsto \kappa(\tilde{f},w,D)$$

其中

$$\kappa(\tilde{f},w,D) := \sigma(\tilde{f},\tilde{f},h) - \sum_{\alpha,\beta=1}^{n} (K(w,D)^{-1})^{\alpha\beta} \sigma(f_\alpha,\tilde{f},h)\sigma(f_\beta,\tilde{f},h)$$

为了训练超参数 $w \in \mathcal{W}$，人们选择一个基于证据的目标函数来最大化数据的可靠性。

表 6-3 列出了部分推荐的参考文献，主要关注于模型预测控制的机器学习方法。

表 6-3 部分参考文献

网络类型	参考文献
前馈神经网络（FNN）	[42, 46, 49, 53, 75-89]
循环神经网络（RNN）	[90-114, 116, 210]
高斯过程	[117-134]

6.4 机器学习支持的建模在监督和控制中的应用

由于数据采集和存储成本的降低以及模型开发速度的提升，工厂数据的增多带动了机器学习在（生物）化工行业中的广泛应用[1]。机器学习技术已经扩展到多个领域，包括能

第6章 机器学习在（生物）化学制造系统控制中的应用

源、基础化学品、石化、石油与天然气、高分子材料、制药、食品、饮料、生物技术、矿业和水处理等[2, 37]。

在本节中，我们将简要介绍如何使用机器学习技术来实现或改善过程监控和控制功能，方法是为估计器或控制器提供系统模型。因此，ML-Oracle 利用数据，应用基于数据和混合建模技术，来开发工厂模型参见方程（6-1）。我们将在第 6.4.1 小节中介绍如何利用系统的机器学习模型进行监控，在第 6.4.2 小节中介绍如何用于过程控制。

6.4.1 用于过程监控的学习系统模型

本小节我们将总结并评述数据驱动的工厂模型在支持工厂监控方面的应用（参见图 6-7），重点介绍在线和离线应用，内容涵盖降维和参数估计，并涉及状态估计和故障检测的在线应用。

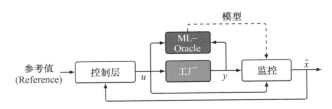

图 6-7 用于过程监控的学习系统模型。

6.4.1.1 机器学习用于降维

高精度的工厂模型对工程师极为重要，因为它们可以帮助工程师增进对过程的理解，支持工厂的设计、监控和控制[32-34]。为了得到准确的模型，针对复杂过程已经开发出基于第一性原理的模型，这些模型能够描述动力学、流体力学、物理化学属性或热力学特性[32, 34, 135]。第一性原理建模涉及求解非线性微分方程、数值积分、参数拟合和求解方程根的方法[34, 135]。由于这些操作在计算上可能非常具有挑战性，因此过于复杂的模型可能不适用于实时应用、最优化过程设计或控制，这主要是由于它们的复杂性[32]。机器学习算法已被用来解决这一挑战，通过学习降阶模型来减少离线和在线的计算需求。例如，通过机器学习技术确定控制机制，从而获得能够简洁描述系统关键动态的低维模型[34]。

尽管机器学习模型取代基于第一性原理的模型在某些情况下看似有优势，但这种替换并不必然带来计算速度的提升或模型阶次的降低。训练这些机器学习模型需要处理大规模数据集，这一过程可能需要大量的（离线）计算资源。因此，为了开发降阶模型，已经提出了各种采样设计方法，更多相关信息可以参见参考文献 [136]。在参考文献 [136] 中，研究者利用复杂的热力学模型生成的数据，开发了基于高斯过程和神经网络的代理模型，用于预测液—液平衡相。这些降阶模型的预测速度比复杂的热力学模型快 36 倍。在参考文献 [12] 中，开发了一种流体动力学的混合降阶模型，以提升对外部和内部流动问题中速度和压力场的预测速度。Raissi 等人[12]指出，这种方法能够在不受初始和边界条件影响的情况下提供准确的预测。这表明模型具有较高的灵活性，可以应用于特定领域，从而减少所需的计算量和数据。通过将第一性原理整合到降阶模型中，使其能够成功应用于模拟颅内动脉瘤中的血流，准确预测速度和压力场。

注意，一般来说，直接基于数据的机器学习方法在处理大数据集时，相较于间接基于数据的算法（如神经网络），会遇到更高的计算复杂性。例如，高斯过程的计算复杂性随数据集大小的增加而呈立方级增长，这使得其在线应用变得复杂[138]。然而，为了解决这一问题，已开发出如稀疏高斯过程和数据更新方案等算法。例如，Fezai 等人[138]开发的高斯回归过程，仅利用数据集的一个子集进行离线训练，并在新数据上实施在线训练，以降低计算复杂性并保证足够的预测准确性。

6.4.1.2 使用机器学习进行参数和状态估计

在（生物）化学过程中，某些现象、机制和物理化学性质有时是未知的或仅部分已知[4, 37, 39, 139]。有些化学属性无法在线测量，需要进行实验室分析，而这通常会导致较大的时间延误[47]。例如，气相色谱等在线分析仪器的时间延迟，给准确的在线监控和控制带来巨大挑战[45, 140]。此外，工业分析仪器的购置和维护成本较高，有些设备甚至无法进行在线校准[6, 47, 141]。

面对这些挑战，可以采用工厂模型作为估计器，亦称之为软传感器[141]。机器学习在估计器的应用中因其鲁棒性、简易性和灵活性而日益流行。我们可以采用不同的人工神经网络结构来进行估计，每种结构都有其独特的优点和限制，Ali 等人[45]在其研究中已进行了总结。Ali 等人还提供了基于以往文献的估计器开发指南和基于数据及混合估计器的示例[45]。目的是利用可测量的变量来估计无法直接测量的变量，以实现在线监控、控制和过程优化[47, 141]。估计器可以用来估计工厂模型中所需的未知参数，这称为参数估计。如果这些参数在操作周期内保持不变，可以进行离线估计。例如，Bishnoi 等人[142]使用径向基函数核的高斯过程回归模型，针对由 37 种不同化学成分组成的玻璃的 9 种不同属性进行了离线参数估计。当参数依赖于当前过程的状态时，则需要进行在线参数估计。在参考文献 [143] 中，一个采用单层的前馈神经网络估计了纯化合物的表面张力参数，该模型能够利用纯化合物中存在的化学官能团信息，在不同温度下估计 752 种不同纯化合物的表面张力。

机器学习估计器可用于估计一些未测的状态变量，如浓度、热流、反应速率、生长动力学和电池生命周期等[3, 45, 144]。在状态估计任务中，估计器通常须先离线训练，再在线应用，这是因为估计器的工作依赖当前工厂的状态。为了提高估计精度，可以通过利用在线数据对估计器的内部参数进行额外训练来进行更新[45]。例如，Nikolaou 和 Hanagandi[145]使用了循环神经网络（RNN）来建模一个非恒温连续搅拌反应器（CSTR），该模型作为开环观测器使用，过程状态信息被反馈给一个线性控制器。研究结果显示，观测器和控制器具有局部稳定性。相比于经过最优调整的线性控制器，他们提出的非线性控制器展现了更好的性能[145]。另一个例子由 Psichogios 和 Ungar[70] 提出，他们使用混合建模技术来估计进料批次生物反应器的状态。在这一研究中，利用神经网络来模拟生长速率动力学，该模型被应用于基于第一性原理的模型，用以预测下一个采样时刻的生物反应器状态。机器学习模型内部参数的训练需要依靠从目标函数中导出的灵敏度方程。Georgieva 和 de Azevedo[42] 以及 Galvanauskas 等人[146] 在结晶过程中也采用了相似的方法，他们的机器学习模型用于模拟第一性原理模型中所需的动力学参数，以便估计在线过程状态。Georgieva 和 de Azevedo 进一步使用模型预测控制（MPC），利用混合状态估计器控制过程，相关讨论详见第 6.4.2.2 小节。

6.4.1.3 机器学习支持的故障检测

在工业环境中，传感器可能因为传感器漂移、堵塞或损坏而出现故障，这些故障会对精确的过程控制造成困扰[20, 140]。即使是微小的故障，也可能对生产过程产生重大影响，但如果能够及早检测到这些问题，就可以避免这种影响[1, 47]。因此，故障检测和诊断在工厂监控系统中占有非常重要的地位。它们能够确保生产过程的安全、可靠性及确保产品质量，并减少因生产中断而造成的成本损失[1, 47, 138]。故障检测模型通常用于基于过程的测量变量来判定未直接测量的故障[1]。这些故障分类模型可能完全基于第一性原理、数据，或是两者的结合[1]。

在基于数据和混合的故障检测方法中，训练数据集需要对故障进行分类和标注，这一过程可能面临一定的挑战，因为有些故障可能尚未被确诊[147]。数据标注需要人工分析，这可能增加模型的成本和开发时间[38]。数据可以通过使用精确的工厂模型或模拟正常及异常情况下的工厂操作来生成[138, 147]。如有必要，可以利用在线工厂数据更新机器学习模型的内部参数[138]。Md Nor 等人[1] 提供了化学过程故障检测器开发的通用指南，并讨论了包括高维度、非线性、复杂性和故障类型在内的多种问题。Shohei 等人[147] 利用卷积神经网络来预测供暖、通风和空调系统中的故障，他们通过将数据转化为图像形式来进行处理。这个卷积神经网络利用模拟数据进行训练，并在实际工厂数据中进行验证，成功准确地识别了工厂数据中的故障。这种训练方式可以在确保模型高精度的同时，降低模型开发和数据成本。高斯过程回归也被应用于故障检测问题，它的优势包括只需要相对较少的数据集、能够近似表示系统的不确定性，并为其预测提供置信区间[138]。Fezai 等人[138] 为田纳西‐伊斯曼过程（TE Process）开发了一个高斯过程回归模型，目标是减少误报率、漏检率和模型的计算时间。

6.4.1.4 展望：基于机器学习模型的过程监控应用

虽然基于数据的制造系统监控方法具有很大的潜力，但仍存在一些未解决的挑战。工业化学过程的规模和复杂性增加，导致生成了包含一些不相关和冗余特征的高维度数据集，这些特征不仅增加了数据处理的复杂性，还可能降低系统的运行性能[1]。因此，那些能够在无须额外知识的情况下自动进行特征提取的机器学习方法应当得到优先考虑[1]。基于机器学习的估计模型在实施、维护及故障排查方面也可能相对复杂，这就要求模型设计尽可能简洁，并且在试点及工业级工厂中进行更多的测试，以促使行业采纳这些技术[45]。此外，由于工业过程的特性可能随时间变化，软传感器的性能也可能随之退化[47]。这就需要进一步研究能够在线学习和校准的自适应训练方法，以应对这一问题[1, 45, 47]。同时，由于实验室数据可能存在时间延迟不确定性、采样间隔变化和采样习惯差异等问题，改进训练数据的质量也尤为重要[47]。因此，需要开发更为稳健的方法。同时，还应着重研究如何通过融合物理和领域知识来提供更好的可解释性和可理解性模型[16, 45]。

特别是在制造系统中，应研究能够同时识别同一时间窗口内发生的多重故障的机器学习方法，以便更好地处理系统间的相互作用[1]。此外，机器学习在模拟如启动或关闭这类过程转换时的应用，也需要进一步的研究，因为这些阶段是故障最可能发生的时段[1]。

最后，研究将估算模型与过程控制策略结合的可能性也十分重要，这可以在实时环境中提高整体的估算和控制性能[45]。

6.4.2 过程控制中的学习模型

过程控制的目的是通过调整输入来安全且高效地使过程达到一个参考状态[33]。传统上，控制结构可以分层组织，其中的过程控制活动被划分到不同层次，这些层次在不同的时间尺度上操作，并追求不同的目标（参见图6-3）。

在不同的控制层级中可以使用基于模型的控制方法，如在较低的控制层中可以使用线性二次调节器，在监督控制层中可以使用模型预测控制，在最上层控制层可以使用实时优化。这些层级直接在控制器设计中利用具有不同精细度的工厂模型（如在实时优化中使用静态模型，在模型预测控制中使用动态模型）。模型的准确性至关重要，因为它直接影响控制器的性能。由于工业过程的非线性和过程特性的变化，获取一个准确的工厂模型可能较为困难[140]。机器学习可以通过分析过程数据来提高工厂模型的准确性，如第6.2.1小节所述。本小节讨论在基于模型的控制方法中利用机器学习获得的工厂模型的应用，如自适应控制、模型预测控制和逆模型基控制[148, 149]。因此，我们并不是在训练一个机器学习算法来取代或近似一个现有的控制器（参见第6.5节），而是利用机器学习进行过程建模，并将所得信息应用于基于模型的控制技术（参见图6-8）。

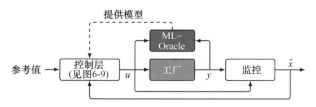

图6-8　用于过程控制的学习系统模型。

6.4.2.1 利用机器学习工厂模型的自适应控制

在整个工厂运行期间,为了补偿过程动力学、过程规格或环境变化,同时实现并保持期望性能[33, 150],控制器参数可能需要进行调整。

这些变化可能包括换热器的结垢、催化剂的失活、进料质量或组成的频繁或大幅扰动、产品规格的变化(如质量变化),以及固有的非线性行为[33, 57]。当过程偏离期望行为时,可以直接使用自适应控制来调整控制参数。同时,基于模型的控制设计也可以用于在线调整模型参数,进而用来调整控制律(即间接自适应控制)。

间接自适应控制也被称为自调控制。控制器参数通过利用更新的工厂模型来间接在线调整[33, 148, 150]。在这里,ML-Oracle 被用于在线设计和调整工厂模型。依据这些在线学习/调整的模型,可以进行控制器的各种调整。例如,可以基于机器学习模型来设计或调整 PID 控制增益(参见图 6-9 的案例 1)。此外,更新的模型还可以用于如 LQR 或 MPC 这样的基于模型的控制器,以获得最优输入(参见图 6-9 的案例 2)。原则上,无论是否更新预测模型,都可以基于机器学习模型调整 LQR 或 MPC 的参数(如成本函数中的权重)。

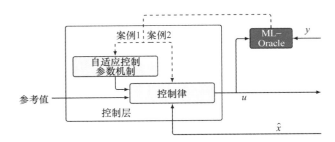

图 6-9　学习得到的系统模型应用于过程控制。

Parlos 等人[151]利用间接自适应控制结构来控制一个蒸汽 ML-Oracle。他们使用了一个循环神经网络(RNN)来生成工厂模型,并通过新的观测数据调整 RNN 权重,以增强工厂模型的预测能力。同时,通过在线调整 PID 控制器的增益,确保在整个操作区域内控制器的性能充分。这种方法的优点是可以使用现有的控制硬件在工业中实施,从而减少资本投入。Mears 等人[57]和 Hussain[148]总结了神经网络在自适应控制中的应用,尤其是在(生物)化学过程中的应用。

6.4.2.2 基于机器学习模型的模型预测控制

模型预测控制(MPC)是一种基于模型的最优控制方法,该方法通过反复解决最优控制问题来进行控制。MPC 利用工厂的模型对系统未来的状态进行预测,从而确定最优的输入轨迹。该方法具有两大主要优点:它能够用于多输入—多输出系统,并且能够确保输入和状态约束得到满足[29, 33, 40, 140, 152]。例如,在(生物)化工行业中的蒸馏和反应过程中，MPC 因其能在靠近过程极限的情况下优化性能而被广泛使用[27, 57, 140, 148]。然而，MPC 控制方法的性能依赖工厂模型的准确性[33, 40]。因此，模型的建立和维护对于防止性能恶化和保持 MPC 控制器运行至关重要[153]。使用复杂的工厂模型解决优化问题可能会带来高计算需求，这一直是工业应用中的一个挑战。工厂模型应能够准确描述真实过程中的未知因素，以避免产生不实际的状态预测，同时也应足够简化，以便能在线解决控制问题[153]。

为此，工业应用中的 MPC 常常采用线性工厂模型，这不仅简化了模型开发，也便于在线优化[32]。然而，非线性 MPC 能够考虑到过程的非线性特性，允许系统在更广的运行范围内工作[148]。这在批处理过程和动态运行的工厂，在过程条件频繁变化的情况下尤为重要。然而，Kano 和 Ogawa[140]指出，由于开发非线性过程模型的难度，非线性 MPC 并未广泛应用。

机器学习的应用可以简化这类非线性模型的开发。已经有研究成功地使用机器学习来构建 MPC 所需的工厂模型，具体可参考表 6-3 和参考文献 [33]。在此，ML-Oracle 被用于获取 MPC 的工厂模型 [方程（6-1）]。这种通常为非线性的工厂模型在 MPC 中用于进行预测（参见图 6-9 的案例 2）[148]。因此，机器学习模型作为一个等式约束被纳入优化问题中，其方式类似于传统的最优控制方法[148]。与此相对照的是，第 6.5 节探讨了使用机器学习技术近似 MPC 反馈律的情况，例如，用以提高计算速度，特别是在处理大规模问题时[88]。

Macmurray 和 Himmelblau[154] 通过一个例子研究了 MPC 中采用机器学习工厂模型的性能。他们比较了使用简化的第一性原理模型和循环神经网络（RNN）模型在模拟的填充塔蒸馏列中的 MPC 性能。这个 RNN 工厂模型使用从复杂的第一性原理动态模型生成的数据进行离线训练。Macmurray 和 Himmelblau 的研究结果显示，两种方法获得了相似的性能，这表明机器学习技术足以用于复杂或未知过程的动态工厂模型的开发，并且可以达到满意的性能水平。

另一个例子是结晶过程，这一过程涉及复杂的成核、颗粒生长和团聚机制[42]。这些机制可以通过结合第一性原理模型的机器学习方法来建模，从而得到精确的混合工厂模型，如相关小节所讨论的那样。正如 Georgieva 和 de Azevedo[42]在研究糖结晶过程中所展示的，这些混合结晶工厂模型随后可以在模型基控制中进一步使用，如 MPC。Zhang 等人[89]调查了在模拟的连续搅拌反应器中，使用基于李雅普诺夫的 MPC 时，第一性原理模型与混合工厂模型之间的差异。混合工厂模型采用了神经网络模型来模拟非线性反应速率。两种模型获得了相似的性能，但由于确定基于第一性原理的过程反应速率具有挑战性，混合模型在实际应用中更为有效。Hussain[148]总结了神经网络与化工过程中 MPC 的应用，Mowbray 等人[27]和 Mears 等人[57]则总结了其在生化过程中的应用。Saltik 等人[153]对面对不确定系统的鲁棒性和随机 MPC 方法进行了综述。

6.4.2.3 使用机器学习工厂模型的逆向控制方法

逆模型基控制方法直接对逆过程动态进行建模，以预测在预测时间范围内所需的控制行为，从而使工艺达到预期的参考状态（见图6-9的案例2）[155]。控制性能依赖于这些逆模型的准确性。

机器学习可用于获得逆模型，其效果取决于训练数据的数量和准确性[155, 156]。直接逆控制和内部模型控制是两种常见的逆控制方法[148, 156, 157]。逆模型充当控制器，与被控系统串联。如果逆模型能完美抵消系统动态，那么不需要额外的反馈，系统的输出就能完美跟随设定的参考值。然而，通常还会结合额外的反馈控制器，如PID控制器，与直接逆控制一起使用。之后，期望的输出（设定点）以及过去和当前的过程输入和输出数据会输入到逆模型中，逆模型便根据这些数据预测合适的控制输入[148, 157]。

在文献[155]中，研究者将神经网络用于直接逆控制结构，并与传统的比例—积分（PI）控制器结合使用，目的是控制钢铁酸洗过程中的浓度和pH值。PI控制器的作用是降低设定点的偏移，并防止控制变量出现振荡现象。此外，研究者还将这种组合策略与各自的单独方法进行了比较，覆盖了标准情况、干扰情况以及模型不匹配这三种情况。结果显示，PI控制器在干扰和模型不匹配的情况下未能按预定时间达到设定点，而直接逆控制方法则能在所有三种情况下稳定过程并消除设定点偏移。组合策略实现了更精确的控制，没有发生设定点偏移。Lee等人[149]开发了一个循环神经网络，用来模拟大型煤粉发电厂的逆向动力学。他们还使用了PID反馈控制器来消除由模型不匹配和外部干扰引起的稳态误差，成功地缩短了系统稳定所需的时间，并消除了设定点的偏移。Andrášik等人[158]采用了基于直接逆模型的混合建模策略，将PID控制器的误差成分与系统状态一起作为神经网络的输入，这种方法相较于传统的直接逆控制，实现了更好的调节和跟踪性能。

内部模型控制通过在直接逆控制策略中加入工厂模型，提高了控制系统的鲁棒性（参见图6-10）[148, 155, 157, 159]。工厂模型负责补偿由设备老化和环境噪声可能引起的不匹配和异常[148]。逆模型作为控制器的一部分，即使在噪声和存在干扰的情况下，也能通过工厂模型减少设定点的偏移[157, 159]。使用基于内部模型的控制器的主要优点包括系统稳定性、无偏差跟踪和无须调整参数的控制器[159]。逆模型可以通过数值方法反转工厂模型或通过训练识别逆模型来获得[156]。与直接逆控制不同，内部模型控制能够在性能和鲁棒性之间做出权衡[33]。

Hosen等人[159]在内部模型基控制策略中使用了神经网络，通过结合基于预测区间的建模，增加了对预测的紧密上下界，从而改善了设定点跟踪和抗干扰能力。Ramli等人[157]为模拟的脱丁烷塔开发了直接逆控制和内部模型控制策略，采用神经网络实现。内部模型控制策略相比于传统的PID控制器和直接逆控制策略，表现出更快的稳定时间和更优的性能。Hussain[148]总结了神经网络逆模型在不同应用中的使用情况。

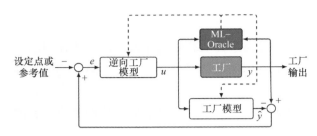

图 6-10　内部模型控制结构。

6.4.2.4　展望：基于机器学习的过程控制模型

为了实现基于机器学习模型的安全、可靠和精确的过程控制，其中一个主要议题是确保高质量模型的可用性。所谓"高质量"，主要是指机器学习模型预测的准确性。此外，未来的过程建模需要满足多种要求，包括可解释性/可理解性、处理不确定性的能力，以及能够处理大量数据的能力[1]。为了提高运营的利润和灵活性，需要重点研究在频繁变化的操作条件下，预测模型的自适应机制。控制执行期间的在线学习可以用来实现这一目标。然而，这些在线调整的安全性保障仍然需要得到确保。开发能够利用不确定性模型的鲁棒自适应控制器或控制器，被认为是应对这些挑战的非常有前景的方法（见第 6.5.1 节）。

6.5　通过机器学习实现控制

在第 6.4 节中，我们展示了机器学习模型在估计、预测、故障诊断和模型基控制中的一些可能应用。这些主要集中在使用机器学习技术对工厂进行建模（参见图 6-7 和图 6-8）。本节将展示机器学习也可以应用于制造过程的控制层，它既可以用来提升主基线控制器（如结合 GP 学习的 MPC）的控制性能，又可以通过扮演系统的主控制器角色完全替代基线控制器。在第 6.4.2 小节中，机器学习的重点是工厂模型，而控制任务则是通过基于模型的其他算法实现的。而在本节中，机器学习直接用于构建或调整控制算法。本节还将讨论通过机器学习调整控制器以确保尽管存在不确定性但仍能保障安全性和满足约束条件的情形，以及通过机器学习替换控制器的情形。

6.5.1　学习不确定性

在制造系统的控制性能中，存在着多种不确定因素。由于难以准确建模真实工厂，工厂模型中普遍存在不确定性。此外，测量噪声和未模拟的外部干扰也可能限制控制性能。显著的不确定性可能导致违反关键约束，这在严重情况下可能会导致整个系统的致命故障。我们专注于采用约束退让的鲁棒控制方法。该方法配备了对模型不确定性的表征，并能为工厂提供一定程度的安全性和性能保障。尽管不确定性可能影响控制回路的所有组件，但鲁棒控制方法通常最主要考虑模型不确定性和测量不确定性。在受约束控制中，一种常用的方法是建立一个无不确定性的标准模型，然后适当放宽约束，使得即便是在标准模型满足收缩后的约束的情况下，真实的（含不确定性的）系统也不会违反原始的约束。高斯过程可用于建模不确定性，因为它自然地提供了学习到的函数及其概率分布（参见第 6.3.3.3 小节）。这些信息可用于适当放宽约束并确保在一定概率下满足约束条件。在文献 [44, 160] 中，此方法被用于从微藻中生产叶黄素的过程。在文献 [137] 中，采用蒙特卡洛采样策略对不确定性进行传播，并结合幂级数扩展来表示水处理厂过程约束的置信区间，用于放宽约束。在文献 [161] 中，使用基于高斯过程的随机 MPC 来放宽一批反应器的约束。前述方法提供了概率约束满足，因此它不能为所有不确定性实现提供绝对的约束满足保证。为此，可以使用基于集合的方法。这些方法假设不确定性在一个有限集内均匀分布，因此可以为该集内任何不确定性实现提供约束满足的保证。其中一些方法使用基于管道的 MPC，通过所谓的辅助反馈控制器来维持系统不确定性在一个（可能较小的）有界集内，以此来避免随着预测范围的扩展而导致的问题[117, 131, 162]。然而，这些方法可能较为保守，因为它们也考虑了极低概率的不确定性事件。其他方法则不考虑放宽约束，而是通过定义一个进入目标函数的不确定性度量，来避免控制器进入不确定性较大的区域[49, 53, 163]。这些方法通常比放宽约束的方法更易于实施，但不保证鲁棒的约束满足。

6.5.2 使用机器学习替换传统控制器

机器学习方法可以作为闭环系统中的控制器。为了设计机器学习控制器，可以采用模仿学习、强化学习或迭代学习控制等方法，下面将对这些方法进行简要介绍。

6.5.2.1 使用神经网络进行模仿学习

在模仿学习中，首先有一个能够提供期望性能的基线控制器。这个基线控制器随后会被一个基于机器学习的控制器学习并取代（见图 6-11）。当学习到的控制器需要较低成本的硬件和较少的计算资源时，这种方法可以带来经济和计算上的益处。例如，如果使用模型预测控制器，每一个时间点都需要解决一个非线性优化问题，这在计算上是非常具有挑战性的。对于线性系统，可以采用显式的 MPC 方法，通过将状态空间划分为不同区域、预先计算并存储每个区域的控制律为显式函数，从而减轻计算负担[164, 165]。这种方法可以在不需要每个时间步都解决优化问题的情况下，快速而有效地进行评估。然而，这种方法存在一个问题，即需要存储所有预先计算的控制律。

对于这两个问题（即快速的在线计算和大量的存储需求）的解决，一个广泛采用的方法是使用神经网络来学习基线 MPC 控制器。

人工智能与智能制造：概念与方法

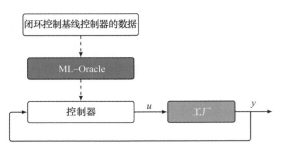

图 6-11　在模仿学习中，扮演控制器角色的神经网络通过基线控制器的输入－输出数据进行训练。

有众多论文采用了这种方法，如文献 [166-172]。其他机器学习方法也可以应用。例如，为了避免在高维系统中存储显式 MPC 所带来的问题，曾使用支持向量机[173]。控制输入和闭环数据，包括实际或模拟设备的状态或输出，均由基线控制器生成。这些数据随后用于离线训练基于机器学习的控制器。

如果我们将这一内容放入我们在第 6.2 节提到的控制框架中，ML-Oracle 将使用状态或测量值作为特征，以及输入作为标签，来学习一个显式的控制律。因此，这种方法属于监督学习类别。由于需要构建基线控制器，通常假定至少已知设备的标准数学模型，这可以提供保障，以确保基于机器学习控制的闭环系统的安全性。在一般情况下，为包含机器学习组件的闭环系统保证安全性（包括稳定性和约束保证）是一项挑战。然而，已经研究了几种方法来确保使用神经网络的闭环系统的稳定性。第一种方法是利用 Cybenko[174] 和 Hornik[175] 关于多层前馈神经网络具有通用逼近能力的定理。他们证明了任何在紧凑域上的连续映射都可以通过具有一个隐藏层的前馈神经网络以所需的精度进行逼近。换言之，只要神经网络的节点足够多，就可以保证在紧凑域内所有点上，真实函数与近似函数之间的差异始终小于给定的任何（小的）正数。这一定理与小增益定理结合，在文献 [176] 中被用来保证闭环系统的稳定性。第二种方法利用了深度神经网络中常用的非线性激活函数的特性。由于这些函数通常满足扇区界条件，或者可以通过环路变换技术改造以满足扇区界条件，因此闭环系统的稳定性可以重新表述为一个对角线性微分包含的形式，这种形式可以通过使用鲁棒控制理论中的工具来保证，如积分二次约束（IQC）[177] 或 Lure 系统的绝对稳定性[178]。此外，这种方法还允许分析系统在受到干扰和不确定性影响时的鲁棒性。

Hertneck 等人的研究[179] 采用了基于霍夫丁不等式（Hoeffding's Inequality）的方法，来获取概率上的保证。他们使用神经网络来学习一种鲁棒的 MPC，该控制能够处理在给定边界内的不准确输入。这一神经网络通过离线样本来学习这种控制器。最后，通过使用霍夫丁不等式来对基准 MPC 与学习得到的 MPC 之间的误差进行界限估计，以此来对近似的神经网络控制器进行统计验证。最近，通过扩展 Hertneck 等人[179] 的工作，文献 [88] 中的作者们提出了一种新的神经网络架构，以实现工业大规模线性 MPC 的无偏差闭环性能，这对在线二次规划（QP）求解器来说是一大挑战。此外，该论文还专注于与制造业相关的设定点跟踪 MPC。通过利用 MPC 文献中的现有成果，确保了系统的输入到状态的稳定性。

此外，研究还建立了神经网络控制器对状态估计误差和过程干扰具有鲁棒性的条件。有些研究通过利用神经网络的特殊结构来实施稳定性，从而获取保证，例如文献 [180, 181] 中的研究。

6.5.2.2 强化学习

强化学习（RL）是一种数据驱动的（可能是无模型的）控制方法，它不需要工厂的数学模型，也不一定需要基线控制器（见图 6-12），参见文献 [183, 184] 关于过程控制的评论。

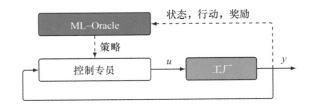

图 6-12 在强化学习中，通过利用状态、行动和奖励的信息，ML-Oracle 帮助建立最优策略。

RL 可以为动态未知或受显著不确定性影响的非线性随机系统找到"最优"控制器。尽管 RL 与最优控制紧密相关，但人工智能领域与最优控制领域在术语使用上存在差异[182]。表 6-4 展示了 RL 中常用的术语及其与控制对应的术语。

表 6-4 强化学习中常用的术语及其与控制对应的术语[182]

强化学习中常用的术语	与控制对应的术语
环境	系统
代理	决策者或控制器
行动	决策或控制
阶段奖励	（与成本相对的）阶段收益
价值函数或奖励函数	（与成本相对的）收益函数
深度强化学习	使用深度神经网络进行价值和/或策略近似的近似动态规划
规划	解决具有已知数学模型的动态规划问题
学习	在不使用明确数学模型的情况下解决动态规划问题

在强化学习的框架下，ML-Oracle 可以通过离线或在线方式从状态转移和奖励的样本中进行学习，从而解决最优控制问题并确定一种状态反馈控制律，即强化学习文献中所称的"策略"。在这一闭环系统中，ML-Oracle 充当控制器的角色。为了解决最优控制问题，

ML-Oracle 需要学习最优的价值函数、最优的控制策略，或者两者兼而有之 [（即所谓的 actor-critic（演员-评论家）方法）]，这些通常难以精确得出。因此，必须采用函数近似方法。目前广泛使用的一种函数逼近器是深度神经网络（Deep Neural Network，DNN）。基于此的方法称为深度强化学习（Deep Reinforcement Learning，DRL）。

一些综述或教程性的论文（如参考文献 [185-187]）探讨了强化学习与两种流行控制方法——模型预测控制（MPC）和自适应/近似动态规划（ADP）之间的联系。文献 [188] 中采用了强化学习方法来处理批量生物过程，并将其与使用简化模型进行大量离线训练的非线性模型预测控制（NMPC）进行了比较。

当前，强化学习的主要缺陷之一是安全性问题仍然悬而未决，因为与基于第一性原理的方法相比，问题的形式化过程中无法自然地保证稳定性条件和约束。例如，在 MPC 问题的形式化过程中，约束和稳定性条件可以自然地被整合。然而，在求解最优策略的过程中，将这些因素融入强化学习则更加困难。强化学习面临的基本问题是，它基于有限的采样数据集，无法掌握系统的绝对知识，不得不引入额外假设来保证鲁棒的控制性能。因此，已有多项研究尝试将 MPC 在处理稳定性和安全性方面的优势与强化学习结合，以实现一定程度的安全性（参见文献 [24]）。Zanon 和 Gros[189] 提出了一种可能的结合方式，即在强化学习中使用 MPC 作为函数逼近器，以提供安全性和稳定性保障。同时，强化学习也被用来调整 MPC 参数，从而以数据驱动的方式来提高闭环性能。为了保证强化学习的稳定性和安全性，Zhang 等人[190] 提出了基于 Q 学习的 MPC 方法，用于在线控制非线性系统，尤其是在缺乏精确数学模型的情况下。这种方法采用了两个具有 actor-critic 结构的神经网络。评论家网络通过系统输入和状态测量训练，用于逼近 Q 函数，而 actor 网络则用于逼近基于李雅普诺夫的 MPC，以减少解决优化问题所需的时间。通过在解决 MPC 问题时整合约束，并采用李雅普诺夫的第二稳定性方法，可以保证系统的稳定性和安全性。Alhazmi 等人[191] 使用强化学习来学习化学过程中的未知参数，但同时采用经济型 MPC 来确保系统的稳定性。

有几种方法旨在使用强化学习的同时保证约束满足，采用了安全过滤器，即在无法保证约束不被违反时，由备用控制器（如 MPC）介入替代强化学习（参见文献 [192, 193]）。Wabersich[222] 采用 MPC 作为滤波器，以尽可能少地改变强化学习的输入，确保满足约束。除了将 MPC 与强化学习结合以保证安全性的方法外，控制系统理论中的其他理论工具也被使用，如 Perkins 和 Barto[194] 的李雅普诺夫设计原则，以及 Jin 和 Lavaei[195] 的鲁棒控制理论。此外，Pan 等人[196] 提出了一种受限的 Q 学习算法，通过自调节的约束收缩来提高安全性保障的概率。

6.5.2.3 迭代学习控制

迭代学习控制（ILC）是一种旨在提高重复执行过程性能的控制技术，其性能随着执行次数的增加而逐渐改善[197]。在（生物）化工领域，这些过程通常是（供给）批

第6章 机器学习在（生物）化学制造系统控制中的应用

处理过程，其性能一般通过追踪误差来衡量，而追踪误差则是相对于可能变化的时间参考[198]。

这些过程具有固定的运行时间和相同的初始条件，且需要重复操作（参见第 6.2.2 小节）。在这些过程中，也可能在一定程度上出现轨迹变动、干扰及初始化错误[198]。迭代学习控制已发展超过 50 年，因此已经提出了许多变种。这里我们仅简要介绍其主要思想（更详细的讨论请参见文献 [197–201]）。

ILC 的核心思想是学习一个所谓的滤波器，该滤波器能在每次迭代 k（$\mathbb{I}:=\{0,1,\cdots,N\}$）时减少参考信号 $(r_i)_{i\in\mathbb{I}}$ 与测量出的工厂输出序列 $(y_{k_i})_{i\in\mathbb{I}}$ 之间的跟踪误差 $(e_{ki})_{i\in\mathbb{I}}$，其中 $e_{ki}:=r_i-y_{k_i}$。这意味着每完成一次过程运行后，ML-Oracle 会获取到测量的输出序列及生成该序列的输入序列 $(u_{ki})_{i\in\mathbb{I}}$。ML-Oracle 算法的背后逻辑是更新输入序列 $(u_{ki})_{i\in\mathbb{I}}$，使得随着迭代次数 k 趋近于无穷大，在所有样本时间点 $i\in\mathbb{I}$ 上的误差 e_{ki} 趋近于 0（见图 6-13）。在一个离散时间动态系统中，使用所谓的提升系统表示法（参见文献 [218，219]），ML-Oracle 内的更新算法也可被明确写出：

$$u_{k+1} = Q(u_k + Le_k)$$

其中，$Q\in\mathbb{R}^{N,N}$ 和 $L\in\mathbb{R}^{N,N}$ 分别被称为 $Q-$ 滤波器和增益矩阵，其确定不仅依赖于工厂的传递特性，还依赖于所采用的 ILC 调节技术[197]。开环控制序列 $(u_{ki})_{i\in\mathbb{I}}$ 被应用于工厂。通常，ILC 会与反馈控制器结合使用，以排除那些非重复的干扰（如参考文献 [202]）。

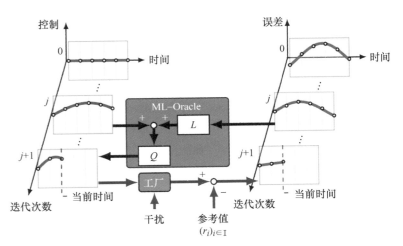

图 6-13 用于离散时间动态系统的迭代学习控制器的示意图。

注：其中，L 和 Q 矩阵分别被称作学习函数和 $Q-$ 滤波器[197]。

这种基本公式已被改进为基于模型的公式，该公式在文献 [207，216] 中采用了模型工厂反演技术。

ILC 通常应用于离散时间的线性或已线性化模型，但也已扩展到连续时间的非线性系统（参见文献 [115，201，203]）。在滤波矩阵满足某些条件的情况下，可以保证系统的渐近稳定性，并且在某些情况下，即使存在非重复性干扰，也能保持稳定[204]。对于迭代之间其轨迹、动态和干扰变化不大的重复过程，ILC 可作为一种有效的控制策略，与反馈控制策略结合使用。非重复性干扰和噪声可能对 ILC 的性能产生负面影响。因此，建议将 ILC 控制算法与闭环控制器相结合。

6.5.3 展望

基于模型的控制方法需要依据系统模型，这些模型通常基于第一性原理导出。利用机器学习进行控制的优势，尤其是在强化学习场景中，体现在无须构建系统模型。构建模型通常成本高昂、耗时且需要大量努力。这也意味着，如果我们使用完全无模型或数据驱动的方法，就不需要预先掌握系统的专家知识。然而，完全依赖机器学习方法的不足在于，它缺少安全保证、鲁棒性分析和满足约束的能力。因此，未来的研究方向是结合这两种方法，使我们能够同时享受两者的优势。

6.6 结论

控制（生物）化学过程对于获取高质量产品和确保安全至关重要，但由于其复杂性、高维度、强烈的非线性和不确定性，控制任务极具挑战性。为了应对这些挑战，传统的控制方案通常基于第一性原理知识构建数学模型，并采用基于模型的控制系统。然而，建立数学模型往往困难重重，耗时漫长并且成本高昂。

在过去十余年中，随着可用数据量的增加以及深度学习和强化学习技术的突破，机器学习在（生物）化工行业中的应用及相关研究显著增长。这些技术被视为有前景的，因为它们能够加速并促进如（生物）化学过程这样的复杂系统的建模和控制。然而，安全要求高和优质数据缺乏等几个瓶颈阻碍了机器学习在此领域的广泛应用。

本章概述了如何将机器学习整合至控制系统中，以提升系统性能。我们提出了一个通用且统一的框架，将机器学习技术与闭环控制系统集成，以适用于多种机器学习技术。在此框架中，我们将机器学习组件定义为一个 ML-Oracle 模块，它可以看作一个抽象映射，利用数据集构建一个连续函数，以提供特征集与标签集之间的相关性。这一抽象概念使我们能够统一描述多种机器学习技术。

在本框架下，我们从两个主要视角对（生物）化学系统中的机器学习方法进行了

第6章 机器学习在（生物）化学制造系统控制中的应用

回顾和分类。第一个视角探讨了能用于推导（生物）化学工厂模型的机器学习方法，适用于识别、分析、估计和监控任务。所得模型随后可以用于仿真、优化和基于模型的控制器设计；换言之，获得模型后，控制设计任务将采用传统控制理论来完成。这一部分涵盖了多种已在控制领域使用数十年的机器学习技术，以及像高斯过程这样的近期技术。

第二个视角讨论了可以直接用于控制算法中的机器学习方法，这些方法可以部分支持控制任务或完全替换传统控制器。这部分介绍了更多近期的技术，如使用神经网络的模仿学习或强化学习。表6-5汇总了本章中提到的关于机器学习支持的控制的研究的选定的、非广泛的概述，这些研究是在现代化工制造过程中常见的层次控制架构背景下展开讨论的。关于实时优化（RTO）中的机器学习，一些工作提出通过学习调整方案中的调节器来应对模型不确定性，尝试达到真实工厂的最优状态，方法是修改方程（6-3）的目标函数和约束，以满足真实工厂的最优必要条件。

表 6-5　机器学习支持的控制的研究

	机器学习支持的控制器设计	通过机器学习设计控制器
实时优化技术	• 通过高斯过程学习调整方案的调节因子 [205, 206, 208] • 为实时优化模型进行混合建模 [40]	• 利用强化学习解决实时优化中的静态优化问题 [220]
上级控制	• 用于基于模型控制的工厂模型 [42, 57, 89, 148, 153, 154, 160] • 逆向模型以提供控制操作 [148, 149, 157, 159]	• 使用强化学习进行设定点优化 [211, 213] • 模仿学习（监督学习）[176] • 基于强化学习的方法 [188, 191]
调节控制	• 用于参数和状态估计的观测器 [42, 70, 142, 143, 145, 146] • 自调节 PID 控制器 [151, 155, 158, 209, 214, 215, 217]	• 利用强化学习调节 PID 控制器 [212]

注：这里提供的对机器学习支持的控制的研究概述是选定的，并非广泛的。需要注意的是，由于某些情况下难以将方法明确分类，因此这里没有清晰的分类方式。

在审视机器学习在（生物）化学过程的应用时，我们不仅限于此领域，还提及了在其他领域使用的方法。例如，据我们所知，针对（生物）化学过程中机器学习支持的控制和估计的安全保障研究相对有限。因此，我们回顾了在其他领域，如机器人技术中开发的方法。这样做的目的是让（生物）化学界了解这些方法，这些方法可以作为新的（生物）化学应用的灵感来源。

我们还认为，对未来发展至关重要的几个研究主题包括：数据是机器学习支持（生物）化学过程方法的主要瓶颈。因此，我们相信需要进行大量的研究来开发新的测量技术。此外，为了赢得实践者的信任，未来的研究应考虑开发稳健的模型和控制方法，即那些能够保证安全边际的方法，如针对产品规格和/或过程约束。

参考文献

[1] N. Md Nor, C.R. Che Hassan, M.A. Hussain, A review of data-driven fault detection and diagnosis methods: applications in chemical process systems, Rev. Chem. Eng. 36 (4) (2020) 513–553.

[2] J. Panerati, et al., Experimental methods in chemical engineering: artificial neural networks–ANNs, Can. J. Chem. Eng. 97 (9) (2019) 2372–2382.

[3] K. Severson, et al., Data-driven prediction of battery cycle life before capacity degradation, Nat. Energy 4 (5) (2019) 383–391.

[4] S. Zendehboudi, N. Rezaei, A. Lohi, Applications of hybrid models in chemical, petroleum, and energy systems: a systematic review, Appl. Energy, 228, 2018, pp. 2539–2566.

[5] K. Severson, P. Chaiwatanodom, R. Braatz, Perspectives on process monitoring of industrial systems, Annu. Rev. Control 42 (2016) 190–200.

[6] D.M. Himmelblau, Accounts of experiences in the application of artificial neural networks in chemical engineering, Ind. Eng. Chem. Res. 47 (16) (2008) 5782–5796.

[7] J.A. Paulson, et al., Fast stochastic model predictive control of end-to-end continuous pharmaceutical manufacturing, Comput. Aided Chem. Eng. 41 (2018) 353–378.

[8] S. Lucia, et al., Predictive control, embedded cyber physical systems and systems of systems: a perspective, Annu. Rev. Control 41 (2016) 193–207.

[9] T. Binder, et al., Introduction to model based optimization of chemical processes on moving horizons, in: Online Optimization of Large Scale Systems, Springer, 2001, pp. 295–339.

[10] J. Kober, J.A. Bagnell, J. Peters, Reinforcement learning in robotics: a survey, Int. J. Rob. Res. 32 (11) (2013) 1238–1274.

[11] S. Grigorescu, et al., A survey of deep learning techniques for autonomous driving, J. Field Rob. 37 (3) (2020) 362–386.

[12] M. Raissi, A. Yazdani, G.E. Karniadakis, Hidden fluid mechanics: a Navier-Stokes informed deep learning framework for assimilating flow visualization data, arXiv (2018).

[13] F. Zantalis, et al., A review of machine learning and IoT in smart transportation, Future Internet 11 (4) (2019) 94.

[14] A.M. Schweidtmann, et al., Machine learning in chemical engineering: a perspective, Chem. Ing. Tech. 93 (12) (2021) 2029–2039.

[15] J. Lee, J. Shin, M. Realff, Machine learning: overview of the recent progresses and implications for the process systems engineering field, Comput. Chem. Eng. 114 (2018) 111–121.

[16] V. Venkatasubramanian, The promise of artificial intelligence in chemical engineering: is it here, finally? AIChE J. 65 (2) (2019) 466–478.

[17] Y. Liu, et al., Materials discovery and design using machine learning, J. Mater. 3 (3) (2017) 159–177.

[18] T. Zhou, Z. Song, K. Sundmacher, Big Data creates new opportunities for materials research: a review on methods and applications of machine learning for materials design, Engineering 5 (6) (2019) 1017–1026.

[19] S.J. Qin, Process data analytics in the era of Big Data, AIChE J. 60 (9) (2014) 3092–3100.

[20] L.H. Chiang, E.L. Russell, R.D. Braatz, Fault Detection and Diagnosis in Industrial

[21] G.E. Karniadakis, et al., Physics-informed machine learning, Nat. Rev. Phys. 3 (6) (2021) 422–440.
[22] M. Von Stosch, et al., Hybrid semi-parametric modeling in process systems engineering: past, present and future, Comput. Chem. Eng. 60 (2014) 86–101.
[23] A. Mesbah, et al., Fusion of machine learning and MPC under uncertainty: what advances are on the horizon? in: 2022 American Control Conference (ACC), IEEE, 2022, pp. 342–357.
[24] L. Hewing, et al., Learning-based model predictive control: toward safe learning in control, Annu. Rev. Control Robot. Auton. Syst. 3 (1) (2020) 269–296.
[25] Z. Ge, et al., Data mining and analytics in the process industry: the role of machine learning, IEEE Access 5 (2017) 20590–20616.
[26] M.R. Dobbelaere, et al., Machine learning in chemical engineering: strengths, weaknesses, opportunities, and threats, Engineering 7 (9) (2021) 1201–1211, doi:10.1016/j.eng.2021.03.019.
[27] M. Mowbray, et al., Machine learning for biochemical engineering: a review, Biochem. Eng. J. 172 (2021) 108054.
[28] D. Mayne, et al., Constrained model predictive control: stability and optimality, Automatica 36 (6) (2000) 789–814.
[29] R. Findeisen, F. Allgöwer, An introduction to nonlinear model predictive control, in: 21st Benelux Meeting on Systems and Control, 11, Citeseer, 2002, pp. 119–141.
[30] L. Grüne, J. Pannek, Nonlinear model predictive control, in: Non-Linear Model Predictive Control, Springer, 2017, pp. 45–69.
[31] J. Matschek, et al., Constrained Gaussian process learning for model predictive control, IFAC-PapersOnLine 53 (2) (2020) 971–976.
[32] C. Pantelides, J. Renfro, The online use of first-principles models in process operations: review, current status and future needs, Comput. Chem. Eng. 51 (2013) 136–148.
[33] D.E. Seborg, et al., Process Dynamics and Control, third ed, Wiley, 2011, p. 464.
[34] R. Subramanian, R.R. Moar, S. Singh, White-box machine learning approaches to identify governing equations for overall dynamics of manufacturing systems: a case study on distillation column, Mach. Learn. Appl. 3 (2021) 100014.
[35] B.W. Bequette, Process Control: Modeling, Design, and Simulation, Prentice Hall Professional, 2003.
[36] G. Stephanopoulos, Chemical Process Control, 2, Prentice Hall, 1984.
[37] M. Pirdashti, et al., Artificial neural networks: applications in chemical engineering, Rev. Chem. Eng. 29 (4) (2013) 205–239.
[38] J. Willard, et al., Integrating physics-based modeling with machine learning: a survey, CoRR 2003 (04919) (2020) 271–278.
[39] N. Bhutani, G.P. Rangaiah, A.K. Ray, First-principles, data-based, and hybrid modeling and optimization of an industrial hydrocracking unit, Ind. Eng. Chem. Res. 45 (23) (2006) 7807–7816.
[40] D. Zhang, et al., Hybrid physics-based and data-driven modeling for bioprocess online simulation and optimization, Biotechnol. Bioeng. 116 (11) (2019) 2919–2930.
[41] I. Basheer, M. Hajmeer, Artificial neural networks: fundamentals, computing, design, and application, J. Microbiol. Methods 43 (1) (2000) 3–31.
[42] P. Georgieva, S.F. de Azevedo, Neural network-based control strategies applied to

a fed-batch crystallization process, Int. J. Chem. Biol. Eng. 1 (12) (2007) 145–154.

[43] S. Curteanu, F. Leon, Hybrid neural network models applied to a free radical polymerization process, Polym. Plast. Technol. Eng. 45 (9) (2006) 1013–1023.

[44] E. Bradford, et al., Dynamic modeling and optimization of sustainable algal production with uncertainty using multivariate Gaussian processes, Comput. Chem. Eng. 118 (2018) 143–158.

[45] J. Mohd Ali, et al., Artificial intelligence techniques applied as estimator in chemical process systems: a literature survey, Expert Syst. Appl. 42 (14) (2015) 5915–5931.

[46] R. Oliveira, Combining first principles modelling and artificial neural networks: a general framework, Comput. Chem. Eng. 28 (5) (2004) 755–766.

[47] C. Shang, F. You, Data analytics and machine learning for smart process manufacturing: recent advances and perspectives in the Big Data era, Engineering 5 (6) (2019) 1010–1016.

[48] G. Karniadakis, et al., Physics-informed machine learning, Nat. Rev. Phys. 3 (2021) 422–440.

[49] B. Morabito, et al., Towards risk-aware machine learning supported model predictive control and open-loop optimization for repetitive processes, IFAC-PapersOnLine 54 (6) (2021) 321–328.

[50] A. Teixeira, et al., Hybrid semi-parametric mathematical systems: bridging the gap between systems biology and process engineering, J. Biotechnol. 132 (4) (2007) 418–425.

[51] F. García-Camacho, et al., Artificial neural network modeling for predicting the growth of the microalga Karlodinium veneficum, Algal Res. 14 (2016) 58–64.

[52] E.A. del Rio-Chanona, et al., Dynamic modeling and optimization of cyanobacterial C-phycocyanin production process by artificial neural network, Algal Res. 13 (2016) 7–15.

[53] A.P. Teixeira, et al., Bioprocess iterative batch-to-batch optimization based on hybrid parametric/nonparametric models, Biotechnol. Progr. 22 (1) (2006) 247–258.

[54] D. Henriques, et al., Data-driven reverse engineering of signaling pathways using ensembles of dynamic models, PLoS Comput. Biol. 13 (2) (2017) 1–25, doi:10.1371/journal.pcbi.1005379.

[55] D. Lee, A. Jayaraman, J. Kwon, Development of a hybrid model for a partially known intracellular signaling pathway through correction term estimation and neural network modeling, PLoS Comput. Biol. 16 (12) (2020) 1–31, doi:10.1371/journal.pcbi.1008472.

[56] D. Lee, A. Jayaraman, J.-I. Kwon, A hybrid mechanistic data-driven approach for modeling uncertain intracellular signaling pathways, in: Proceedings of the American Control Conference, 2021, 2021, pp. 1903–1908.

[57] L. Mears, et al., A review of control strategies for manipulating the feed rate in fed-batch fermentation processes, J. Biotechnol. 245 (2017) 34–46.

[58] D. Bonvin, Optimal operation of batch reactors: a personal view, J. Process Control 8 (5-6) (1998) 355–368.

[59] J.H. Lee, K.S. Lee, Iterative learning control applied to batch processes: an overview, Control Eng. Pract. 15 (10) (2007) 1306–1318.

[60] M. Darby, et al., RTO: an overview and assessment of current practice, J. Process Control 21 (6) (2011) 874–884.

[61] S. Qin, T. Badgwell, A survey of industrial model predictive control technology, Control Eng. Pract. 11 (7) (2003) 733–764.

[62] S. Skogestad, I. Postlethwaite, Multivariable Feedback Control: Analysis and Design, John Wiley & Sons, Inc., 2005.

[63] A. Marchetti, B. Chachuat, D. Bonvin, Modifier-adaptation methodology for real-time optimization, Ind. Eng. Chem. Res. 48 (13) (2009) 6022–6033.

[64] C.E. Rasmussen, C.K.I. Williams, Gaussian Processes for Machine Learning. Adaptive Computation and Machine Learning, MIT Press, 2006.

[65] F. Allgöwer, R. Findeisen, Z.K. Nagy, Nonlinear model predictive control: from theory to application, J. Chin. Inst. Chem. Eng. 35 (3) (2004) 299–316.

[66] P. Santos, et al., Improving operation in an industrial MDF flash dryer through physics-based NMPC, Control Eng. Pract. 94 (2020) 1–15, doi:10.1016/j.conengprac.2019.104213.

[67] W.-S. McCulloch, W. Pitts, A logical calculus of the ideas immanent in nervous activity, Bull. Math. Biophys. 5 (4) (1943) 115–133.

[68] A. Kusiak, Convolutional and generative adversarial neural networks in manufacturing, Int. J. Prod. Res. 58 (5) (2020) 1594–1604.

[69] F.-Y. Zhou, L.-P. Jin, J. Dong, Review of convolutional neural network, Chin. J. Comput. 40 (6) (2017) 1229–1251.

[70] D.C. Psichogios, L.H. Ungar, A hybrid neural network-first principles approach to process modeling, AIChE J. 38 (10) (1992) 1499–1511.

[71] I. Goodfellow, Y. Bengio, A. Courville, Deep Learning, MIT Press, 2016.

[72] S. Skansi, Introduction to Deep Learning From Logical Calculus to Artificial Intelligence, Springer, 2018.

[73] J. Chung, et al., Empirical evaluation of gated recurrent neural networks on sequence modeling (2014). arXiv preprint arXiv:1412.3555.

[74] A. Sherstinsky, Fundamentals of recurrent neural network (RNN) and long short-term memory (LSTM) network, Phys. D 404 (2020) 132306.

[75] D. Samek, P. Dostal, MPC using adaline, in: Annals of DAAAM and Proceedings of the International DAAAM Symposium, 2005, pp. 335–336.

[76] A. Embaby, Z. Nossair, H. Badr, Adaptive nonlinear model predictive control algorithm for blood glucose regulation in type 1 diabetic patients, in: 2nd Novel Intelligent and Leading Emerging Sciences Conference, NILES 2020, 2020, pp. 109–115.

[77] A. Kheirabadi, R. Nagamune. Real-time relocation of floating offshore wind turbines for power maximization using distributed economic model predictive control. Am. Control Conf. (ACC) Proceeding In: vol. 2021, 2021, pp. 3077–3081. doi:10.23919/ACC50511.2021.9483056.

[78] S. Chen, Z. Wu, and P. Christofides. Cyber-security of decentralized and distributed control architectures with machine-learning detectors for nonlinear processes, in: Proceedings of the American Control Conference. 2021, pp. 3273–3280.

[79] Z. Shao, et al., An internal model controller for three-phase APF based on LS-extreme learning machine, Open Electr. Electron. Eng. J. 8 (2014) 717–722.

[80] D. Sarali, V. Agnes Idhaya Selvi, K. Pandiyan, An improved design for neural-network-based model predictive control of three-phase inverters, in: 2019 International Conference on Clean Energy and Energy Efficient Electronics Circuit for Sustainable Development, INCCES 2019, 2019.

[81] T. Van Den Boom, M. Botto, P. Hoekstra, Design of an analytic constrained predictive controller using neural networks, Int. J. Syst. Sci. 36 (10) (2005) 639–650.

[82] T. Varshney, R. Varshney, S. Sheel, ANN based IMC scheme for CSTR, in: Proceedings of the International Conference on Advances in Computing, Communication and Control, ICAC3'09, 2009, pp. 543–546.

[83] F. Mjalli, Adaptive and predictive control of liquid-liquid extractors using neural-based instantaneous linearization technique, Chem. Eng. Technol. 29 (5) (2006) 539–549.

[84] J. Ou, R. Rhinehart, Grouped-neural network modeling for model predictive control, ISA Trans. 41 (2) (2002) 195–202.

[85] O. Dahunsi, J. Pedro, Neural network-based identification and approximate predictive control of a servo-hydraulic vehicle suspension system, Eng. Lett 18 (4) (2010) 1–15.

[86] S. Mohanty, Artificial neural network based system identification and model predictive control of a flotation column, J. Process Control 19 (6) (2009) 991–999.

[87] J. Bethge, et al., Modelling human driving behavior for constrained model predictive control in mixed traffic at intersections, IFAC-PapersOnLine 53 (2) (2020) 14356–14362.

[88] P. Kumar, J. Rawlings, S. Wright, Industrial, large-scale model predictive control with structured neural networks, Comput. Chem. Eng. 150 (2021) 107291.

[89] Z. Zhang, et al., Real-time optimization and control of nonlinear processes using machine learning, Mathematics 7 (10) (2019) 890.

[90] Z. Yan, X. Le, J. Wang, Tube-based robust model predictive control of nonlinear systems via collective neurodynamic optimization, IEEE Trans. Ind. Electron. 63 (7) (2016) 4377–4386.

[91] L. Zhang, M. Pan, S. Quan, Model predictive control of water management in PEMFC, J. Power Sources 180 (1) (2008) 322–329.

[92] K. Temeng, P. Schnelle, T. McAvoy, Model predictive control of an industrial packed bed reactor using neural networks, J. Process Control 5 (1) (1995) 19–27.

[93] K. Zarkogianni, et al., An insulin infusion advisory system based on autotuning nonlinear model-predictive control, IEEE Trans. Biomed. Eng. 58 (9) (2011) 2467–2477.

[94] K. Patan, Neural network-based model predictive control: fault tolerance and stability, IEEE Trans. Control Syst. Technol. 23 (3) (2015) 1147–1155.

[95] K. Dalamagkidis, K. Valavanis, L. Piegl, Nonlinear model predictive control with neural network optimization for autonomous autorotation of small unmanned helicopters, IEEE Trans. Control Syst. Technol. 19 (4) (2011) 818–831.

[96] T. Thuruthel, et al., Model-based reinforcement learning for closed-loop dynamic control of soft robotic manipulators, IEEE Trans. Rob. 35 (1) (2019) 127–134.

[97] Z. Yan, J. Wang, Model predictive control of nonlinear systems with unmodeled dynamics based on feedforward and recurrent neural networks, IEEE Trans. Ind. Inf. 8 (4) (2012) 746–756.

[98] R. Al Seyab, Y. Cao, Nonlinear system identification for predictive control using continuous time recurrent neural networks and automatic differentiation, J. Process Control 18 (6) (2008) 568–581.

[99] P. Kittisupakorn, et al., Neural network based model predictive control for a steel pickling process, J. Process Control 19 (4) (2009) 579–590.

[100] C.H. Lu, C.C. Tsai, Adaptive predictive control with recurrent neural network for industrial processes: an application to temperature control of a variable-frequency oil-cooling machine, IEEE Trans. Ind. Electron. 55 (3) (2008) 1366–1375.

[101] Z. Yan, J. Wang, Model predictive control for tracking of underactuated vessels based on recurrent neural networks, IEEE J. Ocean. Eng. 37 (4) (2012) 717–726.

[102] Y. Pan, J. Wang, Model predictive control of unknown nonlinear dynamical systems based on recurrent neural networks, IEEE Trans. Ind. Electron. 59 (8) (2012) 3089–3101.

[103] L. Zhang, et al., Model predictive control for electrochemical impedance spectroscopy measurement of fuel cells based on neural network optimization, IEEE Trans. Transp. Electrif. 5 (2) (2019) 524–534.

[104] H. Huang, L. Chen, E. Hu, A hybrid model predictive control scheme for energy and cost savings in commercial buildings: simulation and experiment, in: Proceedings of the American Control Conference 2015-July, 2015, pp. 256–261.

[105] D. Pereira, F. Lopes, E. Watanabe, Nonlinear model predictive control for the energy management of fuel cell hybrid electric vehicles in real time, IEEE Trans. Ind. Electron. 68 (4) (2021) 3213–3223.

[106] S. Yang, et al., Experiment study of machine-learning-based approximate model predictive control for energy-efficient building control, Appl. Energy 288 (2021) 1–12, doi:10.1016/j.apenergy.2021.116648.

[107] Y. Pan, J. Wang, A neurodynamic optimization approach to nonlinear model predictive control, in: Conference Proceedings - IEEE International Conference on Systems, Man and Cybernetics, 2010, pp. 1597–1602.

[108] J. Atuonwu, et al., Identification and predictive control of a multistage evaporator, Control Eng. Pract. 18 (12) (2010) 1418–1428.

[109] Z. Wang, T. Hong, M. Piette, Predicting plug loads with occupant count data through a deep learning approach, Energy 181 (2019) 29–42.

[110] F. Núñez, et al., Neural network-based model predictive control of a paste thickener over an industrial internet platform, IEEE Trans. Ind. Inf. 16 (4) (2020) 2859–2867.

[111] Y. Wu, et al., A predictive energy management strategy for multi-mode plug-in hybrid electric vehicles based on multi neural networks, Energy 208 (2020) 1–17, doi:10.1016/j.energy.2020.118366.

[112] Z. Wu, D. Rincon, P. Christofides, Real-time adaptive machine-learning-based predictive control of nonlinear processes, Ind. Eng. Chem. Res. 59 (6) (2020) 2275–2290.

[113] Z. Wu, D. Rincon, P. Christofides, Process structure-based recurrent neural network modeling for model predictive control of nonlinear processes, J. Process Control 89 (2020) 74–84.

[114] Y. Pan, J. Wang, Model predictive control for nonlinear affine systems based on the simplified dual neural network, in: Proceedings of the IEEE International Conference on Control Applications, 2009, pp. 683–688.

[115] Y.Q. Chen, C. Wen, Iterative Learning Control: Convergence, Robustness and Applications, Springer, London, 1999.

[116] Y. Pan, J. Wang, Two neural network approaches to model predictive control, in: Proceedings of the American Control Conference, 2008, pp. 1685–1690.

[117] J. Bethge, et al., Multi-mode learning supported model predictive control with guar-

antees, IFAC-PapersOnLine 51 (20) (2018) 517–522.
[118] J. Kocijan, et al., Predictive control with Gaussian process models, in: Eurocon 2003: The International Conference on Computer as a Tool, 1, IEEE, 2003, pp. 352–356.
[119] J. Kocijan, et al., Gaussian process model based predictive control, in: Proceedings of the 2004 American Control Conference, 3, IEEE, 2004, pp. 2214–2219.
[120] R. Murray-Smith, et al., Adaptive, cautious, predictive control with Gaussian process priors, in: IFAC Proceedings Volumes, 36, 2003, pp. 1155–1160.
[121] B. Likar, J. Kocijan, Predictive control of a gas–liquid separation plant based on a Gaussian process model, Comput. Chem. Eng. 31 (3) (2007) 142–152.
[122] A. Grancharova, J. Kocijan, T.A. Johansen, Explicit stochastic nonlinear predictive control based on Gaussian process models, in: European Control Conference (ECC), IEEE, 2007, pp. 2340–2347.
[123] A. Grancharova, J. Kocijan, T.A. Johansen, Explicit stochastic predictive control of combustion plants based on Gaussian process models, Automatica 44 (6) (2008) 1621–1631.
[124] G. Cao, E. Lai, F. Alam, Gaussian process model predictive control of unknown non-linear systems, IET Control Theory Appl. 11 (5) (2017) 703–713.
[125] G. Cao, E. Lai, F. Alam, Gaussian process based model predictive control for linear time varying systems, in: 14th International Workshop on Advanced Motion Control (AMC), IEEE, 2016, pp. 251–256.
[126] T.X. Nghiem, C.N. Jones, Data-driven demand response modeling and control of buildings with Gaussian processes, in: American Control Conference (ACC), IEEE, 2017, pp. 2919–2924.
[127] M. Maiworm, et al., Stability of Gaussian process learning based output feedback model predictive control, in: 6th IFAC Conference on Nonlinear Model Predictive Control, 2018, pp. 551–557.
[128] M. Maiworm, D. Limon, R. Findeisen, Online Gaussian process learning-based model predictive control with stability guarantees, Int. J. Robust Nonlinear Control 31 (18) (2021) 8785–8812, doi:10.1002/rnc.5361.
[129] L. Hewing, M.N. Zeilinger, Cautious model predictive control using Gaussian process regression, arXiv (2017).
[130] X. Yang, J.M. Maciejowski, Fault tolerant control using Gaussian processes and model predictive control, Int. J. Appl. Math. Comput. Sci. 25 (1) (2015) 133–148.
[131] R. Soloperto, et al., Learning-based robust model predictive control with state-dependent uncertainty, IFAC-PapersOnLine 51 (20) (2018) 442–447.
[132] E. Bradford, et al., Hybrid Gaussian process modeling applied to economic stochastic model predictive control of batch processes, in: Recent Advances in Model Predictive Control, Springer, 2021, pp. 191–218.
[133] J. Caldwell, J.A. Marshall, Towards efficient learning-based model predictive control via feedback linearization and Gaussian process regression, in: 2021 IEEE/RSJ International Conference on Intelligent Robots and Systems (IROS). IEEE, 2021, pp. 4306–4311.
[134] F. Li, H. Li, Y. He, Adaptive stochastic model predictive control of linear systems using Gaussian process regression, IET Control Theory Appl. 15 (5) (2021) 683–693.
[135] J. Sansana, et al., Recent trends on hybrid modeling for Industry 4.0, Comput. Chem. Eng. 151 (2021) 107365.

[136] C. Nentwich, J. Winz, S. Engell, Surrogate modeling of fugacity coefficients using adaptive sampling, Ind. Eng. Chem. Res. 58 (40) (2019) 18703–18716.

[137] M. Rafiei, L.A. Ricardez-Sandoval, Stochastic back-off approach for integration of design and control under uncertainty, Ind. Eng. Chem. Res. 57 (12) (2018) 4351–4365.

[138] R. Fezai, et al., Online reduced Gaussian process regression based generalized likelihood ratio test for fault detection, J. Process Control 85 (2020) 30–40.

[139] T. Chai, S.J. Qin, H. Wang, Optimal operational control for complex industrial processes, Annu. Rev. Control 38 (1) (2014) 81–92.

[140] M. Kano, M. Ogawa, The state of the art in advanced chemical process control in Japan, IFAC Proc. 42 (11) (2009) 10–25.

[141] Z. Ge, T. Chen, Z. Song, Quality prediction for polypropylene production process based on CLGPR model, Control Eng. Pract. 19 (5) (2011) 423–432.

[142] S. Bishnoi, et al., Scalable Gaussian processes for predicting the optical, physical, thermal, and mechanical properties of inorganic glasses with large datasets, Mater. Adv. 2 (1) (2021) 477–487.

[143] F. Gharagheizi, et al., Use of artificial neural network-group contribution method to determine surface tension of pure compounds, J. Chem. Eng. Data 56 (5) (2011) 2587–2601.

[144] P. Attia, et al., Closed-loop optimization of fast-charging protocols for batteries with machine learning, Nature 578 (7795) (2020) 397–402.

[145] M. Nikolaou, V. Hanagandi, Control of nonlinear dynamical systems modeled by recurrent neural networks, AIChE J. 39 (11) (1993) 1890–1894.

[146] V. Galvanauskas, P. Georgieva, S. de Azevedo, Dynamic optimisation of industrial sugar crystallization process based on a hybrid (mechanistic + ANN) model, in: The 2006 IEEE International Joint Conference on Neural Network Proceedings, IEEE, 2006, pp. 2728–2735.

[147] M. Shohei, et al., Fault detection and diagnosis for heat source system using convolutional neural network with imaged faulty behavior data, HVACR Res. 26 (1) (2020) 52–60.

[148] M.A. Hussain, Review of the applications of neural networks in chemical process control: Simulation and online implementation, Artif. Intell. Eng. 13 (1) (1999) 55–68.

[149] K.Y. Lee, et al., Inverse dynamic neuro-controller for superheater steam temperature control of a large-scale ultra-supercritical (USC) boiler unit, IFAC Proc. Vol. (IFAC-PapersOnLine) 42 (9) (2009) 107–112.

[150] I. Landau, Controls, adaptive systems, in: Encyclopedia of Physical Science and Technology, Elsevier, 2003, pp. 649–658.

[151] A.G. Parlos, S. Parthasarathy, A.F. Atiya, Neuro-predictive process control using on-line controller adaptation, IEEE Trans. Control Syst. Technol. 9 (5) (2001) 741–755.

[152] J. Rawlings, D. Mayne, M. Diehl, Model Predictive Control: Theory, Computation, and Design (2018).

[153] M.B. Saltık, et al., An outlook on robust model predictive control algorithms: reflections on performance and computational aspects, J. Process Control 61 (2018) 77–102.

[154] J.C. Macmurray, D.M. Himmelblau, Modeling and control of a packed distillation column using artificial neural networks, Comput. Chem. Eng. 19 (10) (1995) 1077–1088.

[155] P. Thitiyasook, P. Kittisupakorn, M.A. Hussain, Dual-mode control with neural network based inverse model for a steel pickling process, Asia Pac. J. Chem. Eng. 2 (6) (2007) 536–543.

[156] M.A. Hussain, J. Mohd Ali, M.J. Khan, Neural network inverse model control strategy: discrete-time stability analysis for relative order two systems, Abstr. Appl. Anal. 2014 (2014) 1–11, doi:10.1155/2014/645982.

[157] N.M. Ramli, M.A. Hussain, B.M. Jan, Multivariable control of a debutanizer column using equation based artificial neural network model inverse control strategies, Neurocomputing 194 (2016) 135–150.

[158] A. Andrášik, A. Mészáros, S.F. De Azevedo, On-line tuning of a neural PID controller based on plant hybrid modeling, Comput. Chem. Eng. 28 (8) (2004) 1499–1509.

[159] M.A. Hosen, et al., NN-based prediction interval for nonlinear processes controller, Int. J. Control Autom. Syst. 19 (9) (2021) 3239–3252.

[160] M. Mowbray, et al., Safe chance constrained reinforcement learning for batch process control, arXiv (2021).

[161] E. Bradford, et al., Stochastic data-driven model predictive control using Gaussian processes, Comput. Chem. Eng. 139 (2020).

[162] A. Aswani, et al., Provably safe and robust learning-based model predictive control, Automatica 49 (5) (2013) 1216–1226.

[163] X. Yang, J. Maciejowski, Risk-sensitive model predictive control with Gaussian process models, IFAC-PapersOnLine 48 (28) (2015) 374–379.

[164] A. Alessio, A. Bemporad, A survey on explicit model predictive control, Nonlinear Model Predictive Control, Springer, 2009, pp. 345–369.

[165] A. Bemporad, F. Borrelli, M. Morari, et al., Model predictive control based on linear programming — the explicit solution, IEEE Trans. Autom. Control 47 (12) (2002) 1974–1985.

[166] T. Parisini, R. Zoppoli, A receding-horizon regulator for nonlinear systems and a neural approximation, Automatica 31 (10) (1995) 1443–1451.

[167] B. Karg, S. Lucia, Efficient representation and approximation of model predictive control laws via deep learning, IEEE Trans. Cybern. 50 (9) (2020) 3866–3878.

[168] E. Maddalena, et al., A neural network architecture to learn explicit MPC controllers from data, IFAC-PapersOnLine 53 (2) (2020) 11362–11367.

[169] Y. Cao, R.B. Gopaluni, Deep neural network approximation of nonlinear model predictive control, IFAC-PapersOnLine 53 (2) (2020) 11319–11324.

[170] S. Chen, et al., Approximating explicit model predictive control using constrained neural networks, in: 2018 Annual American Control Conference (ACC), 2018, pp. 1520–1527.

[171] L.H. Csekő, M. Kvasnica, B. Lantos, Explicit MPC-based RBF neural network controller design with discrete-time actual Kalman filter for semiactive suspension, IEEE Trans. Control Syst. Technol. 23 (5) (2015) 1736–1753.

[172] S.S. Pon Kumar, et al., A deep learning architecture for predictive control, IFAC-PapersOnLine 51 (18) (2018) 512–517.

[173] A. Chakrabarty, et al., Support vector machine informed explicit non-linear model predictive control using low-discrepancy sequences, IEEE Trans. Autom. Control 62 (1) (2017) 135–148.

[174] G. Cybenko, Approximation by superpositions of a sigmoidal function, Math. Control Signals Syst. 2 (1989) 303–314.

[175] K. Hornik, Approximation capabilities of multilayer feedforward networks, Neural Netw. 4 (2) (1991) 251–257.

[176] B. Åkesson, et al., Neural network approximation of a nonlinear model predictive controller applied to a pH neutralization process, Comput. Chem. Eng. 29 (2) (2005) 323–335.

[177] H. Yin, P. Seiler, M. Arcak, Stability analysis using quadratic constraints for systems with neural network controllers, IEEE Trans. Autom. Control 67 (4) (2021) 1980–1987, doi:10.1109/TAC.2021.3069388.

[178] H.H. Nguyen, et al., Stability certificates for neural network learning-based controllers using robust control theory, in: 2021 American Control Conference (ACC), 2021, pp. 3564–3569.

[179] M. Hertneck, et al., Learning an approximate model predictive controller with guarantees, IEEE Control Syst. Lett. 2 (3) (2018) 543–548.

[180] R. Ivanov, et al., Verisig: verifying safety properties of hybrid systems with neural network controllers, arXiv (2018).

[181] H. Nguyen, et al., Towards nominal stability certification of deep learning-based controllers, in: 2020 American Control Conference (ACC), 2020, pp. 3886–3891.

[182] D.P. Bertsekas, Reinforcement Learning and Optimal Control, Athena Scientific, 2019.

[183] J. Shin, et al., Reinforcement learning: overview of recent progress and implications for process control, Comput. Chem. Eng. 127 (2019) 282–294.

[184] R. Nian, J. Liu, B. Huang, A review on reinforcement learning: introduction and applications in industrial process control, Comput. Chem. Eng. 139 (2020) 106886.

[185] D.P. Bertsekas, Dynamic programming and suboptimal control: a survey from ADP to MPC, Eur. J. Control 11 (4) (2005) 310–334, doi:10.3166/ejc.11.310-334.

[186] D. Görges, Relations between model predictive control and reinforcement learning, IFAC-PapersOnLine 50 (1) (2017) 4920–4928.

[187] F.L. Lewis, D. Vrabie, Reinforcement learning and adaptive dynamic programming for feedback control, IEEE Circuits Syst. Mag. 9 (3) (2009) 32–50.

[188] P. Petsagkourakis, et al., Reinforcement learning for batch bioprocess optimization, Comput. Chem. Eng. 133 (2020) 106649.

[189] M. Zanon, S. Gros, Safe reinforcement learning using robust MPC, IEEE Trans. Autom. Control 66 (8) (2021) 3638–3652.

[190] H. Zhang, S. Li, Y. Zheng, Q-learning-based model predictive control for nonlinear continuous-time systems, Ind. Eng. Chem. Res. 59 (40) (2020) 17987–17999.

[191] K. Alhazmi, F. Albalawi, S. Sarathy, A reinforcement learning-based economic model predictive control framework for autonomous operation of chemical reactors, Chem. Eng. J. 428 (2022) 130993.

[192] K.P. Wabersich, M.N. Zeilinger, Scalable synthesis of safety certificates from data with application to learning-based control, in: 2018 European Control Conf. (ECC), 2018, pp. 1691–1697.

[193] S. Muntwiler, et al., Distributed model predictive safety certification for learning-based control, IFAC-PapersOnLine 53 (2) (2020) 5258–5265.

[194] T.J. Perkins, A.G. Barto, Lyapunov design for safe reinforcement learning, J. Mach. Learn. Res. 3 (2002) 803–832.

[195] M. Jin, J. Lavaei, Stability-certified reinforcement learning: a control-theoretic perspective, IEEE Access 8 (2020) 229086–229100.

[196] E. Pan, et al., Constrained model-free reinforcement learning for process optimization, Comput. Chem. Eng. 154 (2021) 1–10, doi:10.1016/j.compchemeng.2021.107462.

[197] D.A. Bristow, M. Tharayil, A.G. Alleyne, A survey of iterative learning control, IEEE Control Syst. Mag. 26 (3) (2006) 96–114.

[198] J.H. Lee, K.S. Lee, Iterative learning control applied to batch processes: an overview, Control Eng. Pract. 15 (10) (2007) 1306–1318.

[199] K.L. Moore, M. Dahleh, S. Bhattacharyya, Iterative learning control: a survey and new results, J. Robot. Syst. 9 (5) (1992) 563–594.

[200] H.-S. Ahn, Y.Q. Chen, K.L. Moore, Iterative learning control: brief survey and categorization, IEEE Trans. Syst. Man Cybern. C 37 (6) (2007) 1099–1121.

[201] J.-X. Xu, A survey on iterative learning control for nonlinear systems, Int. J. Control 84 (7) (2011) 1275–1294.

[202] T.-Y. Doh, Robust iterative learning control with current feedback for uncertain linear systems, Int. J. Syst. Sci. 30 (1) (1999) 39–47.

[203] J.-X. Xu, Y. Tan, Linear and Nonlinear Iterative Learning Control, 291, Springer, 2003.

[204] M. Norrlöf, S. Gunnarsson, Time and frequency domain convergence properties in iterative learning control, Int. J. Control 75 (14) (2002) 1114–1126.

[205] T. de Avila Ferreira, et al., Real-time optimization of uncertain process systems via modifier adaptation and Gaussian processes, in: 2018 European Control Conference (ECC), 2018, pp. 465–470.

[206] E. del Rio Chanona, et al., Modifier-adaptation schemes employing Gaussian processes and trust regions for real-time optimization, IFAC-PapersOnLine 52 (1) (2019) 52–57.

[207] N. Amann, D. Owens, E. Rogers, Iterative learning control for discrete-time systems with exponential rate of convergence, IEE Proc. Control Theory Appl. 143 (2) (1996) 217–224.

[208] L.E. Andersson, L. Imsland, Real-time optimization of wind farms using modifier adaptation and machine learning, Wind Energy Sci. 5 (3) (2020) 885–896.

[209] H.C. Chen, Optimal fuzzy PID controller design of an active magnetic bearing system based on adaptive genetic algorithms 4 (2008) 2054–2060, doi:10.1109/ICMLC.2008.4620744.

[210] Y. Chen, C. Hu, J. Wang, Human-centered trajectory tracking control for autonomous vehicles with driver cut-in behavior prediction, IEEE Trans. Veh. Technol. 68 (9) (2019) 8461–8471.

[211] W. Dai, et al., Multi-rate layered optimal operational control of industrial processes, Acta Autom. Sin. 45 (10) (2019) 1946–1959.

[212] O. Dogru, et al., Reinforcement learning approach to autonomous PID tuning, Comput. Chem. Eng. 161 (2022) 107760.

[213] S. Kim, et al., On-line set-point optimization for intelligent supervisory control and improvement of Q-learning convergence, Control Eng. Pract. 114 (2021) 1–13, doi:10.1016/j.conengprac.2021.104859.

[214] D. Kucherov, et al., PID controller machine learning algorithm applied to the mathematical model of quadrotor lateral motion, in: 2021 IEEE 6th International Conference on Actual Problems of Unmanned Aerial Vehicles Development (APUAVD), 2021, pp. 86–89.

[215] D. Lee, S.J. Lee, S.C. Yim, Reinforcement learning-based adaptive PID controller for DPS, Ocean Eng. 216 (2020) 1–12. https://doi.org/10.1016/j.oceaneng.2020.108053.

[216] J.H. Lee, K.S. Lee, W. Kim, Model-based iterative learning control with a quadratic criterion for time-varying linear systems, Automatica 36 (2000) 641–657.

[217] H. Liu, D. Liu, Self-tuning PID controller for a nonlinear system based on support vector machines, Control Theory Appl. 25 (3) (2008) 468–474.

[218] I. Markovsky, Closed-loop data-driven simulation, Int. J. Control 83 (10) (2010) 2134–2139.

[219] I. Markovsky, F. Dörfler, Data-driven dynamic interpolation and approximation, Automatica 135 (2022) 110008.

[220] B. Powell, D. Machalek, T. Quah, Real-time optimization using reinforcement learning, Comput. Chem. Eng. 143 (2020).

[221] A. Rajkomar, J. Dean, I. Kohane, Machine learning in medicine, N. Engl. J. Med. 380 (14) (2019) 1347–1358.

[222] K. P. Wabersich, M. N. Zeilinger. A predictive safety filter for learning-based control of constrained nonlinear dynamical systems. arXiv:1812.05506, (2018).

第 7 章

从数据中学习第一性原理系统知识：稳定性与安全性及其在示范学习中的应用

Ashwin Dani[○] 和 Iman Salehi[○]

7.1 引言

认知科学研究者经常探究个体从他人那里学习技能的各种方式。例如，婴儿模仿简单反应，幼儿复制更复杂的任务行为，都是学习机制的实例。机器人学研究者借鉴了认知科学中的这些社会学习机制，开发出让机器人能够自主获取新知识并扩展其技能集的方法，这些方法不需要太多的人工干预。如模仿学习（IL）和示范学习（LfD）[1-7]，这些方法常被用来训练机器人，无须大量人工参与或手动编程。本章将探讨这些方法在制造业应用中对机器人或自主系统的适用性。随着机器学习、控制技术和人工智能的发展，将人类和动物的社会学习机制应用于机器人的研究已经取得了显著进展。模仿学习意味着机器人参与模仿行为，这种行为加强了学习过程。它不仅仅是记录和回放，而是涉及学习和泛化。在模仿学习中，需要解决一个对应问题，即如果机器人通过感知人类行动来模仿，问题就在于如何找到一系列与人类感知到的行动相对应的机器人行动，以完成指定的任务。当需要学习新任务但不存在模仿行为时，就会使用示范学习[8]。在机器人研究中，模仿学习被用于通过展示任务执行方式来简化机器人的编程过程。图 7-1 展示了一个示例架构。到目前为止，模仿学习中研究者关注的两个主要问题是：机器人如何通过感知知道应当模仿什么，以及如何进行模仿？

7.1.1 应当模仿什么

应当模仿什么是第一个问题，该问题涉及使用传感器来感知人类的运动和行为。为了感知人体运动，通常采用运动捕捉系统。随着人工智能和计算机视觉的发展，以及新型传

[○] 美国，康涅狄格大学斯托斯校区，电气与计算机工程学院。

感器（如 RGB-D 传感器和微软 Kinect）的应用，我们可以使用它们来追踪人体的骨架结构。除了追踪人体骨架结构，执行任务时人的注意力也极为重要。目前已开发出若干种基于视线、头部姿态信息或指向特定物体等线索的注意力模型。此外，还研发了深度学习方法来检测人的头部姿态和眼动，这可以用来评估用户的注意力。

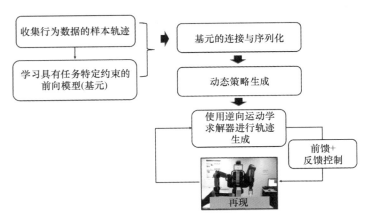

图 7-1　一个用于机器人运动生成的运动基元的示例架构。

7.1.2　如何进行模仿

如何进行模仿是第二个问题，这个问题与如何将人类行为的观测数据映射到机器人的运动指令上相关。将感知到的行为转化为机器人执行任务的动作序列，这一过程被称为对应问题[9, 10]。目前主要使用两种方法来实现人类行为到机器人动作的映射。第一种方法是将人体关节的动作从人体参考框架转换到机器人参考框架，然后在机器人参考框架中使用这些转换后的动作来模仿运动。第二种方法是记录任务空间内的人体轨迹——如追踪人手的位置——这些数据随后可以直接转化为机器人执行任务所需的动作[1]。可以学习任务空间运动的动态系统模型作为前向模型，并将其与系统的先验知识结合，从而生成机器人的运动指令。本章还将介绍从数据中学习系统模型的方法，这些方法能够整合系统的收敛性和安全性知识，并展示这些方法的新进展。

7.1.3　在机器人向人类学习中，有哪些用户界面可用于示范教学

在机器人的示范学习（LfD）中，存在多种方法用于向机器人传授或演示任务。其中两种常见的方法是运动感知教学和观察式教学。

1）运动感知教学：在这种方法中，人类通过手动引导机器人来完成任务。在教学过程中，机器人利用其本体感测器记录运动。这种方法也被称为直接教学。由于用户是用机器人自身的机体来示范技能，这种方式的优点是无须显式的物理对应，简化了对应问题的复杂性。它还简化了对机器人所学技能的纠正过程。然而，这种方法的缺点在于用户无

法同时直接控制机器人的多个关节,因为通常很难用两只手同时操作多个机器人关节。此外,这种教学界面不适合需要多手协调的任务,如双手操控任务或高动态任务。该方法的一个示例如图 7-2 所示。

图 7-2　人机协作任务中运动感知教学的示例。

2)观察式教学:在这种方法中,当用户执行任务时,通过诸如视觉的传感器对用户进行观察。利用全身运动捕捉系统(mocap)或可穿戴传感器系统(如陀螺仪)追踪人体骨架运动。用户执行任务时,记录人体肢体关节角度的运动。此方法适用于任务传递限于运动学教学的情况。这种方式的优点是用户在执行动作时可以自由移动。缺点是需要精确建立人类动作和机器人运动动作之间的对应关系,以便技能传递。当机器人的物理特性与用户/示范者有较大差异时,建立对应关系尤其具有挑战性。当涉及多个用户时,这种挑战性也会增加。该方法的一个示例如图 7-3 所示。

图 7-3　人机协作组装任务中的观察式教学示例。

3)传授或演示任务的第三种方法是沉浸式遥控操作。这包括使用操纵杆、图形用户界面的命令或更为复杂的设备,如外骨骼或触觉设备等。当操作者只能使用机器人自带的传感器和执行器来完成任务时,此方法尤为有效。使用操纵杆进行的遥控操作能提供位置、速度等运动学信息,而触觉设备则能提供那些需要精确控制力度的任务所需的信息。增强现实和虚拟现实(AR/VR)等沉浸式技术的新进展也被用于在虚拟环境中演示任务[11]。此方法的一个示例如图 7-4 所示。这种方法的主要优点是解决了对应问题,并且允许远程训练机器人,这对于机器人在危险或偏远环境中作业等许多应用场景至关重要。通过记录使用遥控演示的倾斜和旋转动作,使用学徒学习方法(AL)可以使直升机学习特技飞行轨迹[12]。一只机器人狗通过操作者使用操纵杆演示动作学会了踢足球[13]。这种方法的主要缺点是用户需要接受如何使用遥控装置的培训,当需要操作如外骨骼[14, 15]这样的复杂设备或操作直升机或无人机时,这可能成为一个问题。

第7章 从数据中学习第一性原理系统知识：稳定性与安全性及其在示范学习中的应用

图7-4 使用HoloLens混合现实眼镜的教学界面示例。

在引言的后续段落中，我们总结了解决模仿学习或示范学习问题的不同技术方法，从利用运动原语（MP）的低级运动学习到原语的高级复合。接下来，我们还将探讨可以与模仿学习相结合使用的其他学习方法。

7.1.4 使用运动原语进行低级动作学习

为了在LfD中取得成功，机器人必须能够从非专家为特定任务所做的示范中进行学习[16-18]。任务的示范可以分解为更简单的基本动作，这些基本动作被称为运动原语。有多种方法可以表示一个人在执行复杂任务时的运动原语。下面将总结动态运动原语（DMP）、用于表示MP的状态空间模型，以及隐马尔可夫模型（HMM）等统计学习方法的研究成果。

DMP是一种确定性的动态系统表示方法，它包括一个线性比例微分（PD）类似项和一个非线性项[1, 2, 19]。这两个项通过一个阶段变量相互耦合。PD项的目标是使DMP的解决方案趋向于一个稳定的吸引点（如在三维空间中收敛到某个位置），而非线性项的目的是捕捉过渡期间轨迹的形状（如从点A到点B的特定移动方式）。在各种机器人平台上使用DMP已经能够重现如击鼓[20]、倾倒[21]和拣选与放置等动作。在文献[22]中，确定性MP被扩展到概率MP。DMP的公式化针对每个运动维度使用一个动态系统，因此提供了一种简单且有效的方法来学习和存储原语。为了建模多维系统，需要分别学习多个DMP——每个维度一个。这有时可能会忽略所有维度的联合效应。为此目的使用的状态空间模型将在后续部分进行描述。

状态空间表达通常采用非线性动力学或分段线性形式，并可通过高斯混合模型（GMM）、神经网络（NN）或其变体进行近似。在参考文献[3]中，研究者使用GMM近似方法来推导稳定动力系统估计器（SEDS）学习方案，此方案能学习全局稳定的动态系统。目标位置的收敛性质通过对动力学参数形式施加李雅普诺夫稳定性条件来进行编码。GMM的参数在稳定性约束下进行学习，以确保目标位置的渐近稳定。SEDS算法通过使用一个二次李雅普诺夫函数（$V=x^\mathrm{T}x$）来计算稳定性约束，因此它只能模拟那些向目标位置2-范数距离随时间单调递减的轨迹。为了克服这一限制，Khansari-Zadeh和Billard[23]开发了一种名为控制李雅普诺夫函数基动态运动（CLF-DM）的方法，该方法采用加权非对称二次函数之和（WSAQF）来近似李雅普诺夫函数，其参数通过状态轨迹数据学习得到。然后使用这一李雅普诺夫函数来学习能够生成收敛至目标位置的轨迹的动力系统模型的 GMM 参数。与 SEDS 相比，CLF-DM 能够学习表示更多样化的运动轨迹的模型。由于 CLF-DM 在学习李雅普诺夫函数时使用了额外的优化问题，可能会导致数值稳定性问题[24]。Neumann 和 Steil[24]引入的 τ-SEDS 算法利用微分同胚变换来转换状态轨迹数据，使其与 SEDS 算法的二次李雅普诺夫函数兼容。通过在变换后的空间中学习系统模型，τ-SEDS 能够在系统模型中编码更广泛的系统轨迹类。学习的模型可以逆转换回系统变量的原始空间。此外，研究者发展了许多不同的参数化方法来近似李雅普诺夫函数，其中包括神经印记李雅普诺夫候选（NILC）[25]方法。文献 [26] 中介绍了一种利用极限学习机（ELM）神经网络来近似系统模型的神经印记向量场（NiVF）方法。ELM 近似能学习多种运动，但其稳定性限于特定区域。在文献 [27] 中，研究者开发了一种名为任务参数化 GMM（TpGMM）的学习控制策略的示范学习方法。在文献 [28, 29] 中，研究者还开发了在收缩约束下对非线性系统进行系统识别的非线性模型学习方法。

7.1.5 复杂任务的高级组成

在表示高级任务时，我们常用统计模型如隐马尔可夫模型（HMM）。通过自适应选择运动原语模块，可以构建高级任务的复杂行为。文献 [30] 提出了结合概率路线图（PRM）和 HMM 来进行运动规划的方法。此外，文献 [31] 中介绍了一种基于关键帧的方法，通过聚类关键帧来从示范中提取任务信息。在创建和学习高级任务的过程中，连续动作的自动分割和抽象化问题也得到了解决。

7.1.6 模仿学习与强化学习和元学习的结合

模仿学习的效果受限于示范数据的质量。在执行如精确抓取等任务时，仅凭模仿学习可能不够。强化学习通过探索状态空间并利用奖励来改进控制策略，使机器人能够自主探索和提高性能[32-34]。然而，强化学习的缺点在于需要大量数据，且收敛速度可能较慢。模仿学习和强化学习的结合可以在多个方面发挥作用：模仿学习为强化学习提供策略参数的初始估计，或利用示范数据估算奖励函数[35]。此外，模仿学习可以与强化学习共同生成初始的运动原语，进而选择合适的动作[36]。在逆最优控制（IOC）或逆强化学习（IRL）的框架中，目标函数或奖励是基于数据学习的[37-43]，随后通过优化估计来计算机器人的运动轨迹。Schaal 等人[44]比较了基于轨迹的模仿学习方法和最优控制方法。元学习也可作为一个初始化过程与模仿学习结合，用于表征先前学习的模型。Finn 等人[45]开发了一种一次性视觉模仿学习方法，通过重用过去的经验，机器人能够从单一示范中学习新技能。元学习作为预训练程序，有助于从多样化环境中收集的示范中学习过去的技能，然后使用单一示范对基于视觉的策略进行微调。

第7章 从数据中学习第一性原理系统知识：稳定性与安全性及其在示范学习中的应用

7.1.7 收缩与安全运动原语概述

本章将总结我们在基于状态空间模型的运动原语（MP）领域的研究成果，特别是这些模型采用了非线性系统表示。相关研究成果主要由 Ravichandar 等人[46]、Ravichandar 与 Dani[47]、Salehi、Yao 和 Dani[48] 及 Salehi 等人[49] 提出。这些方法采用了高斯混合模型（GMM）和极限学习机（ELM）神经网络来近似微分方程的函数。无约束训练的函数逼近器不能保证从模型生成的轨迹的稳定性或收敛性。因此，如果学习得到的模型被用来从状态空间中未涉及训练数据的区域生成轨迹，则这些轨迹可能无法保持对目标状态的收敛性。轨迹的收敛性在生成自主系统遵循的参考运动方面非常重要。许多自主系统或机器人任务在运动中都表现出对目标的收敛性。本章的第一部分（第 7.2 节）将介绍一种名为"收缩动态系统原语"（CDSP）的算法。该方法利用一种用于分析非线性系统的收缩分析工具[50]。模型学习问题被构建为函数逼近器的约束参数学习问题，确保状态空间系统模型具有收敛解。通过采用收缩分析的约束条件，可以确保学习得到的模型解能够收敛到参考轨迹或一系列轨迹，从而维持轨迹在位置状态的形状，并确保最终收敛到期望的位置状态。

一方面，基于李雅普诺夫的示范学习方法侧重于利用学习模型相对于特定平衡点的目标收敛特性。通过这种方法，可以确保模型在接近目标状态时展现出稳定性。另一方面，基于收缩分析的方法致力于学习那些能够表达渐进稳定性或轨迹之间收敛性的状态空间系统模型[50-52]。具有收缩特性的系统模型能够生成在位置状态上保持一致形态的系统轨迹，这对于复现示范动作及其在不同初始条件下的泛化尤为重要。如果示范数据向特定目标位置收敛，那么相应的收缩轨迹也将向该目标位置收敛。此外，这种方法还能在外部扰动下保持鲁棒性，且能适应新的目标位置。

本章还介绍了一种新的学习方法，该方法专注于学习在预设区域内进行点对点运动生成的技术，从而确保生成的轨迹安全，或者确保轨迹在限定的区域内进行。这种运动原语利用了非线性系统理论中的障碍函数（BF）和李雅普诺夫稳定性工具。我们将这些原语称为安全运动原语（SMP）。为了确保运动原语在指定的不变区域内生成，我们为近似为极限学习机（ELM）神经网络的非线性系统设计了 BF 约束。同样，我们还制定了李雅普诺夫约束，以确保非线性系统的稳定性，并使其向状态空间中的某个平衡点收敛。通过受 BF 和李雅普诺夫约束的优化问题来学习 ELM 的参数。使用少量数据，我们学习了一个使用 ELM 神经网络函数的状态空间系统模型，该模型随后可以用作 SMP 来生成机器人运动。SMP 的存储和转移都非常简便，仅需要少量的神经网络模型参数。

7.2 使用动态系统原语学习机器人运动

本节将介绍两种使用非线性系统的状态空间建模方法来学习任务级运动原语的方法。第一种方法采用收缩分析来学习一个由高斯混合模型（GMM）近似的动态系统模型。第二种方法则使用李雅普诺夫和障碍函数分析来学习由极限学习机（ELM）近似的动态系统模型。

7.2.1 系统模型

设 $x(t) \in \mathbb{R}^n$ 为状态变量。考虑以下关于状态 $x(t)$ 的微分方程模型：

$$\dot{x}(t) = f(x(t)) \tag{7-1}$$

其中，$f:\mathbb{R}^n \mapsto \mathbb{R}^n$ 是一个连续可微的非线性函数。我们的目标是从给定的状态及其导数数据中，以参数形式学习方程（7-1）所描述的模型。这些数据可能代表状态空间中从一个点到另一个点的轨迹。数据包含了状态 $\{x(t), \dot{x}(t)\}_{t=0:T_n}^{i=1:N}$ 的轨迹，这些轨迹具有向目标状态 $\{x^*, 0\}$ 收敛的特性，该目标状态是状态空间中的一个平衡点。每一份示范数据的初始状态可能不同。函数 $f(\cdot)$ 的参数化是通过高斯混合模型和极限学习机神经网络实现的，具体细节将在后续内容中详述。

7.2.2 函数近似技术

本节将介绍两种函数近似技术——高斯混合模型（GMM）和极限学习机（ELM）神经网络。

7.2.2.1 高斯混合模型

在方程（7-1）中，函数 $f(\cdot)$ 使用高斯混合模型进行近似[3, 53]。该模型的表达式如下：

$$\dot{x}(t) = \sum_{j=1}^{L} h_j(x(t))(A_j x(t) + b_j) = f(x(t)) \tag{7-2}$$

其中，标量权重 $h_j(x) \triangleq \dfrac{p(j)p(x|j)}{\sum_{j=1}^{L} p(j)p(x|j)}$ 与具有属性 $0 \leq h_j(x) \leq 1$ 和 $\sum_{j=1}^{L} h_j(x) = 1$ 的第 j 个高斯分布相关联，$p(j) = \pi_j$ 是先验概率，$A_j(x) = \Sigma_{j_{xx}}(\Sigma_{j_x})^{-1}, b_j = \mu_{j_{\dot{x}}} - A_j \mu_{j_x}$。第 j 个高斯的均值为 $\mu_j \triangleq [\mu_{j_x}, \mu_{j_{\dot{x}}}]^T$，协方差为 $\Sigma_j \triangleq \begin{pmatrix} \Sigma_{j_x} & \Sigma_{j_{xx}} \\ \Sigma_{j_{xx}} & \Sigma_{j_{\dot{x}}} \end{pmatrix}$。高斯混合模型的参数化包括线性部分与非线性权重项 $h_j(\cdot)$ 的乘积之和。

7.2.2.2 极限学习机

在方程（7-1）中，函数 $f(\cdot)$ 通过使用极限学习机神经网络进行近似，具体表达式

第7章 从数据中学习第一性原理系统知识：稳定性与安全性及其在示范学习中的应用

如下：

$$\dot{x}(t) = W^T \sigma(qs(t)) + \epsilon(x(t)) \tag{7-3}$$

其中，有界输出权重矩阵用 $W \in \mathbb{R}^{n_n \times n}$ 表示，隐层极限学习机神经元的数量由 n_n 表示，极限学习机功能重构误差用 $\epsilon(x) \in \mathbb{R}^n$ 表示。选择作为向量 Sigmoid 的 ELM 激活函数，用 $\sigma(\cdot) \in \mathbb{R}^{n_n}$ 表示，其定义为 $\sigma(qs(t)) = \left[\dfrac{1}{1+\exp(-(qs(t))_1)}, \cdots, \dfrac{1}{1+\exp(-(qs(t))_{n_n})} \right]^T$，其中 $(qs(t))_i$ 是向量 $qs(t)$ 的第 i 个元素，$q \triangleq [P_E, b_p] \in \mathbb{R}^{n_n \times (n+1)}$，$P_E \triangleq \text{diag}(s_p) U^T \in \mathbb{R}^{n_n \times n}$，$s_p \in \mathbb{R}^{n_n}$ 是内部斜率，$b_p \in \mathbb{R}^{n_n}$ 是偏置向量。有界输入层权重矩阵由 $U \in \mathbb{R}^{n \times n_h}$ 给出，ELM 输入向量由 $s(t) = [x(t)^T, 1]^T \in \mathbb{R}^{n+1}$ 给出。

7.2.3 学习高斯混合模型参数与收缩约束

本小节首先推导适用于系统模型的高斯混合模型（GMM）近似的收缩分析约束，随后介绍用于计算 GMM 参数的受约束优化问题。

7.2.3.1 高斯混合模型的收缩约束

在 GMM 的参数学习过程中，我们采用基于部分收缩分析得到的约束条件。考虑一个小样本，包含 N 条轨迹数据，每条数据中都包含位置和速度状态 $x(t)$。状态导数包括速度和加速度数据。为了推导收缩约束，考虑以下辅助系统，该系统使用状态变量 $x(t)$ 和辅助变量 $y \in \mathbb{R}^n$ 来描述：

$$\dot{y}(t) = f(y(t), x(t)) = \sum_{j=1}^{L} h_j(x(t))(A_j y(t) + b_j) \tag{7-4}$$

通过将方程（7-2）中的变量 $x(t)$ 替换为变量 $y(t)$ 的某些项，可以得到该系统模型在 y 上是线性的。如果满足以下不等式，那么方程（7-4）中的系统在 $y(t)$ 上是收缩的：

$$(A_j)^T M(y) + \dot{M}_j(y) + M(y) A_j \preceq -y M(y), \quad j=1,\cdots,L, \forall y \tag{7-5}$$

$$A_j x^* + b_j = 0, \quad j=1,2,\cdots,L \tag{7-6}$$

其中，y 是一个正常数，$M(y) \in \mathbb{R}^{n \times n}$ 是一个称为收缩度量的正定对称矩阵，$\dot{M}_j(y)$ 的第 ik 元素由 $\dot{M}_{jik}(y) \triangleq \dfrac{dM_{ik}(y)}{dy}(A_j y + b_j)$ 给出。方程（7-2）部分收缩的含义是方程（7-4）的轨迹将会收敛到方程（7-2）的轨迹，而方程（7-2）的轨迹又会收敛到由用于学习系统

的数据所表示的 x^*。

首先验证方程（7-6）中的约束。该约束表明 $y = x^*$ 是系统的平衡态，同时也是方程（7-4）系统中的一个特定解。接下来，我们验证方程（7-5）的合理性。在方程（7-4）中令 $y(t) = x(t)$，则方程（7-4）与方程（7-2）等价，这意味着方程（7-2）的特解也是方程（7-4）的解。将收缩分析方法[50]应用于方程（7-4）的系统中，可以得到以下约束条件：

$$\delta y^T \left(\frac{\partial f^T}{\partial y} M(y) + \dot{M}(y) + M(y) \frac{\partial f}{\partial y} \right) \delta y \leqslant -y \delta y^T M(y) \delta y \tag{7-7}$$

其中，$M(y) \in \mathbb{R}^{n \times n}$ 是关于 y 一致的正定对称矩阵，$\dot{M}(y)$ 由 $\dot{M}_{ik}(y) = \frac{dM_{ik}(y)}{dy}$ $f(y) = \frac{dM_{ik}(y)}{dy} \left(\sum_{j=1}^{L} \{h_j(x)(A_j y + b_j)\} \right)$ 给定，可写为 $\dot{M}(y) = \sum_{j=1}^{L} \{h_j(x) \dot{M}_j(y)\}$。方程（7-4）中的 $\frac{\partial f}{\partial y}$ 可写为 $\frac{\partial f}{\partial y} \triangleq \sum_{j=1}^{L} \{h_j(x) A_j\}$。

经过一系列代数运算并应用方程（7-5）后，可以推导出以下不等式：

$$\delta y^T \left(\frac{\partial f^T}{\partial y} M(y) + \dot{M}(y) + M(y) \frac{\partial f}{\partial y} \right) \delta y \leqslant -\delta y^T \left(\sum_{j=1}^{L} \{h_j(x)[y M(y)]\} \right) \delta y \tag{7-8}$$

由于 $\sum_{j=1}^{L} h_j(x) = 1$，方程（7-8）中的不等式可以重新表述为：

$$\delta y^T \left(\frac{\partial f^T}{\partial y} M(y) + \dot{M}(y) + M(y) \frac{\partial f}{\partial y} \right) \delta y \leqslant -y \delta y^T M(y) \delta y \tag{7-9}$$

同时，方程（7-4）中的辅助系统关于 y 是收缩的[50]。

根据部分收缩理论[54]，如果方程（7-4）中的辅助系统是收缩的，轨迹 $y(t) = x(t)$，$\forall t \geqslant 0$ 和 $y = x^*$ 是方程（7-4）的特解，那么方程（7-2）的轨迹将全局指数级收敛至目标位置 x^*。此外，收缩分析还强调了学习系统模型对外部干扰的鲁棒性特性。

7.2.3.2 受限制的高斯混合模型参数学习

本小节介绍一个受限优化问题，用于从轨迹数据估计高斯混合模型（GMM）的参数。问题的表述如下：

$$\{\theta_G^*, \theta_M^*\} = \arg\min_{\theta_G, \theta_M} \frac{1}{2T} \sum_{i=1}^{N} \sum_{t=1}^{T_n} \left\| \hat{\dot{x}}_i(t) - \dot{x}_i(t) \right\|^2 \tag{7-10}$$

第7章 从数据中学习第一性原理系统知识：稳定性与安全性及其在示范学习中的应用

$$\text{s.t. } (A_j)^T M(x) + \dot{M}_j(x) + M(x)A_j \preceq -yM(x), j=1,\cdots,L, \forall x \tag{7-11}$$

$$A_j x^* + b_j = 0, j=1,\cdots,L \tag{7-12}$$

$$M(x,\theta_M) \succ 0, \forall x \tag{7-13}$$

$$\Sigma_j \succ 0, \sum_j \pi_j = 1, 0 \leq \pi_j \leq 1, j=1,\cdots,L \tag{7-14}$$

其中，$\theta_G = \{\mu_1 \cdots \mu_L, \Sigma_1 \cdots \Sigma_L, \pi_1 \cdots \pi_L\}$ 包含了 GMM 的参数，$\theta_M \in \mathbb{R}^m$ 是 $M(x)$ 中的常数系数，$T = \sum_{n=1}^N T_n$ 是数据点的总数。预测状态的导数是基于方程（7-2）并使用 $\hat{\dot{x}}_n(t) = \hat{f}(x_n(t))$ 计算得到的。同时，收缩度量 M 也是从数据中学习得到的。方程（7-11）～方程（7-13）的约束确保了目标位置 x^* 的全局吸引力，而方程（7-14）中的约束则是 GMM 的超参数。

为了确保从数据中未出现的状态空间点也能复现收敛行为，方程（7-11）和方程（7-13）应当在状态空间的所有点上满足。因此，这个优化问题变得难以处理。为解决这个优化问题，本文提出了一个双重解决方案。首先，通过定义度量为 $M(x) \triangleq \Psi(x)^T \Psi(x)$，其中 $\Psi(x) \in \mathbb{R}^{n \times n}$，$\Psi(x)$ 的各元素由 $\Psi_{ij}(x) = r_{ij}(x)$ 给出，这里 $r_{ij}(x)$ 是 x 的一个多项式函数，其最高阶为 $d_{\max}$。接着，重新构造方程（7-11）中的约束，使其能够以参数的形式表达。这种方法简化了问题的复杂性，提高了求解的效率。

$$G_j(\theta_G, \theta_M, x) \triangleq (A_j)^T M(x) + \dot{M}_j(x) + M(x)A_j + \gamma M(x), j=1,\cdots,L \tag{7-15}$$

方程（7-11）可以重构为如下形式：$y^T G_j(\theta_G, \theta_M, x) y \leq 0, \forall x, y, j=1,\cdots,L$，其中 $y \in \mathbb{R}^n$ 是一个不定向量[55]，该表达式可以分解为：

$$y^T G_k(\theta_G, \theta_M, x) y = m(x,y)^T \overline{G}_k(\theta_G, \theta_M) m(x,y) \tag{7-16}$$

其中，$m(x,y) \in \mathbb{R}^{\bar{n}}$ 包含 x 和 y 中的单项式向量[55]。通过匹配系数的方法可以计算出 $\overline{G}_k(\theta_G, \theta_M)$ 的元素。同样，约束 $M(x,\theta_M) \succ 0$，$\forall x$ 可以重写为：

$$y^T M(x,\theta_M) y = l(x,y)^T \overline{M}(\theta_M) l(x,y) \tag{7-17}$$

其中，$l(x,y) \in \mathbb{R}^{\bar{m}}$ 是 x 和 y 的单项式向量，而 $\overline{M}(\theta_M)$ 的元素是 θ_{M_i} 的多项式。

方程（7-2）中的系统模型是部分收缩的，其所有解将收敛到目标位置 x^*。如果 $\overline{M}(\theta_M) \succ 0$ 成立，并且对于 $k=1, 2, \cdots, K$，有 $\overline{G}_k(\theta_G, \theta_M) \preceq 0$ 且 $A_k x^* + b_k = 0$。

如果 $\overline{G}_k(\theta_G, \theta_M) \preceq 0$，$k=1, 2, \cdots, K$，则直接遵循下式：

$$m(x,y)^T \bar{G}_k(\theta_G, \theta_M) m(x,y) \leq 0, \forall x, y, k = 1, \cdots, K \tag{7-18}$$

其中，$m(x,y)$ 是包含 x 和 y 元素的单项式向量。进一步地，根据方程（7-16），方程（7-18）中的不等式表明 $y^T G_k(\theta_G, \theta_M, x) y \leq 0$，$\forall x, y, k = 1, 2, \cdots, K$；因此：

$$G(\theta_G, \theta_M, x) \preceq 0, \forall x, k = 1, 2, \cdots, K \tag{7-19}$$

类似地，根据方程（7-17），如果 $\bar{M}(\theta_M) \succ 0$，则有 $M(x) \succ 0, \forall x$。因此，根据方程（7-15）和方程（7-19），结合 $A_k x^* + b_k = 0$，$k=1, 2, \cdots, K$ 的条件，可以看出方程（7-5）和方程（7-6）中的约束条件得到了满足。因此，方程（7-2）中的系统部分具有收缩性。

该约束优化问题的可实施形式如下：

$$\{\theta_G^*, \theta_M^*\} = \arg\min_{\theta_G, \theta_M} \frac{1}{2T} \sum_{n=1}^{N} \sum_{t=0}^{T_n} \left\| \hat{x}_n(t) - \dot{x}_n(t) \right\|^2 \tag{7-20}$$

$$\text{s.t. } \bar{G}_k(\theta_G, \theta_M) \preceq 0, k = 1, \cdots, K, \bar{M}(\theta_M) \succ 0 \tag{7-21}$$

$$A_k x^* + b_k = 0, \Sigma_k \succ 0, \sum_k \pi_k = 1, 0 \leq \pi_k \leq 1, k = 1, \cdots, K \tag{7-22}$$

7.2.4 学习满足李雅普诺夫和障碍约束的 ELM 模型参数

在本小节中，我们将介绍一种在李雅普诺夫和障碍约束条件下学习极限学习机（ELM）模型参数的方法。

7.2.4.1 ELM 的障碍约束

障碍函数（Barrier Function，BF）$B: Int(\mathcal{X}_0) \to \mathbb{R}$ 是一个实值非负函数，用于验证演示数据所在的封闭集合相对于系统模型的前向不变性。障碍函数是通过一个连续可微分的函数 $h(x)$ 来构建的，该函数在状态偏离系统约束时取较小的值，在接近集合边界时，其值趋向无穷大。因此，为了明确表示演示数据的边界，选择了平滑函数 $h(x)$，使得 $h(x)=0$ 表示边界；$h(x)$ 的正值表示符合系统约束，负值则表示违反系统约束。

考虑一个在凸连通集 $\mathcal{X}_0 \subset \mathbb{R}^2$ 上定义的逆型互补障碍函数（BF）候选 $B(x) = \dfrac{1}{h(x)}$，具体定义如下：

$$\begin{aligned} \mathcal{X}_0 &= \{x \in \mathbb{R}^n : h(x) > 0\} \\ \partial \mathcal{X}_0 &= \{x \in \mathbb{R}^n : h(x) = 0\} \end{aligned} \tag{7-23}$$

此外，我们给出了一个连续可微函数 $h: \mathbb{R}^n \to \mathbb{R}$ 的实例，该函数采用椭圆的通用方程形式：

第7章 从数据中学习第一性原理系统知识：稳定性与安全性及其在示范学习中的应用

$$h(x) = \frac{((x_1 - x_{1g})\cos\alpha + (x_2 - x_{2g})\sin\alpha)^2}{a_1^2} + \frac{((x_1 - x_{1g})\sin\alpha + ((x_2 - x_{2g})\cos\alpha)^2}{a_2^2} - 1$$

其中，$x = [x_1, x_2]^T \in \mathcal{X}_0$，$x_{1g}$ 和 x_{2g} 是椭圆重心的坐标，a_1 和 a_2 分别是椭圆的长轴和短轴尺寸，α 表示椭圆的方向。

对于互补型障碍函数（BF），我们可以建立如下约束条件：

$$\dot{B}(x) \leqslant \frac{y}{B(x)}, \quad \forall x \in \mathcal{X}_0 \tag{7-24}$$

根据方程（7-3）中的 ELM 参数化，定义 $h(x)$ 如下：

$$\nabla B(x)^T f(x) \leqslant \frac{y}{B(x)} \tag{7-25}$$

$$-\nabla h(x)^T W^T \sigma(qs) \leqslant y h^3(x), \quad \forall x \in \mathcal{X}_0 \tag{7-26}$$

此处，算子 $\nabla : C^1(\mathbb{R}^n) \to \mathbb{R}^n$ 定义为对变量 x 的标量值可微函数的梯度 $\frac{\partial}{\partial x}$，其中 C^1 表示所有导数连续的可微函数集合。在学习动态系统（DS）过程中，实施方程（7-26）的约束是一项挑战性任务，因为该约束必须满足 $\forall x \in \mathcal{X}_0$，而 $\mathcal{X}_0$ 是一个不可数的无限集。为了克服这一挑战，我们利用系统动力学的利普希茨连续性，在 $\mathcal{X}_0$ 的仅有限数目的样本点上评估该约束。由于 $B^{-1}(x)$ 和 $\dot{B}(x)$ 在 x 上具有相应的利普希茨常数 $L_{B^{-1}}$ 和 L_B，我们可以修改方程（7-26）中的安全约束，以确保在执行安全约束的同时学习 ELM 参数，且仅使用有限数量的样本。解决半无限规划问题的其他方法可参见文献 [56]。

7.2.4.2 ELM 参数学习中的李雅普诺夫约束

考虑具有如下形式的李雅普诺夫函数 $V(x) = \frac{1}{2}(x - x^*)^T (x - x^*)$。对于系统方程（7-3）的李雅普诺夫函数求时间导数后，我们得到：

$$\dot{V}(x) = (x - x^*)^T \dot{x} = (x - x^*)^T (W^T \sigma(qs)) \tag{7-27}$$

约束方程（7-27）可以重写为决策变量 $\theta = \begin{bmatrix} w_1^T, \cdots, w_n^T \end{bmatrix}^T \in \mathbb{R}^{(n \cdot n_h)}$ 的线性约束，具体表述如下：

$$\dot{V}(x) = (x - x^*)^T \Sigma \theta \tag{7-28}$$

$$\Sigma = \begin{bmatrix} \sigma(\bullet)^T & & 0_{1 \times (n-1) \cdot n_h} \\ & \ddots & \\ 0_{1 \times (n-1) \cdot n_h} & & \sigma(\bullet)^T \end{bmatrix} \tag{7-29}$$

根据方程（7-28）中对 $\dot{V}(x)$ 的定义，李雅普诺夫约束可以表述为：

$$(x-x^*)^T \Sigma \theta \leq -\rho \|x-x^*\|^2 \tag{7-30}$$

在状态空间的所有点上满足方程（7-26）和方程（7-30）的约束要求，使得 ELM 参数学习优化问题变得复杂难解。为了解决这一挑战，我们制定了可以在状态空间有限样本点进行评估的修改后约束。

假设 $\mathcal{X}_\tau \subset \mathcal{X}_0$ 是状态空间 $\mathcal{X}_0$ 的离散化表示，其中最接近 $x \in \mathcal{X}_0$ 的点由 $[x]_\tau$ 表示，满足 $x-[x]_\tau \leq \dfrac{\tau}{2}$。修改后的障碍函数约束如下：

$$-\nabla h([x]_\tau)^T \Sigma \theta - y h^3([x]_\tau) \leq -h^2([x]_\tau)\left(\mathcal{L}_{\dot{B}} + y L_{B^{-1}}\dfrac{\tau}{2}\right), \quad \forall [x]_\tau \in \mathcal{X}_\tau \tag{7-31}$$

其中，$\mathcal{L}_{\dot{B}} \triangleq (L_{\partial B}(\bar{W}\sqrt{n_h} + \bar{\epsilon}) + L_B L_f)\dfrac{\tau}{2}$ 和 $L_{B^{-1}}$ 表示 $B^{-1}(x)$ 的利普希茨常数。类似地，可以导出修改后的李雅普诺夫约束，表述如下：

$$([x]_\tau - x^*)^T \Sigma \theta \leq -\beta([x]_\tau) - \mathcal{L}_V \dfrac{\tau}{2}, \quad \forall [x]_\tau \in \mathcal{X}_\tau \tag{7-32}$$

此处 $\mathcal{L}_V = L_{\dot{V}} + 2\rho L_V$，其中 L_V 是李雅普诺夫函数的利普希茨常数，$L_{\dot{V}}$ 是一个适当的常数。更多的推导细节可以参见 Salehi 等人的研究[49]。

7.2.4.3 带约束的 ELM 参数学习

带稳定性和安全性障碍约束的 ELM 参数学习问题被构建为一个二次规划（QP）问题。为了保持稳定性约束的可行性，在约束中添加了一个松弛变量 δ。以下是包含安全性和稳定性约束的 QP 表述：

$$[W^{*T}, \delta^*]^T = \arg\min_{(W,\delta) \in \mathbb{R}^{n_h+1}} \sum_{t=0}^{T_n} [\dot{x}(t) - \hat{\dot{x}}(t)]^T [\dot{x}(t) - \hat{\dot{x}}(t)] + \mu w(tr(W^T W)) + p\delta^2 \tag{7-33}$$

$$-\nabla h([x]_\tau)^T \Sigma \theta - y h^3([x]_\tau) \leq -h^2([x]_\tau)\left(\mathcal{L}_{\dot{B}} + y L_{B^{-1}}\dfrac{\tau}{2}\right), \quad \forall [x]_\tau \in \mathcal{X}_\tau \tag{7-34}$$

$$([x]_\tau - x^*)^T \Sigma \theta \leq -\beta([x]_\tau) - \mathcal{L}_V \dfrac{\tau}{2} + \delta, \quad \forall [x]_\tau \in \mathcal{X}_\tau \tag{7-35}$$

其中，p 和 δ 是正的常数。

7.2.5 模拟

在 CDSP 和 SMP 算法的模拟中，我们采用了标准计算机配置。CDSP 算法通过

MATLAB 编程实现，并解决了一个带约束的 GMM 参数学习问题。该方法的结果显示在 LASA 数据集[3]中的两种形状上，具体如图 7-5 所示。从结果可见，该方法能从状态空间的不同点学习到形状保持和目标收敛的特性。

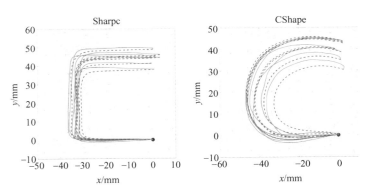

图 7-5　用于学习 CDSP 模型的轨迹数据。

注：两种形状以红色实线显示，从学到的模型生成的轨迹以蓝色虚线显示。从学到的模型生成的轨迹的流线以灰色线显示。

SMP 算法同样使用 MATLAB 编写，解决了一个含线性约束的二次规划问题。该方法的性能通过 LASA 手写数据集进行测试。内层 ELM 网络的参数（即斜率和偏置）是通过 Neumann 和 Steil[25] 提出的 BIP 算法计算得到的。展示了两组实验结果：第一组是通过无约束模型学习得到的，其生成的轨迹如图 7-6 所示；第二组则是学习了含有李雅普诺夫和 BF 约束的模型，其轨迹如图 7-7 所示。从图 7-6 可以看出，无约束模型生成的轨迹可能会超出安全区域；而从图 7-7 可以看出，受约束模型的轨迹始终保持在安全区域内，从而实现了安全性目标。这也表明，在重视安全约束的情况下，目标收敛性可能会被相对降低优先级，部分轨迹可能在安全区域内收敛至非预期吸引子。

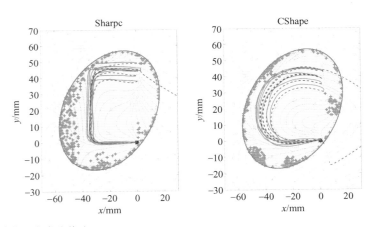

图 7-6　无约束模型学习生成的轨迹。

注：未使用障碍安全约束的动态系统模型通过红色实线表示的轨迹数据进行学习，从学习到的模型生成的轨迹则以蓝色虚线显示。

7.3 结论

本节将对本章介绍的受约束模型学习方法进行总结,并提出一些未来研究方向,包括从数据中学习模型和过程、考虑安全性以及在制造业背景下的去中心化学习。

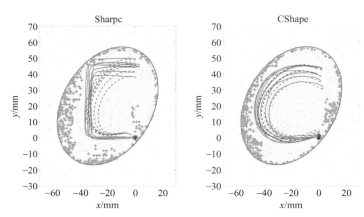

图 7-7 从 LASA 手写数据集中学习到的两种形状模型。

注:这些模型使用 SMP 算法进行训练。模型的流线以灰色线条显示,演示则以红色实线表示,而基于学习模型生成的再现则以蓝色虚线呈现。

7.3.1 受约束模型学习方法探讨

本章介绍了两种针对非线性动态系统模型学习的受约束方法。第一个方法名为 CDSP,它采用系统理论中的收缩分析工具,对学习得到的模型轨迹施加约束,使得这些轨迹能够在位置状态下保持特定的形状,并最终收敛至目标状态。第二个方法称为 SMP,此方法利用系统理论中的障碍函数和李雅普诺夫函数工具,为模型轨迹设置约束,确保轨迹始终处于称为安全区域的预定状态空间内,并能够收敛到目标状态。这两种方法(CDSP 和 SMP)都是利用公开可获取的 LASA 数据集中的少量数据进行训练的,并使用该数据集中的数据进行测试。对于 SMP 算法,我们观察到在没有安全约束的情况下进行模型学习时,所得模型的轨迹可能会超出设定的安全区域。而在施加约束的学习中,所有模型的轨迹都能维持在状态空间的预定区域内。CDSP 模型的轨迹倾向于保持位置状态的形状,这是由于收缩分析提供了增量稳定性,即对邻近轨迹具有一定的收敛性。从学习得到的 SMP 模型生成的轨迹可能会在安全区域内收敛至一个错误的状态,这是因为采用了类似于 SEDS 算法的二次李雅普诺夫函数来生成稳定性约束。这一问题可以通过采用 CLF-DM 中的其他形式的李雅普诺夫函数约束或结合障碍函数约束的收缩分析来解决。

7.3.2 选择模仿对象的重要性

在模仿学习中，选择谁来模仿是一个关键性的问题，这需要更深入的研究探讨。通常情况下，示范是由一个或多个专门模拟特定任务的教师提供的。当不同的教师展示不同的教学方法，或者不同教师的示范内容存在冲突时，选择模仿哪位教师成为一个需要进一步研究的问题。对于人类而言，这种选择行为是基于多种因素学习而来的，包括教师的相对重要性或地位以及其成果等。而在机器中，这些层次结构、流程和成果评估需要被程序化。这是一个研究的肥沃土壤，甚至可能会促进学习流程的标准化。我们需要问：选择过程是什么？成功的标准又是什么？有哪些指标在管理学习过程？当教师是另一个机器人或计算机程序时，这些问题变得更加引人注目，这是一个需要进一步研究的领域。

7.3.3 机器人与人类合作中的模仿学习应用

在许多涉及人类与机器人合作的制造任务中，双方需要进行顺序任务执行。在这类任务中，机器人需要将通过示范学习到的技能运用起来，并通过其感知能力与人类进行最优化的协作。机器人可以利用其感知能力来判断人类的动作意图，并根据人类的动作变化调整自己的动作或改变其基本行为。这意味着机器人需要具备一定程度的自主性，并配备必要的安全保障措施和故障安全位置，以确保工作环境中的安全性达到可接受的标准。如果无法提供可证明的安全级别，相关法规将不允许此类协作继续进行。这将激发人机交互、安全分析、感知、可视化、人工智能等领域的多项有趣研究。此外，这也可能促成一项关于标准化和安全法规制定的研究。

7.3.4 多机器人的模仿学习

在许多机器人在不同环境下操作的情况中，如不同的房屋或房间，学习过程的去中心化变得尤为重要，这是一个需要进一步研究的领域。机器人可以在一个集中的环境中学习一个基础模型。然而，为了细化它们的技能，它们可以利用各自特定工作环境中的本地数据进行学习。这些更新后的模型可以被发送到一个中心服务器，以整合从各个机器人那里学到的知识，从而改善它们的行为。在这种学习方法中，不需要机器人与中心数据服务器保持持续的通信连接。机器人可以通过利用本地数据和采取本地最优策略的强化学习或其他学习方法来完善自己的技能。此外，结合元学习和模仿学习的方式也可以被用来通过利用元学习模型中的先验经验来快速掌握技能。然而，定期在不同机器人之间协调行为和结果的过程，可以提升"群体"学习效果，从而实现更加全面的最优行为。这一概念也适用于在不同地点的制造工厂，其中"技能"的概念可以泛指各种方法或操作方式。例如，在一个地点学习到的类似动作的最佳运动方式（如组装和焊接）可以传播到其他地方执行类似操作的整个机器群体中，并适当调整以适应地方差异。

致　谢

感谢 Ravi Rajamani 博士对本文的技术讨论和贡献。本研究得到了美国国家科学基金会（NSF）授予的编号为 SMA-2134367 项目的资助。

参考文献

[1] S. Schaal, Is imitation learning the route to humanoid robots? Trends Cogn. Sci. 3 (6) (1999) 233–242.

[2] A.J. Ijspeert, J. Nakanishi, H. Hoffmann, P. Pastor, S. Schaal, Dynamical movement primitives: learning attractor models for motor behaviors, Neural Comput. 25 (2) (2013) 328–373.

[3] S.M. Khansari-Zadeh, A. Billard, Learning stable nonlinear dynamical systems with Gaussian mixture models, IEEE Trans. Rob. 27 (5) (2011) 943–957.

[4] J. Rey, K. Kronander, F. Farshidian, J. Buchli, A. Billard, Learning motions from demonstrations and rewards with time-invariant dynamical systems based policies, Auton. Robots 42 (1) (2018) 45–64.

[5] C. Wang, Yu Zhao, C.Y. Lin, M. Tomizuka, Fast planning of well conditioned trajectories for model learning, in: IEEE/RSJ International Conference on Intelligent Robots and Systems (IROS), 2014, pp. 1460–1465.

[6] B.D. Argall, S. Chernova, M. Veloso, B. Browning, A survey of robot learning from demonstration, Rob. Autom. Syst. 57 (5) (2009) 469–483.

[7] S. Calinon, Learning from demonstration (programming by demonstration), Encyclopedia of Robotics, Springer, Berlin, Heidelberg, Germany, 2018, pp. 1–8.

[8] C. Breazeal, B. Scassellati, Robots that imitate humans, Trends Cogn. Sci. 6 (11) (2002) 481–487.

[9] G.M. Hayes, J. Demiris, A Robot Controller Using Learning by Imitation, University of Edinburgh, Department of Artificial Intelligence, 1994.

[10] C.L. Nehaniv, K. Dautenhahn, et al., The correspondence problem, Imitation in Animals and Artifacts, 41, Citeseer, 2002.

[11] F. Stramandinoli, K.G. Lore, J.R. Peters, P.C. ONeill, B.M. Nair, R. Varma, J.C. Ryde, J.T. Miller, K.K. Reddy, Robot learning from human demonstration in virtual reality, Hum.-Rob. Interact. 437 (2018).

[12] A. Coates, P. Abbeel, A.Y. Ng, Apprenticeship learning for helicopter control, Commun. ACM 52 (7) (2009) 97–105.

[13] D.H. Grollman, O.C. Jenkins, Incremental learning of subtasks from unsegmented demonstration, in: 2010 IEEE/RSJ International Conference on Intelligent Robots and Systems, 2010, pp. 261–266.

[14] P. Agarwal, J. Fox, Y. Yun, M.K. OMalley, A.D. Deshpande, An index finger exoskeleton with series elastic actuation for rehabilitation: design, control and performance characterization, Int. J. Rob. Res. 34 (14) (2015) 1747–1772.

[15] B. Kim, A.D. Deshpande, An upper-body rehabilitation exoskeleton harmony with an anatomical shoulder mechanism: design, modeling, control, and performance evaluation,

Int. J. Rob. Res. 36 (4) (2017) 414–435.

[16] G.F Rossano, C. Martinez, M. Hedelind, S. Murphy, T.A. Fuhlbrigge, Easy robot programming concepts: An industrial perspective, in: IEEE International Conference on Automation Science and Engineering (CASE), 2013, pp. 1119–1126.

[17] H. Ravichandar, P. kumar Thota, A.P. Dani, Learning periodic motions from human demonstrations using transverse contraction analysis, in: American Control Conference (ACC), 2016, IEEE, 2016, pp. 853–4858.

[18] N. Koenig, MJ. Mataríc, Robot life-long task learning from human demonstrations: a bayesian approach, Auton. Rob. 40 (6) (2016) 1–16.

[19] A. Rai, F. Meier, A. Ijspeert, S. Schaal, Learning coupling terms for obstacle avoidance, in: International Conference on Humanoid Robotics, 2014, pp. 512–518.

[20] A. Ude, A. Gams, T. Asfour, J. Morimoto, Task-specific generalization of discrete and periodic dynamic movement primitives, IEEE Trans. Rob. 26 (5) (2010) 800–815.

[21] B. Nemec, M. Tamo, F. Worgotter, A. Ude, Task adaptation through exploration and action sequencing, in: IEEE-RAS International Conference on Humanoid Robots, 2009, pp. 610–616.

[22] A. Paraschos, C. Daniel, J.R. Peters, G. Neumann, Probabilistic movement primitives, Adv. Neural Inf. Process. Syst. (2013) 2616–2624.

[23] S.M. Khansari-Zadeh, A. Billard, Learning control Lyapunov function to ensure stability of dynamical system-based robot reaching motions, Rob. Autom. Syst. 62 (6) (2014) 752–765.

[24] K. Neumann, J.J. Steil, Learning robot motions with stable dynamical systems under diffeomorphic transformations, Rob. Autom. Syst. 70 (2015) 1–15.

[25] K. Neumann, J.J. Steil, Optimizing extreme learning machines via ridge regression and batch intrinsic plasticity, Neurocomputing 102 (2013) 23–30.

[26] A. Lemme, K. Neumann, R.F. Reinhart, J.J. Steil, Neurally imprinted stable vector fields, in: European Symposium on Artificial Neural Networks, Citeseer, 2013, pp. 327–332.

[27] S. Calinon, D. Bruno, D.G. Caldwell, A task-parameterized probabilistic model with minimal intervention control, in: IEEE International Conference on Robotics and Automation (ICRA), 2014, pp. 3339–3344.

[28] I.R. Manchester, M. Revay, R. Wang, Contraction-based methods for stable identification and robust machine learning: a tutorial, arXiv preprint arXiv:2110.00207 (2021).

[29] H. Ravichandar, A.P. Dani, Learning contracting nonlinear dynamics from human demonstration for robot motion planning, in: ASME Dynamic Systems and Control Conference (DSCC), 2015.

[30] C. Bowen, R. Alterovitz, Closed-loop global motion planning for reactive execution of learned tasks, in: IEEE/RSJ International Conference on Intelligent Robots and Systems, 2014, pp. 1754–1760.

[31] B. Akgun, M. Cakmak, K. Jiang, A.L. Thomaz, Keyframe-based learning from demonstration, Int. J. Soc. Robot 4 (4) (2012) 343–355.

[32] R.S. Sutton, A.G. Barto, Reinforcement Learning: An Introduction, MIT Press, 2018.

[33] V. Mnih, K. Kavukcuoglu, D. Silver, A.A. Rusu, J. Veness, M.G. Bellemare, A. Graves, M. Riedmiller, A.K. Fidjeland, G. Ostrovski, et al., Human-level control through deep reinforcement learning, Nature 518 (7540) (2015) 529–533.

[34] F.L. Lewis, D. Vrabie, K.G. Vamvoudakis, Reinforcement learning and feedback control: Using natural decision methods to design optimal adaptive controllers, IEEE Control.

Syst. Mag. 32 (6) (2012) 76–105.

[35] N. Jetchev, M. Toussaint, Fast motion planning from experience: trajectory prediction for speeding up movement generation, Auton. Rob. 34 (1) (2013) 111–127.

[36] F. Stulp, E.A. Theodorou, S. Schaal, Reinforcement learning with sequences of motion primitives for robust manipulation, IEEE Trans. Rob. 28 (6) (2012) 1360–1370.

[37] E. Todorov, M.I. Jordan, Optimal feedback control as a theory of motor coordination, Nat. Neurosci. 5 (11) (2002) 1226–1235.

[38] P. Abbeel, A.Y. Ng, Apprenticeship learning via inverse reinforcement learning, in: International Conference on Machine Learning, ACM, 2004, pp. 1–8.

[39] J.P. Laumond, N. Mansard, J.B. Lasserre, Optimality in robot motion: optimal versus optimized motion, Commun. ACM 57 (9) (2014) 82–89.

[40] MC. Priess, J. Choi, C. Radcliffe, The inverse problem of continuous-time linear quadratic gaussian control with application to biological systems analysis, in: ASME 2014 Dynamic Systems and Control Conference, 2014.

[41] J.P. Laumond, N. Mansard, J. Bernard Lasserre, Optimization as motion selection principle in robot action, Commun. ACM 58 (5) (2015) 64–74.

[42] K. Dupree, P.M. Patre, M. Johnson, W.E. Dixon, Inverse optimal adaptive control of a nonlinear Euler-Lagrange system, part I: full state feedback, in: IEEE Conference on Decision and Control (CDC) held jointly with 2009 28th Chinese Control Conference, 2009, pp. 321–326.

[43] K. Dupree, M. Johnson, P.M. Patre, W.E. Dixon, Inverse optimal control of a nonlinear Euler-Lagrange system, part II: output feedback, in: IEEE Conference on Decision and Control (CDC) held jointly with 2009 28th Chinese Control Conference, 2009, pp. 327–332.

[44] S. Schaal, P. Mohajerian, A. Ijspeert, Dynamics systems vs. optimal control-a unifying view, Prog. Brain Res. 165 (2007) 425–445.

[45] C. Finn, T. Yu, T. Zhang, P. Abbeel, S. Levine, One-shot visual imitation learning via meta-learning, in: Conference on Robot Learning, 2017, pp. 357–368.

[46] H. Ravichandar, I. Salehi, A. Dani, Learning partially contracting dynamical systems from demonstrations, in: Proceedings of the 1st Annual Conference on Robot Learning, 78, PMLR, 2017, pp. 369–378.

[47] H.C. Ravichandar, A. Dani, Learning position and orientation dynamics from demonstrations via contraction analysis, Auton. Rob. 43 (4) (2019) 897–912.

[48] I. Salehi, G. Yao, A.P. Dani, Active sampling based safe identification of dynamical systems using extreme learning machines and barrier certificates, in: International Conference on Robotics and Automation, 2019, pp. 22–28.

[49] I. Salehi, G. Rotithor, G. Yao, A.P. Dani, Dynamical system learning using extreme learning machines with safety and stability guarantees, Int. J. Adapt. Control Signal Process. 35 (6) (2021) 894–914.

[50] W. Lohmiller, J.-J.E. Slotine, On contraction analysis for nonlinear systems, Automatica 34 (6) (1998) 683–696.

[51] D. Angeli, A lyapunov approach to incremental stability properties, IEEE Trans. Autom. Control 47 (3) (2002) 410–421.

[52] A.P. Dani, S-Jo Chung, S. Hutchinson, Observer design for stochastic nonlinear systems via contraction-based incremental stability, IEEE Trans. Autom. Control 60 (3) (2015)

700–714.
[53] D.A. Cohn, Z. Ghahramani, M.I. Jordan, Active learning with statistical models, J. Artif. Intell. Res. 4 (1996) 129–145.
[54] W. Wang, J.J.E. Slotine, On partial contraction analysis for coupled nonlinear oscillators, Biol. Cybern. 92 (1) (2005) 38–53.
[55] D. Henrion, A. Garulli, Positive Polynomials in Control, Vol. 312, Springer Science & Business Media, 2005.
[56] B. Bhattacharjee, P. Lemonidis, W.H. Green Jr, P.I. Barton, Global solution of semi-infinite programs, Math. Program. 103 (2) (2005) 283–307.

第 8 章

人工智能在材料损伤诊断和预测中的应用

Sarah Malik[⊖]和 Antonios Kontsos[⊖]

8.1 引言

本章旨在综述在材料损伤调查中使用的人工智能（AI）方法。这一主题通常非常广泛，例如，使用 AI 方法进行材料发现（如在联邦资助的材料基因组计划中[1]），开发新材料（如国家纳米技术计划[2]）以获得前所未有的性能[3]，以及在设计新材料策略中的应用[4, 5]。

本章主要介绍制造业如何利用 AI 技术在材料合格审查和使用的各个阶段中获益，涵盖了材料的预处理、制造操作、制造后状态及后处理等环节，旨在成功制造出具有理想或至少可接受的最终属性、性能和行为的部件。在这一背景中，本章将探讨 AI 在材料损伤方面的应用，涉及多种已经在使用或正在兴起的成像、表征、监测、评估和测试方法，特别是在高级制造、增材制造和智能制造等领域，AI 技术在这些领域的关注度正在逐渐超越传统制造方法。具体来说，AI 技术已经应用于：①数字化线程和数字孪生中的数据驱动质量控制，其中包括基于传感（如成像）和处理参数（如金属增材制造中的激光功率和速度）的材料状态评估[6]；②根据工艺参数和制造方法评估制造后材料状态，涉及大量计量学和非破坏性评估（NDE）方法（如 X 射线计算机断层扫描、显微镜等）[7]；③建立制造后状态与性能和使用数据的联系，评估制造过程对材料功能性能的影响[8-10]。

本章内容安排如下：第 8.1 节先简述材料损伤的定义，解释损伤在不同长度尺度上的表现及其生产方法。继而详细阐述"损伤诊断"和"预测"这两个术语的定义，并简要说明在该领域中运用 AI 技术的必要性，提供一套用于材料损伤诊断与预测的知名的 AI 技术分类。这一分类也是第 8.2 节介绍技术背景、应用及各 AI 技术的优缺点的基础。第 8.3

⊖ 美国，德雷塞尔大学，机械工程与力学系理论与应用力学组。

第8章 人工智能在材料损伤诊断和预测中的应用

节讨论利用 AI 技术进行损伤诊断与预测的当前挑战和机遇。第 8.4 节提供了对本章主题的总结性看法。

8.1.1 材料损伤的背景知识

材料损伤是指对材料的属性、行为、性能和功能产生负面影响的一系列状态，这些状态违背了材料的物理性质或设计要求[11-13]。具体来说，材料在制造完成后的损伤状态通常与各种缺陷（如裂纹、孔洞、相变等）相关，这些缺陷最终可能导致多种材料性能退化，如断裂、腐蚀、塑性变化、导电性和辐射性能的变化等。这些退化过程通常是不可逆的。在此，有几点需要明确说明：第一，损伤具有多尺度特性，这意味着根据分析的尺度不同，可能导致后续严重损伤的特征或缺陷在不同材料中表现出显著差异。例如，图 8-1 展示了金属材料从原子尺度到宏观尺度的缺陷分类[14]。第二，缺陷本身并不一定构成损伤。例如，材料可能存在大量孔洞等统计意义上显著的缺陷，但这并不一定会影响材料的属性或行为，除非这些缺陷或它们的相互作用在特定的外部载荷和操作条件下达到临界值[15]。第三，评估材料损伤的方法多样，包括各种感测技术、成像技术、表征方法和测试手段[16-18]。在这一背景下，AI 技术在评估材料损伤方面的应用涵盖了从预处理、制造操作到制造后状态及后处理的各个阶段。例如，在金属增材制造中，原料的缺陷（如粉末的粒径分布、球形度等）会影响制造过程参数（如温度控制、副产品生成等），进而在制造完成后的材料中产生各种缺陷（包括孔隙、分层、裂纹、残余应力等）[19]。这些缺陷之间的复杂相互作用最终导致损伤的出现，因此在设计和制造阶段尽早检测出这些损伤非常重要。

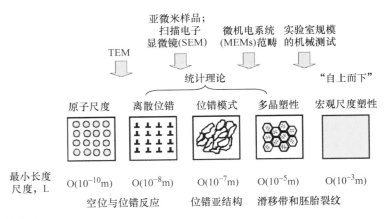

图 8-1 一种代表性分类。

注：图中展示了金属材料损伤效应如何从原子尺度到宏观尺度不同长度尺度的变化。同时提供了相应长度尺度上对这些损伤效应进行成像和表征的方法[14]。该图表发表于文献 [14]，版权归 Elsevier 所有，2010 年。

8.1.2 材料损伤诊断与预测的人工智能需求

在 8.1.1 小节对损伤描述的基础上，我们可以将"损伤诊断"定义为检测、识别及分类材料损伤状态的各种方法。此类分类通常基于测量与评估数据，进而处理这些数据以实现可视化和分析，从而辅助损伤预测工作。而"材料预测"是指基于损伤发起、发展及最终故障的模型和仿真所做的预测。在这一背景下，预测包括多种努力，旨在推断如何利用现有信息（如应用诊断方法）、存档信息及其他类型的先验知识，以预测未来的材料状态。总体而言，将材料损伤的诊断和预测结合考虑，损伤识别过程被进一步建议分为四个层级，即第 1 级（确认损伤的存在）、第 2 级（在第 1 级的基础上确定损伤的位置）、第 3 级（在第 2 级的基础上评估损伤的严重性）、第 4 级（在第 3 级的基础上预测损伤的发展状态）[20]。这种分类虽然依具体情况而定，但它展示了为何需要使用先进的分析和处理方法来理解和改进材料的使用方式，这在所有制造领域都是至关重要的。

在分析和利用测量评估数据之前，对数据进行预处理是非常重要的，包括归一化、过滤等步骤，实际上，这通常是数据分析过程中最耗时的部分。例如，主成分分析（PCA）、皮尔森相关系数、前向后向消除等方法都是降低数据维度的常用手段[21-23]。应用这些方法之后，可以根据训练和测试的变量类型选择适当的处理算法。在这一背景下，图 8-2 展示了本章将讨论的人工智能算法类型。具体来说，这里定义的人工智能（AI）是指所有使机器能执行需要类似人类智能的任务的方法和技术。这些方法包括机器学习（ML），它是 AI 的一个子集，基于数据驱动的数学建模。深度学习（DL）是机器学习的一种方法，涉及使用神经网络自动构建数据的层次化表示。此外，还应注意，本章将讨论概率模型（PM），并帮助理解它们可能与所有的 AI、ML 和 DL 方法之间存在重叠。

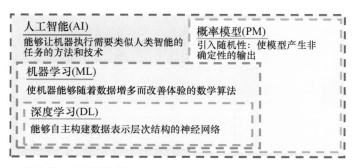

图 8-2 本章介绍的人工智能算法及其关系简述

此外，表 8-1 和表 8-2 提供了本章将讨论的具体 AI 方法的更详细列表，以及这些方法在特定的材料损伤调查案例中应用后的输出情况。

对于这些方法的技术背景的介绍可能与本书其他章节中呈现的相似细节潜在重叠，本章将重点介绍适用于材料损伤诊断和预测的 AI 方法的基本技术背景和概念。

第8章 人工智能在材料损伤诊断和预测中的应用

表 8-1 制造业中材料损伤诊断的人工智能方法

主要 AI 模型	分类模型的关键输出	代表性参考文献	代表性输出
支持向量机（SVM）	决策边界	[24-27]	材料中的缺陷检测（如不连续性、孔隙、裂纹或夹杂物），机器状态监控，机床断裂识别，轴承故障诊断
基于树的分类器	树形结构	[28-31]	机器参数，机器状态，复合材料损伤状态，材料性质
贝叶斯分类器	后验分布	[32-37]	复合材料损伤状态识别，3D打印过程中的故障诊断，轴承和齿轮箱的故障诊断，材料的退化分析
无监督机器学习	聚类分析	[38-42]	识别增材制造过程中的失败，分析复合材料损伤状态，探究材料损伤机制，机床断裂诊断
深度学习方法—人工神经网络（ANN）[多层感知器（MLP）、卷积神经网络（CNN）]	结构和权重	[43-48]	检测材料缺陷（如裂纹、气孔、熔合不足等），评估材料制造质量，进行损伤检测，监控机器的工作状态

表 8-2 制造业中材料预测的人工智能方法

主要 AI 模型	分类模型的关键输出	代表性参考文献	代表性输出
支持向量机（SVM）	决策边界	[49-51]	材料的疲劳寿命预测，切割工具的剩余使用寿命（RUL），轴承的剩余使用寿命
基于树的分类器	树形结构	[52，53]	材料的疲劳寿命预测，制造系统的剩余使用寿命
深度学习方法—人工神经网络（ANN）[自编码器、卷积神经网络（CNN）]	结构和权重	[48，49，52-54]	材料疲劳寿命预测，机器健康监控，机床磨损监测
自适应神经模糊推理系统（ANFIS）	结构和权重	[50，55-57]	材料疲劳寿命预测，机床磨损监测
隐马尔可夫模型	隐藏状态	[58-61]	机器状态监控，预测材料的失效时间
基于滤波的方法	滤波器权重	[62-65]	裂纹长度测量，轴承的剩余使用寿命预测，机器状态监控

8.2 人工智能方法在材料损伤诊断和预测中的应用

本节将结合表 8-1 和表 8-2，介绍特定的人工智能方法及其应用。首先提供每种方法的技术背景概述，其次举例说明这些方法在材料损伤诊断和预测中的应用情况，最后，针对每种方法，讨论其在制造业中应用时的相对优点与缺点。

8.2.1 支持向量机

支持向量机（SVM）是一种用于分类与回归分析的监督学习算法。SVM 的核心目标是利用决策边界的概念，在 n 维空间中对数据点进行表征。所谓决策边界，是一个用于在数据集中在数学上区分不同类别的函数，这一函数的形式取决于选择的特征空间。在二维空间中，该决策边界表现为一条直线；在三维空间中，表现为一个平面；而在更高维空间中，则表现为一个超平面。

8.2.1.1 技术背景

对于一个 n 维数据集，超平面可以通过方程（8-1）描述，其中 $f(x)$ 表示超平面函数，$\boldsymbol{w}$ 为 n 维权重向量，$\boldsymbol{X}$ 代表输入数据的 n 维向量，b 是一个偏置常数。最优超平面的确定是通过计算权重值来实现的，这些权重值能够最大化左右超平面区域之间的间隔或距离，具体定义见方程（8-2）、方程（8-3）。具有最小的 $\boldsymbol{w}$ 的 2-范数的超平面将具有最大的边距，因此，目标是通过解决方程（8-4）、方程（8-5）中的优化问题来找到最优超平面。

为了解决这个优化问题，进一步引入了松弛变量 ξ_i 和误差惩罚 C。

$$f(x) = b + \boldsymbol{w}^T \boldsymbol{X} = \sum_{i=1}^{n} w_i x_i + b = 0 \tag{8-1}$$

$$f(x) = b + \boldsymbol{w}^T \boldsymbol{X} = \sum_{i=1}^{n} w_i x_i + b = 1 \tag{8-2}$$

$$f(x) = b + \boldsymbol{w}^T \boldsymbol{X} = \sum_{i=1}^{n} w_i x_i + b = -1 \tag{8-3}$$

$$\text{最小值} \left\{ \frac{1}{2} \|\boldsymbol{w}\|^2 + C \sum_{i=1}^{n} \xi_i \right\} \tag{8-4}$$

$$\text{约束条件} \begin{cases} f_i(\boldsymbol{w}^T \boldsymbol{x}_i + b) \geq 1 - \xi_i, & i = 1, \cdots, n \\ \xi_i \geq 0, & i = 1, \cdots, n \end{cases} \tag{8-5}$$

图 8-3 展示了一个典型的二维线性分类中决策边界的视觉表现。支持向量是最靠近决策边界的数据点，在图 8-3 中为了清晰起见，这些点被圈出。一旦 SVM 模型训练完成，新的数据点将通过超平面方程进行评估以确定其标签。

如果数据点不是线性可分的，那么可以应用核技术来创建非线性决策边界。此外，数据在原始输入数据集中可能不是线性可分的，但如果应用了某种变换，转换后的数据类可能在更高维空间中变得线性可分。对大数据集应用这样的转换函数可能会有相当大的计算成本，因此，通过使用核函数，核技术提供了一种替代方案。这些核函数利用原始输入并返回在更高维空间中变换向量的点积。这种核技术利用在更高维特征空间中变换的坐标

第8章 人工智能在材料损伤诊断和预测中的应用

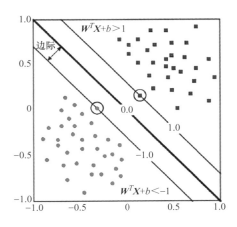

图 8-3 线性决策边界。

注：支持向量机（SVM）分类器的例子中，对于二维数据集采用了线性决策边界[66]。（该图像发表于文献 [66]，版权归 EDP Sciences 所有，2015 年）。

暂时表示数据。此外，SVM 模型可以将核函数与输入数据和标签一起使用，生成分类器。方程（8-6）提供了这种核函数的数学定义，其中 x 和 y 是输入变量，f 是从 n 维空间映射到 m 维空间的函数。尖括号表示内积，其中 m 的维数远大于 n。常见的核函数类型包括高斯核、S 形核、多项式核和双曲正切核。关于 SVM 的更多计算细节，可以参考 Evgeniou 和 Pontil[67] 以及 Cortes 和 Vapnik[68] 的研究。

$$K(x,y) = \langle f(x), f(y) \rangle \qquad (8-6)$$

8.2.1.2 诊断应用

在制造过程中对材料进行原位缺陷检测是人工智能方法的新兴应用领域。这种缺陷检测依赖于可用的感测与仪器技术，例如用于现代增材制造系统的技术，同时也依赖于可以额外加装于制造系统中的各种传感器（包括成像、声学、干涉测量、辐射测温等），这些传感器用于收集与新形成的材料缺陷相关的感测数据集。人工智能方法在这类缺陷检测中的应用还需要成功地处理数据，利用边缘计算的硬件和软件（即靠近机器的设备），以及与云计算的集成，用于数据的存储、模型的训练等。处理后数据的可视化也十分重要，这使得可以基于这些数据来做出有关制造策略的决策，甚至实现自动化程序，如闭环操作中的自动控制。在这方面，Gobert 等人[24] 提出了一个使用支持向量机进行缺陷检测的示例，该方法应用于激光粉床熔化（PBF）增材制造（AM）。如图 8-4 所示，通过数码单反相机逐层收集的图像被用于数据采集。相机为每个建造层捕捉多张图像，通过结合使用不同的光源来采集图像，总共产生了 8 种不同的照明条件。

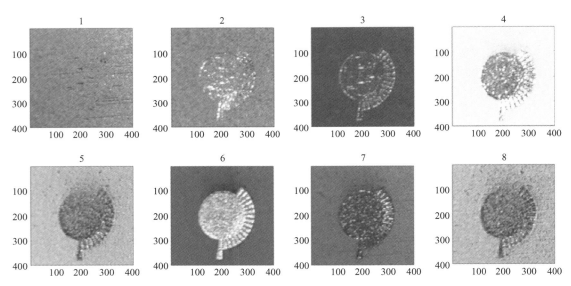

图 8-4 原位图像采集技术在激光粉床熔化增材制造过程中的应用[24]。

注：该图出自文献 [24]，版权归 Elsevier 所有，2018 年。

在此案例中，线性支持向量机被选为二元分类器，用于依据从类似图 8-4 中的图像提取的特征来检测缺陷。为了实现这一目标，图像的灰度表示被叠加，从而为每层捕捉到的 8 种不同类型的图像创建多个三维表示。作者没有训练单一的 SVM，而是利用每层计算得到的特征矩阵来输入模型。随后，输出的决策及其相应的置信度被送入第二个模型以进行最终的分类。图 8-5 展示了训练此模型所使用的集成模型分类方案。上文中提到的关于超平面的方程（8-1）～方程（8-3）通过方程（8-4）、方程（8-5）针对每个分类器和主模型进行了优化。分类集成的较高性能展示了使用层次成像数据区分异常体素和正常体素的潜力。表 8-3 提供了 SVM 和集成分类器的准确率、精确度和召回率的结果。作者进一步得出结论，该方法非常适合于工业环境中的原位逐层间断性缓解，能仅通过图像体素信息提供与零件质量相关的准确信息。

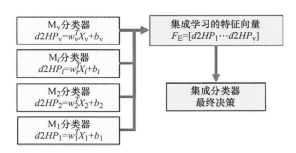

图 8-5 集成模型分类方案。

注：通过将 V 个独立分类器整合进第二个支持向量机模型，基于集成类型的分类器来做出最终决策[24]（来源：该图出自文献 [24]，版权由 Elsevier 公司所有，2018 年）。

表 8-3 支持向量机分类器及集成分类器的准确率、精确度和召回率的平均值及其标准偏差

flash 模型的特征矩阵	准确率 ±1 标准偏差	精确度 ±1 标准偏差	召回率 ± 标准偏差
1	0.72 ± 0.012	0.37 ± 0.015	0.42 ± 0.049
2	0.62 ± 0.023	0.24 ± 0.051	0.53 ± 0.121
3	0.71 ± 0.034	0.35 ± 0.044	0.55 ± 0.023
4	0.66 ± 0.042	0.31 ± 0.049	0.55 ± 0.105
5	0.63 ± 0.058	0.27 ± 0.052	0.51 ± 0.100
6	0.73 ± 0.042	0.39 ± 0.047	0.63 ± 0.083
7	0.64 ± 0.049	0.29 ± 0.042	0.54 ± 0.023
8	0.68 ± 0.008	0.33 ± 0.022	0.60 ± 0.079
集成分类器	0.85 ± 0.015	0.64 ± 0.029	0.60 ± 0.049

注：该表出自文献 [24]，版权由 Elsevier 所有，2018 年。

支持向量机在诊断领域的其他应用包括机器状态监控和故障诊断[25]。此外，关于刀具断裂和滚动轴承故障的应用也有报道[26, 27]。

使用支持向量机进行材料缺陷检测的类似案例还包括使用金属表面缺陷图像作为输入[69]，以及使用与超声波相关的信号作为输入[70]。

8.2.1.3 预测应用

如第 8.1.1 小节所述，我们不能确定性地将材料的缺陷与其损伤状态联系起来，除非对材料的行为进行了评估或测试。在这一背景下，使用机器学习方法，如支持向量机（SVM），来根据其制造时的状态估计材料的剩余使用寿命（RUL）已成为一种常用手段。具体来说，利用增材制造（AM）技术（激光粉床熔化）生成的数值模拟数据来预测 316L 不锈钢的 RUL[49]。研究者们采用 SVM 建模，其研究重点包括：①训练数据量对预测准确性和预测疲劳寿命的影响；② AM 参数和疲劳载荷对预测疲劳寿命的影响。训练数据库包含 6 个输入参数和 1 个输出参数。输入参数涵盖了 AM 过程参数（激光功率、扫描速度、排列间距和粉层厚度）和疲劳加载参数（最大应力和应力比）。输出参数则是预测的疲劳寿命。数据库包括超过 1 000 个数据集，用于训练机器学习模型。根据所提出的方法，研究者预测了疲劳寿命，并与公开发表的实验数据进行了对比（见图 8-6）。此方法的关键发现包括：粉层厚度对疲劳寿命的影响大于激光功率。此外，预测的疲劳寿命对最大加载应力非常敏感。研究者还使用了基于树的分类器、人工神经网络和自适应神经模糊推理系统（AN FIS），这些内容将在本章后续部分进行讨论。此外，还报道了材料疲劳寿命和切削工具 RUL 的其他应用实例[50, 51]。

人工智能与智能制造：概念与方法

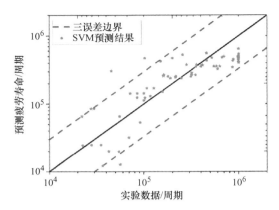

图 8-6 针对使用激光粉床熔化方法制造的 316L 不锈钢 AM 样品，SVM 模型的预测疲劳寿命与实验数据之间的对比图[49]。

注：该图出自文献 [49]，版权归 Elsevier 所有，2021 年。

8.2.1.4 优势和挑战

1）支持向量机（SVM）的优势：SVM 在处理分类和回归问题方面具有显著优势，尤其擅长整合非线性问题[71]。当类别间具有较大分隔距离且数据维度高时，SVM 表现尤为出色。此外，当特征数量超过样本数量时，SVM 算法同样有效。SVM 的稳定性较高，因为输入数据的微小变化不会显著影响其计算的超平面。需要指出，在制造过程中，SVM 可用于实时分类，为此，一些研究[72, 73]提出了 LaSVM，这是一种高效的在线 SVM 算法，该算法在大数据集上采用选择性抽样技术。

2）支持向量机（SVM）的挑战：SVM 在处理较大数据集或数据中存在噪声时，计算成本相对较高[74]。此外，SVM 在决策面上下排列数据点，但未与分类器进行概率融合，可能降低对 SVM 输出结果的整体信心。此外，选择合适的核函数可能较为困难，这会直接影响训练的速度和准确性。

8.2.2 基于树的分类器

常见的基于树的分类器包括决策树和随机森林。这两种都是用于解决分类和回归问题的监督学习算法。在图 8-2 中，这类人工智能模型展示了机器学习与概率模型（PM）的交集。本小节将详细介绍基于树的分类器，并提供具体应用示例。

8.2.2.1 技术背景

决策树模型是一种通过一组规则迭代划分输入数据的监督学习算法，直到得出最终的类别标签。起始节点通常包含混杂的数据，因此被认为是"不纯"的。通过后续的数据分裂，使用方程（8-7）定义的基尼不纯度（Gini impurity）或方程（8-8）定义的香农熵（Shannon's entropy）来减少数据的不纯度，其中 p_i 表示随机选择某个类别 i 中样本的概率。最终目标是获得尽可能纯净的同质数据输出。信息增益是通过计算初始熵和最终熵的差值来测量的。熵的减少意味着信息增益的提高，信息增益越大，数据的分裂效果越好。在不同类型的决策树模型中（如 ID3、CART、C4.5 和 SLIQ），这些不纯度指标的变体被用来确定最优的决策树结构[75, 76]。决策树算法的常规节点表示 n 维数据集的特征，叶节点表示连续或离散的标签，每一分支则代表一个决策规则。

$$基尼指数 = 1 - \sum_{i=1}^{n} p_i^2 \tag{8-7}$$

$$熵 = -\sum_{i=1}^{n} p_i \log(p_i) \tag{8-8}$$

随机森林通过运用多个决策树来提升决策效果，这种方法展示了决策树的实用性。这一过程通常称为集成学习，即训练并组合多个机器学习算法，以提高预测性能[77]。随机森林依托于一个理念，即大量不相关的决策树组成的群体可以比任何单一的决策树产生更准确、更稳定的结果，因为最终输出是通过投票机制确定的（见图 8-7）。该算法结合了特征的随机选择，在迭代过程中使用特征子集，并采用装袋法，即每棵决策树在训练数据的不同随机样本上训练。随机森林还能计算特征重要性得分，有助于去除多余的特征，以提升准确度和缩短训练时间。其他基于树的集成方法包括袋装决策树和额外树方法[78, 79]。

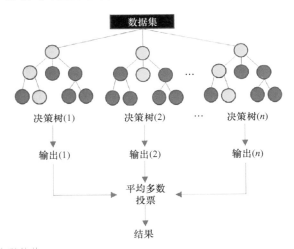

图 8-7　随机森林算法的典型结构

8.2.2.2　诊断应用

天然纤维增强塑料因其不同纤维方向和复杂的多尺度结构而呈现异质性，这种结构特点引入了一系列独特的材料去除机制，这些机制随时间有所变化。这种结构对加工后的材料表面完整性产生不利影响。因此，实时监测对于及时干预并保证质量是非常必要的。研究者使用随机森林（RF）算法来分析声发射（AE）传感数据，研究不同切削速度和材料纤维方向的时频模式[30]。在切削过程中，传感器收集了声发射和振动的多模态信息。RF模型根据声发射的频谱特征来预测纤维方向，其中基尼指数用作划分样本分类的不纯度度量标准。较高的基尼指数显示出该频谱特征的贡献更大（见图 8-8a）。图 8-8b 的频谱图显示，切削阶段相较于非切削阶段，其频率范围内含有更多的能量（在粉红色框中突出显示）。通过对纤维方向的分类，研究者提出，可以根据具体情况采用不同的切削机制，以尽可能减少纤维损坏（如纤维断裂、拉出及部分低效剪切造成的纤维素结构的微纤维故障）。整体来看，该模型在区分不同切削方向的纤维方向上，准确率高达 95%。此外，基于树的方法还被用于确定材料属性和加工参数[31]。基于决策树的方法已被进一步用于检测制造系统的异常并预测操作条件[28]。此外，随机森林模型也被用于机器健康状态的分类[29]。

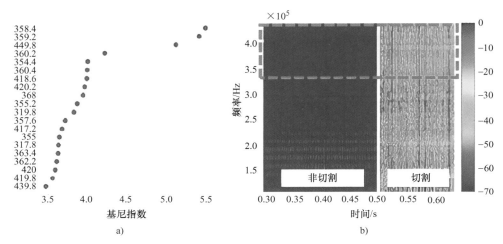

图 8-8　在天然纤维增强塑料的制造过程中，通过声发射监测数据，应用随机森林（RF）模型对纤维方向进行分类。

注：代表性结果——图 8-8a 展示了频率（kHz）带与基尼指数的关系，图 8-8b 则是非切削阶段与切削阶段的频谱图对比（用白线分割），图中以粉红色框标出了重要的频带区间[30]。本图版权归美国机械工程师学会（ASME）所有，发表于 2020 年。

8.2.2.3　预测应用

制造商越来越需要开发可以预测机械故障和制造系统或部件剩余使用寿命（RUL）的预测模型。因此，研究者提出了一种基于随机森林的机床磨损预测方法[53]。该方法与其他人工智能技术进行了比较，结果显示随机森林在预测性能上优于其他方法。在本例中，数据是通过监测高速数控机床的切削力、振动和声发射（AE）生成的。尽管随机森林模型的训练时间较长，但在工具磨损预测方面具有更低的误差率（更高的准确度）。代表性的结果如图 8-9 所示。

第8章 人工智能在材料损伤诊断和预测中的应用

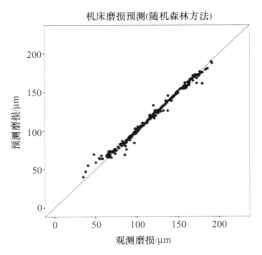

图 8-9 观测与预测机床磨损的对比图[53]

注：该图出自文献[53]，版权归 ASME 所有，2017 年。

此外，Zhan 等人[49]利用连续损伤力学计算了理论上的剩余使用寿命，并将其与随机森林模型的结果进行了比较。研究表明，随机森林模型在三种增材制造（AM）材料的预测中的表现优于其他人工智能模型。此外，预测的疲劳寿命对树的数量、敏感参数的数量和树的深度非常敏感。同时，基于树的模型还被用于表征通过增材制造技术制造的弹塑性疲劳损伤[52]。其他应用还包括利用基于树的模型进行工具磨损预测[53]。

8.2.2.4 优势和挑战

决策树算法相较于其他人工智能方法具有若干优势。例如，它不需要对数据进行规范化或缩放，且缺失值不会影响模型的开发过程，因此在数据预处理阶段可以节省时间。无论是处理连续变量还是类别变量，决策树算法都易于可视化和解释。此外，随机森林算法能够处理缺失数据，它通过使用最常见的值来替代缺失值。这两种类型的算法都能够解决分类问题和回归问题。不过，它们也存在一些缺点，如不稳定性，即数据输入的微小变化可能会导致输出结果的显著变化，使模型对噪声较为敏感。决策树的计算成本可能较高，取决于节点和样本的数量，数量越多，随机森林集成的计算开销就越高。过拟合是决策树另一个常见问题，如果输入数据不准确，可能会导致输出结果的高方差。随机森林可以通过在多种样本和特征上训练模型来降低这种方差。

8.2.3 贝叶斯分类器

贝叶斯分类器是基于概率的机器学习方法。最常见的两种贝叶斯分类器包括朴素贝叶斯和贝叶斯网络。这些分类器的基础是著名的贝叶斯定理，该定理允许利用额外的证据来修正预测，并提供特定结果发生的可能性。

8.2.3.1 技术背景

考虑两个随机变量 A 和 B，贝叶斯定理可以表示为方程（8-9），其中 $P(A)$ 表示 A 发生的概率，$P(B)$ 表示 B 发生的概率，$P(B|A)$ 是在已知 A 发生的情况下 B 发生的概率，$P(A|B)$ 是在已知 B 发生的情况下 A 发生的概率。通常 $P(A|B)$ 被称作后验分布，$P(B|A)$ 被称为似然，$P(A)$ 被称为先验分布，$P(B)$ 则是边际化。

$$P(A|B) = \frac{P(A \cap B)}{P(B)} = \frac{P(A)*P(B|A)}{P(B)} \tag{8-9}$$

在机器学习中，贝叶斯公式可以根据特征空间 $X=\{x_1, x_2, \cdots, x_n\}$ 和标签 y 重新表述，参见方程（8-10）。进一步的简化在方程（8-11）中通过似然分布的乘积完成。为了简化符号，分母 $P(x_1)P(x_2)\cdots P(x_n)$ 通常是常数，因此在求解后验概率的最大值时可以忽略掉。朴素贝叶斯分类器在方程（8-12）中使用这些派生的概率公式来做出最终标签的决策。

$$P(y|x_1,x_2,\cdots,x_n) = \frac{P(y)P(x_1|y)P(x_2|y)\cdots P(x_n|y)}{P(x_1)P(x_2)\cdots P(x_n)} \tag{8-10}$$

$$P(y|x_1,x_2,\cdots,x_n) = \frac{P(y)\prod_{i=1}^{n}P(x_i|y)}{P(x_1)P(x_2)\cdots P(x_n)} \tag{8-11}$$

$$P(y|x_1,x_2,\cdots,x_n) = argmax_y P(y)\prod_{i=1}^{n}P(x_i|y) \tag{8-12}$$

贝叶斯网络，又名贝叶斯信念网络，它是一种贝叶斯分类器，放宽了朴素贝叶斯分类器对特征独立性的假设。该算法采用有向无环图来表达特征之间的依赖关系。在贝叶斯网络中，一组随机变量之间建立了概率关系，每个随机变量都与一个概率表相关联。图 8-10 展示了一个简单的网络结构，每个随机变量都是一个节点，而弧线则代表了随机变量之间的关系。在图 8-10 中，B 是父节点，A 和 C 是子节点。A 的出现条件依赖于 B，C 的出现也条件依赖于 B。此外，A 和 C 之间条件独立，即 A 的出现不依赖于 C，反之亦然。在节点间的导航中不存在循环。每个节点都关联一个概率分布。如图 8-10 所示，若节点没有父节点，则其概率分布表仅包含先验概率（如节点 B）。

图 8-10 简单贝叶斯网络结构图。

如果节点只有一个父节点，则该表包含的是条件概率，如节点 A 和 C 的情况。节点 A 和 C 的相关表分别包含 $P(A|B)$ 和 $P(C|B)$。如果节点有多个父节点，则该表会包括给定所有父节点的条件概率。这些概率表用于根据输入条件，在方程（8-13）中求解相应的联合概率。关于贝叶斯网络的更多详细信息，可以参考相关文献 [80，81]。

$$P(A,B,C) = P(A|B)P(C|B)P(B) \tag{8-13}$$

8.2.3.2 诊断应用

当复合材料受到环境影响时，环境条件的变化会引发化学反应，从而削弱材料的性能。有研究提出了一种贝叶斯网络模型，用于监测复合材料在环境中的退化情况[37]。该模型的初步设定包括利用专家知识定义节点及节点之间的关系。初始扩散参数、玻璃纤维损失和基质塑化的数据通过实验得到，而水分浓度和应变的变化则通过基于结构有限元分析的参数拟合获得。这些节点被用作网络的输入数据。为了考虑数据中的不确定性，研究者进一步在模型中加入了高斯噪声。他们构建的贝叶斯网络展示了材料属性的各个节点以及加入的噪声。在模型建立后，研究者为复合材料退化相关的多个参数建立了一系列的后验分布，包括材料的湿度、纤维方向的刚度和纤维方向的应变。

此模型之所以被选用，是因为一旦知道某个参数的具体值，就可以推断出其他参数的分布（如果已知应变，则可以相应调整刚度）。该模型能够提供 5～25 年的湿度概率分布。得到的这些参数（湿度、刚度和应变）的分布数据，可用于规划复合材料结构的检查工作。此外，贝叶斯方法也已在其他领域得到应用，如用于检测石墨/环氧层压板的层裂、裂纹和孔洞[82]，3D打印机的故障分析[33]，以及轴承的故障诊断（如中心外圈故障、正交外圈故障、对侧外圈故障[34]）和齿轮箱故障[35]。

8.2.3.3 优势和挑战

朴素贝叶斯能够处理分类输入变量，并解决多类问题[83]。这种方法的计算通常非常迅速，因为它不涉及迭代或反向传播过程，仅依赖于条件概率进行计算。朴素贝叶斯分类器的一个基本假设是所有特征之间相互独立，这种假设在实际应用中往往被认为过于简化（"朴素"），因为这对于现实世界的数据来说是一个较强的假设。如果这个假设在特定场景中成立，它可能是有利的；否则，这一假设可能会阻碍算法的性能。朴素贝叶斯方法中存在一个零频问题，即算法会对在训练集中未出现但在测试集中出现的分类变量赋予零概率。此外，当需要模型来可视化概率结构和依赖关系时，贝叶斯网络非常有用[84]。这种网络还可以提供关于特征重要性及其对分类贡献的信息。构建贝叶斯网络的一个缺点是，其构建过程基于试错法，因此可能需要较长时间来构建网络。通常需要依赖专家知识来确定随机变量之间的依赖关系。贝叶斯网络也无法定义循环关系，因此可能会对变量模式做出更多假设。

8.2.4 无监督机器学习

聚类是一种常用的无监督学习方法，目标是发现未标记数据中的潜在模式、结构和分组。与监督学习方法不同，后者可以通过百分比误差或准确性指标来评估模型性能，无监督学习技术并没有一个明确的标准来验证其正确性。像群集邻近性、密度和紧凑性等技术可以根据实际情况帮助验证聚类结果。

8.2.4.1 技术背景

$K-$均值聚类是一种划分方法，通过该方法可以创建 k 个不同的群组，每个数据点只被划分到一个群组中。群组的确定是通过最小化数据点与群组中心（质心）之间的平方距离和来实现的。需要最小化的目标函数在方程（8-14）中给出，其中 k 表示群组的数量，n 表示数据点的数量，x_i 表示具体的数据点。

$$J = \sum_{j=1}^{k}\sum_{i=1}^{n} \| x_i - c_j \|^2 \tag{8-14}$$

其他一些结合了概率建模和神经网络的聚类算法包括高斯混合模型（GMM）和自组织映射（SOM）。$K-$均值算法围绕每个群组的中心绘制一个固定半径的圆圈。而 GMM 通过考虑每个群组中样本的方差来允许群组呈现椭圆形状，这种方式放宽了 $K-$均值的某些限制。此外，$K-$均值为每个样本提供了离散的分类，而 GMM 提供了"软"分类，在这种分类中，每个样本被赋予一个属于可能群组的概率。接着，创建了一系列高斯曲线，并使用期望最大化算法[85]迭代地确定样本来源于第 k 个高斯的可能性。此外，SOM 是一种用于无监督学习的人工神经网络。SOM 使用邻域函数来理解输入特征空间的拓扑属性[86]。与传统的人工神经网络不同，SOM 不通过优化技术来学习权重，而是采用竞争学习的方法。此外，相关文献 [87，88] 还介绍了包括基于密度的方法、基于层次的方法和基于网格的方法在内的其他无监督学习技术。

8.2.4.2 诊断应用

在一项研究中报告了使用无监督聚类方法来探测受限复合材料上不同类型的损伤[89]。该研究中对比了监督学习（$K-$最近邻）与无监督学习（$K-$均值）。实验使用了聚酯树脂和玻璃/聚酯单向样本，并对其施加了拉伸载荷。此外，还对单纤维复合材料进行了深入分析。根据声发射数据，识别出的两种信号分别为 A 型和 B 型，它们分别对应于基体断裂和界面脱粘。因此，在 $K-$均值模型中，将"k"设置为 2。该研究通过利用信号特征空间及质心的平均值来验证聚类效果。图 8-11 展示了在两个特征投影中的信号及其对应的类别。通过对特征行为的分析，作者得出结论：类别 1 对应于 A 型损伤，类别 2 对应于 B 型损伤。当研究者增加了来自单纤维复合材料的纤维失败信号时，发现很难将纤维失败与前两个类别区分开。研究结论认为，该分析方法是有效的，可以应用于未来的测试数据分类。此外，研究者还采用了增量聚类方法来评估玻璃纤维增强复合材料的损伤机制[39]，并提出了一种聚类融合方法来检测高性能碳纤维增强热固树脂基复合材料的失效迹象[40]。同时，还使用了无监督波形聚类方法来分类碳纤维复合材料的损伤[41]。机床健康状况也通过无监督学习进行了评估[42]。

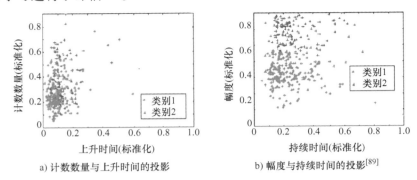

a) 计数数量与上升时间的投影　　　b) 幅度与持续时间的投影[89]

图 8-11　使用声发射数据特征的二维投影对复合材料损伤进行聚类的结果

注：该图出自文献 [89]，版权归 Elsevier 所有，2004 年。

8.2.4.3　优势和挑战

正如讨论中所提到的，给数据集贴上合适的损伤类型标签可能既复杂又耗时。因此，无监督聚类提供了一种机会，通过数学表达式来确定数据的类别。无监督学习还能够发现可能对人眼不可见的隐藏模式。这些方法相较于监督学习技术来说更为简单，因而在视觉上更易于理解。然而，由于真实类别未知，无监督技术需要额外的观测和验证工作以确保识别出正确的模式[90]。这可能会增加对机器或材料测试的时间和成本，并且如果验证不准确，可能导致聚类的精确度降低。由于模型不从先前的知识中学习，除非进行了验证或有领域专家来核验结果，否则聚类输出可能不够准确。从算法层面来看，K-均值聚类假设类簇是球形的，但如果类簇呈长形或其他非典型的几何形状，算法的表现则不会是最佳的[91]。每种算法可能会假设特征之间的独立性、紧凑性或其他度量，因此针对特定领域选择合适的算法非常关键。

8.2.5　深度学习方法

神经网络的设计灵感来源于人脑，其中神经元将信息输送至网络，节点之间的权重则起到连接神经元的作用。这些相互连接的人工神经元群体通过数学表达式来处理数据中的复杂模式，并输出标签或概率。这种层与层之间的连接被称作人工神经网络（ANN）。

8.2.5.1　技术背景

在 ANN 中，第一层负责输入原始数据，类似于生物的视觉神经接收信号。每一层接收前一层的输出，并对数据施加一个函数处理。随后，该层的输出会继续向下一层传递。隐藏层的数学表达式如方程（8-15）所示，其中 σ 表示激活函数，N 为输入神经元的数量，

W_{ij} 为权重，x_j 为各输入神经元的输入，T_i 为隐藏神经元的阈值项。最终，网络的最后一层输出整个网络的结果。

$$h_i = \sigma\left(\sum_{j=1}^{N} W_{ij} x_j + T_i\right) \tag{8-15}$$

这种分层的概念在图 8-12 中有所体现，图中显示了各自的输入、隐藏层、权重和输出。在了解了这种基本架构后，可以发展出多种复杂的神经网络模型。这包括多层感知器（MLP）、卷积神经网络（CNN）和自编码器等[92-94]。

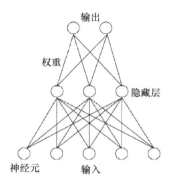

图 8-12　人工神经网络的结构[95]。

注：该图像出自文献 [95]，版权归 Elsevier 所有，2003 年。

神经网络通常根据其层数或深度来描述。多层感知器是建立在人工神经网络概念上的，它包含多个隐藏层。因此，这些模型被称为深度学习模型。模型还可以根据其激活函数、参数以及层间的不同进行描述。此外，卷积神经网络采用内核概念从给定图像中提取相关特征。这些滤镜与图像进行卷积处理，从而在每一层生成一个简化的特征空间。前述的架构是监督学习技术，即在训练过程中将标签与原始数据一同输入。自编码器是一种无监督神经网络，用于创建原始数据的压缩表征。经过训练的自编码器，如果输入是独立的，将能够输出选定测试数据集与训练数据相比的偏差。自编码器的瓶颈架构有助于减少过拟合，并避免简单地"记忆"给定的输入数据。此外，自适应神经模糊推理系统（ANFIS）是将神经网络与模糊逻辑原理相结合的方法[96]。ANFIS 模型中的最终预测是由简单的人工神经网络和一系列成员函数及 If–Then 规则决定的。图 8-13 展示了传统 ANFIS 模型的结构。

8.2.5.2　诊断应用

金属增材制造（AM）方法需要进行质量检查以确保产品质量的提升。然而，传统的检查流程依赖人工识别，这可能导致效率低下。有研究提出采用卷积神经网络方法在金属

AM 过程中进行损伤检测[43]。研究者利用激光金属沉积（LMD）过程制造样品，该过程中激光束扫过样品表面形成熔池，同时将粉末材料注入熔池。具体样品采用了 AISI 304 不锈钢、AISI 316 不锈钢、Ti-6Al-4V、AlCoCrFeNi 和 Inconel 718 合金。研究重点是在检查过程中对 LMD 常见的几种损伤（如良好质量、裂纹、气孔和未熔合）进行分类。在采集了这四种缺陷的图像后（见图 8-14），应用了一系列的预处理技术来扩充数据集（如旋转、翻转、裁剪等）。

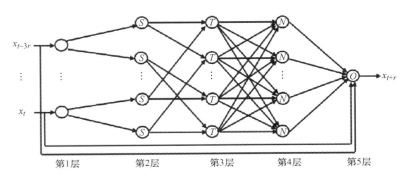

图 8-13 自适应神经模糊推理系统（ANFIS）模型的结构。

注：其中，S 表示 S 型激活函数，T 代表模糊 $T-$ 范数运算符，N 表示归一化操作，O 代表输出[97]。（来源：该图出自文献 [97]，版权归 Elsevier 所有，2012 年。

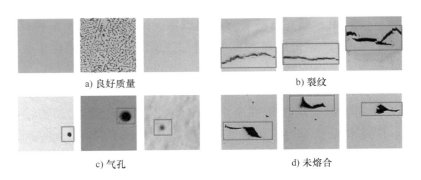

a) 良好质量   b) 裂纹

c) 气孔   d) 未熔合

图 8-14 利用卷积神经网络方法分析的激光金属沉积图像样本[43]。

注：该图发表于 MDPI[43]，改编基于 Creative Common CC License 4.0，2020 年。

作者们尝试了不同的卷积神经网络架构，并对比了它们的计算时间和验证精度。最终，作者们发现图 8-15 所示模型为金属增材制造部件的质量检测提供了一种稳健的解决方案。此外，还有研究利用卷积神经网络来探测激光粉床熔化增材制造过程中的加工缺陷[44]，以及在制造过程中进行常规和异常故障检测的卷积神经网络方法[45]。同时，研究者还使用了长短期记忆网络（LSTM）和门控循环单元（GRU）网络等技术[46-48]。

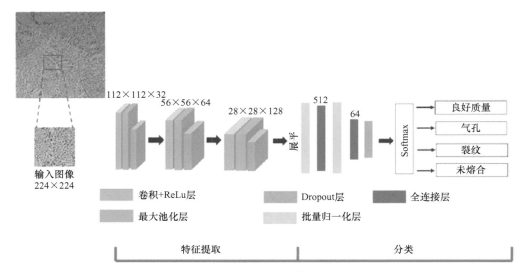

图 8-15 用于金属增材制造部件的质量检测的卷积神经网络[43]。

注：该图发表于 MDPI[43]，改编基于 Creative Common CC License 4.0，2020 年。

8.2.5.3 预测应用

材料的疲劳响应变化会直接影响材料的加工和后处理过程。因此，有研究利用 ANFIS 预测激光粉床熔化不锈钢的高周期疲劳寿命[55]。

损伤机制如裂纹起始和形变已被整合到模型中，此外还包括了多种材料属性和周期性应力的影响。316L 不锈钢是通过各种加工模式的激光床粉末熔化工艺制造的，这些不同的加工模式导致了不同的缺陷特性。部分样本进行了退火后处理。为了代表加工和后处理条件，研究者开发了两种模型。所分类的缺陷包括由微观结构引起的裂纹起始、由缺陷引起的裂纹起始以及由棘轮效应主导的形变。基于过程的模型输入包括激光功率、扫描速度、层厚和温度等加工和后处理参数。而"基于属性"的模型则利用了最终抗拉强度和延伸到断裂的数据。ANFIS 模型采用了高斯型隶属函数，其结果与作者之前的研究成果进行了比较。图 8-16 显示，预测的 S-N 曲线与不同失效模式的实验数据非常吻合。

作者得出结论，该模型能够考虑到数据集中由于疲劳散布导致的变异。作者进一步与其他文献的结果进行比较，验证了 ANFIS 模型的中心簇。此外，作者还得出结论，隶属函数中的"簇中心"或 alpha 值验证使得 ANFIS 能够有效识别样本的断裂行为，并且它们的工作成功预测了不锈钢的疲劳寿命。深度学习网络的其他应用包括用于检测塑性疲劳损伤和钢材的材料预测[49,52]。机器健康监测的应用，如工具磨损的检测，也有相关报道[53,54]。

第8章 人工智能在材料损伤诊断和预测中的应用

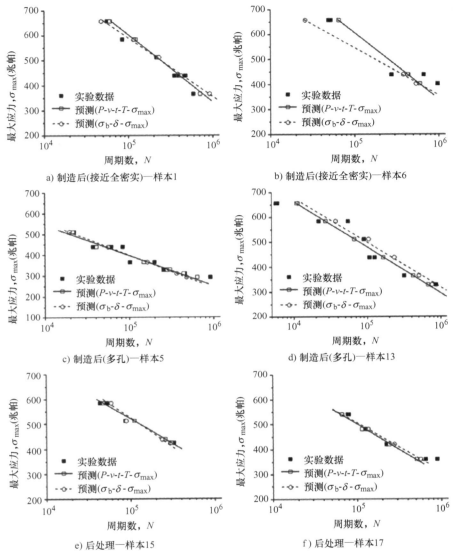

图 8-16 实验与预测的 S-N 数据的对比[55]。

注:该图出自文献 [55],版权归 Elsevier 所有,2019 年。

8.2.5.4 优势和挑战

神经网络提供了一种能够自主从数据集中提取特征的方法,这对于捕捉输入数据的重要特征非常有帮助。深度学习方法的一个主要优势是它们的并行处理能力[98]。然而,这些模型大多需要处理大规模的数据集,因此并行处理能够提高计算效率,相比之下,这是传统机器学习算法所不具备的。训练样本可以被分布到不同的处理器上,以并行的方式更新神经网络。但是,如果没有并行处理的硬件设备,训练这些大型模型可能会变得非常困难。因此，神经网络依赖大量数据来训练模型，用户必须注意数据中的错误，这些错误会影响模型的输出结果[99]。此外，没有特定的标准可以用来确定神经网络的结构。理想的网络结构通常是通过经验和试错法实现的。由于这个原因，神经网络常被视为"黑箱"模型，因为难以观察到每一层的内部机制。与其他监督学习方法相似，一些深度学习模型的问题在于需要数据标签。可能需要额外的传感方法或专家知识来验证信号。

8.2.6 隐马尔可夫模型

隐马尔可夫模型（HMM）是一类基于概率的机器学习算法，其中的观测数据即为训练数据，隐藏状态的数量则是一个超参数。这是一个包含不可观测的潜在随机过程（即隐藏状态）的随机过程。这些模型基于马尔可夫假设，即未来的状态仅与当前状态相关，与过去无关，因此不需要历史信息就可以预测未来的状态[100, 101]。

8.2.6.1 技术背景

在隐马尔可夫模型中，假设可以从任何状态（在本章的语境中，即从任何损伤状态）转移到任何其他状态，从而实现状态的转移。为了预测未来的状态，需要三个关键的信息：转移矩阵（即在当前状态的条件下转移到新状态的概率）、发射矩阵（即在隐藏状态的条件下转移到观测状态的概率）及初始状态分布（即开始转移到一个隐藏状态的概率）。图8-17展示了组成隐马尔可夫模型序列的这三个关键信息。模型根据这些信息来定义。一旦模型训练完成，隐马尔可夫模型能够确定：①一个观测序列发生的可能性；②给定一个模型和观测序列，最优的隐藏状态序列是什么；③优化观测序列和隐藏状态序列的观测概率的最佳参数。隐马尔可夫模型的各种变体提供了不同的分布假设和优化方法[102-104]。此外，还有研究尝试将隐马尔可夫模型与其他机器学习技术如人工神经网络、支持向量机和无监督聚类等结合[105-108]。

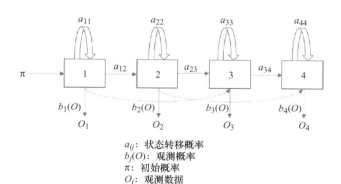

图8-17 隐马尔可夫模型结构包括先验分布（π）、状态转移概率（a_{ij}）和观测概率（$b_j(O)$）。

8.2.6.2 预测应用

由于高功率激光焊接在高温条件下进行，它直接影响焊接质量。因此，为了对样品钥孔周围的缺陷进行分类，研究中采用了隐马尔可夫模型方法[109]。钥孔区域常受到金属蒸汽和飞溅的影响，这使得用肉眼判断材料质量变得困难。在焊接过程中，通过图像采集系统收集的数据被用来训练隐马尔可夫模型。这些缺陷包括良好的焊接和熔合不良、烧穿、孔隙。图 8-18 展示了焊接过程中的图像及在预处理过程中提取的相关轮廓，这些都被用来训练模型。研究者开发了灰度预处理技术，以区分钥孔和穿透孔。表 8-4 的结果显示，该方法在各种缺陷检测上具有高度的准确性。因此，研究者得出结论，该系统能够准确识别焊接质量，并有效识别与穿透状态和孔隙形成相关的缺陷。此外，隐马尔可夫模型还被应用于缺陷退化的确定[110]和机器状态监测[58, 60, 61]。

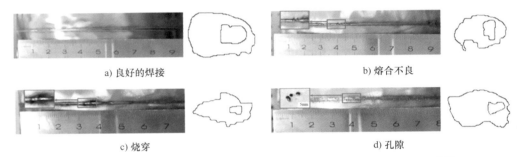

图 8-18 激光焊接样本展示（左图为焊缝及其缺陷，右图为提取的钥孔和全穿透孔轮廓）[109]

注：此图摘自 IEEE XPLORE[109]，改编基于 Creative Common CC License 4.0，2020 年。

8.2.6.3 优势和挑战

隐马尔可夫模型已被广泛应用于多种场景，是一个经过深入研究的概率模型，适用于学习和推理。该模型允许处理未观测的变量，从而在应用中提供更大的灵活性。由于马尔可夫假设，隐马尔可夫模型不考虑达到当前状态的历史状态序列[111]。另外，模型并不明确定义状态持续的时间。模型的其他变体可能在放宽这些假设方面提供更多的灵活性[58, 112]。根据隐马尔可夫模型所解决的问题的不同，常用的算法包括 Viterbi 算法或前向/后向算法。在处理大数据集时，这些算法可能因为模型需要学习非常长的数据序列而变得计算成本高昂。

8.2.7 基于滤波的方法

粒子滤波器是一种用于表示随机过程后验分布的蒙特卡洛算法[113]。这些粒子表示概率，并能用来构建状态空间模型。此模型适合处理非线性和非高斯系统，因此可应用于多种场合。

8.2.7.1 技术背景

该算法从初始分布中抽取粒子,随后通过重要性权重进行前向传播和更新。接下来,进行粒子的重采样,以形成预测。此过程持续进行,直到满足终止条件。粒子滤波用于解决包括隐马尔可夫模型和其他非线性滤波问题在内的多种算法问题。图 8-19 展示了粒子滤波的流程图,包括初始化、归一化、重采样和输出等步骤。对于线性系统,卡尔曼滤波可能提供更佳的结果。在卡尔曼滤波中,先是系统状态和方程的初始化。然后,系统在接收到第二次测量时进行重新初始化。接收到第三次测量后,将状态估计向前推进,并计算卡尔曼增益。最后,卡尔曼滤波估计系统的状态和误差协方差矩阵[114]。在粒子滤波方法中,粒子是随机抽取的,而在无迹卡尔曼滤波中,点是根据特定算法抽取的[115]。粒子滤波具有更高的灵活性,因为它不假设数据中的噪声是线性和高斯的,但其计算成本更高。

表 8-4 焊接缺陷检测实验结果[109]

	测试样本的数量/个	占总量的比例	错误检测的数量/个	准确率
(a) 二类检测的实验数据				
良好的焊接	5 000	56.56%	0	100%
缺陷焊接	3 840	43.44%	277	92.79%
总计	8 840	100%	277	96.86%
(b) 孔隙检测的实验数据				
良好的焊接	5 000	83.13%	—	98.82%
孔隙	1 015	16.87%	143	85.91%
总计	6 015	100%	202	96.64%
(c) 穿透检测的实验数据				
良好的焊接	5 000	63.90%	8	98.12%
烧穿	1 522	19.45%	55	99.47%
熔合不良	1 303	16.65%	45	99.54%
总计	7 825	100%	108	98.62%
(d) 二类检测的实验数据				
良好的焊接	5 000	56.56%	77	94.24%
烧穿	1 522	17.22%	156	98.36%
孔隙	1 015	11.48%	214	81.38%
熔合不良	1 303	14.74%	148	92.86%
总计	8 840	100%	595	93.27%

注:本表格发布于 IEEE XPLORE[109],改编基于 Creative Common CC License 4.0,2020 年。

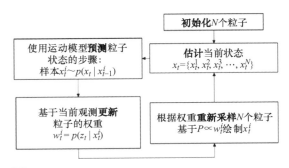

图 8-19 粒子滤波的流程图[116]。

注：该图发布于 MDPI[116]，改编基于 Creative Common CC License 4.0，2021 年。

8.2.7.2 预测应用

在制造业中，轴承是旋转机械的关键组件。对轴承进行预测性维护对于减少停机时间和保持制造系统的高效运行非常重要。因此，研究人员使用了扩展卡尔曼滤波器，在不同的运行条件下预测轴承的剩余使用寿命（RUL）[63]。研究人员首先利用时域和频域的信号特征来量化振动，使用了两个加速度计和一个温度传感器。在初始化变量之后，模型会预测下一状态，并递归地用下一次测量更新预测，利用卡尔曼增益进行调整。然后，将当前值外推到指定的 RUL 预测和置信区间阈值。结果显示，RUL 的预测值落在 20% 的误差范围内。此外，粒子滤波的方法也已被应用于工具磨损估计、设备的剩余使用寿命评估[63-65]以及齿轮板的损伤检测[117]。

8.2.7.3 优势和挑战

粒子滤波算法具有良好的可扩展性，因此它可以在支持并行处理的硬件上运行，这一特点使得它在实时处理方面具有优势[62,117]。

该算法还用于近似后验分布，因此可以与其他关于期望的机器学习算法结合使用。此算法也适用于处理高维数据。由于粒子滤波是非确定性的，在重采样步骤中，所选择的集合可能会增加粒子[118]。对于相同的输入，每次运行此算法可能会产生不同的结果。因此，很难产生一致的结果，也难以准确衡量粒子数量和读数的置信度。

8.3 人工智能方法在损伤诊断和预测领域的挑战与机遇

本章所展示的材料损伤诊断与预测的实例，凸显了提高人工智能技术在此领域应用能力的重要性。质量控制、标准化、设备与材料开发，以及在医疗、航空航天、自动驾驶车辆等要求严苛的领域的应用，都依赖于缺陷与损伤的高效和可靠检测。在此背景下，在制造业中实时实施用于材料损伤诊断与预测的人工智能算法变得愈发重要。通过实时监控方法，在生产和使用阶段减少成本、减少试错方法、改善设计，并缩短新产品推向市场的时间，都将令企业受益匪浅。本章已经介绍了一些相关实时应用算法应用的初步尝试[54, 62, 119]。图 8-20 展示了一个增材制造过程实时监控的框架示例，该框架结合了离线训练与在线监测的方法。在线分析自身面临诸多挑战，包括统计限制、模型限制、环境随机性和人为错误等不确定性因素。此外，一些算法需要大量数据输入，因此可能不适用于数据稀疏的真实世界场景。在在线监控中，建立一个支持智能归档和模型训练的数据架构尤为重要。单靠云计算无法满足大数据集的存储需求，需要实施智能归档和数据架构来组织原始数据和元数据。在这种情况下，人工智能方法能够实现在现有的边缘和云计算技术中的应用，这对大数据应用尤其有用[120]。实际上，相关文献中已有大量研究报道了这些方法在流数据处理上的优化进展[121-126]。

在本章中，许多研究成果显示出明显的应用特定性。这与人工智能方法在材料损伤评估中可能对硬件与软件资源的使用造成限制有关，有时这些资源并不易于获取。整个质量控制领域因采用标准操作程序和相关标准而受益，这些标准涵盖了培训、应用、结果可视化和报告，以及相关设备的安全可靠使用，使得仅需技术员级别的知识即可胜任。此外，人工智能的使用可能会为现有的从业者和机构采纳新工具和方法带来难题，尤其是考虑到人工智能方法的使用仍处于研究与开发阶段。为了解决这些问题，目前无论是商业软件还是开源软件，其相关资源均越来越丰富，而且非学分及学分课程的培训和认证也变得触手可及。因此，随着从业人员对这些方法的熟练程度提高以及需求的持续增长，预计人工智能方法在工业中的应用将继续增加。值得注意的是，政府和研究资助机构目前正大力投资于智能互联的未来制造领域，这反映出人们普遍认识到在该领域使用人工智能方法的巨大机会。

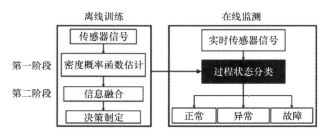

图 8-20 增材制造过程实时监控的损伤模型[119]。

注：此图出自文献 [119]，版权归 ASME 所有，2015 年。

8.4 结论

本章还简要介绍了目前用于材料损伤诊断和预测的常用人工智能方法。总体来说，人工智能方法提供了一种数学和数值上的处理方式，用于后处理与材料特性及合格性相关的数据。在这一方面,人工智能增强了现有的分析能力,如提高图像数据的缺陷检测概率。同时,制造系统的持续数字化也为使用自主、鲁棒的系统进行质量控制创造了条件。总体来看,由于所有材料都受到不同操作条件和环境的影响,定位、识别和分类损伤具有一定的复杂性。因此,为人工智能模型设计训练数据集尤为重要,以确保它能够准确预测各种条件。这一过程需要数据科学家与实验者之间的合作,这种合作并不总是容易实现的。尽管面临诸多挑战,但从所展示的例子来看,未来的前景是乐观的,这些例子清楚地表明,使用人工智能方法进行损伤诊断和预测具有巨大的潜力。

参考文献

[1] J.J. de Pablo, B. Jones, C.L. Kovacs, V. Ozolins, A.P. Ramirez, The materials genome initiative, the interplay of experiment, theory and computation, Curr. Opin. Solid State Mater. Sci. 18 (2) (2014) 99–117. https://doi.org/10.1016/j.cossms.2014.02.003.

[2] M.C. Roco, The long view of nanotechnology development: the national nanotechnology initiative at 10 years, J. Nanopart. Res. 13 (2) (2011) 427–445. https://doi.org/10.1007/s11051-010-0192-z.

[3] R. Ramprasad, R. Batra, G. Pilania, A. Mannodi-Kanakkithodi, C. Kim, Machine learning in materials informatics: recent applications and prospects, npj Comput. Mater. 3 (1) (2017) 54. https://doi.org/10.1038/s41524-017-0056-5.

[4] K.T. Butler, D.W. Davies, H. Cartwright, O. Isayev, A. Walsh, Machine learning for molecular and materials science, Nature 559 (7715) (2018) 547–555. https://doi.org/10.1038/s41586-018-0337-2.

[5] J.E. Saal, S. Kirklin, M. Aykol, B. Meredig, C. Wolverton, Materials design and discovery with high-throughput density functional theory: the open quantum materials database (OQMD), JOM 65 (11) (2013) 1501–1509. https://doi.org/10.1007/s11837-013-0755-4.

[6] D. Hu, R. Kovacevic, Sensing, modeling and control for laser-based additive manufacturing, Int. J. Mach. Tools Manuf. 43 (1) (2003) 51–60. https://doi.org/10.1016/S0890-6955(02)00163-3.

[7] S.K. Everton, M. Hirsch, P. Stravroulakis, R.K. Leach, A.T. Clare, Review of in-situ process monitoring and in-situ metrology for metal additive manufacturing, Mater. Design 95 (2016) 431–445. https://doi.org/10.1016/j.matdes.2016.01.099.

[8] J.J. Lewandowski, M. Seifi, Metal additive manufacturing: a review of mechanical properties, Annu. Rev. Mater. Res. 46 (1) (2016) 151–186. https://doi.org/10.1146/annurev-matsci-070115-032024.

[9] J.M. Chacón, M.A. Caminero, E. García-Plaza, P.J. Núñez, Additive manufacturing of PLA structures using fused deposition modelling: effect of process parameters on mechanical properties and their optimal selection, Mater. Design 124 (2017) 143–157. https://doi.org/10.1016/j.matdes.2017.03.065.

[10] Y. Kok, et al., Anisotropy and heterogeneity of microstructure and mechanical properties in metal additive manufacturing: a critical review, Mater. Design 139 (2018) 565–586. https://doi.org/10.1016/j.matdes.2017.11.021.

[11] R. Talreja, A. Kelly, A continuum mechanics characterization of damage in composite materials, Proc. Math. Phys. Eng. Sci. 399 (1817) (1985) 195–216. https://doi.org/10.1098/rspa.1985.0055.

[12] R. Talreja, C.V. Singh, Damage and Failure of Composite Materials, Cambridge University Press, Cambridge, 2012.

[13] D. Socie, Multiaxial fatigue damage models, J. Eng. Mater. Technol. 109 (4) (1987) 293–298. https://doi.org/10.1115/1.3225980.

[14] D.L. McDowell, F.P.E. Dunne, Microstructure-sensitive computational modeling of fatigue crack formation, Int. J. Fatigue 32 (9) (2010) 1521–1542. https://doi.org/10.1016/j.ijfatigue.2010.01.003.

[15] J.Y. Buffière, S. Savelli, P.H. Jouneau, E. Maire, R. Fougères, Experimental study of porosity and its relation to fatigue mechanisms of model Al–Si7–Mg0.3 cast Al alloys, Mater. Sci. Eng.: A 316 (1) (2001) 115–126. https://doi.org/10.1016/S0921-5093(01)01225-4.

[16] J. Cuadra, P.A. Vanniamparambil, K. Hazeli, I. Bartoli, A. Kontsos, Damage quantification in polymer composites using a hybrid NDT approach, Compos. Sci. Technol. 83 (2013) 11–21. http://dx.doi.org/10.1016/j.compscitech.2013.04.013.

[17] B.J. Wisner, P. Potstada, V.I. Perumal, Konstantinos P. Baxevanakis, M.G.R. Sause, A. Kontsos, Progressive failure monitoring and analysis in aluminium by in situ nondestructive evaluation, Fatigue Fract. Eng. Mater. Struct. 42 (9) (2019) 2133–2145. https://doi.org/10.1111/ffe.13088.

[18] M. Seifi, A. Salem, J. Beuth, O. Harrysson, J.J. Lewandowski, Overview of materials qualification needs for metal additive manufacturing, JOM 68 (3) (2016) 747–764. https://doi.org/10.1007/s11837-015-1810-0.

[19] C.L.A. Leung, S. Marussi, R.C. Atwood, M. Towrie, P.J. Withers, P.D. Lee, In situ X-ray imaging of defect and molten pool dynamics in laser additive manufacturing, Nat. Commun. 9 (1) (2018) 1355. https://doi.org/10.1038/s41467-018-03734-7.

[20] A. Rytter, Vibrational based inspection of civil engineering structures. Department of Building Technology and Structural Engineering, Aalborg University, 1993.

[21] H. Abdi, L.J. Williams, Principal component analysis, Wiley Interdiscip. Rev. Comput. Stat. 2 (4) (2010) 433–459.

[22] J. Benesty, J. Chen, Y. Huang, On the importance of the Pearson correlation coefficient in noise reduction, IEEE/ACM Trans. Audio Speech Lang. Process. 16 (4) (2008) 757–765.

[23] K.N. Berk, Forward and backward stepping in variable selection, J. Stat. Comput. Simul. 10 (3-4) (1980) 177–185.

[24] C. Gobert, E.W. Reutzel, J. Petrich, A.R. Nassar, S. Phoha, Application of supervised machine learning for defect detection during metallic powder bed fusion additive manufacturing using high resolution imaging, Addit. Manuf. 21 (2018) 517–528.

[25] A. Widodo, B.-S. Yang, Support vector machine in machine condition monitoring and fault diagnosis, Mech. Syst. Sig. Process. 21 (6) (2007) 2560–2574.

[26] S. Cho, S. Asfour, A. Onar, N. Kaundinya, Tool breakage detection using support vector machine learning in a milling process, Int. J. Mach. Tools Manuf. 45 (3) (2005) 241–249.

[27] L. Jack, A. Nandi, Support vector machines for detection and characterization of rolling element bearing faults, Proc. Inst. Mech. Eng. Part C J. Mech. Eng. Sci. 215 (9) (2001) 1065–1074.

[28] K. Kammerer, B. Hoppenstedt, R. Pryss, S. Stökler, J. Allgaier, M. Reichert, Anomaly

detections for manufacturing systems based on sensor data: insights into two challenging real-world production settings, Sensors 19 (24) (2019) 5370.

[29] F. Küppers, J. Albers, A. Haselhoff, Random forest on an embedded device for real-time machine state classification, in: 2019 27th European Signal Processing Conference (EUSIPCO), IEEE, 2019, pp. 1–5.

[30] Z. Wang, et al., Acoustic emission characterization of natural fiber reinforced plastic composite machining using a random forest machine learning model, J. Manuf. Sci. Eng. 142 (3) (2020).

[31] A. Agrawal, P.D. Deshpande, A. Cecen, G.P. Basavarsu, A.N. Choudhary, S.R. Kalidindi, Exploration of data science techniques to predict fatigue strength of steel from composition and processing parameters, Integr. Mater. Manuf. Innov. 3 (1) (2014) 90–108.

[32] O. Addin, S. Sapuan, M. Othman, A naïve-bayes classifier and f-folds feature extraction method for materials damage detection, Int. J. Mech. Mater. Eng. 2 (1) (2007) 55–62.

[33] A. Bacha, A.H. Sabry, J. Benhra, Fault diagnosis in the field of additive manufacturing (3D printing) using bayesian networks, Int. J. Online Eng. 15 (3) (2019).

[34] N. Zhang, L. Wu, J. Yang, Y. Guan, Naive bayes bearing fault diagnosis based on enhanced independence of data, Sensors 18 (2) (2018) 463.

[35] K. Vernekar, H. Kumar, K. Gangadharan, Engine gearbox fault diagnosis using empirical mode decomposition method and Naïve Bayes algorithm, Sādhanā 42 (7) (2017) 1143–1153.

[36] O. Addin, S. Sapuan, E. Mahdi, M. Othman, A Naïve-Bayes classifier for damage detection in engineering materials, Mater. Design 28 (8) (2007) 2379–2386.

[37] A. Keprate, R. Moslemian, Multiscale damage modelling of composite materials using Bayesian network, in: Proceedings of 1st International Conference on Structural Damage Modelling and Assessment, Springer, 2021, pp. 135–150.

[38] H. Wu, Z. Yu, Y. Wang, Experimental study of the process failure diagnosis in additive manufacturing based on acoustic emission, Measurement 136 (2019) 445–453.

[39] Y. Ech-Choudany, M. Assarar, D. Scida, F. Morain-Nicolier, B. Bellach, Unsupervised clustering for building a learning database of acoustic emission signals to identify damage mechanisms in unidirectional laminates, Appl. Acoust. 123 (2017) 123–132. https://doi.org/10.1016/j.apacoust.2017.03.008.

[40] E. Ramasso, V. Placet, M.L. Boubakar, Unsupervised consensus clustering of acoustic emission time-series for robust damage sequence estimation in composites, IEEE Trans. Instrum. Meas. 64 (12) (2015) 3297–3307.

[41] J.P. McCrory, et al., Damage classification in carbon fibre composites using acoustic emission: a comparison of three techniques, Compos. B: Eng. 68 (2015) 424–430.

[42] T. Gittler, S. Scholze, A. Rupenyan, K. Wegener, Machine tool component health identification with unsupervised learning, J. Manuf. Mater. Process. 4 (3) (2020) 86.

[43] W. Cui, Y. Zhang, X. Zhang, L. Li, F. Liou, Metal additive manufacturing parts inspection using convolutional neural network, Appl. Sci. 10 (2) (2020) 545.

[44] L. Scime, J. Beuth, A multi-scale convolutional neural network for autonomous anomaly detection and classification in a laser powder bed fusion additive manufacturing process, Addit. Manuf. 24 (2018) 273–286.

[45] C.-Y. Hsu, W.-C. Liu, Multiple time-series convolutional neural network for fault detection and diagnosis and empirical study in semiconductor manufacturing, J. Intell.

Manuf. 32 (3) (2021) 823–836.

[46] J. Yang, et al., A hierarchical deep convolutional neural network and gated recurrent unit framework for structural damage detection, Inf. Sci. 540 (2020) 117–130.

[47] Z. Wang, Y.-J. Cha, Unsupervised deep learning approach using a deep auto-encoder with a one-class support vector machine to detect damage, Struct. Health Monit. 20 (1) (2021) 406–425.

[48] R. Zhao, D. Wang, R. Yan, K. Mao, F. Shen, J. Wang, Machine health monitoring using local feature-based gated recurrent unit networks, IEEE Trans. Ind. Electron. 65 (2) (2017) 1539–1548.

[49] Z. Zhan, H. Li, Machine learning based fatigue life prediction with effects of additive manufacturing process parameters for printed SS 316L, Int. J. Fatigue 142 (2021) 105941.

[50] J. Gokulachandran, K. Mohandas, Comparative study of two soft computing techniques for the prediction of remaining useful life of cutting tools, J. Intell. Manuf. 26 (2) (2015) 255–268. https://doi.org/10.1007/s10845-013-0778-2.

[51] X. Chen, Z. Shen, Z. He, C. Sun, Z. Liu, Remaining life prognostics of rolling bearing based on relative features and multivariable support vector machine, Proc. Inst. Mech. Eng. Part C J. Mech. Eng. Sci. 227 (12) (2013) 2849–2860.

[52] Z. Zhan, H. Li, A novel approach based on the elastoplastic fatigue damage and machine learning models for life prediction of aerospace alloy parts fabricated by additive manufacturing, Int. J. Fatigue 145 (2021) 106089.

[53] D. Wu, C. Jennings, J. Terpenny, R.X. Gao, S. Kumara, A comparative study on machine learning algorithms for smart manufacturing: tool wear prediction using random forests, J. Manuf. Sci. Eng. 139 (7) (2017).

[54] C. Sun, M. Ma, Z. Zhao, S. Tian, R. Yan, X. Chen, Deep transfer learning based on sparse autoencoder for remaining useful life prediction of tool in manufacturing, IEEE Trans. Ind. Inf. 15 (4) (2018) 2416–2425.

[55] M. Zhang, et al., High cycle fatigue life prediction of laser additive manufactured stainless steel: a machine learning approach, Int. J. Fatigue 128 (2019) 105194.

[56] X. Li, et al., Adaptive network fuzzy inference system and support vector machine learning for tool wear estimation in high speed milling processes, in: IECON 2012-38th Annual Conference on IEEE Industrial Electronics Society, IEEE, 2012, pp. 2821–2826.

[57] V. Jain, T. Raj, Tool life management of unmanned production system based on surface roughness by ANFIS, Int. J. Syst. Assur. Eng. Manag. 8 (2) (2017) 458–467.

[58] M. Dong, D. He, A segmental hidden semi-Markov model (HSMM)-based diagnostics and prognostics framework and methodology, Mech. Syst. Sig. Process. 21 (5) (2007) 2248–2266.

[59] C. Su, J. Shen, A novel multi-hidden semi-Markov model for degradation state identification and remaining useful life estimation, Qual. Reliab. Eng. Int. 29 (8) (2013) 1181–1192.

[60] Y. Peng, M. Dong, A prognosis method using age-dependent hidden semi-Markov model for equipment health prediction, Mech. Syst. Sig. Process. 25 (1) (2011) 237–252.

[61] A.H. Tai, W.-K. Ching, L.-Y. Chan, Detection of machine failure: hidden Markov model approach, Comput. Ind. Eng. 57 (2) (2009) 608–619.

[62] M.E. Orchard, G.J. Vachtsevanos, A particle-filtering approach for on-line fault diagnosis and failure prognosis, Trans. Inst. Meas. Control 31 (3-4) (2009) 221–246.

[63] R.K. Singleton, E.G. Strangas, S. Aviyente, Extended Kalman filtering for remaining-

useful-life estimation of bearings, IEEE Trans. Ind. Electron. 62 (3) (2014) 1781–1790.

[64] P. Wang, R.X. Gao, Adaptive resampling-based particle filtering for tool life prediction, J. Manuf. Syst. 37 (2015) 528–534.

[65] S. Butler, J. Ringwood, Particle filters for remaining useful life estimation of abatement equipment used in semiconductor manufacturing, in: 2010 Conference on Control and Fault-Tolerant Systems (SysTol), IEEE, 2010, pp. 436–441.

[66] H. Rostami, J.-Y. Dantan, L. Homri, Review of data mining applications for quality assessment in manufacturing industry: support vector machines, Int. J. Metrol. Qual. Eng. 6 (4) (2015) 401.

[67] T. Evgeniou, M. Pontil, Support vector machines: theory and applications, Advanced Course on Artificial Intelligence, Springer, 1999, pp. 249–257.

[68] C. Cortes, V. Vapnik, Support-vector networks, Mach. Learn. 20 (3) (1995) 273–297.

[69] Z. Xue-Wu, D. Yan-Qiong, L. Yan-Yun, S. Ai-Ye, L. Rui-Yu, A vision inspection system for the surface defects of strongly reflected metal based on multi-class SVM, Expert Syst. Appl. 38 (5) (2011) 5930–5939.

[70] S. Saechai, W. Kongprawechnon, R. Sahamitmongkol, Test system for defect detection in construction materials with ultrasonic waves by support vector machine and neural network, in: The 6th International Conference on Soft Computing and Intelligent Systems, and The 13th International Symposium on Advanced Intelligence Systems, IEEE, 2012, pp. 1034–1039.

[71] G.F. Smits, E.M. Jordaan, Improved SVM regression using mixtures of kernels, in: Proceedings of the 2002 International Joint Conference on Neural Networks. IJCNN'02 (Cat. No. 02CH37290), 3, IEEE, 2002, pp. 2785–2790.

[72] A. Bordes, S. Ertekin, J. Weston, L. Botton, N. Cristianini, Fast kernel classifiers with online and active learning, J. Mach. Learn. Res. 6 (9) (2005).

[73] G. Loosli, S. Canu, L. Bottou, Training invariant support vector machines using selective sampling, in: Large-Scale Kernel Machines, 2, MIT Press, 2007. https://doi.org/10.7551/mitpress/7496.003.0015.

[74] D. Anguita, A. Ghio, N. Greco, L. Oneto, S. Ridella, Model selection for support vector machines: advantages and disadvantages of the machine learning theory, in: The 2010 International Joint Conference on Neural Networks (IJCNN), IEEE, 2010, pp. 1–8.

[75] M. Somvanshi, P. Chavan, S. Tambade, S. Shinde, A review of machine learning techniques using decision tree and support vector machine, in: 2016 International Conference on Computing Communication Control and Automation (ICCUBEA), IEEE, 2016, pp. 1–7.

[76] A. Priyam, G. Abhijeeta, A. Rathee, S. Srivastava, Comparative analysis of decision tree classification algorithms, Int. J. Eng. Technol. 3 (2) (2013) 334–337.

[77] O. Sagi, L. Rokach, Ensemble learning: a survey, Wiley Interdiscip. Rev.: Data Min. Knowl. Discov. 8 (4) (2018) e1249.

[78] J.S. Rao, W.J. Potts, Visualizing bagged decision trees, KDD, 1997, pp. 243–246.

[79] A. Berrouachedi, R. Jaziri, G. Bernard, Deep cascade of extra trees, in: Pacific-Asia Conference on Knowledge Discovery and Data Mining, Springer, 2019, pp. 117–129.

[80] I. Ben-Gal, Bayesian networks, Qual. Reliab. Eng. Int. 1 (2008).

[81] F.V. Jensen, Bayesian networks, Wiley Interdiscip. Rev. Comput. Stat. 1 (3) (2009) 307–315.

[82] O. Addin, S. Sapuan, M. Othman, B.A. Ali, Comparison of Nave bayes classifier with

back propagation neural network classifier based on f-folds feature extraction algorithm for ball bearing fault diagnostic system, Int. J. Phys. Sci. 6 (13) (2011) 3181–3188.

[83] K.M. Al-Aidaroos, A.A. Bakar, Z. Othman, Naive Bayes variants in classification learning, in: 2010 International Conference on Information Retrieval & Knowledge Management (CAMP), IEEE, 2010, pp. 276–281.

[84] J. Pearl, Bayesian networks, 2011. https://escholarship.org/uc/item/53n4f34m.

[85] I. D. Dinov, Expectation maximization and mixture modeling tutorial, 2008. https://escholarship.org/uc/item/1rb70972.

[86] T. Kohonen, The self-organizing map, Proc. IEEE 78 (9) (1990) 1464–1480.

[87] V. Panchal, H. Kundra, J. Kaur, Comparative study of particle swarm optimization based unsupervised clustering techniques, Int. J. Netw. Secur. 9 (10) (2009) 132–140.

[88] N. Grira, M. Crucianu, N. Boujemaa, Unsupervised and semi-supervised clustering: a brief survey, Rev. Mach. Learn. Techn. Process. Multimed. Cont. 1 (2004) 9–16.

[89] N. Godin, S. Huguet, R. Gaertner, L. Salmon, Clustering of acoustic emission signals collected during tensile tests on unidirectional glass/polyester composite using supervised and unsupervised classifiers, NDT E Internat. 37 (4) (2004) 253–264.

[90] T. Wuest, D. Weimer, C. Irgens, K.-D. Thoben, Machine learning in manufacturing: advantages, challenges, and applications, Prod. Manuf. Res. 4 (1) (2016) 23–45.

[91] J. Wang, X. Su, An improved K-means clustering algorithm, in: 2011 IEEE 3rd International Conference on Communication Software and Networks, IEEE, 2011, pp. 44–46.

[92] W. Samek, T. Wiegand, and K.-R. Müller, Explainable artificial intelligence: understanding, visualizing and interpreting deep learning models, in: arXiv preprint arXiv:1708.08296 (2017).

[93] M.-P. Hosseini, S. Lu, K. Kamaraj, A. Slowikowski, H.C. Venkatesh, Deep learning architectures, Deep Learning: Concepts and Architectures, Springer, 2020, pp. 1–24.

[94] A. Khamparia, K.M. Singh, A systematic review on deep learning architectures and applications, Expert Syst. 36 (3) (2019) e12400.

[95] S.-C. Wang, Artificial neural network, Interdisciplinary Computing in Java Programming, Springer, 2003, pp. 81–100.

[96] J.-S. Jang, ANFIS: adaptive-network-based fuzzy inference system, IEEE Trans. Syst. Man Cybern. 23 (3) (1993) 665–685.

[97] C. Chen, G. Vachtsevanos, M.E. Orchard, Machine remaining useful life prediction: an integrated adaptive neuro-fuzzy and high-order particle filtering approach, Mech. Syst. Sig. Process. 28 (2012) 597–607.

[98] E. Buber, D. Banu, Performance analysis and CPU vs GPU comparison for deep learning, in: 2018 6th International Conference on Control Engineering & Information Technology (CEIT), IEEE, 2018, pp. 1–6.

[99] D.J. Livingstone, D.T. Manallack, I.V. Tetko, Data modelling with neural networks: advantages and limitations, J. Comput. Aided Mol. Des. 11 (2) (1997) 135–142.

[100] L. Rabiner, B. Juang, An introduction to hidden Markov models, IEEE ASSP Mag. 3 (1) (1986) 4–16.

[101] D.R. Upper, Theory and Algorithms for Hidden Markov Models and Generalized Hidden Markov Models, University of California, Berkeley, 1997.

[102] D.B. Springer, L. Tarassenko, G.D. Clifford, Logistic regression-HSMM-based heart sound segmentation, IEEE Trans. Biomed. Eng. 63 (4) (2015) 822–832.

[103] A. Bonafonte Cávez, X. Ros Majó, J.B. Mariño, An efficient algorithm to find the best state sequence in HSMM, in: EUROSPEECH1993: 3rd European Conference on Speech Communication and Technology, Berlin, Germany, 1993.

[104] K. Fujinaga, M. Nakai, H. Shimodaira, S. Sagayama, Multiple-regression hidden Markov model, in: 2001 IEEE International Conference on Acoustics, Speech, and Signal Processing. Proceedings (Cat. No. 01CH37221), 1, IEEE, 2001, pp. 513–516.

[105] H. Bourlard, N. Morgan, Hybrid HMM/ANN systems for speech recognition: overview and new research directions, in: International School on Neural Networks, Initiated by IIASS and EMFCSC, Springer, 1997, pp. 389–417. https://link.springer.com/chapter/10.1007/BFb0054006.

[106] K. Aono, H. Hasni, O. Pochettino, N. Lajnef, S. Chakrabartty, Quasi-self-powered infrastructural internet of things: the Mackinac bridge case study, in: Proceedings of the 2018 on Great Lakes Symposium on VLSI, ACM, 2018, pp. 335–340.

[107] B.Q. Huang, C. Du, Y. Zhang, M.T. Kechadi, A hybrid HMM-SVM method for online handwriting symbol recognition, in: 2006 6th International Conference on Intelligent Systems Design and Applications, 1, IEEE Computer Society, 2006, pp. 887–891.

[108] A. Panuccio, M. Bicego, V. Murino, A Hidden Markov Model-based approach to sequential data clustering, Joint IAPR International Workshops on Statistical Techniques in Pattern Recognition (SPR) and Structural and Syntactic Pattern Recognition (SSPR), Springer, 2002, pp. 734–743.

[109] X. Tang, et al., A new method to assess fiber laser welding quality of stainless steel 304 based on machine vision and hidden Markov models, IEEE Access 8 (2020) 130633–130646.

[110] Q. Chen, Y. Huang, X. Weng, W. Liu, Curve-based crack detection using crack information gain, Struct. Control Health Monit. 28 (8) (2021). https://doi.org/10.1002/stc.2764.

[111] S.R. Eddy, What is a hidden Markov model? Nat. Biotechnol. 22 (10) (2004) 1315–1316.

[112] J. Bulla, I. Bulla, O. Nenadić, HSMM—An R package for analyzing hidden semi-Markov models, Comput. Stat. Data Anal. 54 (3) (2010) 611–619.

[113] J. Elfring, E. Torta, R. van de Molengraft, Particle filters: a hands-on tutorial, Sensors 21 (2) (2021) 438.

[114] G. Welch and G. Bishop, An Introduction to the Kalman Filter, 1995. University of North Carolina at Chapel Hill, Department of Computer Science, Chapel Hill, NC 27599-3175. http://dl.icdst.org/pdfs/files3/9bf7d17440970208375c6a5e7b81a121.pdf.

[115] D. Simon, Optimal State Estimation: Kalman, H Infinity, and Nonlinear Approaches, John Wiley & Sons, 2006.

[116] P. Narksri, E. Takeuchi, Y. Ninomiya, K. Takeda, Deadlock-free planner for occluded intersections using estimated visibility of hidden vehicles, Electronics 10 (4) (2021) 411.

[117] M.E. Orchard, G.J. Vachtsevanos, A particle filtering-based framework for real-time fault diagnosis and failure prognosis in a turbine engine, 2007 Mediterranean Conference on Control & Automation, IEEE, 2007, pp. 1–6.

[118] T. Li, M. Bolic, P.M. Djuric, Resampling methods for particle filtering: classification, implementation, and strategies, IEEE Signal Process. Mag. 32 (3) (2015) 70–86.

[119] P.K. Rao, J.P. Liu, D. Roberson, Z.J. Kong, C. Williams, Online real-time quality monitoring in additive manufacturing processes using heterogeneous sensors, J. Manuf. Sci. Eng. 137 (6) (2015).

[120] J. Carvajal Soto, F. Tavakolizadeh, D. Gyulai, An online machine learning framework for early detection of product failures in an Industry 4.0 context, Int. J. Computer Integr. Manuf. 32 (4-5) (2019) 452–465.

[121] S. Agarwal, V.V. Saradhi, H. Karnick, Kernel-based online machine learning and support vector reduction, Neurocomputing 71 (7-9) (2008) 1230–1237.

[122] Z. Lin, S. Sinha, W. Zhang, Towards efficient and scalable acceleration of online decision tree learning on FPGA, in: 2019 IEEE 27th Annual International Symposium on Field-Programmable Custom Computing Machines (FCCM), IEEE, 2019, pp. 172–180.

[123] G. Ferrer, Real-time unsupervised clustering. 27th Modern Artificial Intelligence and Cognitive Science Conference (MAICS-2016), 2016. Dayton, OH. https://ceur-ws.org/Vol-1584/paper16.pdf.

[124] D. Sahoo, Q. Pham, J. Lu, S.C. Hoi, Online deep learning: learning deep neural networks on the fly, arXiv preprint arXiv:1711.03705 (2017).

[125] F. Gumus, C.O. Sakar, Z. Erdem, O. Kursun, Online Naive Bayes classification for network intrusion detection, in: 2014 IEEE/ACM International Conference on Advances in Social Networks Analysis and Mining (ASONAM2014), IEEE, 2014, pp. 670–674.

[126] Z.-J. Zhou, C.-H. Hu, D.-L. Xu, M.-Y. Chen, D.-H. Zhou, A model for real-time failure prognosis based on hidden Markov model and belief rule base, Eur. J. Oper. Res. 207 (1) (2010) 269–283.

第 9 章

人工智能在机械加工过程监控中的应用

Hakki Özgür Ünver[⊖], Ahmet Murat Özbayoglu[⊖], Cem Söyleyici[⊖], Berk Bariş Çelik[⊖]

9.1 引言

机械加工作为制造业的重要组成部分,其历史已超过一个世纪。机械加工之所以至关重要,是因为它具备在难加工材料上加工出复杂形状的能力,同时还能保持较高的精确度和准确性[1]。在材料创新和国际市场竞争的双重推动下,机床及切削工具制造商不断推出新技术和先进技术。这种推动主要是为了在满足航空/国防、汽车、生物医学等关键行业对高附加值部件和产品的严苛设计要求的同时,提高生产质量并降低成本[2]。

在制造业中,同时提升产品质量、满足广泛的产品个性化需求、降低成本及保持高生产效率一直是一大挑战。为了应对这一挑战,预测模型的发展迅速,主要分为三大类:分析模型、数值模型和基于人工智能的模型。基于物理的模型已被开发出来,并使用数值方法来解决控制方程。例如,基于加工材料的机械剪切动作开发了机械切削力模型[3, 4]。此外,还开发了一种主要依赖于刀具—夹具—主轴装配的动态特性的再生颤振模型[5-7]。

分析模型和数值模型在应用上的主要局限性源于它们对系统物理条件的依赖。由于制造过程中存在变异性,系统的工作条件在日常生产环境中经常发生变化,有时甚至在加工过程本身中也会改变。除了需要基于物理原理建模的各种机械加工方式(如车削、铣削、拉削和表面成形)外,即便是同一种加工操作,当有新的零件订单分配给加工中心时,可能需要更换刀具、夹具或装夹装置以适应新零件的几何形状和材料。这种更改会彻底改变系统的物理和动力学特性。因此,新零件可能需要新的实验程序或新的模型,这限制了这些解决方案的应用,因为它们无法在不停机的情况下进行。此外,在加工过程中,加工件的几何形状不断变化,影响工件和夹具系统的动态特性,从而降低了数学模型的精确度。

⊖ 土耳其,托布经济技术大学,机械工程系。
⊖ 土耳其,托布经济技术大学,人工智能工程系。

◆ 人工智能与智能制造：概念与方法

为了克服上述缺点，智能制造已成为工业 4.0 中的一个重点领域。虽然人工智能在制造业的应用始于 20 世纪 80 年代，但过去十年中，包括深度学习（DL）在内的机器学习（ML）技术的新进展推动了许多行业数据驱动的智能制造的发展。基于人工智能的系统能够通过监控并适应加工过程中的变化，提高机械操作的性能。基于人工智能的加工过程监控（MPM）的主要优点可以归纳如下：

• 物理系统的分析模型（基于物理的模型）通常包含一些假设条件，如系统的线性、时间不变性以及过程中涉及材料和因素的其他性质。然而，由于供应商带来的不确定性和系统磨损或变更导致的变化，这些假设可能不再适用。

• 基于人工智能的系统能够在线运行，持续接收实时数据并更新其模型，以适应制造现场的变化。

• 近期的深度学习模型能够处理基于物联网（IoT）系统在整个工厂楼层产生的大数据，并将其转化为关键绩效指标。这些指标可以帮助操作员和车间经理提高生产效率并降低整个生产链的成本[8]。

• 人工智能可以在设备/工艺级别以及生产线/车间级别实施优化，同时利用收集到的大数据。人工智能能够桥接工艺层面与车间管理层面之间的差距，从而提升车间或企业的整体效率[9]。

在深入探讨基于人工智能的加工过程监控的细节之前，首先需要从宏观角度理解加工过程中需要监控"什么"。为此，图 9-1 列出了加工的四大"能力"，这些能力代表了在操作过程中应持续监控和优化的各个方面。

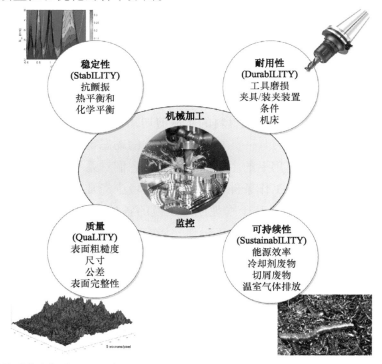

图 9-1 机械加工的"能力"（ILITIEs）

第9章　人工智能在机械加工过程监控中的应用

- 稳定性（StabILITY）：稳定的切割操作，无颤振并保持良好的热平衡和化学平衡，对于实现高附加值部件所需的功能性能至关重要。
- 耐用性（DurabILITY）：高切削力和摩擦主要导致工具磨损。由于这是一项主要成本，延长工具寿命并避免过早磨损或断裂至关重要。次级影响涉及夹具和机床本身的耐用性。
- 质量（QuaLITY）：零件的关键质量指标是尺寸公差和表面粗糙度。切割过程中的高力和热量产生也可能影响材料表面的完整性，尤其是与残余应力的机制相关。
- 可持续性（SustainabILITY）：机械加工是高能耗的工艺过程。因此，降低能源消耗具有重要的经济意义。此外，机械加工中的冷却液对环境有害，连同加工过程中产生的金属切屑都需要进行回收处理。

实施智能化的加工过程监控系统，需要深入理解包括人工智能进展、信号处理方法以及机床层面使用的硬件在内的技术层级结构。如图 9-2 所示，目前人工智能的实现主要基于两种技术体系：机器学习和深度学习。尽管这两种技术都可以采用相似的传感和测量设备，但预处理测量数据的方法往往不同，选择合适的预处理方法对于模型在决策时的表现至关重要。图 9-2 中的向上箭头表示数据从传感器层向迁移学习（TL）层的流动，展示了各层之间的连接。

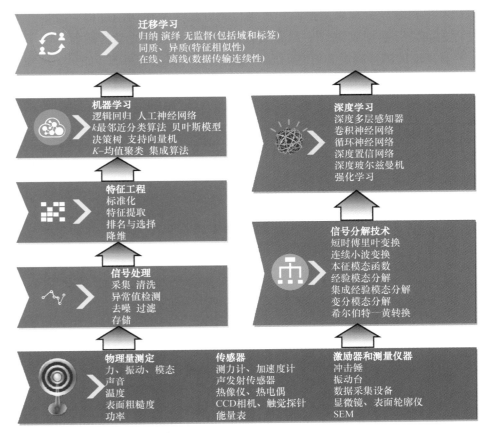

图 9-2　人工智能在机械加工过程监控中的应用

本章旨在概述图 9-2 中所示层级结构的每一层中使用的最新模型和技术。

9.2 数据采集系统

在机械加工过程中，监控和优化设备的"功能性"对于保持加工过程的连续性及延长工具使用寿命至关重要。数据采集（DAQ）系统是监控过程中不可或缺的一部分，它主要包括传感器、信号调节器、DAQ 硬件、DAQ 软件和计算机。监控过程中最关键的部件是传感装置，包括传感器和变换器。

变换器能够将能量从一种形式转换成另一种形式。传感器是一种装置，能够感应动态物理环境中的变化，并产生与这种变化相对应的电信号。变换器的任务是将测量数据转换成电信号。例如，应变计和压力传感器能产生与测量物理量相关的电信号[10]。因此，传感器可以视为一种特殊类型的变换器。

在加工过程监控（MPM）中，存在两种主要的传感方法：直接（离线）和间接（在线），如表 9-1 所示[11-17]。间接传感方法通过测量与异常（如颤振）无直接关联的值（如电流或振动）来观察异常现象。然而，直接传感方法无法在切割过程中收集数据，只能在切割过程之间进行数据收集[12]。尽管直接传感变换器（如光学传感器、电压表和位移传感器）具有高度的测量精度，但它们成本较高，且对其他噪声源（如泵、冷却液和输送机）敏感[13]。此外，直接方法的设置会打断机械加工过程，从而缩短生产时间。相比之

表 9-1 传感器的类型及其测量目的

感测方法	信号采集	变换器	测量目的	安装便利性	成本
直接（离线）	视觉/光学	CCD 相机、光学传感器	机床完整性和位置的变化	*****	****
	位移	光电传感器、千分尺、气动量具、电磁传感器	工件与机床之间的间隙	***	**
	电阻变化	电压表	工件与机床接触面积变化导致的电阻变化	**	*
间接（在线）	切削力	测力仪、应变计、压电传感器	刀塔和铣削主轴上的切削力变化	*	****
	振动	加速度计	机床和卡盘的振动记录	****	**
	温度	热电偶、辐射温度计、红外传感器	切削刀具和工件的温度变化	****	**
	电流/功率	功率表、电流表、测力仪	铣削主轴、主轴及进给电机消耗的功率或电流	*****	*
	声音	声发射传感器、麦克风	加工振动声，刀具、切屑断裂、碰撞、塑性变形等的声发射信号	*****	**
	表面粗糙度	CCD 相机、声发射传感器、光纤光学传感器、激光轮廓仪	工件表面轮廓的变化	***	***

下，间接方法的测量精度相对较低，且由于数据噪声，内部计算可能需要更长时间。尽管如此，大部分间接传感器 [如加速度计、声发射（AE）传感器和热电偶] 成本低廉，并能在机械加工过程中实时进行足够质量的测量。

传感器的选择、数量和应用方式取决于机械加工类型（如车削、铣削、镗削、磨削和刨削）以及在机械加工操作中使用的工件材料[16]。例如，在一项车床工具磨损监测研究中，使用了三种不同的传感器：三轴测力计、加速度计和表面粗糙度测试仪，并综合了这些输出信号，以减少测量误差[18]。作为一个能够执行多种机械加工过程的综合机床的例子，车铣复合机床的主要组件及其可能的传感器安装位置在图 9-3 中进行了说明。

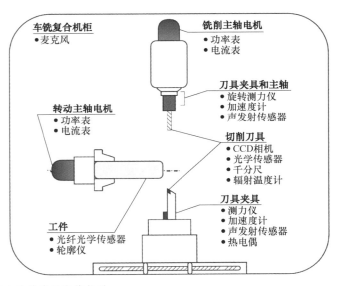

图 9-3　车铣复合机床上的传感器安装位置。

传感器产生的电信号并不总是能被数据采集（DAQ）硬件直接读取。放置在 DAQ 硬件上或外部模块的信号调节器将电阻转换为电势。电势通过子电路进行分割、放大和移位，以提高设备的质量和性能[19]。调整后的模拟信号被送入 DAQ 硬件，模拟至数字转换器将信号转换为比特和字节。数字信号根据应用程序的需求在计算机上运行的 DAQ 软件中进一步处理。

市面上有各种品牌和类型的 DAQ 硬件和软件，以满足系统所需的测量规格。例如，用于车铣复合机床上颤振检测的美国国家仪器公司的 DAQ 设备，如图 9-4 所示。

数据采集（DAQ）过程将通过颤振检测实验的一部分来描述。在收集加工数据之前，通常需要识别系统的动态行为。这是在刀具—夹具—主轴系统上使用实验模态分析技术执行的，如图 9-5 所示。进行模态分析后，应执行传感器布置和加工过程中的数据收集（见图 9-6）。

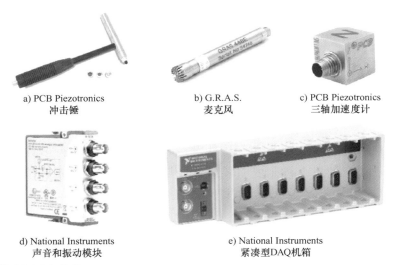

图 9-4 数据采集（DAQ）设备。

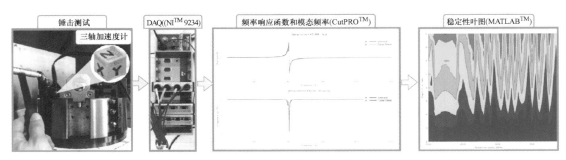

图 9-5 刀具—夹具—主轴模态分析用于表征系统并生成稳定性叶图（SLD）。

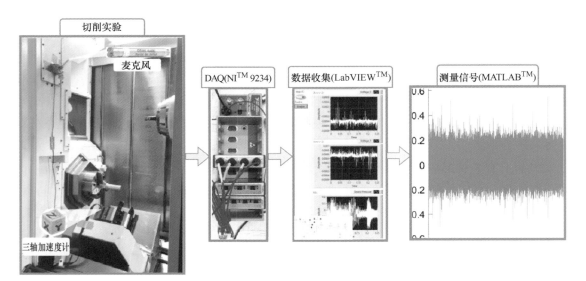

图 9-6 数据收集过程。

数据采集和收集活动也可以从数据处理需求的角度进行评估。例如，某些特定的传感器数据可能需要实时捕获和评估，这就需要使用具有足够处理能力的物联网和智能传感器来准备高质量和数字化的数据。制造业，特别是大规模制造业近年来采用了物联网传感器，因为它们降低了成本，具备无线通信能力，减少了人力需求，实现了机器对机器的通信，并且能与自动化系统无缝协作[20]。

物联网系统的扩展使得边缘计算技术得以应用，此技术允许在不将数据传输到云端的情况下，在机器附近处理收集到的数据，实现实时分析和即时决策[21, 22]。另一方面，多数用于现代加工过程监控（MPM）的传感器可用于本地数据采集和处理，专注于实验实施以解决现场问题或进行优化。传感器的处理能力与可访问性之间需要精心平衡，这要求设计合适的本地及分布式网络架构，包括边缘、雾和云计算系统在 MPM 系统中的协同工作。

刀具—夹具—主轴的模态分析从对刀片进行冲击锤测试开始，以此了解其动态特性，这种测试被称为"锤击测试"。每次冲击锤敲击切削工具时，都会由附在切削工具或夹持器上的加速度计捕获振动信号。随后，模态分析软件会计算模态频率、阻尼比、模态刚度和模态质量。最后，通过分析或数值解法生成稳定性叶图（SLD），以识别颤振区域，可以使用 MATLAB™ 或像 CutPRO™ 这样的商业软件进行。

通常，数据收集需要预先根据不同的切削参数（如切削深度、进给速率和主轴速度）进行规划。此外，所有传感器，包括加速度计、声发射传感器和测力计，都应在数据收集前安置在适当的位置。数据收集后，存储的数据将用于信号处理算法及机器学习算法的训练和验证。

传感器可以快速生成大量不同形式（如结构化、半结构化和非结构化）的数据[23]。但是，在数据采集期间及之后，可能会遇到一些与数据相关的挑战，比如数据的体量、速度、种类、质量、变异性、真实性、可视化和价值[24]。

收集的数据可能会受到噪声的干扰、存在缺失值或异常值。这些问题会影响机器学习或深度学习模型的性能。为了提高信号质量，数据采集设备配备了专门的系统和软件。另外，模拟或数字滤波器可以降低信号中的噪声，从而提高数据质量。

含有缺失值的数据不能作为机器学习或深度学习模型的输入。为了解决这一问题，可以丢弃或使用基于统计指标的估计值替换缺失值。异常值会降低机器学习或深度学习模型的测试精度，可以通过从数据集中删除它们并将其视为缺失数据点来消除。

9.3 特征工程与机器学习

机器学习算法能够利用从不同来源收集的各类数据，进行工具磨损估计、颤振检测、表面粗糙度测定以及能耗估算等。然而，从传感器所获取的数据通常为原始数据，要在机器学习算法中使用这些数据，必须进行广泛的处理和调整。图 9-7 中展示了数据预处理和机器学习模型部署的常见步骤。

在多维数据集中，特征通常表示为列，是原始数据中可量化的个体特征。观测值则通常表示为行。所有观测的特征数组共同构成一个多维特征矩阵，也称为特征向量，其中每一行代表一个特征数组。

在机器学习的流程中，特征工程是一个关键阶段[25]。通过所谓的特征工程过程，可以创造出算法的人工特征。特征工程通过从现有数据中创造新的特征，以提高预测学习的表现。算法利用这些合成特征来增强其功能，换言之，就是为了获得更好的结果。特征工程是数据科学工作流程中一个关键且耗时的阶段[26]。由于数据科学家主要与数据打交道，因此模型的准确性极为重要。尽管深度学习和元启发式等新方法正在帮助自动化机器学习，但每个问题的应用范围都较为特定，通常情况下，与问题匹配的优良特征决定了系统的效果。数据科学工作者往往需要花费大量时间进行特征工程以准备数据。与数据准备阶段相比，模型构建所占的时间相对较少，这与通常的认知相反。

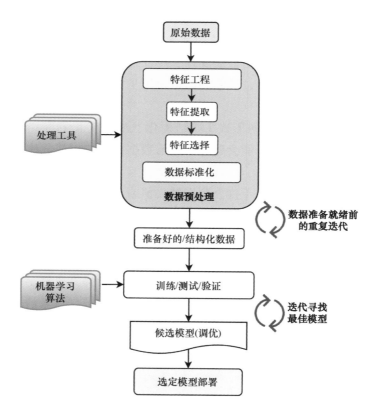

图 9-7　从原始数据到机器学习模型部署的常见步骤。

第9章 人工智能在机械加工过程监控中的应用

在制造业中，收集并处理的数据通常包括力、加速度、声音和图像。在使用机器学习模型时，必须将所有数据数字化。根据输入的类型，数据可以是连续的或离散的。根据数据的内容，它们可以是名义型（无序且彼此无关）和顺序型（存在层次关系）。依据数据之间的关系，数据类型可以分为非序列型、序列型和时间序列型。在特征工程中，我们可以进一步探讨两个主题：特征提取和特征选择。

9.3.1 特征提取

特征提取是一种将大批原始数据简化为更小的分组，以便进行分析的过程。这些大数据集中存在的众多变量通常需要大量的计算资源。特征提取是指从原始数据集中选择和/或组合参数为特征的策略，目的是在正确且全面地描述原始数据集的同时，减少需要分析的数据量。机械的振动信号常被用来提取故障模式，随后通过如人工神经网络（ANN）和支持向量机（SVM）等分类器进行识别[27]。特征提取过程的可视化如图 9-8 所示。XY 和 ZY 方向表示提取的特征。一些主流的特征提取方法，如主成分分析（PCA）、t 分布式随机邻域嵌入（t-SNE）和自编码器已被应用于工具磨损[28-32]、颤振检测[33-35]、能源消耗[36, 37]和可持续性研究[38, 39]。

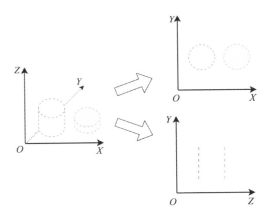

图 9-8 特征提取的概念性可视化。

主成分分析（PCA）是一种分析数据的方法，它处理的数据框架中的观察值由相互关联的定量依赖变量描述。其主要目的是提取关键数据，并将其转换为一组新的正交变量，称为主成分[40]。Wang 等人[28]提出了一种基于多尺度主成分分析（MSPCA）的新型工具监测方法。基于 PCA，为监测磨损率创建了统计指标及其控制限制。研究表明，通过将 PCA 与小波变换结合，可以显著提高工具磨损监测方法的准确性和耐用性。图 9-9 总结了这种磨损监测方法。在此方法中，首先对测试数据进行预处理，其次进行特征提取和离散小波变换操作，最后在每个尺度上应用 PCA。在信号重构后，再次应用 PCA，系统便能判断工具的状态。

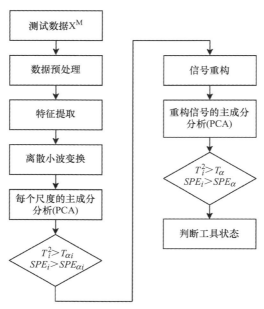

图 9-9 用于工具磨损监测的多尺度主成分分析（MSPCA）方法[28]

t 分布式随机邻域嵌入（t-SNE）能够有效地捕捉高维数据中的大部分空间相关性，同时展现出如多尺度聚类存在等全局结构特征。在构建一个能显示多个尺寸结构的单一地图时，t-SNE 展现出了优于以往方法的性能。这一点对于高维数据来说尤其重要，因为这些数据分布在许多尚未连接的低维流形上，如从不同角度观察的不同类别物品的照片[41]。由于多特征数据集需要占用大量的空间维度，并且直接描述具有一定的挑战性，Wan 等人采用了 t-SNE 方法来降低铣削过程数据集的维度[34]；他们的 t-SNE 的结果如图 9-10 所示。尽管 t-SNE 在计算上较为复杂，但它能够处理非线性数据。例如，由于主成分分析（PCA）是一种线性算法，当数据呈非线性时，它可能不够可靠。t-SNE 的另一个重要优点是它能同时保持数据的全局和局部结构。

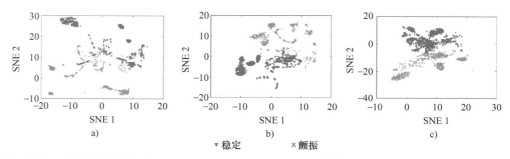

图 9-10 使用 t 分布式随机邻域嵌入（t-SNE）表示颤振检测数据集[34]

训练一个带有适度核心层的多层神经网络，以重构高维输入数据，可以将这些数据转换成低维编码[42]。在自编码器网络中，可以使用梯度下降法来细致调整权重，但这只适用于初始权重已经接近满意解的情形。自编码器可被视作一种改变数据表示的工具。通过减少隐藏层节点数 m,使其小于原始输入节点数 n,从而生成一个压缩的输入表示。这样做达到了期望的降维效果[43]。图 9-11 展示了应用自编码器后的颤振检测数据集(每个轴代表一个成分)。在此,通过在隐藏空间中利用自编码器压缩多维数据,成功提取了三个主要成分用于颤振检测。

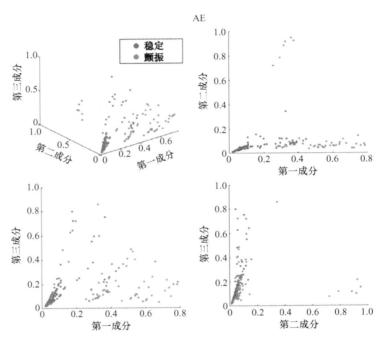

图 9-11 使用自编码器表示的颤振检测数据集

9.3.2 特征选择

特征选择已被证实是一种有效的方法,适用于为各类数据挖掘和机器学习模型准备数据。特征选择的目的在于构建更简单、更精确的模型,提升数据挖掘速度,并生成清晰、易于理解的数据[44]。此外,由于其清晰性、可扩展性和实证效果显著,许多变量选择方法将变量排名作为主要或辅助的特征选择方法[45]。特征选择方法可以分为无监督和有监督两种。有监督的特征选择可以用来分析相关性,如在工程领域经常使用的皮尔逊相关系数矩阵。

有监督的特征选择方法包括内在方法、封装方法和过滤器方法(见图 9-12)。

皮尔逊相关系数矩阵是选择铣削特征的一个示例方法,如表面粗糙度预测[46]和颤振检测[47]。皮尔逊相关系数是一种统计量,用于衡量不同变量之间的统计联系。它提供了关于相关性的数量和方向的信息。这个系数表明特征与标签是否恰当相关。方程(9-1)给出了皮尔逊相关公式。图 9-13 展示了一个示例相关矩阵。

人工智能与智能制造：概念与方法

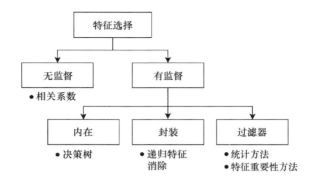

图 9-12　特征选择方法。

$$\rho_{X,Y} = \frac{\text{cov}(X,Y)}{\sigma_X \sigma_Y} \tag{9-1}$$

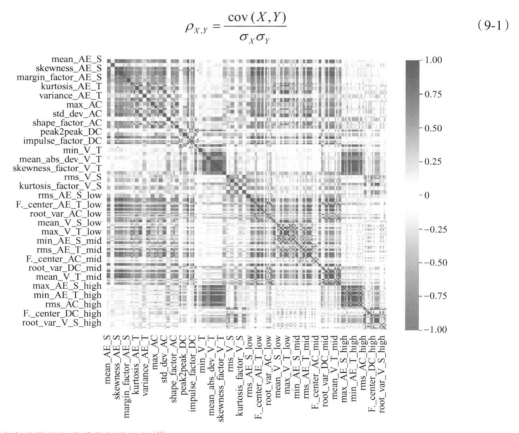

图 9-13　皮尔逊特征相关系数矩阵示例[48]。

9.3.3 机器学习模型

在众多数据科学领域中，统计特征常用于工具状态监测[49-52]与颤振检测[53-55]。这些特征能使各种测量更具意义和价值。制造业中经常使用的统计特征包括均方根（RMS）、峰值、峰顶因子、冲击因子、方差、离散指数、偏态、峰度、间隙因子和形状因子。

表 9-2 包含了描述这些统计特征的公式（x 代表一个向量，σ 代表 x 的标准差，$\bar{x}$ 为 x 的均值）。

表 9-2 统计特征

统计特征	公式
均方根（RMS）	$\sqrt{\dfrac{1}{N}\sum_{n=1}^{N} x_n^2}$
峰值（P_v）	$0.5[\max(x_n)-\min(x_n)]$
峰顶因子	$\sqrt{\dfrac{P_v}{RMS}}$
冲击因子	$\dfrac{P_v}{\dfrac{1}{N}\sum_{n=1}^{N}|x_n|}$
方差	$\dfrac{1}{N}\sum_{n=1}^{N}(x_n-\bar{x})^2$
离散指数	$\dfrac{\sigma}{\dfrac{1}{N}\sum_{n=1}^{N}x_n}$
偏态	$\dfrac{\dfrac{1}{N}\sum_{n=1}^{N}(x_n-\bar{x})^3}{\sigma^{3/2}}$
峰度	$\dfrac{\dfrac{1}{N}\sum_{n=1}^{N}(x_n-\bar{x})^4}{\sigma^2}$
清除因子	$\dfrac{P_v}{\left(\dfrac{1}{N}\sum_{n=1}^{N}|x_n|\right)^2}$
形状因子	$\dfrac{RMS}{\dfrac{1}{N}\sum_{n=1}^{N}|x_n|}$

机器学习算法能够直接处理结构化数据，这类数据通常是有组织的，并且通常属于定量数据。结构化数据的精确有序结构简化了机器学习数据的查询和处理过程。

机器学习的目标是解决如何构建能够学习的机器的问题[32]。它位于计算机科学与统计学的交叉点，是人工智能和数据科学的核心，也是当今技术快速发展的热点领域。新的学习算法和理论的发展，加上在线数据和低成本处理能力的提升，推动了机器学习的最新进展。机器学习模型通常分为三个基本类别：监督学习、无监督学习和强化学习。图 9-14 展示了在加工过程监控（MPM）中常用的主要类别和专用机器学习算法。在监督学习中，输出变量（或因变量）是基于一组预测变量（自变量）来预测的。此过程中，使用这些变量构建并创建一个将输入映射到预期输出的函数。模型将持续训练，直到在训练数据集上达到所需的准确度。监督学习可以分为分类和回归两种形式。多种分类方法如人工神经网络（ANN）、多层感知器（MLP）、决策树、随机森林和支持向量机（SVM）已被应用于颤振检测[47,53,56-58]、工具磨损[59-63]、表面粗糙度估计[64-68]及能量估算[69,70]。

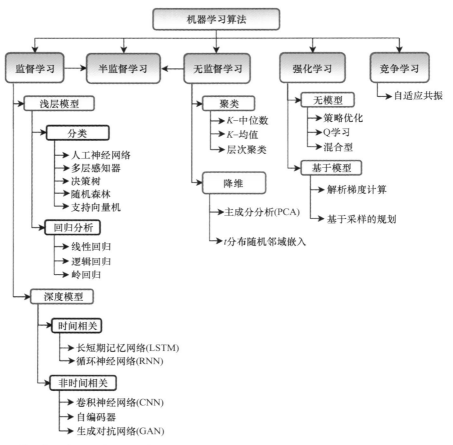

图9-14 机器学习算法在加工过程监控中的应用。

其中，最成功的表面粗糙度估计方法之一是受到生物学启发的人工神经网络（ANN）[71]。神经网络的表示如下：

$$Z = \text{Bias} + W_1 X_1 + W_2 X_2 + \cdots + W_n X_n \tag{9-2}$$

其中，W'_s是权重，X'_s是输入，Z是输出。估计表面粗糙度对于提高生产效率至关重要。Khorasani和Yazdi的研究旨在开发一个用于铣削中表面粗糙度的通用动态监控系统[72]。其研究通过完整的因子设计模拟了两种材料在铣削过程中的动态表面粗糙度监控。使用人工神经网络进行动态表面粗糙度监控的示意图如图9-15所示。

第9章 人工智能在机械加工过程监控中的应用

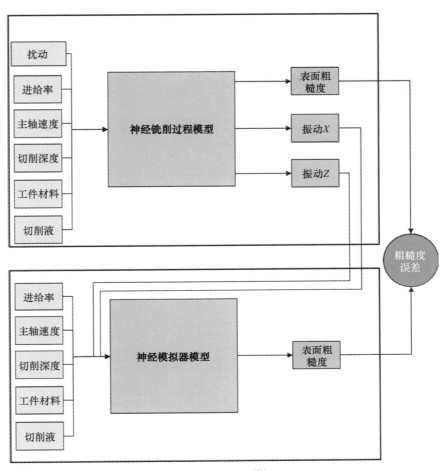

图 9-15 使用人工神经网络对表面粗糙度进行估计的示意图[72]

在加工过程监控中，分类器的使用也十分常见[73]。其中，多层感知器是一种广受欢迎的机器学习方法，通过神经网络构建分类器。感知器通过调整输入的权重组合，能够从多个输入生成一个输出。输出后，感知器的结果会通过激活函数处理，如双曲正切函数（tanh）或修正线性单元（ReLU）。如果训练模型时使用了充分的数据，这将赋予它估算任意非线性函数的能力[47]。图 9-16 展示了一个典型的多层感知器架构。

在工业应用中，当需要高材料去除率的时候，铣削是一项关键的机械加工过程[75]。然而，铣削过程中常出现的颤振现象经常限制了加工效率。为了检测颤振，通常会使用多层感知器，这些感知器以统计特征为输入。图 9-17 展示了一个示例模型架构。此项研究利用基于自组织映射的多层感知器分类器来处理多特征分类。该模型通过端铣测试进行验证，成功实现了颤振开始时的在线检测。

人工智能与智能制造：概念与方法

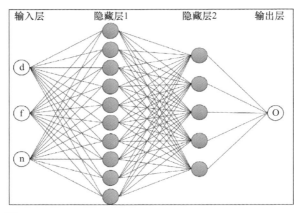

图 9-16　多层感知器架构[74]。

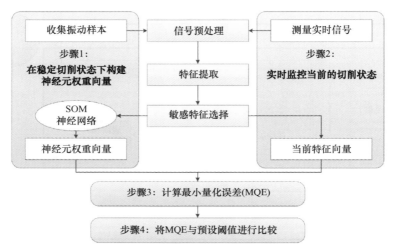

图 9-17　使用统计特征和多层感知器进行颤振检测[76]。

支持向量机（SVM）是工具磨损估计研究最多的方法之一。支持向量机是一种带有相关学习算法的监督学习模型，用于进行数据分类和回归分析。支持向量机通过构建一个特征空间来模拟场景，这个空间是一个有限维的向量空间，每一个维度代表某个项目的一个"特征"。在内容分类的领域，每个"特征"是一个特定术语的频率或重要性。SVM 的目标是构建一个分类器，用于对以前未见过的新对象进行分类。图 9-18 展示了使用 SVM 进行数据分类的结果，以及 SVM 的组成部分（支持向量、超平面、最大间隔和间隔）。

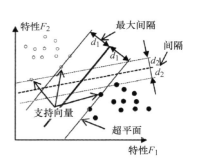

图 9-18　两类支持向量机[77]。

$$h(x) = \text{sign}(w^T x + b) \qquad (9-3)$$

不同的超平面方程如何分割数据的示例如下：

第9章 人工智能在机械加工过程监控中的应用

$$(w^T x_i) + b > 0 \quad \text{if } y_i = 1$$
$$(w^T x_i) + b < 0 \quad \text{if } y_i = -1$$
(9-4)

最优的超平面是具有最大间隔的超平面。图 9-19 展示了不同类型的 SVM 的结果。

在铣削过程中，有效和准确地监控工具磨损状态对于优化加工参数、确保铣削稳定性和质量至关重要[79]。如图 9-20 所示的方法包括三个主要部分：特征提取、特征选择和磨损预测。其中，时域分析、频域分析和小波分解用于特征提取；为了降低模型的复杂性，特征选择环节采用遗传算法进行优化；预测工具磨损状态时，作者提出了一个采用灰狼优化算法（GWO）改进的支持向量机（SVM）模型。通过与其他采用流行优化技术改进的 SVM 模型（如粒子群优化 PSO-SVM、GA-PSO-SVM、GWO-SVM）进行比较，结果显示遗传算法（GA）和 GWO 结合的 SVM 模型在精确度和计算时间上表现更佳。

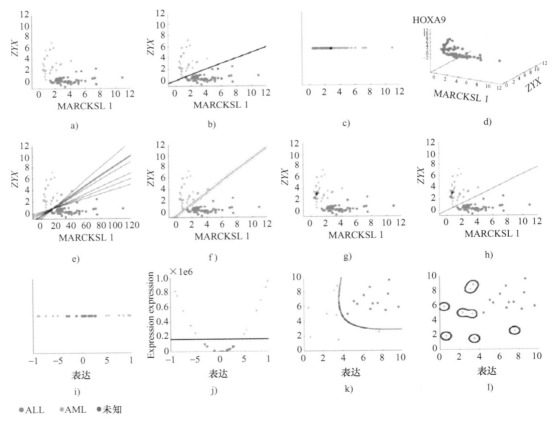

图 9-19 支持向量机正在运行[78]。

此外，回归方法如线性回归和逻辑回归已被应用于颤振检测[80]、工具磨损[81]、表面粗糙度估计[82]及能量估计[83]。逻辑回归因其低计算成本和易于实施，常用于识别两标签间明显差异的有效线性决策边界[80]。

1）无监督学习（聚类）：无监督学习，亦称聚类学习，它不涉及预测或评估具体结果变量的目标。此方法常用于将客户或群体按需分成不同的组别。常见的无监督学习算法包括 k 最邻近分类算法（kNN）、$k-$ 均值聚类和层次聚类。这些算法已被应用于工具磨损[84, 85]、颤振检测[86, 87]、表面粗糙度估计[88, 89]以及能量估计[90]的研究中。

2）半监督学习：半监督学习是研究计算机和自然系统（如人类）在同时处理标记和未标记输入的情况下如何学习的一种学习模式[91]。目前，针对多传感器加工过程监控（MPM）中的颤振检测[92]、工具磨损[93]和表面粗糙度估计[94]，仅有少数半监督算法被实际应用。

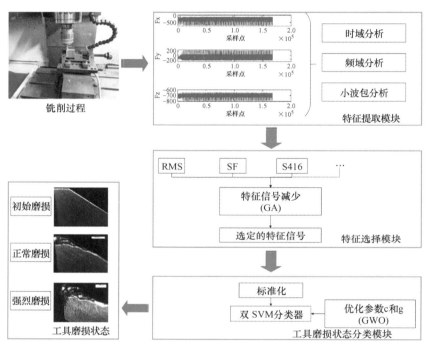

图 9-20 使用支持向量机进行工具磨损状态监控[79]。

3）强化学习：在强化学习中，机器智能被训练以做出特定的判断。机器学习模型置于一个环境中，必须通过不断的试验和错误来自我学习和进步。该算法通过总结过去的经验，并努力获取最相关的信息以做出更优决策。马尔可夫决策过程是强化学习中最知名的例子，它基于两个核心假设：有限视野假设[方程（9-5）]和静态过程假设[方程（9-6）]。

$$P(z_t, z_{t-1}, z_{t-2}, \cdots, z_1) = P(z_t / z_{t-1}) \tag{9-5}$$

$$P(z_t / z_{t-1}) = P(z_2 / z_1) \rightarrow t \in 2 \cdots T \tag{9-6}$$

隐藏马尔可夫模型（HMM）是一种强大的分析框架，非常适合对从信号中提取的特征进行周期性分析。Xie 等人[95]提出的一种改进的 HMM 策略在颤振检测的精度上优于传统 HMM。图 9-21 展示了一个样例架构。隐藏马尔可夫模型特别适合于动态时间序列数据的建模，并且具有出色的模式分类能力；因此，它能够处理长时间的随机序列，被证明是监测颤振状态的理想选择。

9.3.4 机械加工过程监控中使用的开源数据集

研究人员经常需要利用基准数据集来测试新算法的性能，因此这里介绍一个广泛使用的机械加工数据开源数据库——2010 年预测与健康管理（PHM）数据集。该数据库包含了在干式切割过程中收集的测力仪、加速度计和噪声传感器数据，用以预测数控切削机的刀具磨损和寿命。2010 年 PHM 数据集使用了 6 种不同的刀具（分别命名为 C1、C2、C3、C4、C5 和 C6）来采集传感器数据，其中只有三种刀具的数据涉及刀具磨损（见图 9-22）。

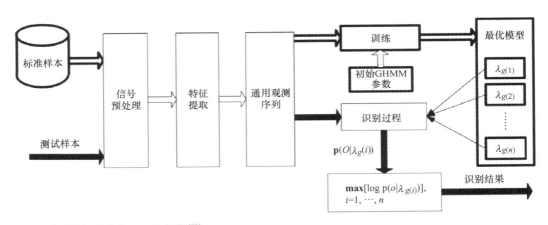

图 9-21 用于颤振检测的 HMM 架构[95]

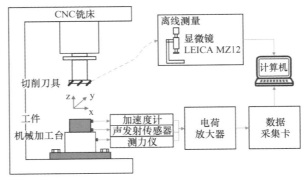

图 9-22 2010 年 PHM 数据集的设置示意图[96]

NASA Ames（艾姆斯）数据集包含了在多种操作条件下进行的铣削机试验，共 16 个样本，涵盖了不同的运行次数。试验中使用的机床为 Matsuura MC-510 V 型。使用的刀具为带有 6 个插入片的面铣刀。实验设置如图 9-23 所示。

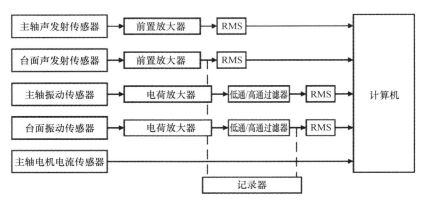

图 9-23　NASA Ames 数据集的设置示意图 [96]。

9.4　信号分解方法

在机械加工环境中收集信号的一致性和信息的可视性对学习者的性能至关重要。特别是随着对深度学习方法研究的日益增多，采用更先进的信号分解方法已经取得了进展。然而，机械加工过程中收集的信息通常是非平稳和非线性的。例如，当刀具磨损时，振动幅度会增加；当切削深度增加时，机械加工状态可能进入颤振状态。因此，仅使用时域或频域分析在变化的机械加工条件下可能不足以提供充分的性能。

近年来，许多研究者已经开始采用基于时频的先进信号分解技术。这些技术主要用于检测颤振，因为需要从含有噪声和其他无关信息的复杂信号中提取出发生颤振的频带。这些技术包括短时傅里叶变换（STFT）[97]、小波分解（WD）[98]、经验模态分解（EMD）[99]、集合经验模态分解（EEMD）[100] 和变分模态分解（VMD）[101]。在这些研究中，通常使用的传感器包括加速度计用于测量振动，而在某些情况下，还会使用测力仪来测量切削力，这些测量可能受到机床其他振动源的影响，从而引入噪声和谐波。

Huang 等人 [102] 首次提出针对非平稳复杂信号进行非线性经验分析的方法，这种方法被称为经验模态分解（EMD）。通常，EMD 与希尔伯特谱分析结合使用，合称为希尔伯特—黄转换（HHT）。此变换可以将任何非平稳时间序列分解为多个固有模态函数（IMF），其中每一个 IMF 都代表一个零均值的振幅和频率调制组分。此后，Wu 与 Huang 进一步提出了 EMD 的改进版本——集合经验模态分解（EEMD），有效解决了 EMD 中经常出现的模态混叠问题，尤其是在间歇性信号中 [103]。

第一阶段：信号分解。使用前文提及的方法之一对信号进行分解。如图9-24所示，展示了对Al-7075材料进行槽铣加工时EEMD的结果。原始振动信号的每个IMF展示了频繁的频谱图。频率轴上的红点标明了刀具—夹具—主轴系统的模态频率，分别为613Hz、953Hz和2 113Hz。在无颤振和有颤振的切割条件比较中，可以明显看到在第二、第三和第四个IMF中，模态频率附近的强度有所增加。

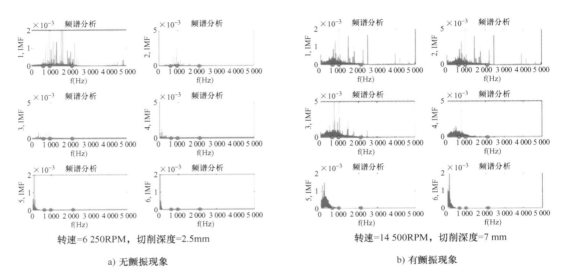

图9-24　两次槽铣切削的固有模态函数分析

第二阶段：希尔伯特谱分析。进行希尔伯特谱分析，计算每个IMF的共轭对。图9-25显示了两种铣削切割的图像表示，颤振切割中靠近第一和第二模态频率的颜色明显加深。虽然对所有IMF都进行了希尔伯特变换，但选择性地使用含有关键信息的IMF，往往可以提高分析的性能。

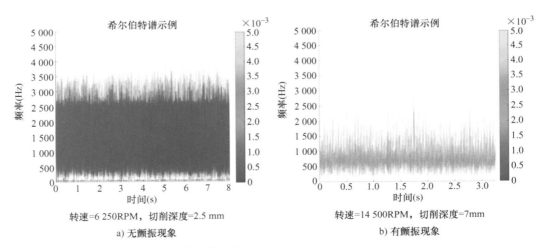

图9-25　两次槽铣切割的希尔伯特—黄转换分析

9.5 深度学习

伴随着工业 4.0 在制造业的推行，物联网系统的广泛使用，传感器的增多以及宽带网络系统容量的提高，产生了大量的"大数据"。在处理大规模复杂数据的情况下，深度学习方法显示出其适用性[104]。深度学习的优点包括：①能够处理大规模数据；②在数据呈非线性时，可以达到令人满意的准确度；③实施过程中无须进行烦琐的特征工程。自 2010 年代末期开始，如长短期记忆网络（LSTM）和卷积神经网络（CNN）等深度学习方法已被应用于诸多领域，如工具磨损[105-107]、颤振检测[108-110]、表面粗糙度估计[111-113]以及能耗估计[114]。

长短期记忆网络（LSTM）因其在处理时序数据方面的高性能而被广泛应用于工具磨损估计。LSTM 是一种特殊类型的递归神经网络（RNN），能有效解决梯度消失或爆炸的问题，这使得它比其他类似的方法具有更长的记忆能力[115]。图 9-26 展示了 LSTM 的典型架构。

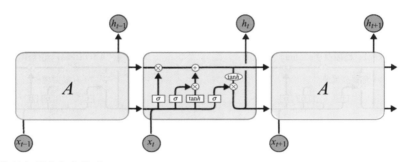

图 9-26　长短期记忆网络架构展示。

虽然 LSTM 单元的输入和输出与普通 RNN 单元相同，但其特有的遗忘门使其能够学习并记住长期的数据依赖关系[96]。

在 LSTM 单元中，每个门的运算可以通过方程（9-7）～方程（9-11）来描述：

$$F_i^{(t)} = \sigma\left(b_i^F + \sum_j W_{ij}^F (x_j^{(t)} + h_j^{(t-1)})\right) \quad (9\text{-}7)$$

$$I_i^{(t)} = \sigma\left(b_i^I + \sum_j W_{ij}^I (x_j^{(t)} + h_j^{(t-1)})\right) \quad (9\text{-}8)$$

$$S_i^{(t)} = F_i^{(t)} S_i^{(t-1)} + I_i^{(t)} \tanh\left(b_i^I + \sum_j W_{ij}(x_j^{(t)} + h_j^{(t-1)})\right) \quad (9\text{-}9)$$

$$O_i^{(t)} = \sigma\left(b_i^O + \sum_j W_{ij}^O (x_j^{(t)} + h_j^{(t-1)})\right) \quad (9\text{-}10)$$

$$h_i^{(n)} = \tanh(S_i^{(n)}) \cdot O_i^{(n)} \qquad (9\text{-}11)$$

其中，（b^F 和 W^F）、（b^I 和 W^I）以及（b^O 和 W^O）分别代表遗忘门、输入门和输出门的偏置和权重。σ 表示 Sigmoid 函数，这个函数能够将遗忘门的值设置在 0 到 1 之间。遗忘门根据当前时刻输入 $x^{(t)}$ 和上一时刻输出 $h^{(t-1)}$ 更新记忆细胞，进而控制自环细胞状态的权重，具体如方程（9-7）所示。

输入门通过方程（9-8）控制并更新到记忆细胞的信息。LSTM 单元的内部状态通过方程（9-9）更新。使用方程（9-10），在输出门检查输出细胞的权重。LSTM 单元的输出根据方程（9-11）计算。

目前已开发多种基于 LSTM 网络与其他网络组合的工具磨损监测与剩余使用寿命（RUL）框架，包括 BiLSTM[115]、EMD–LSTM[116]、LSTM–隐马尔可夫模型[117]、小波包分解（WPD）–LSTM[118]、赫斯特指数–CNN–LSTM[119] 以及残差–CNN–LSTM[120]。例如，Cai 等人[96] 曾开发一种早期框架，其中 LSTM 网络与人工神经网络（ANN）结合，详见图 9-27。随着人工智能方法研究的增多，对比各种方法性能的基准数据需求也增加。常用的两个数据集包括 2010 年预测与健康管理（PHM）学会挑战数据集[121] 和 NASA 预测技术中心（PCoE）的铣削数据集[122]。图 9-28 展示了在 2010 年 PHM 挑战数据集中利用 C1、C4 和 C6 工具磨损测量的 LSTM–ANN 框架的样本结果。

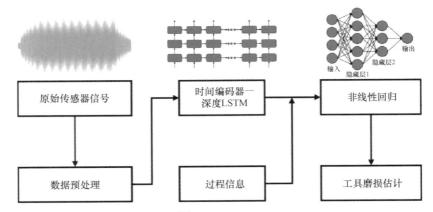

图 9-27 基于长短期记忆网络的工具监测框架[96]。

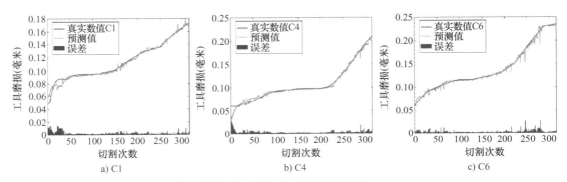

a) C1　　b) C4　　c) C6

图 9-28 使用 2010 年 PHM 挑战数据集[96] 的长短期记忆网络预测结果。

在颤振检测中使用最成功的模型之一是卷积神经网络,它在许多领域的图像分类任务中取得了巨大成功。

卷积神经网络模型主要由三部分构成:卷积层、池化层和全连接层。卷积层是该网络的核心,它利用多个可学习的卷积核对图像进行处理,生成一系列特征明显的激活输出[123]。卷积操作的具体表达可参见方程(9-12):

$$X_{p,t} = F\left(\sum_{q=1}^{Q} X_{q,t-1}^{O} K_{p,q,t} + B_{p,t}\right) \quad (9\text{-}12)$$

本文介绍的一种特定卷积神经网络架构,采用由加速度计信号生成的连续小波变换(CWT)图像作为其前端卷积层的输入数据,如图9-29[110]所示。为了对输入数据进行标注,采用了一种混合方法,即对刀具—夹具—主轴系统进行模态分析并生成稳定性叶瓣图。图9-30展示了三种不同的训练/测试场景的数据点标注和训练情景。此架构还利用切削参数、切削深度和主轴转速作为其全连接层的输入,使其识别准确率高达99.88%。此方法还有效地在所有情况下快速减少了损失。训练算法中使用的交叉熵损失函数见方程(9-13)。

$$L = -\frac{1}{N}\sum_{n=1}^{N}\left[y_n \log(\hat{y}_n) + (1-y_n)\log(1-\hat{y}_n)\right] \quad (9\text{-}13)$$

其中,$\hat{y}$代表模型预测的概率值,而N表示样本数量。

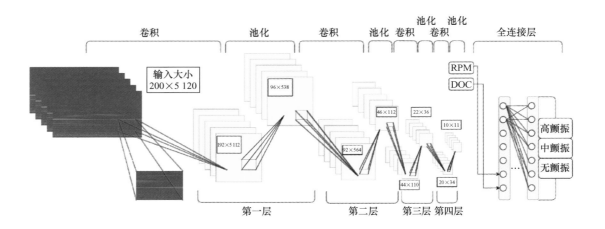

图9-29 用于颤振检测的卷积神经网络架构[110]

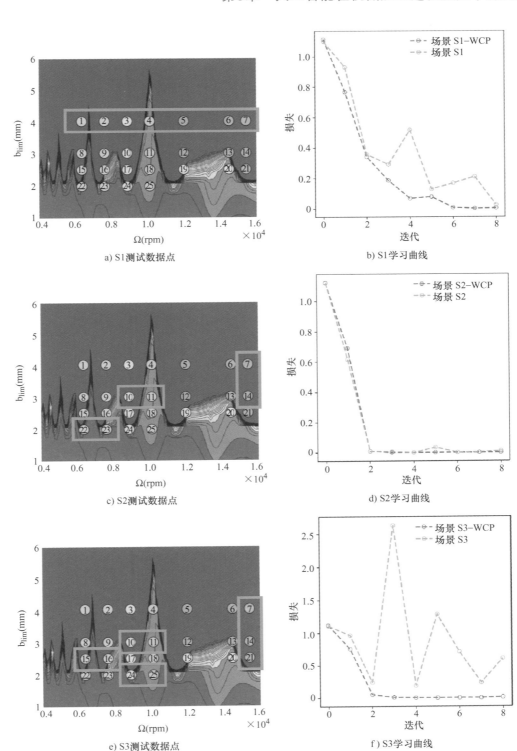

图 9-30 包括切削参数的三种训练/测试场景的验证损失结果[110]

9.6 迁移学习

机器学习，尤其是深度学习模型，需要大量的数据才能有效运行。这在大型机床环境中是一个优势，但由于每种机械加工操作都有其特殊性，这也可能成为一种负担。例如，在铣削过程中，根据特定操作的复杂性以及工件的可加工性、尺寸和重量，切削工具、工具夹持器和机床会有所不同。因此，为一种机械加工条件训练的人工智能学习器在另一种条件下可能会表现不佳。这一问题的核心是在一个领域中有充足的训练数据，而在另一个领域中数据不足[124]。此外，在训练阶段数据量增加时，监督学习中的数据标注是一个主要挑战。

相较于传统学习，迁移学习是解决训练和操作领域之间差异的新兴方法[125]。迁移学习的核心理念是利用源领域/任务中的充足标注数据训练模型，然后将此模型应用于目标领域/任务，后者的数据可能有限或获取及标注成本过高[126]。传统学习和迁移学习的对比如图 9-31 所示。

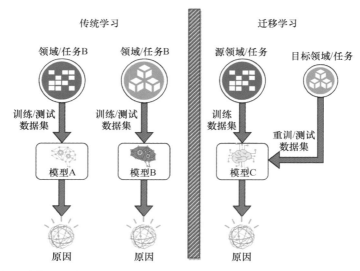

图 9-31　传统学习与迁移学习的对比。

9.6.1　跨域迁移学习

跨域迁移学习是迁移学习中最常见的形式，它涉及将一个在数据充足且有标注的领域中训练好的模型迁移到一个标注数据稀缺的领域。这种转移，也被称为域适应，是一个广义的概念。这种技术中的算法通常分为两大类：边缘分布适应与条件分布适应[127]。在机械加工操作的稳定性监控中，一个主要挑战是当部件或其在刀具—夹具—主轴系统中的位置发生变化时，刀尖的动态特性也会发生变化。Chen 等人[128]将域适应技术应用于五轴铣削头的动态特性分析。图 9-32 显示了铣削头姿态依赖的变化特性如何被转移到新装配的刀具上。因此，新刀具的频率响应函数测量得以大幅度减少，避免了耗时的冲击测试。

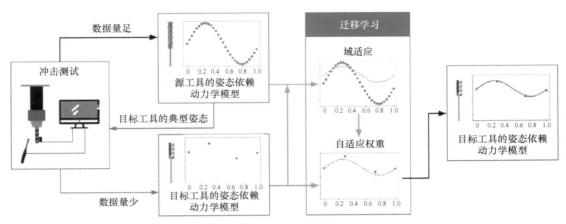

图 9-32　刀尖动态特性的域适应框架[128]。

在另一项研究中，通过在肩铣过程中测量主轴的振动来检测颤振，运用了支持向量机技术处理不同的操作特点。槽铣中径向切入量的变化影响了系统的稳定极限深度（SLD），从而改变了颤振响应。该研究使用了两组数据集（DS），其中一组径向切入量为 50%（数据集 DS#1，标注数据充足），另一组为 70%（数据集 DS#2，标注数据较少）。图 9-33 展示了用于测试迁移有效性的方法。在进行微调阶段后，使用 70% 径向切入量的数据达到了 92% 的准确率。

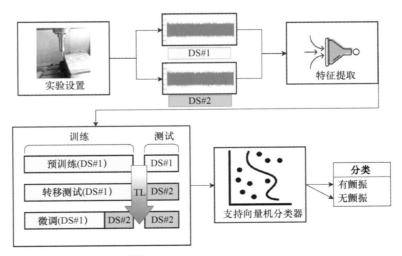

图 9-33　用于颤振检测的跨域迁移学习[129]。

9.6.2 物理引导的迁移学习

物理引导的迁移学习（TL）在处理可通过物理原理足够准确建模的过程中非常有用。在这种方法中，学习模型利用基于物理的系统模型生成的数据进行训练。最近有一项研究将此技术应用于颤振检测，该研究仅使用少量实测数据来重新训练模型，以便在新领域中精细调整其分类性能[130]。在另一项研究中，研究人员使用 AlexNet 作为卷积神经网络分类器，将希尔伯特—黄转换图像作为输入，在没有使用测量数据进行微调的情况下，实现了超过 90% 的准确率[131]。

图 9-34 展示了一个基于倾斜齿铣削过程的时间域模拟加速度信号训练的 AlexNet 模型的迁移学习情况[132, 133]。这一数值计算方法由 Smith 和 Tlusty 提出[134]。针对每一主轴速度与切削深度的组合，系统通过网格生成信号，并据此绘制了基于每个信号均方根（RMS）的稳定极限深度（SLD）的等高线图。利用 SLD，系统能够自动将每个信号标记为"有颤振"或"无颤振"，这一功能大大减少了监督学习中耗时的手工标记过程。之后，每个信号通过集合经验模态分解（EEMD）方法分解为其内在模态函数（IMF），并仅使用富含颤振信息的 IMF 频带生成希尔伯特—黄转换（HHT）图像，作为输入数据供 AlexNet 使用。在线监控中，加速度计测得的数据经过同样的预处理步骤，随后用于通过训练有素的 AlexNet 模型检测颤振。

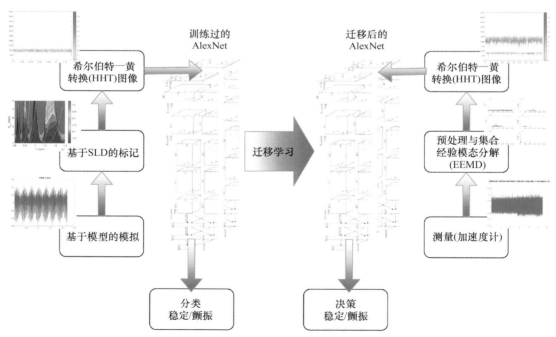

图 9-34 用于颤振检测的物理引导的迁移学习框架[131]。

9.7 结论

本章从现代人工智能技术及其在加工过程监控（MPM）中的应用角度进行了阐述。在过去十年中，机器学习技术的显著进步开辟了加工过程监控多个新领域。这些进步在加工过程监控及当前的信号处理和分解方法中得到了体现，这些技术对于提高学习性能至关重要。

然而，加工过程不断增加的灵活性和复杂性成为将基于人工智能的监控和决策技术应用于制造业的主要障碍。迁移学习的概念被视为克服这一难题的有希望的方法，应在工业规模上进行进一步的检验。此外，由于高性能的监督式深度学习模型需要一致、平衡及已标记的数据，大数据的不平衡和正确标记也成为问题。使用变分自编码器（VAE）和生成对抗网络（GAN）等生成模型来生成合成数据，可以缓解数据不平衡问题。同时，采用物理引导的混合模型，如物理引导的迁移学习，也可以解决数据标记的困难。

在加工过程监控领域，人工智能具有许多未被充分利用的应用潜力。在处理大数据的场景下，深度学习算法的表现尤为出色。然而，要在制造过程中收集足够的数据来训练深度学习算法以应对所有可能的故障场景，可能会面临诸多挑战。一种新兴的算法类别，它将基于物理的模型与机器学习模型相结合，通常被称为物理信息化机器学习（PIML），可以帮助解决数据稀缺和数据质量低的问题[135, 136]。这类机器学习算法的一个重要承诺是，训练深度神经网络几乎不需要或完全不需要标记数据[137]。

人工智能在制造业中的另一个应用机会体现在数字孪生（DT）技术上。数字孪生技术能够预测和跟踪物理孪生的运行状态与健康状况，仿真各种场景以提高效率而不干扰现有操作，并在必要时实时调整行动方针[138, 139]。因此，人工智能和物理信息化机器学习在预测和适应物理系统的非线性行为方面具有巨大的潜力。

最后，值得一提的是，随着人工智能技术变得更加自主和普遍，并开始基于自身之外的数据进行推理，将人工智能应用于新领域的同时，也会带来更多的伦理问题。因此，与所有主要行业一样，制造业也需要关注发展负责任、受规范约束且值得信赖的人工智能技术，确保技术发展以人为本。

致　　谢

本研究得到了土耳其科学技术研究理事会（TUBITAK）1001计划（项目编号：118M414）的支持。

参考文献

[1] R. Teti, K. Jemielniak, G. O'Donnell, D. Dornfeld, Advanced monitoring of machining operations, CIRP Ann. 59 (2) (2010) 717–739.

[2] P.J. Arrazola, T. Özel, D. Umbrello, M. Davies, I.S. Jawahir, Recent advances in modelling of metal machining processes, CIRP Ann. 62 (2) (2013) 695–718.

[3] W.A. Knight, G. Boothroyd, Fundamentals of Metal Machining and Machine Tools, 198, CRC Press, 2005.

[4] T.L. Schmitz, K.S. Smith, Machining Dynamics, Springer, 2014.

[5] H. Opitz, Investigation and calculation of the chatter behavior of: lathes and milling machines, CIRP Ann. Manuf. Technol. 18 (1979) 335–342.

[6] Y. Altintaş, E. Budak, Analytical prediction of stability lobes in milling, CIRP Ann. 44 (1) (1995) 357–362.

[7] E. Budak, Analytical models for high performance milling. Part II: process dynamics and stability, Int. J. Mach. Tools Manuf. 46 (12-13) (2006) 1489–1499.

[8] T. Kalsoom, S. Ahmed, P.M. Rafi-Ul-Shan, M. Azmat, P. Akhtar, Z. Pervez, M.A. Imran, M. Ur-Rehman, Impact of IoT on manufacturing Industry 4.0: a new triangular systematic review, Sustainability 13 (22) (2021) 12506.

[9] H.O. Unver, An ISA-95-based manufacturing intelligence system in support of lean initiatives, Int. J. Adv. Manuf. Technol. 65 (5) (2013) 853–866.

[10] J. Park, A.S.D.J. Park, S. Mackay, Practical Data Acquisition for Instrumentation and Control Systems, Newnes, 2003.

[11] Li Dan, J. Mathew, Tool wear and failure monitoring techniques for turning—a review, Int. J. Mach. Tools Manuf. 30 (4) (1990) 579–598.

[12] B. Sick, On-line and indirect tool wear monitoring in turning with artificial neural networks: a review of more than a decade of research, Mech. Syst. Sig. Process. 16 (4) (2002) 487–546.

[13] A. Siddhpura, R. Paurobally, A review of flank wear prediction methods for tool condition monitoring in a turning process, Int. J. Adv. Manuf. Technol. 65 (1-4) (2013) 371–393.

[14] G. Serin, B. Sener, A.M. Ozbayoglu, H.O. Unver, Review of tool condition monitoring in machining and opportunities for deep learning, Int. J. Adv. Manuf. Technol. 109 (2020) 953–974.

[15] S.Y. Wong, J.H. Chuah, H.J. Yap, Technical data-driven tool condition monitoring challenges for CNC milling: a review, Int. J. Adv. Manuf. Technol. 107 (11) (2020) 4837–4857.

[16] T. Mohanraj, S. Shankar, R. Rajasekar, N.R. Sakthivel, A. Pramanik, Tool condition monitoring techniques in milling process—a review, J. Mater. Res. Technol. 9 (1) (2020) 1032–1042.

[17] M. Kuntoğlu, E. Salur, M.K. Gupta, M. Sarıkaya, D.Y. Pimenov, A state-of-the-art review on sensors and signal processing systems in mechanical machining processes, Int. J. Adv. Manuf. Technol. 116 (9) (2021) 2711–2735.

[18] A.P. Kene, S.K. Choudhury, Analytical modeling of tool health monitoring system using multiple sensor data fusion approach in hard machining, Measurement 145 (2019) 118–129.

[19] M. Di Paolo Emilio, Data acquisition system, from fundamentals to applied design, 10, Springer, New York, 2013. https://link.springer.com/book/10.1007/978-1-4614-4214-1.

[20] O.B. Sezer, E. Dogdu, A.M. Ozbayoglu, Context-aware computing, learning, and Big Data in internet of things: a survey, IEEE Internet Things J. 5 (1) (2017) 1–27.

[21] B. Chen, J. Wan, A. Celesti, Di Li, H. Abbas, Q. Zhang, Edge computing in IoT-based manufacturing, IEEE Commun. Mag. 56 (9) (2018) 103–109.

[22] K. Cao, Y. Liu, G. Meng, Q. Sun, An overview on edge computing research, IEEE Access 8 (2020) 85714–85728.

[23] S. Sagiroglu, D. Sinanc, Big Data: a review, in: 2013 International Conference on Collaboration Technologies and Systems (CTS), IEEE, 2013, pp. 42–47.

[24] U. Sivarajah, M.M. Kamal, Z. Irani, V. Weerakkody, Critical analysis of Big Data challenges and analytical methods, J. Bus Res. 70 (2017) 263–286.

[25] A. Zheng, A. Casari, Feature Engineering for Machine Learning: Principles and Techniques for Data Scientists, O'Reilly Media, Inc., 2018.

[26] U. Khurana, D. Turaga, H. Samulowitz, S. Parthasrathy, Cognito: automated feature engineering for supervised learning, in: 2016 IEEE 16th International Conference on Data Mining Workshops (ICDMW), IEEE, 2016, pp. 1304–1307.

[27] W. Li, Z. Zhu, F. Jiang, G. Zhou, G. Chen, Fault diagnosis of rotating machinery with a novel statistical feature extraction and evaluation method, Mech. Syst. Sig. Process. 50 (2015) 414–426.

[28] G. Wang, Y. Zhang, C. Liu, Q. Xie, Y. Xu, A new tool wear monitoring method based on multi-scale PCA, J. Intell. Manuf. 30 (1) (2019) 113–122.

[29] K.P. Zhu, G.S. Hong, Y.S. Wong, A comparative study of feature selection for hidden Markov model-based micro-milling tool wear monitoring, Mach. Sci. Technol. 12 (3) (2008) 348–369.

[30] Y. Zhu, J. Wu, J. Wu, S. Liu, Dimensionality reduce-based for remaining useful life prediction of machining tools with multisensor fusion, Reliab. Eng. Syst. Saf. 218 (2022) 108179.

[31] T. Gittler, M. Glasder, E. Öztürk, M. Lüthi, L. Weiss, K. Wegener, International conference on advanced and competitive manufacturing technologies milling tool wear prediction using unsupervised machine learning, Int. J. Adv. Manuf. Technol. 117 (2021) 2213–2226.

[32] J. Ou, H. Li, G. Huang, Q. Zhou, A novel order analysis and stacked sparse auto-encoder feature learning method for milling tool wear condition monitoring, Sensors 20 (10) (2020) 2878.

[33] Y. Dun, L. Zhus, B. Yan, S. Wang, A chatter detection method in milling of thin-walled TC4 alloy workpiece based on auto-encoding and hybrid clustering, Mech. Syst. Sig. Process. 158 (2021) 107755.

[34] S. Wan, X. Li, Y. Yin, J. Hong, Milling chatter detection by multi-feature fusion and Adaboost-SVM, Mech. Syst. Sig. Process. 156 (2021) 107671.

[35] L. Wang, J. Pan, Y. Shao, Q. Zeng, X. Ding, Two new kurtosis-based similarity evaluation indicators for grinding chatter diagnosis under non-stationary working conditions, Measurement 176 (2021) 109215.

[36] J. Yuan, H. Shao, Y. Cai, X. Shi, Energy efficiency state identification of milling processing based on EEMD-PCA-ICA, Measurement 174 (2021) 109014.

[37] Y. He, P. Wu, Y. Li, Y. Wang, F. Tao, Y. Wang, A generic energy prediction model of machine tools using deep learning algorithms, Appl. Energy 275 (2020) 115402.

[38] X. Zhang, T. Yu, P. Xu, Ji Zhao, An intelligent sustainability evaluation system of micro milling, Rob. Comput. Integr. Manuf. 73 (2022) 102239.

[39] M.I. Qazi, M. Abas, R. Khan, W. Saleem, C.I. Pruncu, M. Omair, Experimental investigation and multi-response optimization of machinability of AA5005H34 using composite desirability coupled with PCA, Metals 11 (2) (2021) 235.

[40] H. Abdi, L.J. Williams, Principal component analysis, Wiley Interdiscip. Rev. Comput. Stat. 2 (4) (2010) 433–459.

[41] L.V. Maaten, G. Hinton, Visualizing data using t-SNE, J. Mach. Learn Res. 9 (11) (2008) 2579–2605.

[42] G.E. Hinton, R.R. Salakhutdinov, Reducing the dimensionality of data with neural networks, Science 313 (5786) (2006) 504–507.

[43] Y. Wang, H. Yao, S. Zhao, Auto-encoder based dimensionality reduction, Neurocomputing 184 (2016) 232–242.

[44] J. Li, K. Cheng, S. Wang, F. Morstatter, R.P. Trevino, J. Tang, H. Liu, Feature selection: a data perspective, ACM Comput. Surveys (CSUR) 50 (6) (2017) 1–45.

[45] I. Guyon, A. Elisseeff, An introduction to variable and feature selection, J. Mach. Learn Res. 3 (Mar) (2003) 1157–1182.

[46] T.Y. Wu, K.W. Lei, Prediction of surface roughness in milling process using vibration signal analysis and artificial neural network, Int. J. Adv. Manuf. Technol. 102 (1) (2019) 305–314.

[47] B. Sener, G. Serin, M. Ugur Gudelek, A. Murat Ozbayoglu, H.O. Unver, Intelligent chatter detection in milling using vibration data features and deep multi-layer perceptron, in: 2020 IEEE International Conference on Big Data (Big Data), IEEE, 2020, pp. 4759–4768.

[48] X. Zhang, S. Wang, W. Li, X. Lu, Heterogeneous sensors-based feature optimisation and deep learning for tool wear prediction, Int. J. Adv. Manuf. Technol. 114 (9) (2021) 2651–2675.

[49] T. Mohanraj, J. Yerchuru, H. Krishnan, R.S. Nithin Aravind, R. Yameni, Development of tool condition monitoring system in end milling process using wavelet features and Hoelder's exponent with machine learning algorithms, Measurement 173 (2021) 108671.

[50] C.K. Madhusudana, H. Kumar, S. Narendranath, Face milling tool condition monitoring using sound signal, Int. J. Syst. Assur. Eng. Manag. 8 (2) (2017) 1643–1653.

[51] K. Guo, J. Sun, B. Yang, J. Liu, Ge Song, C. Sun, Z. Jiang, et al., Tool condition monitoring in milling using a force singularity analysis approach, Int. J. Adv. Manuf. Technol. 107 (3) (2020) 1785–1792.

[52] S. Shankar, T. Mohanraj, A. Pramanik, Tool condition monitoring while using vegetable based cutting fluids during milling of Inconel 625, J. Adv. Manuf. Syst. 18 (04) (2019) 563–581.

[53] M.-Q. Tran, M.-K. Liu, M. Elsisi, Effective multi-sensor data fusion for chatter detection in milling process, ISA Trans. 125 (2022) 514–527.

[54] H. Cao, Y. Yue, X. Chen, X. Zhang, Chatter detection based on synchrosqueezing transform and statistical indicators in milling process, Int. J. Adv. Manuf. Technol. 95 (1) (2018) 961–972.

[55] Y. Chen, H. Li, L. Hou, J. Wang, X. Bu, An intelligent chatter detection method based on EEMD and feature selection with multi-channel vibration signals, Measurement 127 (2018) 356–365.

[56] M.C. Yesilli, F.A. Khasawneh, A. Otto, On transfer learning for chatter detection in turning using wavelet packet transform and ensemble empirical mode decomposition, CIRP J. Manuf. Sci. Technol. 28 (2020) 118–135.

[57] I. Oleaga, C. Pardo, J.J. Zulaika, A. Bustillo, A machine-learning based solution for chatter prediction in heavy-duty milling machines, Measurement 128 (2018) 34–44.

[58] G.S. Chen, Q.Z. Zheng, Online chatter detection of the end milling based on wavelet packet transform and support vector machine recursive feature elimination, Int. J. Adv. Manuf. Technol. 95 (1) (2018) 775–784.

[59] D. D'Addona, T. Segreto, A. Simeone, R. Teti, Ann tool wear modelling in the machining of nickel superalloy industrial products, CIRP J. Manuf. Sci. Technol. 4 (1) (2011) 33–37.

[60] P. Srinivasa Pai, T.N. Nagabhushana, P.K. Ramakrishna Rao, Tool wear estimation using resource allocation network, Int. J. Mach. Tools Manuf. 41 (5) (2001) 673–685.

[61] G. Li, Y. Wang, J. He, Q. Hao, H. Yang, J. Wei, Tool wear state recognition based on gradient boosting decision tree and hybrid classification RBM, Int. J. Adv. Manuf. Technol. 110 (1) (2020) 511–522.

[62] A. Farias, S.L.R. Almeida, S. Delijaicov, V. Seriacopi, Ed C. Bordinassi, Simple machine learning allied with data-driven methods for monitoring tool wear in machining processes, Int. J. Adv. Manuf. Technol. 109 (9) (2020) 2491–2501.

[63] C. Zhang, H. Zhang, Modelling and prediction of tool wear using LS-SVM in milling operation, Int. J. Computer Integr. Manuf. 29 (1) (2016) 76–91.

[64] A.M. Zain, H. Haron, S. Sharif, Prediction of surface roughness in the end milling machining using artificial neural network, Expert Syst. Appl. 37 (2) (2010) 1755–1768.

[65] M.R.S. Yazdi, S.Z. Chavoshi, Analysis and estimation of state variables in CNC face milling of al6061, Prod. Eng. 4 (6) (2010) 535–543.

[66] C.K. Madhusudana, H. Kumar, S. Narendranath, Fault diagnosis of face milling tool using decision tree and sound signal, Mater. Today Proc. 5 (5) (2018) 12035–12044.

[67] D. Yu Pimenov, A. Bustillo, T. Mikolajczyk, Artificial intelligence for automatic prediction of required surface roughness by monitoring wear on face mill teeth, J. Intell. Manuf. 29 (5) (2018) 1045–1061.

[68] K. Kadirgama, M.M. Noor, M.M. Rahman, Optimization of surface roughness in end milling using potential support vector machine, Arab. J. Sci. Eng. 37 (8) (2012) 2269–2275.

[69] R. Ak, M.M. Helu, S. Rachuri, Ensemble neural network model for predicting the energy consumption of a milling machine, in: International Design Engineering Technical Conferences and Computers and Information in Engineering Conference, 57113, American Society of Mechanical Engineers, 2015 V004T05A056.

[70] A. Tohry, S.C. Chelgani, S.S. Matin, M. Noormohammadi, Power-draw prediction by random forest based on operating parameters for an industrial ball mill, Adv. Powder Technol. 31 (3) (2020) 967–972.

[71] Y.-S. Park, S. Lek, Artificial neural networks: multilayer perceptron for ecological modeling, Dev. Environ. Model. 28 (2016) 123–140.

[72] A.M. Khorasani, M.R.S. Yazdi, Development of a dynamic surface roughness monitoring system based on artificial neural networks (ANN) in milling operation, Int. J. Adv. Manuf. Technol. 93 (1) (2017) 141–151.

[73] V. Pourmostaghimi, M. Zadshakoyan, M.A. Badamchizadeh, Intelligent model-based optimization of cutting parameters for high quality turning of hardened AISI D2, AI EDAM 34 (3) (2020) 421–429.

[74] P. Gupta, B. Singh, Investigation of tool chatter using local mean decomposition and artificial neural network during turning of AL 6061, Soft Comput. 25 (16) (2021) 11151–11174.

[75] M. Lamraoui, M. Barakat, M. Thomas, M. El Badaoui, Chatter detection in milling machines by neural network classification and feature selection, J. Vib. Control 21 (7) (2015) 1251–1266.

[76] H. Cao, K. Zhou, X. Chen, X. Zhang, Early chatter detection in end milling based on multi-feature fusion and 3 σ criterion, Int. J. Adv. Manuf. Technol. 92 (9) (2017) 4387–4397.

[77] Y. Chen, H. Li, X. Jing, L. Hou, X. Bu, Intelligent chatter detection using image features and support vector machine, Int. J. Adv. Manuf. Technol. 102 (5) (2019) 1433–1442.

[78] W.S. Noble, What is a support vector machine? Nat. Biotechnol. 24 (12) (2006) 1565–1567.

[79] X. Liao, G. Zhou, Z. Zhang, J. Lu, J. Ma, Tool wear state recognition based on GWO–SVM with feature selection of genetic algorithm, Int. J. Adv. Manuf. Technol. 104 (1) (2019) 1051–1063.

[80] L. Ding, Y. Sun, Z. Xiong, Early chatter detection based on logistic regression with time and frequency domain features, in: 2017 IEEE International Conference on Advanced Intelligent Mechatronics (AIM), IEEE, 2017, pp. 1052–1057.

[81] D. Kong, Y. Chen, N. Li, Gaussian process regression for tool wear prediction, Mech. Syst. Sig. Process. 104 (2018) 556–574.

[82] B. Lela, D. Bajić, S. Jozić, Regression analysis, support vector machines, and Bayesian neural network approaches to modeling surface roughness in face milling, Int. J. Adv. Manuf. Technol. 42 (11-12) (2009) 1082–1088.

[83] D.Y. Pimenov, A.T. Abbas, M.K. Gupta, I.N. Erdakov, M.S. Soliman, M.M. El Rayes, Investigations of surface quality and energy consumption associated with costs and material removal rate during face milling of AISI 1045 steel, Int. J. Adv. Manuf. Technol. 107 (7) (2020) 3511–3525.

[84] L. Fernández-Robles, L. Sánchez-González, J. Díez-González, M. Castejón-Limas, H. Pérez, Use of image processing to monitor tool wear in micro milling, Neurocomputing 452 (2021) 333–340.

[85] Z. Li, G. Wang, G. He, Milling tool wear state recognition based on partitioning around medoids (PAM) clustering, Int. J. Adv. Manuf. Technol. 88 (5-8) (2017) 1203–1213.

[86] Y. Chen, H. Li, L. Hou, X. Bu, S. Ye, D. Chen, Chatter detection for milling using novel p-leader multifractal features, J. Intell. Manuf. 33 (2020) 121–135.

[87] S. Tangjitsitcharoen, T. Saksri, S. Ratanakuakangwan, Advance in chatter detection in ball end milling process by utilizing wavelet transform, J. Intell. Manuf. 26 (3) (2015) 485–499.

[88] L. Xu, C. Huang, C. Li, J. Wang, H. Liu, X. Wang, An improved case based reasoning method and its application in estimation of surface quality toward intelligent machining,

J. Intell. Manuf. 32 (1) (2021) 313–327.

[89] K. Shi, D. Zhang, J. Ren, Optimization of process parameters for surface roughness and microhardness in dry milling of magnesium alloy using Taguchi with grey relational analysis, Int. J. Adv. Manuf. Technol. 81 (1) (2015) 645–651.

[90] Y. Yang, Y. Wang, Q. Liao, J. Pan, J. Meng, H. Huang, CNC corner milling parameters optimization based on variable-fidelity metamodel and improved MOPSO regarding energy consumption, Int. J. Precis. Eng. Manuf. Green Technol. 9 (2021) 977–995.

[91] X. Zhu, A.B. Goldberg, Introduction to Semi-Supervised Learning, in: Synthesis Lectures on Artificial Intelligence and Machine Learning, 3, Cham, Springer, 2009, pp. 1–130.

[92] C. Qiu, K. Li, B. Li, X. Mao, S. He, C. Hao, L. Yin, Semi-supervised graph convolutional network to predict position-and speed-dependent tool tip dynamics with limited labeled data, Mech. Syst. Sig. Process. 164 (2022) 108225.

[93] J. Wang, Y. Li, R. Zhao, R.X. Gao, Physics guided neural network for machining tool wear prediction, J. Manuf. Syst. 57 (2020) 298–310.

[94] M. Grzenda, A. Bustillo, Semi-supervised roughness prediction with partly unlabeled vibration data streams, J. Intell. Manuf. 30 (2) (2019) 933–945.

[95] F.-Y. Xie, Y.-M. Hu, Bo Wu, Y. Wang, A generalized hidden Markov model and its applications in recognition of cutting states, Int. J. Precis. Eng. Manuf. 17 (11) (2016) 1471–1482.

[96] W. Cai, W. Zhang, X. Hu, Y. Liu, A hybrid information model based on long short-term memory network for tool condition monitoring, J. Intell. Manuf. 31 (6) (2020) 1497–1510.

[97] I. Yesilyurt, H. Ozturk, Tool condition monitoring in milling using vibration analysis, Int. J. Prod. Res. 45 (4) (2007) 1013–1028.

[98] H. Cao, Y. Lei, Z. He, Chatter identification in end milling process using wavelet packets and Hilbert–Huang transform, Int. J. Mach. Tools Manuf. 69 (2013) 11–19.

[99] Y. Fu, Y. Zhang, H. Zhou, D. Li, H. Liu, H. Qiao, X. Wang, Timely online chatter detection in end milling process, Mech. Syst. Sig. Process. 75 (2016) 668–688.

[100] H. Cao, K. Zhou, X. Chen, Chatter identification in end milling process based on EEMD and nonlinear dimensionless indicators, Int. J. Mach. Tools Manuf. 92 (2015) 52–59.

[101] C. Liu, L. Zhu, C. Ni, Chatter detection in milling process based on VMD and energy entropy, Mech. Syst. Sig. Process. 105 (2018) 169–182.

[102] N.E. Huang, Z. Shen, S.R. Long, M.C. Wu, H.H. Shih, Q. Zheng, N.-C. Yen, C.C. Tung, H.H. Liu, The empirical mode decomposition and the Hilbert spectrum for nonlinear and non-stationary time series analysis, in: Proceedings of the Royal Society of London. Series A: Mathematical, Physical and Engineering Sciences, 454, 1998, pp. 903–995.

[103] Z. Wu, N.E. Huang, Ensemble empirical mode decomposition: a noise-assisted data analysis method, Adv. Adapt. Data Anal. 1 (01) (2009) 1–41.

[104] Y. LeCun, Y. Bengio, G. Hinton, Deep learning, Nature 521 (7553) (2015) 436–444.

[105] Z. Huang, J. Zhu, J. Lei, X. Li, F. Tian, Tool wear predicting based on multi-domain feature fusion by deep convolutional neural network in milling operations, J. Intell. Manuf. 31 (4) (2020) 953–966.

[106] Y. Fu, Y. Zhang, Y. Gao, H. Gao, T. Mao, H. Zhou, D. Li, Machining vibration states monitoring based on image representation using convolutional neural networks, Eng.

Appl. Artif. Intell. 65 (2017) 240–251.

[107] X.-C. Cao, B.-Q. Chen, B. Yao, W.-P. He, Combining translation-invariant wavelet frames and convolutional neural network for intelligent tool wear state identification, Comput. Ind. 106 (2019) 71–84.

[108] M.-Q. Tran, M.-K. Liu, Q.-V. Tran, Milling chatter detection using scalogram and deep convolutional neural network, Int. J. Adv. Manuf. Technol. 107 (3) (2020) 1505–1516.

[109] W. Zhu, J. Zhuang, B. Guo, W. Teng, F. Wu, An optimized convolutional neural network for chatter detection in the milling of thin-walled parts, Int. J. Adv. Manuf. Technol. 106 (9) (2020) 3881–3895.

[110] B. Sener, M.U. Gudelek, A.M. Ozbayoglu, H.O. Unver, A novel chatter detection method for milling using deep convolution neural networks, Measurement 182 (2021) 109689.

[111] A.P. Rifai, H. Aoyama, N.H. Tho, S.Z. Md Dawal, N.A. Masruroh, Evaluation of turned and milled surfaces roughness using convolutional neural network, Measurement 161 (2020) 107860.

[112] W. Sun, B. Yao, B. Chen, Y. He, X. Cao, T. Zhou, H. Liu, Noncontact surface roughness estimation using 2D complex wavelet enhanced ResNet for intelligent evaluation of milled metal surface quality, Appl. Sci. 8 (3) (2018) 381.

[113] P.-M. Huang, C.-H. Lee, Estimation of tool wear and surface roughness development using deep learning and sensors fusion, Sensors 21 (16) (2021) 5338.

[114] G. Serin, B. Sener, M. Ugur Gudelek, A. Murat Ozbayoglu, H.O. Unver, Deep multilayer perceptron based prediction of energy efficiency and surface quality for milling in the era of sustainability and Big Data, Procedia Manuf. 51 (2020) 1166–1177.

[115] X. Wu, J. Li, Y. Jin, S. Zheng, Modeling and analysis of tool wear prediction based on SVD and BiLSTM, Int. J. Adv. Manuf. Technol. 106 (9) (2020) 4391–4399.

[116] J.-T. Zhou, Xu Zhao, J. Gao, Tool remaining useful life prediction method based on LSTM under variable working conditions, Int. J. Adv. Manuf. Technol. 104 (9) (2019) 4715–4726.

[117] Z. Tao, Q. An, G. Liu, M. Chen, A novel method for tool condition monitoring based on long short-term memory and hidden Markov model hybrid framework in high-speed milling Ti-6Al-4V, Int. J. Adv. Manuf. Technol. 105 (7) (2019) 3165–3182.

[118] H. Habbouche, T. Benkedjouh, N. Zerhouni, Intelligent prognostics of bearings based on bidirectional long short-term memory and wavelet packet decomposition, Int. J. Adv. Manuf. Technol. 114 (1) (2021) 145–157.

[119] X. Zhang, X. Lu, W. Li, S. Wang, Prediction of the remaining useful life of cutting tool using the Hurst exponent and CNN-LSTM, Int. J. Adv. Manuf. Technol. 112 (7) (2021) 2277–2299.

[120] H. Sun, J. Zhang, R. Mo, X. Zhang, In-process tool condition forecasting based on a deep learning method, Rob. Comput. Integr. Manuf. 64 (2020) 101924.

[121] 2010 PHM Society Conference Data Challenge PHM Society, May 18, 2010, [online] Available: https://phmsociety.org/phm_competition/2010-phm-society-conference-data-challenge.

[122] K.F. Goebel, Management of Uncertainty in Sensor Validation, Sensor Fusion, and Diagnosis of Mechanical Systems Using Soft Computing Techniques, University of California, Berkeley, 1996.

[123] Y. Guo, Y. Zhou, Z. Zhang, Fault diagnosis of multi-channel data by the CNN with the multilinear principal component analysis, Measurement 171 (2021) 108513.

[124] S.J. Pan, Q. Yang, A survey on transfer learning, IEEE Trans. Knowl. Data Eng. 22 (10) (2009) 1345–1359.

[125] C. Li, S. Zhang, Yi Qin, E. Estupinan, A systematic review of deep transfer learning for machinery fault diagnosis, Neurocomputing 407 (2020) 121–135.

[126] F. Zhuang, Z. Qi, K. Duan, D. Xi, Y. Zhu, H. Zhu, H. Xiong, Q. He, A comprehensive survey on transfer learning, Proc. IEEE 109 (1) (2020) 43–76.

[127] Z. Wan, R. Yang, M. Huang, N. Zeng, X. Liu, A review on transfer learning in EEG signal analysis, Neurocomputing 421 (2021) 1–14.

[128] G. Chen, Y. Li, Xu Liu, Pose-dependent tool tip dynamics prediction using transfer learning, Int. J. Mach. Tools Manuf. 137 (2019) 30–41.

[129] H.O. Unver, B. Sener, Exploring the potential of transfer learning for chatter detection, Procedia Comput. Sci. 200 (2022) 151–159.

[130] M. Postel, B. Bugdayci, K. Wegener, Ensemble transfer learning for refining stability predictions in milling using experimental stability states, Int. J. Adv. Manuf. Technol. 107 (9) (2020) 4123–4139.

[131] H.O. Unver, B. Sener, A novel transfer learning framework for chatter detection using convolutional neural networks, J. Intell. Manuf. 34 (2023) 1105–1124.

[132] A. Krizhevsky, I. Sutskever, G.E. Hinton, ImageNet classification with deep convolutional neural networks, Adv. Neural Inf. Process. Syst. 25 (2012) 1097–1105.

[133] A. Krizhevsky. One weird trick for parallelizing convolutional neural networks. arXiv preprint arXiv:1404.5997, (2014).

[134] S. Smith, J. Tlusty, An overview of modeling and simulation of the milling process, J. Manuf. Sci. Eng. 113 (2) (1991) 169–175.

[135] G.C.Y. Peng, M. Alber, A.B. Tepole, W.R. Cannon, S. De, S. Dura-Bernal, K. Garikipati, G. Karniadakis, W.W. Lytton, P. Perdikaris, et al., Multiscale modeling meets machine learning: what can we learn? Arch. Comput. Meth. Eng. 28 (3) (2021) 1017–1037.

[136] Y. Guo, X. Cao, B. Liu, M. Gao, Solving partial differential equations using deep learning and physical constraints, Appl. Sci. 10 (17) (2020) 5917.

[137] G. Em Karniadakis, I.G. Kevrekidis, L. Lu, P. Perdikaris, S. Wang, L. Yang, Physics-informed machine learning, Nat. Rev. Phys. 3 (6) (2021) 422–440.

[138] M. Singh, E. Fuenmayor, E.P. Hinchy, Y. Qiao, N. Murray, D. Devine, Digital twin: origin to future, Appl. Syst. Innov. 4 (2) (2021) 36.

[139] E. VanDerHorn, S. Mahadevan, Digital twin: generalization, characterization and implementation, Decision Support Syst. 145 (2021) 113524.

Artificial Intelligence in Manufacturing: Concepts and Methods, 1st edition
Masoud Soroush, Richard D. Braatz
ISBN: 9780323991346

Copyright ©2024 Elsevier Inc. All rights are reserved, including those for text and data mining, AI training, and similar technologies.

Authorized Chinese translation published by China Machine Press.

Copyright ©Elsevier Inc. and China Machine Press. All rights reserved.

No part of this publication may be reproduced or transmitted in any form or by any means, electronic or mechanical, including photocopying, recording, or any information storage and retrieval system, without permission in writing from Elsevier (Singapore) Pte Ltd. Details on how to seek permission, further information about the Elsevier's permissions policies and arrangements with organizations such as the Copyright Clearance Center and the Copyright Licensing Agency, can be found at our website: www.elsevier.com/permissions.

This book and the individual contributions contained in it are protected under copyright by Elsevier Inc. and China Machine Press (other than as may be noted herein).

This edition of Artificial Intelligence in Manufacturing: Concepts and Methods is published by China Machine Press under arrangement with Elsevier Inc. This edition is authorized for sale in China mainland only, excluding Hong Kong SAR, Macau SAR and Taiwan. Unauthorized export of this edition is a violation of the Copyright Act. Violation of this Law is subject to Civil and Criminal Penalties.

本版由 Elsevier Inc. 授权机械工业出版社在中国大陆地区（不包括香港、澳门特别行政区以及台湾地区）出版发行。

本版仅限在中国大陆地区（不包括香港、澳门特别行政区以及台湾地区）出版及标价销售。未经许可之出口，视为违反著作权法，将受民事及刑事法律之制裁。

本书封底贴有 Elsevier 防伪标签，无标签者不得销售。

北京市版权局著作权登记合同登记　图字：01-2024-3833 号。

注意

本书涉及领域的知识和实践标准在不断变化。新的研究和经验拓展我们的理解，因此须对研究方法、专业实践或医疗方法作出调整。从业者和研究人员必须始终依靠自身经验和知识来评估和使用本书中提到的所有信息、方法、化合物或本书中描述的实验。在使用这些信息或方法时，他们应注意自身和他人的安全，包括注意他们负有专业责任的当事人的安全。

在法律允许的最大范围内，爱思唯尔、译文的原文作者、原文编辑及原文内容提供者均不对因产品责任、疏忽或其他人身或财产伤害及／或损失承担责任，亦不对由于使用或操作文中提到的方法、产品、说明或思想而导致的人身或财产伤害及／或损失承担责任。

图书在版编目（CIP）数据

人工智能与智能制造：概念与方法 /（美）马苏德·索鲁什（Masoud Soroush），（美）理查德·D. 布拉茨（Richard D.Braatz）编著；吴通，程胜，王德营译 . --北京：机械工业出版社，2024.9. -- ISBN 978-7-111-76591-2

Ⅰ. TH166

中国国家版本馆 CIP 数据核字第 2024808YV1 号

机械工业出版社（北京市百万庄大街 22 号　邮政编码 100037）
策划编辑：侯春鹏　　　　　责任编辑：侯春鹏　刘　洁
责任校对：韩佳欣　刘雅娜　责任印制：张　博
北京联兴盛业印刷股份有限公司印刷
2024 年 10 月第 1 版第 1 次印刷
184mm×260mm · 18.75 印张 · 1 插页 · 404 千字
标准书号：ISBN 978-7-111-76591-2
定价：128.00 元

电话服务　　　　　　　　网络服务
客服电话：010-88361066　机 工 官 网：www.cmpbook.com
　　　　　010-88379833　机 工 官 博：weibo.com/cmp1952
　　　　　010-68326294　金 书 网：www.golden-book.com
封底无防伪标均为盗版　机工教育服务网：www.cmpedu.com